中文版

AutoCAD 2018
机械设计 完全自学一本通

单国全 孔祥臻 蒋守勇 编著

电子工业出版社
Publishing House of Electronics Industry
北京·BEIJING

内 容 简 介

本书以目前最新版本 AutoCAD 2018 为平台，从实际操作和应用的角度出发，全面讲述了 AutoCAD 2018 的基本功能及其在机械行业中的实战应用。

全书共 18 章，对机械设计与 AutoCAD 制图基础、AutoCAD 2018 的基础操作、机械制图设计流程等都做了详细、全面的讲解，使读者通过学习本书，彻底掌握 AutoCAD 2018 软件在机械工程设计的实际应用。

本书从软件的基本应用及行业知识入手，以 AutoCAD 2018 软件模块和机械工程图制图的应用流程为主线，以实例为引导，按照由浅入深、循序渐进的方式，讲解软件的新特性和软件操作方法，使读者能快速掌握机械设计和软件制图技巧。

本书适合 AutoCAD 2018 初学者，旨在为机械设计、机电一体化、模具设计、产品设计等初学者打下良好的工程设计基础，同时让读者学习到相关专业的基础知识。本书还可作为大中专和相关培训学校的教材。

未经许可，不得以任何方式复制或抄袭本书之部分或全部内容。
版权所有，侵权必究。

图书在版编目（CIP）数据

AutoCAD 2018 中文版机械设计完全自学一本通 / 单国全，孔祥臻，蒋守勇编著 . -- 北京：电子工业出版社 ,2018.5
ISBN 978-7-121-33880-9

Ⅰ. ① A… Ⅱ. ①单… ②孔… ③蒋… Ⅲ. ①机械设计－计算机辅助设计－ AutoCAD 软件 Ⅳ. ① TH122

中国版本图书馆 CIP 数据核字（2018）第 053016 号

责任编辑：姜　伟
特约编辑：刘红涛
印　　刷：涿州市京南印刷厂
装　　订：涿州市京南印刷厂
出版发行：电子工业出版社
　　　　　北京市海淀区万寿路 173 信箱　邮编：100036
开　　本：787×1092　1/16　印张：34.25　字数：986.4 千字
版　　次：2018 年 5 月第 1 版
印　　次：2019 年 3 月第 2 次印刷
定　　价：89.80 元（含光盘 1 张）

凡所购买电子工业出版社图书有缺损问题，请向购买书店调换。若书店售缺，请与本社发行部联系，联系及邮购电话：（010）88254888，88258888。
质量投诉请发邮件至 zlts@phei.com.cn，盗版侵权举报请发邮件至 dbqq@phei.com.cn。
本书咨询联系方式：（010）88254161 ～ 88254167 转 1897。

前言
PREFACE

AutoCAD是Autodesk公司开发的通用计算机辅助绘图和设计软件,被广泛应用于机械、建筑、电子、航天、造船、石油化工、土木工程、冶金、气象、纺织、轻工等领域。在中国,AutoCAD已成为工程设计领域应用最为广泛的计算机辅助设计软件之一。AutoCAD 2018是适应当今科学技术快速发展和用户需要而开发的面向21世纪的CAD软件包。它贯彻了Autodesk公司一贯为广大用户考虑的方便性和高效率,为多用户合作提供了便捷的工具与规范和标准,以及方便的管理功能,因此用户可以与设计组密切而高效地共享信息。

本书内容

本书以目前最新版本AutoCAD 2018为平台,从实际操作和应用的角度出发,全面讲述了AutoCAD 2018的基本功能及其在机械工程行业中的实战应用。全书共18章,对机械设计与AutoCAD制图基础、AutoCAD 2018的基础操作、机械制图设计流程等都做了详细、全面的讲解,使读者通过学习本书,彻底掌握AutoCAD 2018软件在机械工程设计的实际应用。

- 第1章:主要介绍机械工程制图和AutoCAD制图的相关基础知识。
- 第2~13章:主要介绍的是AutoCAD 2018软件的基本绘图功能,其内容包括AutoCAD 2018的软件介绍、基本界面认识、绘图环境设置、AutoCAD图形与文件的基本操作、图形绘制与尺寸标注、图块应用及参数化作图等。
- 第14~18章:主要介绍了机械工程制图的所有制图方法、图形表达形式等知识。

本书特色

本书从软件的基本应用及行业知识入手,以AutoCAD 2018软件模块和机械工程图制图的应用流程为主线,以实例为引导,按照由浅入深、循序渐进的方式,讲解软件的新特性和软件操作方法,使读者能快速掌握机械设计和软件制图技巧。对于AutoCAD 2018软件在机械制图中的拓展应用,本书内容讲解得非常详细。本书最大特色在于:

- 功能指令全。
- 穿插海量实例且典型丰富。
- 大量的视频教学,结合书中内容介绍,有助于读者更好地融入、贯通。
- 光盘中赠送大量有价值的学习资料及练习内容,能使读者充分利用软件功能进行相关设计。本书适合AutoCAD 2018初学者,旨在为机械设计、机电一体化、模具设计、产品设计等初学者打下良好的工程设计基础,同时让读者学习到相关专业的基础知识。本书还可作为大中专和相关培训学校的教材。

作者信息

　　本书由山东交通学院工程机械学院的孔祥臻老师、煤炭工业济南煤炭设计研究院有限公司的高级工程师蒋守勇和单国全共同编著。另外，参与本书编写的还有黄成、郭方文、魏玉伟、宋一兵、马震、罗来兴、张红霞、陈胜、官兴田、吕英波、赵甫华、张庆余。感谢你选择了本书，希望我们的努力对你的工作和学习有所帮助，也希望你把对本书的意见和建议告诉我们。

目录 CONTENTS

第 1 章　AutoCAD 与机械制图基础 1
- 1.1　AutoCAD 在机械设计中的应用 ... 2
- 1.2　机械制图的国家标准 3
  - 1.2.1　图纸幅面及格式 3
  - 1.2.2　标题栏 4
  - 1.2.3　图纸比例 4
  - 1.2.4　字体 5
  - 1.2.5　图线 6
  - 1.2.6　尺寸标注 7
- 1.3　绘图方法及步骤 9
  - 1.3.1　尺寸分析 9
  - 1.3.2　线段分析 10
  - 1.3.3　绘图步骤 10
- 1.4　绘图工具及其应用 11
  - 1.4.1　图板、丁字尺和三角板 ... 11
  - 1.4.2　绘图铅笔 12
  - 1.4.3　圆规和分规 12
- 1.5　几何作图 13
  - 1.5.1　直线作图 13
  - 1.5.2　圆周的等分及正六边形 ... 13
  - 1.5.3　五等分圆周及正五边形 ... 14
  - 1.5.4　斜度 14
  - 1.5.5　锥度 15
  - 1.5.6　圆弧连接 15
  - 1.5.7　椭圆 15
  - 1.5.8　渐开线近似画法 15
- 1.6　创建 AutoCAD 机械工程图样板 16
  - 1.6.1　样板图的作用 16
  - 1.6.2　样板图的内容 16

第 2 章　AutoCAD 2018 应用入门 25
- 2.1　AutoCAD 2018 软件下载 26
- 2.2　安装 AutoCAD 2018 27
- 2.3　使用 AutoCAD 2018 欢迎界面 . 30
  - 2.3.1　"了解"页面 31
  - 2.3.2　"创建"页面 32
- 2.4　AutoCAD 2018 工作界面 35
- 2.5　绘图环境的设置 36
  - 2.5.1　选项设置 36
  - 2.5.2　草图设置 43
  - 2.5.3　特性设置 46
  - 2.5.4　图形单位设置 47
  - 2.5.5　绘图图限设置 48
- 2.6　CAD 系统变量与命令 48
  - 2.6.1　系统变量的定义与类型 ... 48
  - 2.6.2　系统变量的查看和设置 ... 49
  - 2.6.3　命令 50
- 2.7　入门范例——绘制 T 形图形 ... 54
- 2.8　AutoCAD 认证考试习题集 56

第 3 章　必备的辅助作图工具 59
- 3.1　AutoCAD 2018 的坐标系 60
  - 3.1.1　认识 AutoCAD 的坐标系 ... 60
  - 3.1.2　笛卡儿坐标系 60
  - 3.1.3　极坐标系 63
- 3.2　控制图形视图 65
  - 3.2.1　视图缩放 65
  - 3.2.2　平移视图 68
  - 3.2.3　重画与重生成 69
  - 3.2.4　显示多个视口 69

3.2.5 命名视图 71
3.2.6 ViewCube 和导航栏 71
3.3 测量工具 73
3.4 快速计算器 76
3.4.1 了解快速计算器 76
3.4.2 使用快速计算器 77
3.5 综合案例 78
3.5.1 案例一：绘制多边形
组合图形 78
3.5.2 案例二：绘制密封垫 81
3.6 AutoCAD 认证考试习题集 83
3.7 课后习题 86

第 4 章 快速高效作图 87

4.1 精确绘制图形 88
4.1.1 设置捕捉模式 88
4.1.2 栅格显示 88
4.1.3 对象捕捉 89
4.1.4 对象追踪 93
4.1.5 正交模式 98
4.1.6 锁定角度 100
4.1.7 动态输入 101
4.2 图形的操作 104
4.2.1 更正错误 104
4.2.2 删除对象 106
4.2.3 Windows 通用工具 107
4.3 对象的选择技巧 108
4.3.1 常规选择 108
4.3.2 快速选择 109
4.3.3 过滤选择 111
4.4 综合案例 113
4.4.1 案例一：绘制简单零件的
二视图 113
4.4.2 案例二：利用"对象追踪"
与"极轴追踪"绘制图形 117
4.4.3 案例三：利用正交与
追踪捕捉绘制图形 120

4.5 课后习题 122

第 5 章 绘制基本图形（一） 123

5.1 绘制点对象 124
5.1.1 设置点样式 124
5.1.2 绘制单点和多点 125
5.1.3 绘制定数等分点 125
5.1.4 绘制定距等分点 126
5.2 直线、射线和构造线 127
5.2.1 绘制直线 127
5.2.2 绘制射线 128
5.2.3 绘制构造线 129
5.3 矩形和正多边形 129
5.3.1 绘制矩形 129
5.3.2 绘制正多边形 130
5.4 圆、圆弧、椭圆和椭圆弧 132
5.4.1 绘制圆 132
5.4.2 圆弧 134
5.4.3 绘制椭圆 141
5.4.4 绘制椭圆弧 142
5.4.5 圆环 143
5.5 综合案例 144
5.5.1 案例一：绘制减速器
透视孔盖 144
5.5.2 案例二：绘制曲柄 146
5.6 AutoCAD 认证考试习题集 149
5.7 课后习题 151

第 6 章 绘图基本图形（二） 153

6.1 绘制与编辑多线 154
6.1.1 绘制多线 154
6.1.2 编辑多线 155
6.1.3 创建与修改多线样式 159
6.2 多段线 161
6.2.1 绘制多段线 161
6.2.2 编辑多段线 164
6.3 样条曲线 167

6.4 绘制曲线与参照几何图形命令 . 172
- 6.4.1 螺旋线（HELIX） 173
- 6.4.2 修订云线
  （REVCLOUD，REVC） 174

6.5 综合案例 176
- 6.5.1 案例一：将辅助线转化为图形轮廓线 176
- 6.5.2 案例二：绘制定位板 179

6.6 AutoCAD 认证考试习题集 182
6.7 课后习题 183

第 7 章 填充与渐变绘图 185

7.1 将图形转换为面域 186
- 7.1.1 创建面域 186
- 7.1.2 对面域进行逻辑运算 187
- 7.1.3 使用 MASSPROP 提取面域质量特性 190

7.2 填充概述 190
- 7.2.1 定义填充图案的边界 190
- 7.2.2 添加填充图案和实体填充 191
- 7.2.3 选择填充图案 191
- 7.2.4 关联填充图案 192

7.3 使用图案填充 192
- 7.3.1 使用图案填充 192
- 7.3.2 创建无边界的图案填充ˉ........... 198

7.4 渐变色填充 200
- 7.4.1 设置渐变色 200
- 7.4.2 创建渐变色填充 201

7.5 区域覆盖 202
7.6 综合案例 203
- 7.6.1 案例一：利用面域绘制图形 203
- 7.6.2 案例二：给图形进行图案填充 206

7.7 AutoCAD 认证考试习题集 208
7.8 课后习题 211

第 8 章 图形编辑与操作（一）...213

8.1 使用夹点编辑图形 214
- 8.1.1 夹点定义和设置 214
- 8.1.2 利用"夹点"拉伸对象 215
- 8.1.3 利用"夹点"移动对象 216
- 8.1.4 利用"夹点"旋转对象 216
- 8.1.5 利用"夹点"比例缩放 217
- 8.1.6 利用"夹点"镜像对象 218

8.2 删除指令 218
8.3 移动指令 218
- 8.3.1 移动对象 219
- 8.3.2 旋转对象 219

8.4 复制指令 221
- 8.4.1 复制对象 221
- 8.4.2 镜像对象 222
- 8.4.3 阵列对象 224
- 8.4.4 偏移对象 227

8.5 综合案例 230
- 8.5.1 案例一：绘制法兰盘 230
- 8.5.2 案例二：绘制机制夹具 233

8.6 AutoCAD 认证考试习题集 240
8.7 课后习题 242

第 9 章 图形编辑与操作（二）...243

9.1 图形修改 244
- 9.1.1 缩放对象 244
- 9.1.2 拉伸对象 245
- 9.1.3 修剪对象 246
- 9.1.4 延伸对象 248
- 9.1.5 拉长对象 250
- 9.1.6 倒角 253
- 9.1.7 倒圆角 256

9.2 分解与合并操作 257
- 9.2.1 打断对象 257
- 9.2.2 合并对象 258
- 9.2.3 分解对象 259

9.3 编辑对象特性 ... 260
9.3.1 "特性"选项板 ... 260
9.3.2 特性匹配 ... 261

9.4 综合案例 ... 262
9.4.1 案例一：绘制凸轮 ... 262
9.4.2 案例二：绘制垫片 ... 263

9.5 AutoCAD 认证考试习题集 ... 266

9.6 课后习题 ... 269

第 10 章 块与外部参照 ... 271

10.1 块与外部参照概述 ... 272
10.1.1 块定义 ... 272
10.1.2 块的特点 ... 272

10.2 创建块 ... 273
10.2.1 块的创建 ... 273
10.2.2 插入块 ... 276
10.2.3 删除块 ... 279
10.2.4 存储并参照块 ... 280
10.2.5 嵌套块 ... 281
10.2.6 间隔插入块 ... 282
10.2.7 多重插入块 ... 282
10.2.8 创建块库 ... 283

10.3 块编辑器 ... 283
10.3.1 "块编辑器"选项卡 ... 284
10.3.2 块编写选项板 ... 285

10.4 动态块 ... 286
10.4.1 动态块概述 ... 286
10.4.2 向块中添加元素 ... 287
10.4.3 创建动态块 ... 287

10.5 块属性 ... 291
10.5.1 块属性特点 ... 291
10.5.2 定义块属性 ... 292
10.5.3 编辑块属性 ... 294

10.6 使用外部参照 ... 295
10.6.1 使用外部参照 ... 295
10.6.2 外部参照管理器 ... 296
10.6.3 附着外部参照 ... 297
10.6.4 拆离外部参照 ... 298
10.6.5 外部参照应用实例 ... 298

10.7 剪裁外部参照与光栅图像 ... 300
10.7.1 剪裁外部参照 ... 300
10.7.2 光栅图像 ... 302
10.7.3 附着图像 ... 302
10.7.4 调整图像 ... 304
10.7.5 图像边框 ... 305

10.8 综合案例——标注零件图表面粗糙度 ... 306

10.9 AutoCAD 认证考试习题集 ... 309

10.10 课后习题 ... 311

第 11 章 几何图形标注 ... 313

11.1 图纸尺寸标注常识 ... 314
11.1.1 尺寸的组成 ... 314
11.1.2 尺寸标注类型 ... 315
11.1.3 标注样式管理器 ... 315

11.2 标注样式的创建与修改 ... 317

11.3 AutoCAD 2018 基本尺寸标注 ... 319
11.3.1 线性尺寸标注 ... 319
11.3.2 角度尺寸标注 ... 320
11.3.3 半径或直径标注 ... 321
11.3.4 弧长标注 ... 323
11.3.5 坐标标注 ... 323
11.3.6 对齐标注 ... 324
11.3.7 折弯标注 ... 325
11.3.8 折断标注 ... 326
11.3.9 倾斜标注 ... 326

11.4 快速标注 ... 329
11.4.1 快速标注 ... 329
11.4.2 基线标注 ... 329
11.4.3 连续标注 ... 330
11.4.4 等距标注 ... 330

11.5 AutoCAD 其他标注 ... 335
11.5.1 形位公差标注 ... 336

11.5.2 多重引线标注 337
11.6 编辑标注 338
11.7 综合案例 339
　　11.7.1 案例一：标注曲柄零件尺寸..339
　　11.7.2 案例二：标注泵轴尺寸 347
11.8 AutoCAD 认证考试习题集 ... 351
11.9 课后习题 355

第 12 章　图纸的文字与表格注释 .357

12.1 文字概述 358
12.2 使用文字样式 358
　　12.2.1 创建文字样式 358
　　12.2.2 修改文字样式 359
12.3 单行文字 359
　　12.3.1 创建单行文字 360
　　12.3.2 编辑单行文字 361
12.4 多行文字 362
　　12.4.1 创建多行文字 362
　　12.4.2 编辑多行文字 368
12.5 符号与特殊字符 368
12.6 表格 369
　　12.6.1 新建表格样式 370
　　12.6.2 创建表格 372
　　12.6.3 修改表格 373
　　12.6.4 功能区"表格单元"选项卡..375
12.7 综合案例：创建蜗杆
　　　零件图纸表格 378
12.8 AutoCAD 认证考试习题集 ... 382
12.9 课后练习 383

第 13 章　智能参数化作图 385

13.1 参数化作图概述 386
　　13.1.1 几何约束 386
　　13.1.2 标注约束 386
13.2 几何约束功能 387
　　13.2.1 手动几何约束 387
　　13.2.2 自动几何约束 392
　　13.2.3 约束设置 392
　　13.2.4 几何约束的显示与隐藏 394
13.3 尺寸驱动约束功能 394
　　13.3.1 标注约束类型 395
　　13.3.2 约束模式 396
　　13.3.3 标注约束的显示与隐藏 396
13.4 约束管理 396
　　13.4.1 删除约束 396
　　13.4.2 参数管理器 396
13.5 综合案例 397
　　13.5.1 案例一：绘制正三角形
　　　　　　内的圆 397
　　13.5.2 案例二：绘制正多边形
　　　　　　中的圆 399
13.6 AutoCAD 认证考试习题集 ... 401

第 14 章　机械零件视图的
　　　　　基本画法 403

14.1 机件的表达 404
　　14.1.1 工程常用的投影法知识 404
　　14.1.2 实体的图形表达 405
　　14.1.3 组合体的形体表示 406
　　14.1.4 组合体的表面连接关系 406
14.2 视图的基本画法 407
　　14.2.1 基本视图 407
　　14.2.2 向视图 414
　　14.2.3 局部视图 414
　　14.2.4 斜视图 414
　　14.2.5 剖视图 415
　　14.2.6 断面图 427
　　14.2.7 简化画法 427
14.3 综合案例：支架零件三视图 ... 428
14.4 课后习题 435

第 15 章　绘制机械标准件、
　　　　　常用件 437

15.1 绘制螺纹紧固件 438

	15.1.1	绘制六角头螺栓 438
	15.1.2	绘制双头螺栓 440
	15.1.3	绘制六角螺母 441
15.2	绘制连接件 442
	15.2.1	绘制键 442
	15.2.2	绘制销 443
	15.2.3	绘制花键 444
15.3	绘制轴承 447
	15.3.1	滚动轴承的一般画法 447
	15.3.2	绘制滚动轴承 448
15.4	绘制常用件 449
	15.4.1	绘制圆柱直齿轮 449
	15.4.2	绘制蜗杆、蜗轮 451
	15.4.3	绘制弹簧 454
15.5	综合案例：绘制旋钮 456
	15.5.1	绘制旋钮的视图 456
	15.5.2	剖面填充和标注尺寸 460
15.6	课后习题 461

第 16 章　绘制机械轴测图 463

16.1	轴测图概述 464
16.2	在 AutoCAD 中绘制轴测图 ... 464
	16.2.1	设置绘图环境 465
	16.2.2	轴测图的绘制方法 466
	16.2.3	轴测图的尺寸标注 469
16.3	正等轴测图及其画法 470
	16.3.1	平行于坐标面的圆的 正等轴测图 470
	16.3.2	立体的正等轴测作图 472
16.4	斜二轴测图 476
	16.4.1	斜二轴测图的轴间角和 轴向伸缩系数 477
	16.4.2	圆的斜二轴测投影 477
	16.4.3	斜二轴测图的作图方法 477
16.5	轴测剖视图 479
	16.5.1	轴测剖视图的剖切位置 479
	16.5.2	轴测剖视图的画法 479

16.6	综合案例 485
	16.6.1	案例一：绘制固定座零件 轴测图 485
	16.6.2	案例二：绘制支架轴测图 488
16.7	课后习题 493

第 17 章　绘制机械零件工程图 495

17.1	零件与零件图基础 496
	17.1.1	零件图的作用与内容 496
	17.1.2	零件图的视图选择 496
	17.1.3	各类零件的分析与表达 497
	17.1.4	零件的机械加工要求 499
	17.1.5	零件图的技术要求 502
17.2	零件图读图与识图 506
	17.2.1	零件图标注要求 506
	17.2.2	零件图读图 508
17.3	综合案例 509
	17.3.1	案例一：绘制阀体零件图 509
	17.3.2	案例二：绘制高速轴零件图 .. 516
	17.3.3	案例三：绘制齿轮零件图 518
17.4	课后习题 521

第 18 章　绘制机械装配工程图 523

18.1	装配图概述 524
	18.1.1	装配图的作用 524
	18.1.2	装配图的内容 524
	18.1.3	装配图的种类 525
18.2	装配图的标注与绘制方法 526
18.3	装配图的尺寸标注 526
18.4	装配图上的技术要求 527
	18.4.1	装配图上的零件编号 528
	18.4.2	零件明细栏 529
	18.4.3	装配图的绘制方法 529
18.5	综合案例 531
	18.5.1	案例一：绘制球阀装配图 531
	18.5.2	案例二：绘制固定架装配图 .. 535
18.6	课后习题 538

第 1 章
AutoCAD 与机械制图基础

本章内容

机械制图是一门探讨绘制机械图样的理论、方法和技术的基础课程。用图形来表达思想、分析事物、研究问题、交流经验,具有形象、生动、轮廓清晰和一目了然的优点,弥补了有声语言和文字描述的不足。因此,本章将对机械制图的相关知识做详细介绍。

知识要点

- ☑ AutoCAD 在机械设计中的应用
- ☑ 机械制图的国家标准
- ☑ 绘图方法及步骤
- ☑ 绘制机械样板图

1.1　AutoCAD 在机械设计中的应用

在机械设计中,制图是设计过程中的重要工作之一。无论一个机械零件有多么复杂,一般均能用图形准确地将其表达出来。设计者通过图形来表达设计对象,而制造者则通过图形来了解设计要求并制造设计对象。

一般来说,一个零件图形均是由直线、曲线等图形元素构成的。利用 AutoCAD 完全能够满足机械制图过程中的各种绘图要求。例如,利用 AutoCAD 可以方便地绘制直线、圆、圆弧、等边多边形等基本图形对象;可以对基本图形进行各种编辑,以构成各种复杂图形。

除此之外,AutoCAD 还具有手工绘图无法比拟的优点。例如,可以将常用图形,如符合国家标准的轴承、螺栓、螺母、螺钉、垫圈等分别建立图形库,当希望绘制这些图形时,直接将它们插入即可,不再需要根据手册来绘图;当一张图纸上有多个相同图形,或者所绘图形对称于某一轴线时,利用复制、镜像等功能,能够快速地从已有图形中得到其他图形;可以方便地将已有零件图组装成装配图,就像实际装配零件一样,从而验证零件尺寸是否正确,是否会出现零件之间的干涉等问题;利用 AutoCAD 提供的复制等功能,可以方便地通过装配图拆解零件图;当设计系列产品时,可以方便地根据已有图形派生出新图形;国家机械制图标准对机械图形的线条宽度、文字样式等均有明确规定,利用 AutoCAD 则完全能够满足这些标准。

如图 1-1 所示为利用 AutoCAD 2018 软件绘制的机械零件工程图。

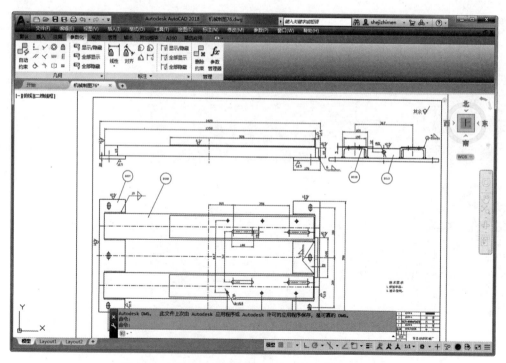

图 1-1　应用 AutoCAD 2018 绘制的机械零件工程图

1.2 机械制图的国家标准

图样是工程技术界的共同语言,为了便于指导生产和对外进行技术交流,国家标准对图样上的有关内容做出了统一的规定,每位从事技术工作的人员都必须掌握并遵守。国家标准(简称"国标")的代号为 GB。

本节仅就图幅格式、标题栏、比例、字体、图线、尺寸标注等一般规定予以介绍,其余的内容将在后面的章节中逐一介绍。

1.2.1 图纸幅面及格式

一幅标准图纸的幅面、图框和标题栏必须按照国标进行确定和绘制。

1. 图纸的幅面

绘图技术图样时,应优先采用表 1-1 中所规定的图纸基本幅面。

如果有必要,可以对幅面加长。加长后的幅面尺寸是由基本幅面的短边成倍数增加后得出的。加长后的幅面代号记作:基本幅面代号×倍数。如 A4 × 3,表示按 A4 图幅短边 210mm 加长两倍,即加长后的图纸尺寸为 297 × 630。

表 1-1 基本幅面

幅面代号		A0	A1	A2	A3	A4
幅面尺寸 $B×L$(mm)		841×1189	594×841	420×594	297×420	210×297
周边尺寸	e	25		10		
	c	10			5	
	a	20			10		

2. 图框格式

在图纸上必须使用细实线画出表示图幅大小的纸边界线;用粗实线画出图框,其格式分为不留装订边和留有装订边两种,但同一产品的图样只能采用一种格式。

不留装订边的图纸,其图框格式如图 1-2 所示。

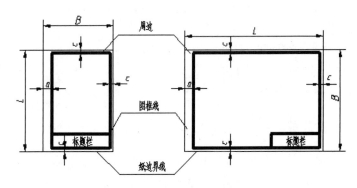

图 1-2 不留装订边的图框格式

留有装订边的图纸,其图框格式如图1-3所示。

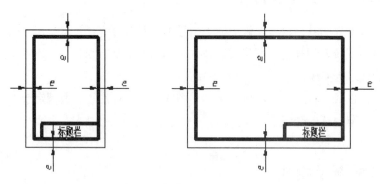

图1-3 留装订边的图框格式

1.2.2 标题栏

每张技术图样中均应画出标题栏。标题栏的格式和尺寸按GB 10609.1—89的规定,一般由更改区、签字区、其他区(如材料、比例、重量)、名称及代号区(单位名称、图样名称、图样代号)等组成。

通常工矿企业工程图的标题栏格式如图1-4所示。

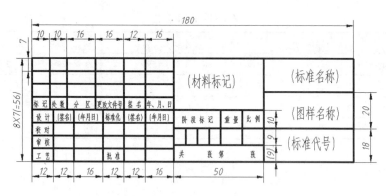

图1-4 标题栏

而一般在学校的制图作业中采用简化的标题栏格式及尺寸,但必须注意的是标题栏中文字的书写方向即为读图的方向。

1.2.3 图纸比例

机械图中的图形与其实物相应要素的线性尺寸之比称为"比例"。比值为1的比例,即1:1称为"原值比例",比例大于1的称为"放大比例",比例小于1的则称为"缩小比例"。绘制图样时,采用GB/T规定的比例。如表1-2所示的是GB/T规定的比例值,分为原值、放大、缩小3种。

通常应选用表 1-2 中的优先比例值，必要时可选用表中允许的比例值。

表 1-2　图样比例

种类	优先值	允许值
原值比例	1∶1	2.5∶1　4∶1 2.5×10n∶1　4×10n∶1
放大比例	2∶1　5∶1 1×10n∶1　2×10n∶1　5×10n∶1	
缩小比例	1∶2　1∶5 1∶1×10n　1∶2×10n　1∶5×10n	1∶1.5　1∶2.5　1∶3　1∶4　1∶6 1∶1.5×10n　1∶2.5×10n　1∶3×10n 1∶4×10n　1∶6×10n

绘制图样时，应尽可能按机件的实际大小（即 1∶1 的比例）绘制，以便直接从图样上看出机件的实际大小。对于大而简单的机件，可采用缩小比例，而对于小而复杂的机件，宜采用放大比例。

必须指出，无论采用哪种比例绘图，标注尺寸时都必须按照机件原有的尺寸标注（即尺寸数字是机件的实际尺寸），如图 1-5 所示。

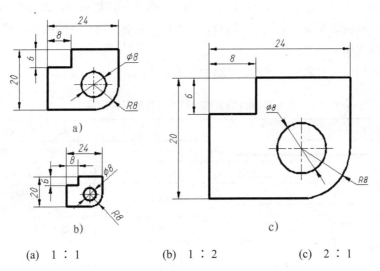

(a)　1∶1　　　　　　(b)　1∶2　　　　　　(c)　2∶1

图 1-5　采用不同比例绘制的同一个图形

1.2.4　字体

图样中除图形外，还需要用到汉字、字母、数字等来标注尺寸和说明机件在设计、制造、装配时的各项要求。

在图样中书写汉字、字母、数字时必须做到：字体工整、笔画清楚、间隔均匀、排列整齐。字体高度（用 h 表示）的公称尺寸系列为 1.8、2.5、3.5、5、7、10、14、20（mm）等，如需要书写更大的字，其字体高度应按 $\sqrt{2}$ 的比率递增。字体高度代表字体的号数，如 7 号字的高度为 7mm。

为了保证图样中的文字大小一致、排列整齐，初学时应打格书写，如图 1-6 和图 1-7 所示的是图样上常见字体的书写示例。

图 1-6　长仿宋字　　　　　　　　　　　图 1-7　数字书写示例

1.2.5　图线

国标所规定的基本线型共有 15 种。以实线为例，基本线型可能出现的变形如表 1-3 所示。其余各种基本线型视需要而定，可用同样的方法变形表示。

图线分为粗线、中粗线、细线 3 类。画图时，根据图形的大小和复杂程度，图线宽度可在 0.13、0.18、0.25、0.35、0.5、0.7、1、1.4、2（mm）数系（该数系的公比为 $1:\sqrt{2}$）中选择。粗线、中粗线、细线的宽度比率为 4∶2∶1。由于图样复制中所存在的困难，应尽量避免采用 0.18 以下的图线宽度。

机械图中常用图线的名称、形式及用途如表 1-3 所示。

表 1-3　图线的名称、形式、宽度及其用途

图线名称	图线形式	图线宽度	图线应用举例（如图 1-8 所示）
粗实线	———————	b	可见轮廓线；可见过渡线
虚线	— — — — —	约 b/3	不可见轮廓线；不可见过渡线
细实线	———————	约 b/3	尺寸线、尺寸界线、剖面线、重合断面的轮廓线及指引线
波浪线	～～～～	约 b/3	断裂处的边界线等
双折线	—\/\/\/—	约 b/3	断裂处的边界线
细点画线	— · — · —	约 b/3	轴线、对称中心线等
粗点画线	— · — · —	b	有特殊要求的线或表面的表示线
双点画线	— ·· — ·· —	约 b/3	极限位置的轮廓线、相邻辅助零件的轮廓线等

> 提示：
> 表中虚线、细点画线、双点画线的线段长度和间隔的数值可供参考。粗实线的宽度应根据图形大小和复杂程度选中，一般取 0.7mm。

如图 1-8 所示为各种形式图线的应用示例。

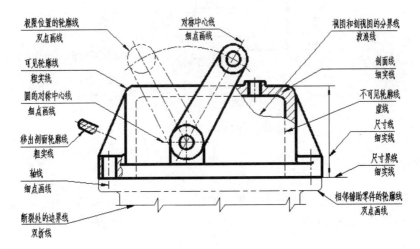

图 1-8　图线应用示例

绘制图样时，应注意：

- 同一图样中，同类图线的宽度应保持基本一致。虚线、点画线及双点画线的线段长短间隔应各自大致相等。
- 两条平行线之间的距离应不小于粗实线的两倍宽度，其最小距离不得小于 0.7mm。
- 虚线及点画线与其他图线相交时，都应以线段相交，不应在空隙或短画处相交；当虚线是粗实线的延长线时，粗实线应画到分界点，而虚线应留有空隙；当虚线圆弧和虚线直线相切时，虚线圆弧的线段应画到切点，而虚线直线需要留有空隙。
- 绘制圆的对称中心线（细点画线）时，圆心应为线段的交点。点画线和双点画线的首末两端应是线段而不是短画，同时其两端应超出图形的轮廓线 3mm～5mm。在较小的图形上绘制点画线或双点画线有困难时，可用细实线代替。

1.2.6　尺寸标注

图形只能表达机件的形状，而机件的大小则由标注的尺寸确定。

在机械图样中，尺寸的标注应遵循以下基本原则：

- 机件的真实大小应以图样上所注的尺寸数值为依据，与图形的大小及绘图的准确度无关。
- 图样中的尺寸以毫米为单位时，无须标注计量单位的代号或名称，如采用其他单位，则必须注明。
- 图样中所注尺寸是该图样所示机件最后完工时的尺寸，否则应另加说明。
- 机件的每个尺寸一般只标注一次，并应标注在反映该结构最清晰的图形上。

完整的尺寸应由尺寸界线、尺寸线、尺寸线终端和尺寸数字 4 个要素组成，如图 1-9 所示。

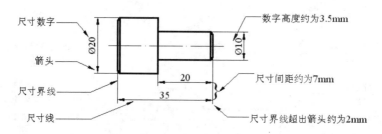

图 1-9 尺寸组成要素

1. 尺寸界线

尺寸界线用细实线绘制,并应由图形的轮廓线、轴线或对称中心线处引出。也可以利用轮廓线、轴线或对称中心线作为尺寸界线。尺寸界线一般应与尺寸线垂直,并超出尺寸线终端约2mm。

2. 尺寸线

尺寸线用细实线绘制。尺寸线必须单独画出,不能与图线重合或在其延长线上。

尺寸线终端有两种形式,如图 1-10 所示,箭头适用于各种类型的图样,箭头尖端与尺寸界线接触,不得超出也不得离开。

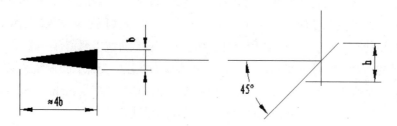

图 1-10 尺寸线终端形式

斜线用细实线绘制,图中 h 为字体高度。当尺寸线终端采用斜线形式时,尺寸线与尺寸界线必须相互垂直,并且同一图样中只能采用一种尺寸线终端形式。

3. 尺寸数字

线性尺寸的数字一般应注写在尺寸线的上方,也允许注写在尺寸线的中断处,同一图样内大小一致,空间不够可以引出标注。尺寸数字不可以被任何图线穿插,否则必须把图线断开,如图 1-11 中的尺寸 $\Phi 18$。

水平方向的尺寸数字字头朝上;垂直方向的尺寸数字字头朝左;倾斜方向的尺寸数字其字头保持朝上的趋势,但在30°范围内应尽量避免标注尺寸,如图 1-11(a)所示;当无法避免时,可参照图 1-11(b)的形式标注;在注写尺寸数字时,数字不可被任何图线穿插,当不可避免时,必须把图线断开,如图 1-11(c)所示。

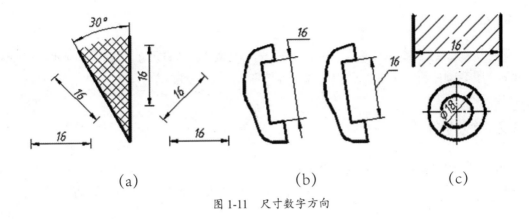

图 1-11 尺寸数字方向

1.3 绘图方法及步骤

任何平面图形总是由若干线段（包括直线段、圆弧、曲线）连接而成的，每条线段又由相应的尺寸来决定其长短（或大小）和位置。一个平面图形能否被正确地绘制，要看图中所给的尺寸是否齐全和正确。因此，绘制平面图形时应先进行尺寸和线段分析，以明确作图步骤。

1.3.1 尺寸分析

平面图形中的尺寸可以分为 3 大类：尺寸基准、定形尺寸和定位尺寸。

1. 尺寸基准

确定尺寸位置的点、线或面称为"尺寸基准"。通常将对称图形的对称线、大圆的中心线或圆心、重要的轮廓或端面等作为尺寸基准。平面图形通常在水平及垂直的两个方向上有尺寸基准，且在同一个方向上往往有几个尺寸基准，其中一个作为主要尺寸基准，其余的则称为"辅助尺寸基准"。

2. 定形尺寸

确定平面图形中几何元素大小的尺寸称为"定形尺寸"，例如直线段的长度、圆弧的半径等，如图 1-12 所示的挂钩的尺寸 15、$R28$ 等都称为"定形尺寸"。

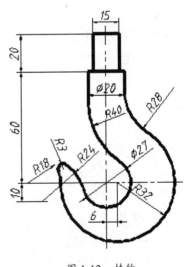

图 1-12 挂钩

3. 定位尺寸

确定几何元素位置的尺寸称为"定位尺寸",例如圆心的位置尺寸、直线与中心线的距离尺寸等,图 1-12 中两条垂直相交的中心线就是该图形的尺寸基准。

1.3.2 线段分析

平面图形中的线段,依其尺寸是否齐全可分为 3 类:已知线段、中间线段和连接线段。
- 已知线段:具有齐全的定形尺寸和定位尺寸的线段为已知线段,作图时可以根据已知尺寸直接绘出。
- 中间线段:只给出定形尺寸和一个定位尺寸的线段为中间线段,其另一个定位尺寸可依靠与相邻已知线段的几何关系求出。
- 连接线段:只给出线段的定形尺寸,定位尺寸可以依靠其两端相邻的已知线段求出的线段为连接线段。

仔细分析上述 3 类线段的定义,不难得出线段连接的一般规律:在两条已知线段之间可以有任意条中间线段,但必须有,而且只能有一条连接线段。

1.3.3 绘图步骤

下面以一个手柄平面图形的绘制实例来说明一般绘图的方法及步骤,如图 1-13 所示为手柄的平面图形。

其作图步骤如下:

(1)做出图形的基准线,首先画出已知线段,即具有齐全的定形尺寸和定位尺寸,作图时,可以根据这些尺寸先行画出,如图 1-14(a)所示。

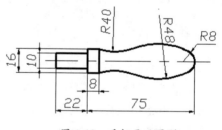

图 1-13 手柄平面图形

(2)画中间线段,只给出定形尺寸和一个定位尺寸,需待与其一端相邻的已知线段作出后,才能确定其位置。大圆弧 $R48$ 是中间圆弧,圆心位置尺寸只有一个垂直方向是已知的,水平方向位置需根据 $R48$ 圆弧与 $R8$ 圆弧内切的关系画出,如图 1-14(b)和图 1-14(c)所示。

(3)画连接线段,只给出定形尺寸,没有定位尺寸,需待与其两端相邻的线段作出后,才能确定其位置。$R40$ 的圆弧只给出半径,但它通过中间矩形右端的一个顶点,同时又要与 $R48$ 圆弧外切,所以它是连接线段,应最后画出,如图 1-14(d)和图 1-14(e)所示。可见在两条已知线段之间可以有任意个中间线段,但必须有,而且只能有一条连接线段。

(4)校核作图过程,擦去多余的作图线,描深图线。

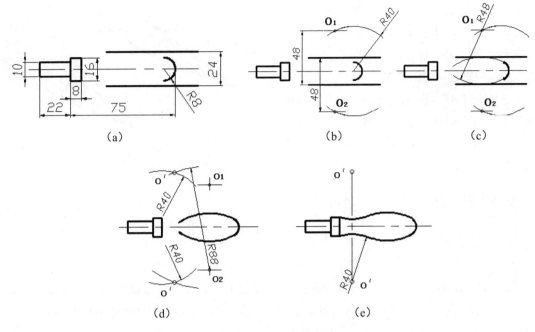

图 1-14 几何作图示例

1.4 绘图工具及其应用

正确使用绘图工具和仪器,是保证绘图质量和绘图效率的重要因素。本节将介绍手工绘图工具及其使用方法。

1.4.1 图板、丁字尺和三角板

图板是铺贴图纸用的,要求板面平滑、光洁,又因它的左侧边为丁字尺的导边,所以必须平直、光滑,图纸用胶带纸固定在图板上。当图纸较小时,应将图纸铺贴在图板靠左上方的位置,如图1-15所示。

丁字尺由尺头和尺身两部分组成。它主要用来画水平线,其头部必须紧靠绘图板左边,然后用丁字尺的上边画线。移动丁字尺时,用左手推动丁字

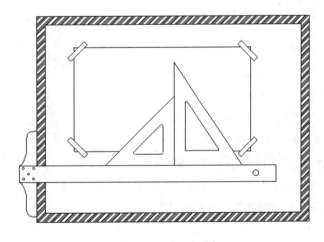

图 1-15 图纸和图板

尺头，沿图板上下移动，把丁字尺调整到准确的位置后，压住丁字尺画线。画水平线时从左到右画，铅笔前后方向应与纸面垂直，而在画线前进方向倾斜约 30°。

三角板分 45°和 30°～60°两块，可配合丁字尺画铅垂线及 15°倍角的斜线；或用两块三角板配合画任意角度的平行线或垂直线，如图 1-16 所示。

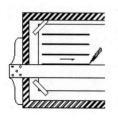
（a）画水平线

（b）画垂直线

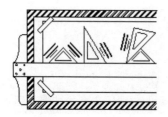
（c）画各种角度的平行线或垂直线

图 1-16 丁字尺和三角板的使用方法

1.4.2 绘图铅笔

绘图用铅笔的铅芯分别用 B 和 H 表示其硬度，绘图时根据不同的使用要求，应准备以下几种不同硬度的铅笔。

- B 或 HB：画粗实线用。
- HB 或 H：画箭头和写字用。
- H 或 2H：画各种细线和画底稿用。

其中用于画粗实线的铅笔削成矩形，其余的铅笔磨成圆锥形，如图 1-17 所示。

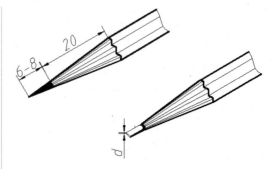

图 1-17 铅笔的削法

1.4.3 圆规和分规

圆规用来画圆和圆弧。画图时应尽量使钢针和铅芯都垂直于纸面，钢针的台阶与铅芯尖应平齐，使用方法如图 1-18 所示。

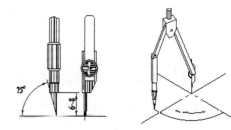

图 1-18 圆规的使用方法

分规主要用来量取线段长度或等分已知线段。分规的两个针尖应调整平齐，从比例尺上量取长度时，针尖不要正对尺面，应使针尖与尺面保持倾斜。用分规等分线段时，通常要用试分法，分规的用法如图 1-19 所示。

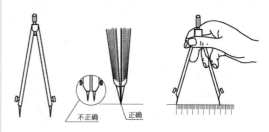

图 1-19 分规及其用法

1.5 几何作图

圆周的等分（正多边形）、斜度、锥度、平面曲线和连接线段等几何作图方法，是绘制机械图样的基础，应熟练掌握。

1.5.1 直线作图

直线作图有两种方法：一种是利用线段等长的性质来绘制等分线段；另一种就是过定某点作已知直线的垂线。

1. 平行等分线段

将线段 AB 三等分，过点 A 作任意直线 AB，用分规以任意长度在 AB 上截取 5 个等长线段，得 1、2、3、4、5 点，连接 5B，并过 1、2 点作 5B 的平行线，即得 5 条等长的线段，如图 1-20 所示。

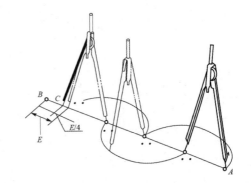

图 1-21 试分法等分线段

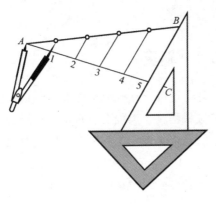

图 1-20 平行法等分线段

2. 试分线段

将直线段 AB 四等分。目测将分规的开度调整至 AB 长度的 1/4，然后在 AB 上试分。如不能恰好将线段分尽，可重新调整分规开度使其长度增加或缩小再行试分，逐步逼近将线段等分。在本例中首次试分，剩余长度幅度为 E，这时调整分规，增加 E/4 再重新等分 AB，直到分尽为止，如图 1-21 所示。

1.5.2 圆周的等分及正六边形

绘制正六边形，一般利用正六边形的边长等于外接圆半径的原理。绘制正六边形也有两种方法：一种是圆弧等分法；另一种是利用丁字尺和三角板的角度配合来绘制。

1. 圆弧等分法

以已知圆直径的两端点 A、B 为圆心，以已知圆的半径 R 为半径画弧与圆周相交，即得等分点，依次连接等分点，即得圆内接正六边形，如图 1-22 所示。

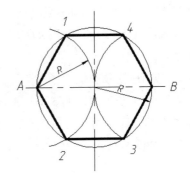

图 1-22 圆弧等分法

2. 利用丁字尺和三角板

30°～60°三角板与丁字尺（或45°三角的一边）相配合作内接或外接圆的正六边形，如图1-23所示。

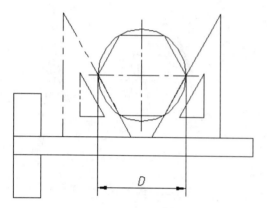

图1-23　利用丁字尺和三角板来绘制

1.5.3　五等分圆周及正五边形

正五边形的绘制方法有两种：一是已知正五边形的边长；二是已知外接圆直径。

1. 用已知边长画正五边形

已知正五边形的边长 AB，绘制正五边形的方法及步骤如下：

（1）以 ON 为半径、N 为圆心作圆弧，与圆交于 F、G。

（2）连接 F、G 点，得到点 M。

（3）以点 M 为圆心、MA 为半径作圆弧，与 ON 延长线交于 H 点。线段 AH 为五等分圆周的弦长。

（4）以 AH 为弦长依次截取圆周，并得到 B、C、D、E 正五边形的 5 个顶点。用线段连接 5 个顶点即可得到正五边形。绘制的正五边形，如图1-24所示。

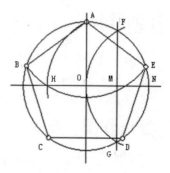

图1-24　已知边长画正五边形

2. 已知外接圆直画正五边形

已知外接圆直径，绘制正五边形的方法及步骤如下：

（1）取半径的中点 K。

（2）以点 K 为圆心、KA 为半径画圆弧得到点 C。

（3）AC 即为正五边形边长，等分圆周得到 5 个顶点。

1.5.4　斜度

斜度是指一直线或平面对另一直线或平面的倾斜程度。工程上用直角三角形对边与邻边的比值来表示，并固定把比例前项化为 1 而写成 1∶n 的形式。如已知直线段 AC 的斜度为 1∶5，其作图方法如图1-25所示。

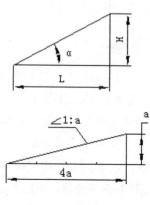

图1-25　斜度的画法

1.5.5 锥度

锥度是指圆锥的底圆直径 D 与高度 H 之比,通常,锥度也要写成 $1:n$ 的形式。锥度的作图方法如图 1-26 所示。

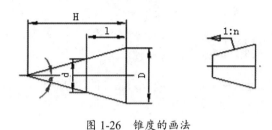

图 1-26 锥度的画法

1.5.6 圆弧连接

圆弧与圆弧的光滑连接,关键在于正确找出连接圆弧的圆心及切点的位置。由初等几何知识可知:当两圆弧以内切方式相连接时,连接弧的圆心要用 $R-R0$ 来确定;当两圆弧以外切方式相连接时,连接弧的圆心要用 $R+R0$ 来确定。用仪器绘图时,各种圆弧连接的画法如图 1-27(a)和图 1-27(b)所示。

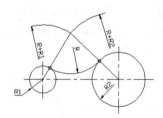

(a) 与两圆弧外切的画法

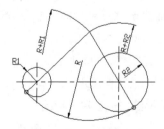

(b) 与两圆弧内切的画法

图 1-27 圆弧连接

1.5.7 椭圆

常用的椭圆近似画法为四圆弧法,即用 4 段圆弧连接起来的图形近似代替椭圆,如图 1-28 所示。

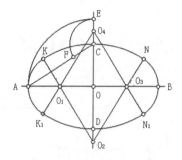

图 1-28 椭圆的近似画法

如果已知椭圆的长、短轴 AB 和 CD,则其近似画法的步骤如下:

(1) 连接 AC,以 O 为圆心、OA 为半径画弧,交 CD 延长线于 E,再以 C 为圆心、CE 为半径画弧,交 AC 于 F。

(2) 作 AF 线段的中垂线,分别交长、短轴于 O_1、O_2,并做 O_1、O_2 的对称点 O_3、O_4,即求出 4 段圆弧的圆心,如图 1-29 所示。

1.5.8 渐开线近似画法

直线在圆周上做无滑动的滚动,该直线上一点的轨迹即为此圆(称为"基圆")的渐开线。齿轮的齿廓曲线大都是渐开线,如图 1-30 所示。

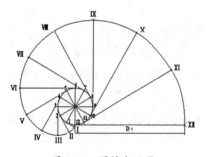

图 1-30 圆的渐开线

其作图步骤如下：

（1）画基圆并将其圆周 n 等分（图 1-30 中，$n=12$）。

（2）将基圆周的展开长度 πD 也分成相同等份。

（3）过基圆上各等分点，按同一方向做基圆的切线。

（4）依次在各切线上量取 $1/n\pi D$，$2/n\pi D$，…，πD，得到基圆的渐开线。

1.6 创建 AutoCAD 机械工程图样板

用 AutoCAD 绘制机械工程图样时，应用它所提供的功能与资源，为图样的绘制、设计创造一个初始环境，称为"工程图纸的初始化"。

1.6.1 样板图的作用

初学者学习使用绘图软件的最终目的就是绘制机械图样，由于样板图的使用可以避免许多重复性的工作，提高绘图效率，便于文件的调用和标注，便于图样的标准化，所以在实际绘图过程中，经常将设置的绘图环境创建为样板图，使用时调用即可。要绘制部件的装配图和相关零件的一套零件图，创建样板图是非常必要的。

AutoCAD 提供了一些标准的样板图形，它们都是以 .dwt 为扩展名的图形文件，存放在 AutoCAD 2018 的 Template 文件夹中。其中有 6 个是 AutoCAD 基础样板图形，它们分别是：

- acadiso.dwt（公制）：含有"颜色相关"的打印样式。
- acad.dwt（英制）：含有"颜色相关"的打印样式。
- acadiso-named plot styles.dwt（公制）：含有"命名"打印样式。
- acad-named plot styles.dwt（英制）：含有"命名"打印样式。
- acadiso3D.dwt（公制）：含有颜色相关和打印样式的 3D 样板图。
- acad3D.dwt（英制）：含有颜色相关和打印样式的 3D 样板图。

1.6.2 样板图的内容

一般情况下，机械工程图的样板图的内容如下：

- 绘图数据的记数格式和精度。
- 绘图区域的范围、图纸的大小。
- 栅格、捕捉、正交模式等辅助工具的设置。
- 预定义层、线型、线宽、颜色。
- 定义文字样式及尺寸标注样式。
- 绘制好图框、标题栏和公司标志。
- 建立专业符号库（例如：标高、粗糙度，同时加入合适的属性）。
- 加载所要使用的打印样式表。
- 加载所需菜单，调入专业设计程序，定制好工具栏。
- 创建所需要的布局。
- 惯用的其他约定。

动手操练——创建样板图

绘制的机械图都应符合机械图样国标（GB）和机械工程 CAD 制图规则 GB/

第1章 AutoCAD与机械制图基础

T14665—1998，下面以制作 A4 图幅的样板图为例，说明样板图的步骤。

本例的标准机械工程图样板图的创建步骤可分为"新建图形文件""设置绘图边界""设置常用图层""设置工程图样标注用的字体、字样及字号""绘制图纸边界、图框和标题栏""设置机械图样尺寸标注用的标注样式""高级初始化绘图环境"及"保存样板图"等。

1. 新建图形文件

step 01 在快速访问工具栏中单击"新建"按钮，打开"选择样板文件"对话框。通过该对话框选择 acad.dwt 样板文件，并将其打开。

step 02 在菜单栏中选择"文件"|"另存为"命令，然后在打开的"图形另存为"对话框中以 *.dwt 格式保存命名为"A4 样板图"的样板，如图 1-31 所示。

图 1-31 创建样板文件

step 03 随后弹出"样板选项"对话框，保留默认的说明及测量单位，单击"确定"按钮，完成新样板文件的创建。

2. 设置绘图边界

step 01 在快速访问工具栏单击鼠标右键，在弹出的快捷菜单中选择"显示菜单栏"命令，将菜单栏打开。

step 02 在菜单栏中选择"格式"|"图形界限"命令，按命令行的提示进行操作。

```
命令: _limits
设置模型空间界限:
指定左下角点或 [开(ON)/关(OFF)] <0.0000,0.0000>:✓
指定右上角点 <420.0000,297.0000>: 210,297 ✓         //指定界限的右上角点
```

step 03 打开栅格开关，设置的绘图图限如图 1-32 所示。

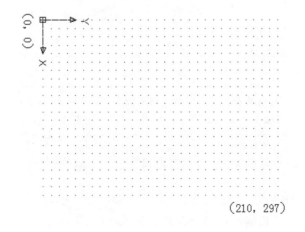

图 1-32 竖放的 A4 图限

3. 设置常用图层

根据 CAD 制图标准，参照表 1-4 所列的至少 9 个图层和相应的线型建立常用的图层。

表 1-4　常用图层

图层名	线型	颜色	线宽
粗实线	Continuous	绿	0.3mm
细实线	Continuous	白	0.15mm
虚线	Acad-iso02w100	黄	0.15mm
点画线	CENTER	红	0.15mm
细双点画线	Acad-iso05w100	粉红	0.15mm
尺寸标注	Continuous	白	0.15mm
剖面符号	Continuous	白	0.15mm
文本（细实线）	Continuous	白	0.25mm
图框、标题栏	Continuous	绿	0.25mm

step 01　在菜单栏中选择"工具"|"选项板"|"图层"命令，打开"图层特性管理器"选项板。

step 02　在该选项板中创建 9 个新图层，并按表 1-4 所示的图层名、线型、颜色及线宽分别进行定义，如图 1-33 所示。

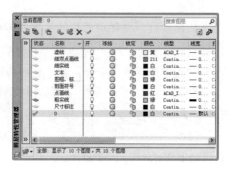

图 1-33　创建图层

step 03　完成图层的创建后关闭选项板。

> **注意：**
> 图层名也可以更换为便于区别的其他名称，如"粗实线"可以命名为"csx"；各图层的线宽根据规定选中其中一组；各种线型的比例值可以根据显示情况进行适当调整。

4. 设置工程图样标注用的字体、字样及字号

如表 1-5 所示的 3 种字体，分别用于尺寸标注，英、中文书写和标注（如技术要求、剖切平面名称、基准名称等）。根据 CAD 制图标准，参照表 1-5 所列的 4 种文字样式和相应的字体、字号规定，建立常用的文字样式。

表 1-5　字样设置

Style Name 字样名	Font（字体）		Effects（效果）			说明
	字体名	字体样式	字高	宽度比例	倾斜角度	
GBX3.5	gbeitc.shx	gbcbig.shx（用大字体）	3.5	1	5~12	3.5号字（直体）
GBTXT			0	1	0	用户可自定义高度（直体）
GB3.5	isocp.shx	（不用大字体）	3.5	0.7	0	字母、数字（斜体）
工程图汉字	仿宋 GB2312		5	0.7	0	汉字用（直体）

step 01 在菜单栏中选择"格式"|"文字样式"命令，打开"文字样式"对话框。在该对话框中单击"新建"按钮，弹出"新建文字样式"对话框，输入"工程图文字"样式名，再单击"确定"按钮，关闭"新建文字样式"对话框，如图1-34所示。

图 1-34　新建文字样式

step 02 在"字体名"下拉列表中选择"仿宋-GB2312"字体（不要选择"@仿宋-GB2312"字体）；在"高度"文本框中设置高度值为0.00；在"宽度因子"文本框中设置宽度比例值为0.7，其他保持默认，如图1-35所示。

> 提示：
> "工程图文字"样式用于在工程图中注写符合国家技术标准规定的汉字（长仿宋体），如技术要求、标题栏、明细表等。

step 03 同理，继续在该对话框中创建"GBX35"文字样式。其创建过程同上，不同之处在于选择gbeitc.shx字体，选中"使用大字体"复选框，并在"大字体"下拉列表中选择gbcbig.shx。在"宽度因子"文本框中输入1，其他保持默认，如图1-36所示。

图 1-35　设置并创建"工程图文字"样式　　　图 1-36　创建"GBX35"样式

> **提示：**
> GBX35 样式用于控制工程图中所标注的尺寸数字和注写其他数字、字母，使所注数字符合国家技术制图标准。

step 04 单击"应用"按钮，保存样式。最后单击"关闭"按钮，关闭"文字样式"对话框。

5. 绘制图纸边界、图框和标题栏

画好图纸边界、图框和标题栏，用建好的文字样式填写标题栏中相关的文字。绘制的图框如图 1-37 所示。

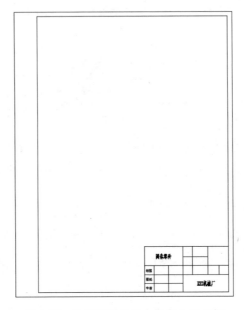

图 1-37　绘制图纸边界、图框和标题栏

6. 设置机械图样的标注样式

AutoCAD 中默认标注样式为 ISO-25，不符合我国机械制图国家标准中有关尺寸标注的规定。为此，应先设置好标注样式。如果图形简单、尺寸类型单一，设置一种即可；如果图形较复杂、尺寸类型或标注形式变化多样，应设置多种标注样式。

通常，根据机械图尺寸标注的需要，经常要建立以下几种：机械图尺寸通用样式、角度尺寸样式、直径或半径尺寸样式、公差－对称、公差－不对称等。

step 01 在菜单栏中选择"格式"|"标注样式"命令，弹出"标注样式管理器"对话框。

step 02 单击"新建"按钮，弹出"创建新标注样式"对话框，输入新的样式名"GB"，单击"继续"按钮，如图 1-38 所示。

step 03 随后弹出"新建标注样式"对话框，在该对话框中进行测试设置。GB 标注样式设置完成的对话框如图 1-39 所示。

第 1 章　AutoCAD 与机械制图基础

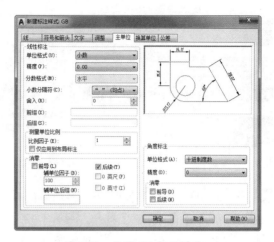

图 1-38　创建 GB 标注样式　　　　图 1-39　设置 GB 标注样式

- 在"线"选项卡的"尺寸线"选项区域中,将"基线间距"设为 8;在"延伸线"选项区域中,将"超出尺寸线"设为 2.25、"起点偏移量"设为 2。
- 在"符号和箭头"选项卡的"箭头"选项区域中,将"箭头"设为 4;在"圆心标记"选项区域中选中"无"单选按钮。
- 在"文字"选项卡的"文字外观"选项区域中,将"文字样式"设为"GBX35(已预设)"、"文字高度"设为 3.5(或 5);在"文字位置"选项区域中,将"垂直"设为"上"、"从尺寸线偏移"设为 1;在"文字对齐"选项区域中,选中"与尺寸线对齐"单选按钮。

> **注意:**
>
> 对于"角度"尺寸样式,在"文字位置"选项区域中,"垂直"要选"外部"选项,在"文字对齐"选项区域中,要选择"水平"选项。

- 在"调整"选项卡的"优化"选项区域中,选中"在延伸线之间绘制尺寸线"复选框。
- 在"主单位"选项卡中,"线性标注"和"角度标注"的"单位格式"分别选择"小数"和"十进制度数",通用尺寸的小数位数为 0.00,小数分隔符为".",其他保持默认。

> **注意:**
>
> 要设置非圆视图上标注直径的尺寸样式,需在"前缀"文本框输入直径符号的控制码"%%C",则用该样式标注的所有尺寸数值前都带有 Ø。

- "换算单位"选项卡用来设置换算单位的格式和精度,并设置尺寸数字的前、后缀。该选项卡在特殊情况下才使用,在不设置换算单位的情况下通常处于隐藏状态。
- "公差"选项卡用来控制尺寸公差标注形式、公差值大小、公差数字的高度和位置。通用尺寸样式 GB 不用标注尺寸公差,因此在"方式"下拉列表中选择"无"选项,其他选项不必设置。

> 注意：
>
> 另外，根据公差标注需要还须建立"公差—不对称"和"公差—对称"两种样式。

step 04 单击"新建标注样式"对话框中的"确定"按钮，退出 GB 标注样式的设置。

> 注意：
>
> 鉴于样式设置的过程非常烦琐，这里仅介绍 GB 样式的设置方法，其余样式均参照此方法进行设置。

step 05 在"标注样式管理器"中单击"新建"按钮，在弹出的对话框中输入新样式名为"公差—不对称样式"，并单击"继续"按钮，如图 1-40 所示。

step 06 在弹出的"新建标注样式"对话框的"公差"选项卡中，进行如下设置：

- "方式"选择"极限偏差"，"精度"保留位数与公差值中的小数点后位数一致。在"精度"下拉列表中选择 0.000 选项，表明保留 3 位小数。
- 在"上偏差"组合框可随意输入一值，默认状态是正值，若输负值应在数字前输入负号。
- 在"下偏差"组合框可随意输入一值，默认状态是负值，若输正值应在数字前输入负号。
- "高度比例"用来设定尺寸公差数字的高度，一般设为 0.7 使公差数字比尺寸数字小一号。
- 在"垂直位置"下拉列表选择"下"选项，使尺寸公差数字底部与基本尺寸底部对齐，符合 GB。

step 07 其余选项的设置参考前面的 GB 样式。设置完成后单击"确定"按钮，如图 1-41 所示。

图 1-40　创建"公差—不对称"样式标注样式　　图 1-41　设置"公差—不对称"样式标注样式

step 08 在"标注样式管理器"对话框中单击"新建"按钮，在弹出的对话框中输入新样式名为"公差—对称样式"，并单击"继续"按钮，如图 1-42 所示。

第 1 章　AutoCAD 与机械制图基础

图 1-42　创建"公差 - 对称样式"标注样式

step 09　在弹出的"新建标注样式"对话框中进入"公差"选项卡。

step 10　在"方式"下拉列表中选择"对称"选项,"精度"保留位数与公差值中的小数点后位数一致。

step 11　在"上偏差"组合框中可随意输入一个正值。将"高度比例"设为 1,使尺寸公差数字字高与基本尺寸数字高度相等。在"垂直位置"下拉列表中选择"下"选项。

step 12　其余选项区域中的设置参考前面的 GB 样式。设置完成后单击"确定"按钮,如图 1-43 所示。

step 13　同理,继续其他标注样式的创建,最后单击"标注样式管理器"对话框中的"关闭"按钮,完成所有标注样式的创建,如图 1-44 所示。

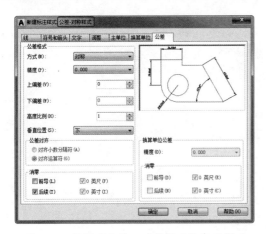

图 1-43　设置"公差—对称样式"标注样式

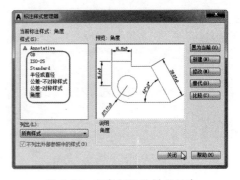

图 1-44　完成标注的样式创建

7. 高级初始化绘图环境

用"选项"对话框修改系统的一些默认配置选项,如圆弧显示精度、右键功能、线宽显示比例等,对绘图环境进行高级初始化,还可以对常用的辅助绘图模式进行设置,包括栅格间距、对象追踪特征点、角增量等。

8. 保存样板图

单击快速访问工具栏中的"保存"按钮,将样板文件保存。

若需要创建 A0、A1、A2 和 A3 等其他图幅的样板图,在此基础上可以快速创建出来。例如要创建 A3 图幅的，只需通过"样板"方式选中已建好的"A4 机械样图"建立一幅新图，则新图中包含"A4 机械样图"的所有信息，这时通过 Limits 命令，输入右上角点坐标（420,297），图形界限就变为 A3 的图幅大小（打开栅格即可验证），但其中边框、图框大小仍没改变。此时需用 Scale 命令将它们（不包括标题栏）放大，如图 1-45 所示。

图 1-45　修改 A4 图幅为 A3 图幅大小

方法为：指定比例因子时用"参照"选项，参照长度输入 297（长边）或 210（短边），新长度输入对应的 420 或 297，边框和图框就符合了 A3 图幅，其他都不必改变，即完成创建。

第 2 章

AutoCAD 2018 应用入门

本章内容

AutoCAD 是专用于二维绘图的工具软件。学会该软件,需要掌握一些基础知识,本章将介绍软件界面与文件管理方面的知识,为后面的学习打下扎实的基础。

知识要点

- ☑ 下载 AutoCAD 2018 软件
- ☑ 安装 AutoCAD 2018
- ☑ 使用 AutoCAD 2018 欢迎界面
- ☑ AutoCAD 2018 工作界面
- ☑ 设置绘图环境
- ☑ CAD 系统变量与命令

2.1 AutoCAD 2018 软件下载

要想使用 AutoCAD 2018 软件，除了通过正规渠道购买正版软件以外，Autodesk 公司还在其官方网站提供了 AutoCAD 2018 试用版软件供免费下载使用。

动手操练——AutoCAD 2018 的官网下载方法

step 01 首先打开计算机上安装的任意一款网络浏览器，并输入 http://www.autodesk.com.cn/ 网址，进入 Autodesk 中国官方网站，如图 2-1 所示。

step 02 在首页标题栏的"产品"中单击展开 Autodesk 公司提供的所有免费试用版软件列表，然后选中 AutoCAD 产品，如图 2-2 所示。

图 2-1 进入 Autodesk 中国官方网站

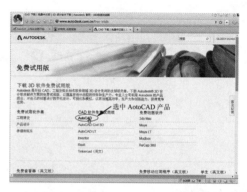

图 2-2 选中 AutoCAD 产品

step 03 进入 AutoCAD 产品介绍的网页页面，并在左侧选择 AutoCAD 2018 免费试用版，单击"开始下载"按钮，进入下载页面，如图 2-3 所示。

step 04 在 AutoCAD 产品下载页面设置试用版软件的语言和操作系统，并同时选中下方的"我接受许可和服务协议的条款"和"我接受上述试用版隐私声明的条款，并明确同意接受声明中所述的个性化营销"下载协议复选框，最后单击"继续"按钮，下载 AutoCAD 2018 的安装器 AutodeskDownloadManagerSetup.exe，如图 2-4 所示。

图 2-3 单击"开始下载"按钮

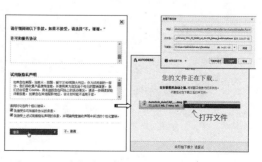

图 2-4 同意接受服务协议，并开始下载安装器

第 2 章　AutoCAD 2018 应用入门

> **提示：**
>
> 在选择操作系统时，一定要查看自己计算机的操作系统是 32 位的还是 64 位的。查看方法是：在 Windows 7/Windows 8 系统桌面上的"计算机"图标 上单击鼠标右键，在弹出的快捷菜单中选择"属性"命令，弹出系统控制面板，随后就可以看到计算机的系统类型是 32 位的还是 64 位的了，如图 2-5 所示。

step 06 接下来会自动在线下载 AutoCAD 2018 软件，如图 2-7 所示。

图 2-7　下载 AutoCAD 2018

图 2-5　查看系统类型

> **提示：**
>
> 如果计算机中安装了迅雷 7、网络快车等下载软件，此时将自动弹出这些下载软件的页面，如图 2-8 所示为自动弹出的迅雷 7 下载对话框，直接单击"立即下载"按钮即可自动下载软件。

step 05 完成安装器的下载后，双击此安装器，随后弹出 AutoCAD 2018 的"Autodesk Download Manager-安装"对话框，选择"我同意"单选按钮并单击"安装"按钮，如图 2-6 所示。

图 2-8　通过迅雷下载

图 2-6　接受许可协议并安装软件

2.2　安装 AutoCAD 2018

AutoCAD 2018 的安装过程可分为安装和注册并激活两个步骤，接下来将对 AutoCAD 2018 简体中文版软件的安装与卸载过程做详细介绍。

在独立的计算机上安装产品之前，需要确保计算机已满足软件的最低系统要求。

动手操练——安装 AutoCAD 2018

AutoCAD 2018 的安装过程如下：

step 01 在安装程序包中双击 setup.exe 文件（如果是在线安装则会自动启动），AutoCAD 2018 安装程序进入安装初始化进程，并弹出安装初始化界面，如图 2-9 所示。

图 2-9 安装初始化

step 02 安装初始化进程结束后，弹出 AutoCAD 2018 安装窗口，如图 2-10 所示。

图 2-10 AutoCAD 2018 安装窗口

step 03 在 AutoCAD 2018 安装窗口中单击"安装"按钮，弹出 AutoCAD 2018 安装"许可协议"的界面窗口。在该窗口中选择"我接受"单选按钮，保持其余选项的默认设置，再单击"下一步"按钮，如图 2-11 所示。

图 2-11 接受许可协议

> 注意：
> 如果不同意许可的条款并希望终止安装，可单击"取消"按钮。

step 04 设置产品和用户信息的安装步骤完成后，在 AutoCAD 2018 窗口中显示"配置安装"界面，若保留默认的配置进行安装，单击窗口中的"安装"按钮，系统开始自动安装 AutoCAD 2018 软件。也可以在此界面选择或取消选择安装某些组件，如图 2-12 所示。

图 2-12 执行安装命令

step 05 随后系统依次安装用户选择的程序组件，并最终完成 AutoCAD 2018 主程序的安装，如图 2-13 所示。

step 06 AutoCAD 2018 组件安装完成后，单击 AutoCAD 2018 窗口中的"完成"按钮，结束安装操作，如图 2-14 所示。

第 2 章　AutoCAD 2018 应用入门

图 2-13　安装 AutoCAD 2018 的程序组件

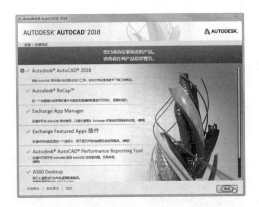

图 2-14　完成 AutoCAD 2018 的安装

动手操练——注册与激活 AutoCAD 2018

用户在第一次启动 AutoCAD 时，将显示产品激活向导。可在此时激活 AutoCAD，也可以先运行 AutoCAD 以后再激活它。

软件注册与激活的操作步骤如下：

step 01　在桌面上双击"AutoCAD 2018-Simplified Chinese"快捷方式图标，启动 AutoCAD 2018。AutoCAD 程序开始检查许可，如图 2-15 所示。

图 2-15　检查许可

step 02　随后弹出软件许可设置界面。选择"输入序列号"方式，如图 2-16 所示。

图 2-16　选择许可方式

step 03　程序弹出"Autodesk 许可"对话框，单击"我同意"按钮，如图 2-17 所示。

图 2-17　"Autodesk 许可"对话框

step 04　如果你有正版软件许可，接下来单击"激活"按钮，否则单击"运行"按钮试用软件，如图 2-18 所示。

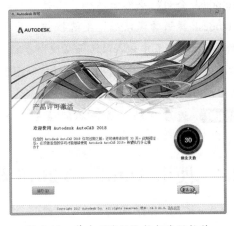

图 2-18　单击"激活"按钮激活软件

step 05 在随后弹出的"请输入序列号和产品密钥"界面中输入产品序列号与产品秘钥（软件包装中已提供），然后单击"下一步"按钮，如图 2-19 所示。

"Autodesk 许可 - 激活完成"对话框中的"完成"按钮，结束 AutoCAD 产品的注册与激活操作，如图 2-21 所示。

图 2-19　输入产品序列号与钥匙

图 2-20　输入产品激活码

> **提示：**
> 在此处输入的信息是永久的，将显示在 AutoCAD 软件的窗口中，由于以后无法更改此信息（除非卸载该软件），所以需要确保在此处输入信息的正确性。

step 06 接着弹出"产品许可激活选项"界面，界面中提供了两种激活方法：一种是通过 Internet 注册并激活，另一种就是直接输入 Autodesk 公司提供的激活码。选择"我具有 Autodesk 提供的激活码"单选按钮，并在展开的激活码列表中输入激活码（使用复制/粘贴的方法），然后单击"下一步"按钮，如图 2-20 所示。

step 07 随后自动完成产品的注册，单击

图 2-21　完成产品的注册与激活

> **技巧点拨：**
> 上面主要介绍的是单机注册与激活的方法。如果连接了 Internet，可以使用联机注册与激活的方法，也就是选择"立即连接并激活"单选按钮。

2.3　使用 AutoCAD 2018 欢迎界面

　　AutoCAD 2018 的欢迎界面延续了 AutoCAD 旧版软件的新选项区域功能，启动 AutoCAD 2018 会打开如图 2-22 所示的界面。

第 2 章　AutoCAD 2018 应用入门

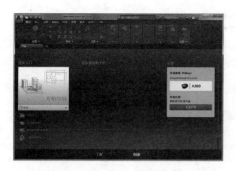

图 2-22　AutoCAD 2018 欢迎界面

该界面称为"新选项区域"。启动程序、打开新选项区域（+）或关闭一个图形时，将显示新选项区域。新选项区域为用户提供了便捷的绘图入门功能介绍："了解"页面和"创建"页面。默认打开的状态为"创建"页面。下面来熟悉一下两个页面的基本功能。

2.3.1 "了解"页面

在"了解"页面，可以看到"新特性""快递入门视频""功能视频""安全更新"和"联机资源"等功能。

动手操练——熟悉"了解"页面的基本操作

 "新特性"功能。在"新特性"中能观看 AutoCAD 2018 软件中新增功能的介绍视频，如果你是新手，那么务必观看该视频。单击"新特性"中的视频播放按钮，会打开 AutoCAD 2018 自带的视频播放器来播放"新功能概述"视频，如图 2-23 所示。

图 2-23　观看版本新增功能介绍视频

 当播放完成时或者中途需要关闭播放器时，在播放器右上角单击"关闭"按钮

即可，如图 2-24 所示。

图 2-24　关闭播放器

 熟悉"快速入门视频"功能。在"快速入门视频"列表中，可以选择其中的视频进行观看，这些视频是帮助用户快速熟悉 AutoCAD 2018 工作空间界面及相关操作的功能指令的，例如，单击"漫游用户界面"视频进行播放，会打开"漫游用户界面"的演示视频，如图 2-25 所示。"漫游用户界面"主要介绍 AutoCAD 2018 的视图、视口及模型的操控方法。

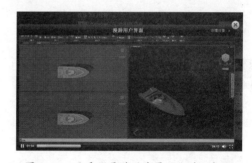

图 2-25　观看"漫游用户界面"演示视频

 熟悉"功能视频"功能。"功能视频"可以帮助新手了解 AutoCAD 2018 高级功能的视频。当你掌握了 AutoCAD 2018 的基础设计能力后，观看这些视频能提升你的软件操作水平。例如，单击"改进的图形"视频进行观看，会看到 AutoCAD 2018 的新增功能——平滑线显示图形。以前旧版本中在绘制圆形或斜线时，会显示出极不美观的"锯齿"，在有了"平滑线显示图形"功能后，能很清晰、平滑地显示图形了，如图 2-26 所示。

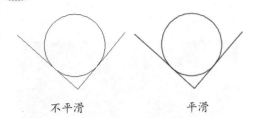

不平滑　　　　　平滑

图 2-26　改进的图形平滑显示

step 05 熟悉"安全更新"功能。"安全更新"是发布 AutoCAD 及其插件程序的补丁和软件更新信息的窗口。单击"单击此处以获取修补程序和详细信息"链接地址，可以打开 Autodesk 官方网站的补丁程序信息发布页面，如图 2-27 所示。

图 2-27　AutoCAD 及其插件程序的补丁下载信息

提示：

默认页面是英文显示的，要想用中文显示网页中的内容，有两种方法：一种是使用 Google Chrome 浏览器自动翻译；另一种就是在此网页右侧的语言下拉列表中选择"Chinese (Simplified)"选项，再单击"View Original"按钮，即可用简体中文显示网页，如图 2-28 所示。

图 2-28　翻译网页

step 06 熟悉"联机资源"功能。"联机资源"是进入 AutoCAD 2018 联机帮助的窗口。单击"AutoCAD 基础知识漫游"图标，即可打开联机帮助文档网页，如图 2-29 所示。

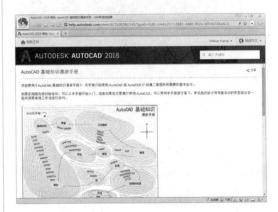

图 2-29　打开联机帮助文档网页

2.3.2　"创建"页面

在"创建"页面中，包括"快速入门""最近使用的文档"和"连接"3 个引导功能，下面通过操作来演示如何使用这些引导功能。

动手操练——熟悉"创建"页面的功能应用

step 01 "快速入门"功能是新用户进入 AutoCAD 2018 的关键一步，作用是教会你如何选择样板文件、打开已有文件、打开已创建的图纸集、获取更多联机的样板文件和了解样例图形等。

step 02 如果直接单击"开始绘制"大图标，将进入 AutoCAD 2018 的工作空间，如图 2-30 所示。

技巧点拨：

直接单击"开始绘制"按钮，AutoCAD 2018 将自动选择公制的样板进入工作空间中。

第 2 章　AutoCAD 2018 应用入门

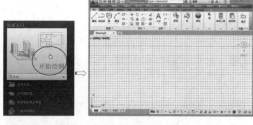

图 2-30　直接进入 AutoCAD 2018 的工作空间

step 03 若展开样板列表，可以发现有很多 AutoCAD 样板文件可供选择，选择何种样板将取决于即将绘制的是公制还是英制的图纸，如图 2-31 所示。

step 04 如果选择"打开文件"选项，会弹出"选择文件"对话框。从系统路径中找到 AutoCAD 文件并打开，如图 2-33 所示。

图 2-33　打开文件

step 05 选择"打开图纸集"选项，可以打开"打开图纸集"对话框。选择用户先前创建的图纸集并打开即可，如图 2-34 所示。

图 2-31　展开样板列表

图 2-34　打开图纸集

> **技巧点拨：**
>
> 样板列表中包含 AutoCAD 所有样板文件，大致分为 3 种。首先是英制和公制的常见样板文件，凡是样板文件名中包含 iso 的都是公制样板，反之是英制样板；其次是无样板的空模板文件；最后是机械图纸和建筑图纸的模板，如图 2-32 所示。

> **提示：**
>
> 关于图纸集的作用及如何创建图纸集，将在后面相应章节中详细介绍。

step 06 选择"联机获取更多样板"选项，将可以到 Autodesk 官方网站下载各种符合设计要求的样板文件，如图 2-35 所示。

step 07 选择"了解样例图形"选项，可以在随后弹出的"选择文件"对话框中，打开

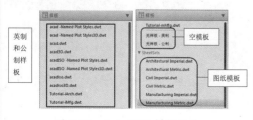

图 2-32　AutoCAD 样板文件

AutoCAD 自带的样例文件，这些样例文件包括建筑、机械、室内等图纸样例和图块样例，如图 2-36 所示为在 X（AutoCAD 2018 软件安装盘符）:\Program Files\Autodesk\AutoCAD 2018\Sample\Sheet Sets\Manufacturing 路径下打开的机械图纸样例 VW252-02-0200.dwg。

技巧点拨：

"最近使用文档"底部的 3 个按钮——大图标、小图标和列表，可以分别显示大小不同的文档预览图片，如图 2-38 所示。

图 2-38　不同大小的文档图标显示

图 2-35　联机获取更多样板

step 09　"连接"功能除了可以在此登录 Autodesk 360，还可以将用户在使用 AutoCAD 2018 过程中所遇到的困难或者发现软件自身的缺陷反馈给 Autodesk 公司。单击"登录"按钮，将弹出"Autodesk-登录"对话框，如图 2-39 所示。

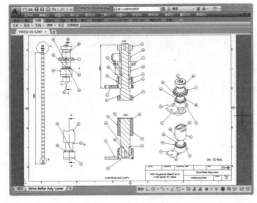

图 2-36　打开的图纸样例文件

图 2-39　登录 Autodesk 360

step 08　"最近使用的文档"功能可以快速打开之前建立的图纸文件，而不用通过"打开文件"的方式去寻找文件，如图 2-37 所示。

step 10　如果没有账户，可以单击 Autodesk - 登录"对话框下方的"需要 Autodesk ID？"按钮，在打开的"Autodesk-创建账户"对话框中创建属于自己的账户，如图 2-40 所示。

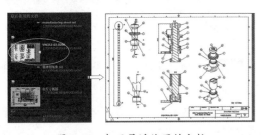

图 2-37　打开最近使用的文档

图 2-40　注册 Autodesk 360 账户

2.4 AutoCAD 2018 工作界面

AutoCAD 2018 提供了"二维草图与注释""三维建模"和"AutoCAD 经典"3 种工作空间模式,用户在工作状态下可以随时切换工作空间。

在程序默认状态下,窗口中打开的是"二维草图与注释"工作空间。"二维草图与注释"工作空间的工作界面主要由菜单浏览、快速访问工具栏、信息搜索中心、菜单栏、功能区、文件选项区域、绘图区、命令行、状态栏等元素组成,如图 2-41 所示。

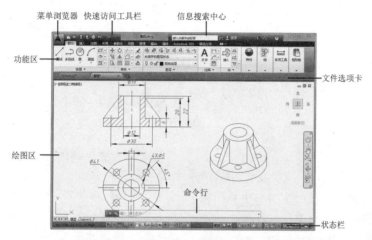

图 2-41　AutoCAD 2018 "二维草图与注释"空间工作界面

提示:

初始打开 AutoCAD 2018 软件显示的界面为黑色背景,与绘图区的背景颜色一致,如果觉得黑色不美观,可以通过在菜单栏中选择"工具"|"选项"命令,打开"选项"对话框,然后在"显示"选项卡中设置窗口的"配色方案"为"明",如图 2-42 所示。

图 2-42　设置功能区窗口的背景颜色

技巧点拨:

同样,如果需要设置绘图区的背景颜色,同样需要在"选项"对话框的"显示"选项卡中进行颜色设置,如图 2-43 所示。

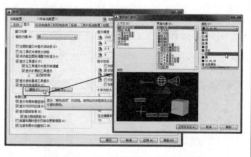

图 2-43　设置绘图区背景颜色

2.5 绘图环境的设置

通常情况下，用户可以在 AutoCAD 2018 默认设置的环境下绘制图形，但有时为了使用特殊的定点设备、打印机，或者提高绘图效率，需要在绘制图形前先对系统参数、绘图环境做必要的设置。这些设置包括系统变量设置、选项设置、草图设置、特性设置、图形单位设置，以及绘图图限设置等，接下来做详细介绍。

2.5.1 选项设置

选项设置是用户自定义的程序设置，它包括文件、显示、打开和保存、打印和发布、系统、用户系统配置、绘图、三维建模、选择集、配置等一系列设置。选项设置是通过"选项"对话框来完成的，用户可以通过以下命令打开"选项"对话框：

- 菜单栏：选择"工具"|"选项"命令。
- 右键快捷菜单：在命令窗口中单击鼠标右键，或者（在未运行任何命令也未选择任何对象的情况下）在绘图区域中单击鼠标右键，然后在弹出的快捷菜单中选择"选项"命令。
- 命令行：输入 OPTIONS 命令。

打开的"选项"对话框如图 2-44 所示。该对话框包含文件、显示、打开和保存、打印和发布、系统、用户系统配置、绘图、三维建模、选择集、配置等设置功能选项区域，下面介绍各功能含义。

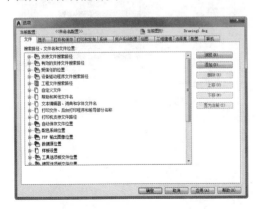

图 2-44 "选项"对话框

1. "文件"选项卡

在"文件"选项卡中，列出了程序在其中搜索支持文件、驱动程序文件、菜单文件和其他文件的文件夹，还列出了用户定义的可选设置，例如，哪个目录用于进行拼写检查。"文件"选项区域如图 2-44 所示。

2. "显示"选项卡

"显示"选项卡如图 2-45 所示。该选项卡中包括"窗口元素""布局元素""显示精度""显示性能""十字光标大小""淡入度控制"选项区域，其主要功能含义如下：

图 2-45 "显示"选项卡

- "窗口元素"选项区域：设置绘图环境特有的显示方式。
- "布局元素"选项区域：控制现有布局和新布局的选项，布局是一幅图纸的空间环境，用户可在其中绘制图形并进行打印。
- "显示精度"选项区域：控制对象的

显示质量，如果设置较高的值提高显示质量，则性能将受到一定的影响。
- "显示性能"选项区域：控制影响性能的显示设置。
- "十字光标大小"选项区域：控制十字光标的尺寸。
- "淡入度控制"选项区域：控制影响性能的显示设置，指定在位编辑参照的过程中对象的褪色度。

在该选项区域中，包含"颜色"和"字体"功能设置按钮。"颜色"按钮用于设置应用程序中每个上下文界面元素的显示颜色。单击"颜色"按钮，则弹出如图2-46所示的"图形窗口颜色"对话框。

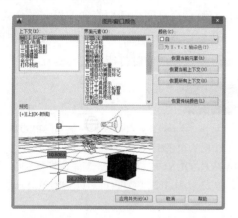

图2-46 "图形窗口颜色"对话框

在命令行中若需要更改显示的字体，可通过"字体"按钮来设置，单击"字体"按钮，则弹出如图2-47所示的"命令行窗口字体"对话框。

图2-47 "命令行窗口字体"对话框

> 提示：
> 屏幕菜单字体是由 Windows 系统字体设置控制的。如果使用屏幕菜单，应将 Windows 系统字体设置为符合屏幕菜单尺寸限制的字体和字号。

3. "打开和保存"选项卡

"打开和保存"选项卡用于控制打开和保存文件，如图2-48所示。

图2-48 "打开和保存"选项卡

> 提示：
> AutoCAD 2004、AutoCAD 2005 和 AutoCAD 2006 版本使用的图形文件格式相同。AutoCAD 2007 和 AutoCAD 2018 版本的图形文件格式也是相同的。

该选项卡中包括"文件保存""文件安全措施""文件打开""应用程序菜单""外部参照""ObjectARX 应用程序"等选项区域，其功能含义如下：

- "文件保存"选项区域：控制保存文件的相关设置。
- "文件安全措施"选项区域：帮助避免数据丢失及检测错误。
- "文件打开"选项区域：控制最近使用文件的显示个数和方式。
- "应用程序菜单"选项区域：控制菜

单栏的"最近使用的文档"快捷菜单中所列出的最近使用过的文件数,以及控制菜单栏中"最近执行的动作"快捷菜单中所列出的最近使用过的菜单动作数。

- "外部参照"选项区域:控制与编辑和加载外部参照有关的设置。
- "ObjectARX 应用程序"选项区域:控制"AutoCAD 实时扩展"应用程序及代理图形的有关设置。

在该选项卡中,还可以控制保存图形时是否更新缩略图预览。单击"缩略图预览设置"按钮,则弹出如图 2-49 所示的"缩略图预览设置"对话框。

图 2-49 "缩略图预览设置"对话框

4. "打印和发布"选项卡

"打印和发布"选项卡中包含控制与打印和发布相关的选项,如图 2-50 所示。

图 2-50 "打印和发布"选项卡

该选项卡中包括"新图形的默认打印设置""打印到文件""后台处理选项""打印和发布日志文件""自动发布""常规打印选项""指定打印偏移时相对于"选项区域,其主要功能含义如下:

- "新图形的默认打印设置"选项区域:控制新图形或在 AutoCAD R14 或更早版本中创建的没有用 AutoCAD 2000 或更高版本格式保存的图形的默认打印设置。
- "打印到文件"选项区域:为打印到文件操作指定默认位置。
- "后台处理选项"选项区域:指定与后台打印和发布相关的选项。可以使用后台打印启动要打印或发布的作业,然后立即返回绘图工作,系统将在用户工作的同时打印或发布作业。

> **提示:**
>
> 当在脚本(SCR 文件)中使用 -PLOT、PLOT、-PUBLISH 和 PUBLISH 时,BACKGROUNDPLOT 系统变量的值将被忽略,并在前台执行 -PLOT、PLOT、-PUBLISH 和 PUBLISH 命令。

- "打印和发布日志文件"选项区域:控制用于将打印和发布日志文件另存为逗号分隔值(CSV)文件(可以在电子表格程序中查看)的选项。
- "自动发布"选项区域:指定图形是否自动发布为 DWF 或 DWFx 文件。还可以控制用于自动发布的选项。
- "常规打印选项"选项区域:控制常规打印环境(包括图纸尺寸设置、系统打印机警告方式和图形中的 OLE 对象)的相关选项。
- "指定打印偏移时相对于"选项区域:

指定打印区域的偏移是从可打印区域的左下角开始,还是从图纸的边开始。

5."系统"选项卡

"系统"选项卡主要控制 AutoCAD 的系统设置。其功能选项如图 2-51 所示。

图 2-51 "系统"选项卡

该选项区域中包括"硬件加速""当前定点设备""布局重生成选项""常规选项""数据库连接选项"等选项区域,其功能含义如下:

- "硬件加速"选项区域:控制与三维图形显示系统配置相关的设置。
- "当前定点设备"选项区域:控制与定点设备相关的选项。
- "布局重生成选项"选项区域:指定"模型"和"布局"选项区域上的显示列表如何更新。对于每个选项区域,更新显示列表的方法可以是切换到该选项区域时重生成图形,也可以是切换到该选项区域时将显示列表保存到内存并只重生成修改的对象。修改这些设置可以提高性能。
- "数据库连接选项"选项区域:控制与数据库连接信息相关的选项。
- "常规选项"选项区域:控制与系统设置相关的基本选项。

6."用户系统配置"选项卡

"用户系统配置"选项卡中包含控制优化工作方式的选项,如图 2-52 所示。该选项卡中包括"Windows 标准操作""插入比例""超链接""字段""坐标数据输入的优先级""关联标注""放弃/重做"等选项区域,其功能含义如下:

图 2-52 "用户系统配置"选项卡

- "Windows 标准操作"选项区域:控制单击和单击鼠标右键操作。
- "插入比例"选项区域:控制在图形中插入块和图形时使用的默认比例。
- "超链接"选项区域:控制与超链接的显示特性相关的设置。
- "字段"选项区域:设置与字段相关的系统配置。
- "坐标数据输入的优先级"选项区域:控制程序响应坐标数据输入的方式。
- "关联标注"选项区域:控制是创建关联标注对象还是创建传统的非关联标注对象。
- "放弃/重做"选项区域:控制"缩放"和"平移"命令的"放弃"和"重做"。

在"用户系统配置"选项区域中还包含"自定义右键单击""线宽设置"等其他功能设置。"自定义右键单击"用于控制在绘图区域中右键的作用,单击"自定义右键单击"按钮,则弹出"自定义右键单击"对话框,如图 2-53 所示。

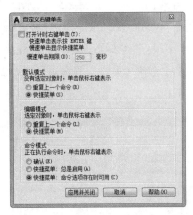

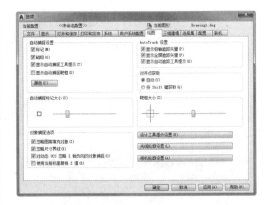

图 2-55　"绘图"选项卡

图 2-53　"自定义右键单击"对话框

"线宽设置"可以设置当前线宽、设置线宽单位、控制线宽的显示和显示比例,以及设置图层的默认线宽值。单击"线宽设置"按钮,则弹出"线宽设置"对话框,如图 2-54 所示。

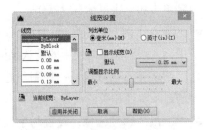

图 2-54　"线宽设置"对话框

7. "绘图"选项卡

"绘图"选项卡中包含设置多个编辑功能的选项(包括自动捕捉和自动追踪),如图 2-55 所示。

该选项卡中包括"自动捕捉设置""自动捕捉标记大小""对象捕捉选项""Auto Track 设置""对齐点获取""靶框大小"等选项区域,其功能含义如下:

- "自动捕捉设置"选项区域:控制使用对象捕捉时显示的形象化辅助工具(称作自动捕捉)的相关设置。
- "自动捕捉标记大小"选项区域:设置自动捕捉标记的显示尺寸。
- "对象捕捉选项"选项区域:指定对象捕捉的选项。
- "Auto Track 设置"选项区域:控制与 AutoTrack™(自动追踪)方式相关的设置,此设置在极轴追踪或对象捕捉追踪打开时可用。
- "对齐点获取"选项区域:控制在图形中显示对齐矢量的方法。
- "靶框大小"选项区域:设置自动捕捉靶框的显示尺寸。
- "设计工具提示设置"功能按钮:控制绘图工具提示的颜色、大小和透明度。
- "光线轮廓设置"功能按钮:显示光线轮廓的当前外观并在更改时进行更新。
- "相机轮廓设置"功能按钮:指定相机轮廓的外观。

在"绘图"选项卡中,用户还可以通过"设计工具提示设置""光线轮廓设置"和"相机轮廓设置"等功能来设置相关选项。"设计工具提示设置"主要控制工具提示的外观。单击此功能按钮,可弹出"工具提示外观"对话框。通过该对话框,可以设置工具提示的相关选项,如图2-56所示。

图2-56 "工具提示外观"对话框

> **提示:**
> 使用 TOOLTIPMERGE 系统变量可将绘图工具提示合并为单个工具提示。

"光线轮廓设置"用于指定光线轮廓的外观。单击此功能按钮,会弹出"光线轮廓外观"对话框,如图2-57所示。

图2-57 "光线轮廓外观"对话框

"相机轮廓设置"用于指定相机轮廓的外观。单击此功能按钮,会弹出"相机轮廓外观"对话框,如图2-58所示。

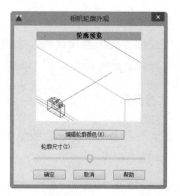

图2-58 "相机轮廓外观"对话框

8. "三维建模"选项卡

"三维建模"选项卡中包含设置在三维对象中使用实体和曲面的选项,如图2-59所示。

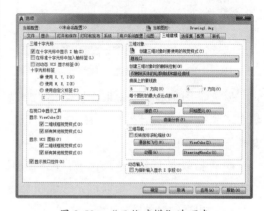

图2-59 "三维建模"选项卡

该选项卡中包括"三维十字光标""显示 ViewCube"或"显示 UCS 图标""动态输入""三维对象""三维导航"等选项区域,其功能含义如下:

- "三维十字光标"选项区域:控制三维操作中十字鼠标指针的显示样式。
- "显示 ViewCube"或"显示 UCS 图标"选项区域:控制 ViewCube 和 UCS 图标的显示。
- "动态输入"选项区域:控制坐标项的动态输入字段的显示。
- "三维对象"选项区域:控制三维实

体和曲面的显示的设置。

- "三维导航"选项区域：设置漫游、飞行和动画选项以显示三维模型。

9. "选择集"选项卡

"选择集"选项卡中包含设置选择对象的选项，如图 2-60 所示。

图 2-60　"选择集"选项卡

该选项卡中包括"拾取框大小""预览""选择集模式""夹点尺寸""夹点"等选项区域，其功能含义如下：

- "拾取框大小"选项区域：控制拾取框的显示尺寸。拾取框是在编辑命令中出现的对象选择工具。
- "集预览"选项区域：当拾取框光标滚动过对象时，亮显对象。
- "选择集模式"选项区域：控制与对象选择方法相关的设置。
- "夹点尺寸"选项区域：控制夹点的显示尺寸。
- "夹点"选项区域：控制与夹点相关的设置。在对象被选中后，其上将显示夹点，即一些小方块。

在"选择集"选项卡中，用户还可以设置选择预览的外观。单击"视觉效果设置"功能按钮，则弹出"视觉效果设置"对话框，如图 2-61 所示。该对话框用来设置选择预览效果和区域选择效果。

图 2-61　"视觉效果设置"对话框

10. "配置"选项卡

"配置"选项卡用于控制配置的使用。配置是由用户定义的。选项卡中的各功能选项如图 2-62 所示。

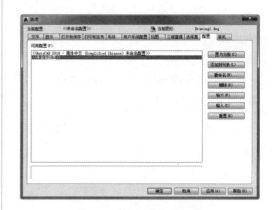

图 2-62　"配置"选项卡

该选项卡中的各功能按钮含义如下：

- "置为当前"按钮：使选定的配置成为当前配置。
- "添加到列表"按钮：用其他名称保存选定配置。
- "删除"按钮：删除选定的配置（除非它是当前配置）。
- "输出"按钮：将配置文件输出为扩展名为 .arg 的文件，以便可以与其他用户共享该文件。

- "输入"按钮：输入使用"输出"选项创建的配置文件（文件扩展名为 .arg）。
- "重置"按钮：将选定配置中的值重置为系统默认设置。

2.5.2 草图设置

草图设置主要是为绘图工作时的一些类别进行设置，如"捕捉和栅格""极轴追踪""对象捕捉""动态输入""快捷特性"等。这些类别的设置是通过"草图设置"对话框来实现的，用户可通过以下方式来打开"草图设置"对话框：

- 菜单栏：选择"工具"|"绘图设置"命令。
- 状态栏：在状态栏绘图工具区域的"捕捉""栅格""极轴""对象捕捉""对象追踪""动态"或"快捷特性"工具上单击鼠标右键，选择快捷菜单中的"设置"命令。
- 命令行：输入 DSETTINGS 命令。

执行上述命令后打开"草图设置"对话框，如图 2-63 所示。

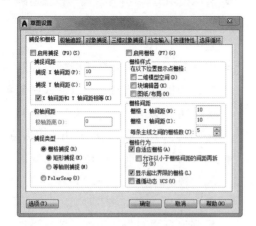

图 2-63 "草图设置"对话框

该对话框中包含多个功能选项卡，下面介绍其中各选项的含义。

1. "捕捉和栅格"选项卡

该选项卡主要用于指定捕捉和栅格设置，该选项卡中各选项的含义如下：

启用捕捉：打开或关闭捕捉模式。"捕捉"栏是控制光标移动的大小。

> 提示：
>
> 用户也可以通过单击状态栏上的"捕捉模式"按钮、按 F9 键或使用 SNAPMODE 系统变量，来打开或关闭捕捉模式。

启用栅格：打开或关闭栅格。"栅格间距"用于控制栅格显示的间距大小。

> 提示：
>
> 用户也可以通过单击状态栏上的"栅格显示"按钮、按 F7 键或使用 GRIDMODE 系统变量，来打开或关闭栅格模式。

- 捕捉间距：控制捕捉位置的不可见矩形栅格，以限制光标仅在指定的 X 和 Y 间隔内移动。
  - 捕捉 X 轴间距：指定 X 方向的捕捉间距。间距值必须为正实数。
  - 捕捉 Y 轴间距：指定 Y 方向的捕捉间距。间距值必须为正实数。
  - X 轴间距和 Y 轴间距相等：为捕捉间距和栅格间距强制使用同一 X 和 Y 间距值。捕捉间距可以与栅格间距不同。
- 极轴间距：选定"捕捉类型"选项组下的 PolarSnap 单选按钮时，设置捕捉增量距离。如果该值为 0，则 PolarSnap 距离采用"捕捉 X 轴间距"的值。"极轴距离"设置与极坐标追踪和/或对象捕捉追踪结合使用。如果两个追踪功能都未启用，则"极轴间距"选项设置无效。
- ➢ 栅格捕捉：设置栅格捕捉类型。如果指定点，光标将沿垂直或水平栅格点进行捕捉。

> **提示：**
> 栅格捕捉类型包括"矩形捕捉"和"等轴测捕捉"。用户若是绘制二维图形，可采用"矩形捕捉"类型，若是绘制三维或等轴测图形，采用"等轴测捕捉"类型绘图较为方便。

- ➢ PolarSnap：用于将捕捉类型设置为PolarSnap。如果启用了"捕捉"模式并在极轴追踪打开的情况下指定点，光标将沿在"极轴追踪"选项区域上相对于极轴追踪起点设置的极轴对齐角度进行捕捉。
- ● 栅格间距：控制栅格的显示，有助于形象化显示距离。
  - ➢ 栅格 X 轴间距：指定 X 方向上的栅格间距。如果该值为0，则栅格采用"捕捉 X 轴间距"的值。
  - ➢ 栅格 Y 轴间距：指定 Y 方向上的栅格间距。如果该值为0，则栅格采用"捕捉 Y 轴间距"的值。
  - ➢ 每条主线之间的栅格数：指定主栅格线相对于次栅格线的频率。
- ● 栅格行为：控制当将 VSCURRENT 设置为除二维线框之外的任何视觉样式时，所显示栅格线的外观。
  - ➢ 自适应栅格：缩小时，限制栅格密度；放大时，生成更多间距更小的栅格线。主栅格线的频率确定这些栅格线的频率。
  - ➢ 显示超出界线的栅格：显示超出 LIMITS 命令指定区域的栅格。
  - ➢ 遵循动态 UCS：更改栅格平面以跟随动态 UCS 的 XY 平面。

2. "极轴追踪"选项卡

"极轴追踪"选项卡的作用是控制自动追踪设置。该选项卡中各功能选项如图 2-64 所示。

图 2-64 "极轴追踪"选项卡

> **提示：**
> 单击状态栏上的"极轴追踪"按钮和"对象捕捉追踪"按钮，也可以打开或关闭极轴追踪和对象捕捉追踪。

各选项含义如下：
- ● 启用极轴追踪：打开或关闭极轴追踪。
- ● 极轴角设置：设置极轴追踪的对齐角度。
- ● 增量角：设置用来显示极轴追踪对齐路径的极轴角增量。可以输入任何角度，也可以从列表中选择90、45、30、18、15、10或5这些常用角度数值。
- ● 附加角：对极轴追踪使用列表中的任意一种附加角度。
- ● 角度列表：如果选中"附加角"复选框，将列出可用的附加角度。若要添加新的角度，单击"新建"按钮即可。要删除现有的角度，单击"删除"按钮。

提示：
附加角度是绝对的，而非增量的。

- 新建：最多可以添加 10 个附加极轴追踪对齐角度。

技巧点拨：
添加分数角度之前，必须将 AUPREC 系统变量设置为合适的十进制精度以防止不需要的舍入。例如，系统变量 AUPREC 的值为 0（默认值），则输入的所有分数角度将舍入为最接近的整数。

- 用所有极轴角设置追踪：将极轴追踪设置应用于对象捕捉追踪。使用对象捕捉追踪时，光标将从获取的对象捕捉点起沿极轴对齐角度进行追踪。

技巧点拨：
在"对象捕捉追踪设置"选项区域中，若绘制二维图形，选择"仅正交追踪"单选按钮，若绘制三维及轴测图形，选择"用所有极轴角设置追踪"单选按钮。

- 绝对：根据当前用户坐标系（UCS）确定极轴追踪角度。
- 相对上一段：根据上一个绘制线段确定极轴追踪角度。

3. "对象捕捉"选项卡

"对象捕捉"选项卡用于设置对象捕捉。使用执行对象捕捉设置（也称为对象捕捉），可以在对象上的精确位置指定捕捉点。选择多个选项后，将应用选定的捕捉模式，以返回距离靶框中心最近的点。按 Tab 键可以在这些选项之间循环。该选项卡中的功能选项如图 2-65 所示。

图 2-65 "对象捕捉"选项卡

提示：
在精确绘图过程中，"最近点"捕捉选项不能设置为固定的捕捉对象，否则将对图形的精确程度影响至深。

4. "动态输入"选项卡

"动态输入"选项卡的作用是控制指针输入、标注输入、动态提示及绘图工具提示的外观。该选项卡中的功能选项如图 2-66 所示。

图 2-66 "动态输入"选项卡

其中各选项含义如下：
- 启用指针输入：用于打开指针输入。如果同时打开指针输入和标注输入，则标注输入在可用时将取代指针输入。
- 指针输入：用于将工具提示中的十字光标位置的坐标值显示在光标旁边。

命令行提示输入点时，可以在工具提示中输入坐标值，而不用在命令行上输入。

- 可以时启用标注输入：打开标注输入。标注输入不适用于某些提示输入第二个点的命令。
- 标注输入：当命令行提示输入第二个点或距离时，将显示标注和距离值与角度值的工具提示。标注工具提示中的值将随光标移动而更改。可以在工具提示中输入值，而不用在命令行上输入值。
- 动态提示：需要时将在光标旁边显示工具提示中的提示，以完成命令。可以在工具提示中输入值，而无须在命令行上输入值。
- 在十字光标附近显示命令行提示和命令输入：显示"动态输入"工具提示中的提示。
- 绘图工具提示外观：控制工具提示的外观。

5. "快捷特性"选项卡

"快捷特性"选项卡的作用是指定用于显示快捷特性选项板的设置。该选项卡中的功能选项如图 2-67 所示。

其含义如下：

- 选择时显示快捷特性选项板：根据对象类型打开或关闭"快捷特性"面板的显示。
- 针对所有对象：将"快捷特性"面板设置为对选择的任何对象都显示。
- 仅针对具有指定特性的对象：将"快捷特性"选项板设置为仅对已在自定义用户界面（CUI）编辑器中定义为显示特性的对象显示。

"选项板位置"选项区域用于设置"快捷特性"选项板的显示位置。

- 由光标位置决定：将"选项板位置"模式设置为"由光标位置决定"。在光标模式下，"快捷特性"选项板将显示在相对于所选对象的位置。
- 自动收拢选项板：使"快捷特性"选项板在空闲状态下仅显示指定数量的特性。
- 最小行数：为"快捷特性"选项板设置在收拢的空闲状态下显示的默认特性数量。可以指定 1~30 的值（仅限整数值）。

2.5.3 特性设置

特性设置是指要复制到目标对象的源对象的基本特性和特殊特性设置。特性设置可通过"特性设置"对话框来完成。

用户可通过以下方式来打开"特性设置"对话框：

- 在菜单栏中选择"修改"|"特性匹配"命令，选择源对象后在命令行输入 S。
- 在命令行输入 matchprop 或 painter，执行命令并选择源对象后再输入 S。

打开的"特性设置"对话框如图 2-68 所示。

图 2-67　"快捷特性"选项卡

在此对话框中，用户可通过选中或取消选中相应复选框来设置要匹配的特性。

图 2-68 "特性设置"对话框

2.5.4 图形单位设置

绘图时使用的长度单位、角度单位，以及单位的显示格式和精度等参数是通过"图形单位"对话框来设置的。用户可通过以下方式来打开"图形单位"对话框：

- 在菜单栏中选择"格式"|"单位"命令。
- 在命令行输入 UNITS。

打开的"图形单位"对话框如图 2-69 所示。

图 2-69 "图形单位"对话框

对话框中各选项的含义如下：
- 长度：指定测量的当前单位及当前单位的精度。
  - 类型：设置测量单位的当前格式。该值包括"建筑""小数""工程""分数"和"科学"。其中，"工程"和"建筑"格式提供英尺和英寸显示并假定每个图形单位表示一英寸。其他格式可表示任何真实世界单位。
  - 精度：设置线性测量值显示的小数位数或分数大小。
- 角度：指定当前角度格式和当前角度显示的精度。
  - 类型（角度）：设置当前角度格式。
  - 精度（角度）：设置当前角度显示的精度。
  - 顺时针：以顺时针方向计算正的角度值。默认的正角度方向是逆时针方向。

提示：

当提示用户输入角度时，可以单击所需方向或输入角度，而不必考虑"顺时针"的设置。

- 插入时的缩放单位：控制插入到当前图形中的块和图形的测量单位。如果块或图形创建时使用的单位与该选项指定的单位不同，则在插入这些块或图形时，将对其按比例缩放。插入比例是源块或图形使用的单位与目标图形使用的单位之比。如果插入块时不按指定单位缩放，需选择"无单位"选项。

提示：

当将源块或目标图形中的"插入比例"设置为"无单位"时，可在"选项"对话框的"用户系统配置"选项卡中，设置"源内容单位"和"目标图形单位"。

- 输出样例：显示用当前单位和角度设置的例子。
- 光源：控制当前图形中光度控制光源强度的测量单位。

2.5.5 绘图图限设置

图限就是图形栅格显示的界限、区域。用户可通过以下方式来设置图形界限：
- 在菜单栏中选择"格式"|"图形界限"命令。
- 在命令行输入 LIMITS。

执行上述命令后，命令行提示操作如下：

```
指定左下角点或 [开（ON）/关（OFF）] <0.0000, 0.0000>：
当在图形左下角指定一个点后，命令行提示操作如下：
指定右上角点 <277.000, 201-500>：
```

按照命令行的操作提示在图形的右下角指定一个点，随后将栅格界限设置为通过两点定义的矩形区域，如图 2-70 所示。

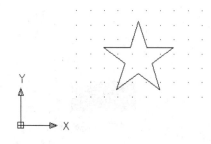

图 2-70 定义的矩形区域图形界限

技巧点拨：
要显示两点定义的栅格界限矩形区域，需在"草图设置"对话框中选中"启用栅格"复选框。

2.6 CAD 系统变量与命令

在 AutoCAD 中提供了各种系统变量（System Variables），用于存储操作环境设置、图形信息和一些命令的设置（或值）等。利用系统变量可以显示当前状态，也可以控制 AutoCAD 的某些功能和设计环境、命令的工作方式。

2.6.1 系统变量的定义与类型

CAD 系统变量是控制某些命令工作方式的设置。系统变量可以打开或关闭模式，如"捕捉模式""栅格显示"或"正交"模式等；也可以设置填充图案的默认比例；还能存储有关当前图形和程序配置的信息；有时用户使用系统变量来更改一些设置；在其他情况下，还可以使用系统变量显示当前状态。

系统变量通常有 6~10 个字符长的缩写名称，许多系统变量有简单的开关设置。系统变量主要有以下几种类型：整数型、实数型、点、开/关或文本字符串等，如表 2-1 所示。

表 2-1 系统变量类型

类型	定义	相关变量
整数	（用于选择） 此类型的变量用不同的整数值来确定相应的状态	如变量 SNAPMODE、OSMODE
	（用于数值） 该类型的变量用不同的整数值来进行设置	如 GRIPSIZE、ZOOMFACTOR 等变量
实数	实数类型的变量用于保存实数值	如 AREA、TEXTSIZE 等变量
点	（用于坐标） 该类型的变量用于保存坐标点	如 LIMMAX、SNAPBASE 等变量
	（用于距离） 该类型的变量用于保存 X、Y 方向的距离值	如变量 GRIDUNIT、SCREENSIZE
开/关	此类型的变量有 ON（开）/OFF（关）两种状态，用于设置状态的开关	如 HIDETEXT、LWDISPLAY 等变量

2.6.2 系统变量的查看和设置

有些系统变量具有只读属性，用户只能查看而不能修改只读变量。而对于没有只读属性的系统变量，用户可以在命令行中输入系统变量名或者使用 SETVAR 命令来改变这些变量的值。

提示：

DATE 是存储当前日期的只读系统变量，可以显示但不能修改该值。

通常，一个系统变量的取值都可以通过相关的命令来改变。例如当使用 DIST 命令查询距离时，只读系统变量 DISTANCE 将自动保持最后一个 DIST 命令的查询结果。除此之外，用户可以通过如下两种方式直接查看和设置系统变量：

- 在命令行直接输入变量名。
- 使用 setvar 命令来指定系统变量。

1．在命令行直接输入变量名

对于只读变量，系统将显示其变量值；而对于非只读变量，系统在显示其变量值的同时还允许用户输入一个新值来设置该变量。

2．使用 SETVAR 命令来指定系统变量

对于只读变量，系统将显示其变量值；而对于非只读变量，系统在显示其变量值的同时还允许用户输入一个新值来设置该变量。SETVAR 命令不仅可以对指定的变量进行查看和设置，还使用"?"选项来查看全部系统变量。此外，对于一些与系统命令相同的变量，如 AREA 等，只能用 SETVAR 命令来查看。

SETVAR 命令可通过以下方式来执行：
- 菜单栏：选择"工具"|"查询"|"设置变量"命令。
- 命令行：输入 SETVAR。

命令行操作提示如下：

```
命令：
SETVAR 输入变量名或 [?]：            // 输入变量以查看或设置
```

> 提示：
> SETVAR 命令可透明使用。CAD 系统变量大全请参见本书附录 A。

2.6.3 命令

前面介绍了命令的执行方式，这里主要针对系统变量及一般命令的输入方法做简要介绍。

除了前面介绍的几种命令执行方式外，在 AutoCAD 中，还可以通过键盘来执行，如使用键盘快捷键来执行绘图命令。下面介绍其余方式。

1. 在命令行输入替代命令

在命令行中输入命令条目，需输入全名，然后通过按 Enter 键或空格键来执行。用户也可以自定义命令的别名来替代，例如，在命令行中可以输入 C 代替 CIRCLE（圆）命令，并以此来绘制一个圆。命令行操作提示如下：

```
命令：c                    // 输入命令别名
CIRCLE 指定圆的圆心或 [三点(3P)/两点(2P)/切点、切点、半径(T)]：
                          // 在图形窗口中指定圆心
指定圆的半径或 [直径(D)]：200    // 输入圆半径并按 Enter 键
```

绘制的圆如图 2-71 所示。

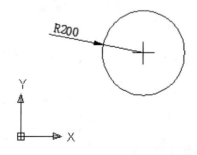

图 2-71　输入命令别名来绘制的图形

> **提示：**
> 命令的别名不同于键盘的快捷键，例如 U（放弃）命令的键盘快捷键是 Ctrl+Z。

2．在命令行输入系统变量

用户可以通过在命令行直接输入系统变量来设置命令的工作方式。例如 GRIDMODE 系统变量用来控制打开或关闭点栅格显示。在这种情况下，GRIDMODE 系统变量在功能上等价于 GRID 命令。当命令行显示如下操作提示时：

```
命令 :: GRIDMODE                          //输入变量
输入 GRIDMODE 的新值 <0>:                 //输入变量值
```

按命令行提示输入 0，可以关闭栅格显示；若输入 1，可以打开栅格显示。

3．利用鼠标功能

在绘图窗口，光标通常显示为"十"字线形式。当将光标移至菜单选项、工具或对话框内时，它会变成一个箭头。无论光标是"十"字线形式还是箭头形式，当单击或者按鼠标按键时，都会执行相应的命令或动作。在 AutoCAD 中，鼠标按键是按照下述规则定义的。

- 左键：拾取键，用于指定屏幕上的点，也可以用来选择 Windows 对象、AutoCAD 对象、工具栏按钮和菜单命令等。
- 右键：功能相当于键盘的 Enter 键，用于结束当前使用的命令，此时程序将根据当前绘图状态而弹出不同的快捷菜单。
- 中键：按住鼠标中键，相当于 AutoCAD 中的 PAN 命令（实时平移）。滚动鼠标中键，相当于 AutoCAD 中的 ZOOM 命令（实时缩放）。
- Shift+右键：弹出"对象捕捉"快捷菜单。对于三键鼠标，通常鼠标中间的按键用于弹出快捷菜单，如图 2-72 所示。
- Shift+中键：三维动态旋转视图，如图 2-73 所示。
- Ctrl+中键：上、下、左、右旋转视图，如图 2-74 所示。

图 2-72 "对象捕捉"快捷菜单

图 2-73 动态旋转视图

图 2-74 上下左右旋转视图

4．键盘快捷键

快捷键是指用于启动命令的按键组合。例如，可以按快捷键 Ctrl+O 来打开文件，按快捷键 Ctrl+S 组合键来保存文件，结果与从"文件"菜单中选择"打开"和"保存"命令相同。表 2-2 显示了"保存"快捷键的特性，其显示方式与在"特性"选项板中的显示方式相同。

表 2-2 "保存"快捷键的特性

"特性"选项板项目	说明	样例
名称	该字符串仅在 CUI 编辑器中使用，并且不会显示在用户界面中	保存
说明	文字用于说明元素，不显示在用户界面中	保存当前图形
扩展型帮助文件	当光标悬停在工具栏或面板按钮上时，将显示已显示的扩展型工具提示的文件名和 ID	
命令显示名称	包含命令名称的字符串，与命令有关	QSAVE
宏	命令宏。遵循标准的宏语法	^C^C_qsave
键	指定用于执行宏的按键组合。单击"…"按钮以打开"快捷键"对话框	Ctrl+S
标签	与命令相关联的关键字。标签可提供其他字段用于在菜单栏中进行搜索	
元素 ID	用于识别命令的唯一标记	ID_Save

> **提示：**
> 快捷键从用于创建它的命令中继承自己的特性。

用户可以为常用命令指定快捷键（有时称为加速键），还可以指定临时替代键，以便通过按键来执行命令或更改设置。

临时替代键可以临时打开或关闭在"草图设置"对话框中设置的某个绘图辅助工具（例如，"正交"模式、"对象捕捉"或"极轴追踪"模式）。表 2-3 显示了"对象捕捉替代：端点"临时替代键的特性，其显示方式与在"特性"选项板中的显示方式相同。

表 2-3 "对象捕捉替代：端点"临时替代键的特性

"特性"选项板项目	说明	样例
名称	该字符串仅在 CUI 编辑器中使用，并且不会显示在用户界面中	对象捕捉替代：端点
说明	文字用于说明元素，不显示在用户界面中	对象捕捉替代：端点
键	指定用于执行临时替代的按键组合。单击"…"按钮以打开"快捷键"对话框	SHIFT+E
宏 1（按下键时执行）	用于指定应在用户按下按键组合时执行宏	^P'_.osmode 1 $(if,$(eq,$(getvar,osnapoverride),'_.osnapoverride 1)
宏 2（松开键时执行）	用于指定应在用户松开按键组合时执行宏。如果保留为空，AutoCAD 会将所有变量恢复至以前的状态	

用户可以将快捷键与命令列表中的任一命令相关联，还可以创建新快捷键或者修改现有的快捷键。

动手操练——定制快捷键

为自定义的命令创建快捷键的操作步骤如下：

step 01 在功能区的"管理"选项卡中，单击"自定义设置"面板中的"用户界面"按钮，程序弹出"自定义用户界面"对话框，如图 2-75 所示。

图 2-75 "自定义用户界面"对话框

step 02 在对话框的"所有自定义文件"下方的列表框中单击"键盘快捷键"项目旁边的"+"号，将此节点展开，如图 2-76 所示。

图 2-76 展开"键盘快捷键"节点

step 03 在按类别过滤命令下拉列表中选择"自定义命令"选项，将用户自定义的命令显示在下方的命令列表中，如图 2-77 所示。

step 04 使用鼠标左键将自定义的命令从命令列表中向上移拖到"键盘快捷键"节点中，如图 2-78 所示。

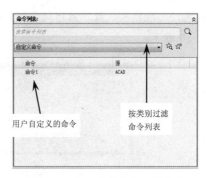

图 2-77 显示用户自定义的命令

图 2-78 使用鼠标左键移拖命令

step 05 选择上步创建的新快捷键，为其创建一个快捷键。然后在对话框右边的"特性"中选择"键"行，并单击"…"按钮，如图 2-79 所示。

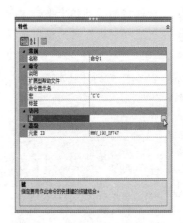

图 2-79 命令指定快捷键

step 06 随后程序弹出"快捷键"对话框,再使用键盘为"命令1"指定快捷键,指定后单击"确定"按钮,完成自定义键盘快捷键的操作。创建的快捷键将在"特性"的"键"选项行中显示,如图 2-80 所示。

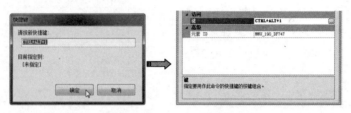

图 2-80　使用键盘指定快捷键

step 07 最后单击"自定义用户界面"对话框中的"确定"按钮,完成操作。

命令行:输入 LAYMRG

2.7　入门范例——绘制 T 形图形

通过以上各小节的详细讲述,相信读者对 AutoCAD 2018 有了一个大体的了解和认识,下面通过绘制如图 2-81 所示的简单图形,对本章知识进行综合练习和应用。

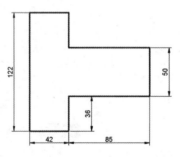

图 2-81　绘制简单图形

操作步骤:

step 01 在快速访问工具栏中单击"新建"按钮,打开"选择样板"对话框。

step 02 在"选择样板"对话框中选择"acadiso.dwt"作为基础样板,新建空白文件。

step 03 单击"默认"选项卡"绘图"组中的"直线"命令按钮,根据 AutoCAD 命令行的操作提示,绘制图形的外轮廓线。

```
命令: _line
指定第一点:                                    // 在绘图区单击,拾取一点作为起点
指定下一点或 [放弃(U)]: @42,0 ✓                // 输入相对坐标,按 Enter 键
指定下一点或 [放弃(U)]: @0,36 ✓
指定下一点或 [闭合(C)/放弃(U)]:@85,0 ✓
指定下一点或 [闭合(C)/放弃(U)]: @0,50 ✓
指定下一点或 [闭合(C)/放弃(U)]: @-85,0 ✓
指定下一点或 [闭合(C)/放弃(U)]: @0,36 ✓
指定下一点或 [闭合(C)/放弃(U)]: @-42,0 ✓
指定下一点或 [闭合(C)/放弃(U)]: c ✓           // 按 Enter 键,闭合图形,绘制结果如
图 2-82 所示
```

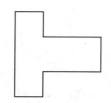

图 2-82　绘制结果

> **提示：**
>
> @42,0 表示一个相对坐标点，其中符号 @ 表示"相对于"，即相对于上一点的坐标，此符号是按住快捷键 Shift+6 输入的。

step 04　缩放视图。在菜单栏中选择"视图"|"缩放"|"实时"命令，此时当前鼠标指针变为一个放大镜状，如图 2-83 所示。

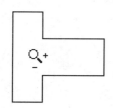

图 2-83　启动实时缩放功能

step 05　按住鼠标左键不放，慢慢向上方拖动，此时图形被放大显示，如图 2-84 所示。

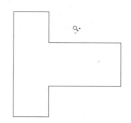

图 2-84　缩放结果

> **提示：**
>
> 如果拖动一次鼠标，图形还是不够清楚，可以连续拖动，进行连续缩放。

step 06　平移视图。在菜单栏中选择"视图"|"平移"|"实时"命令，激活"实时平移"工具，此时鼠标指针变为手状，按住鼠标左键不放将图形平移至绘图区中央，如图 2-85 所示。

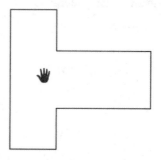

图 2-85　平移结果

step 07　单击鼠标右键，在弹出的快捷菜单中选择"退出"命令，如图 2-86 所示，退出平移操作。

图 2-86　快捷菜单

step 08　在快速访问工具栏中单击"另存为"按钮，打开"图形另存为"对话框。

step 09　在"图形另存为"对话框中设置存盘路径和文件名，如图 2-87 所示，单击 保存(S) 按钮，即可将图形存盘。

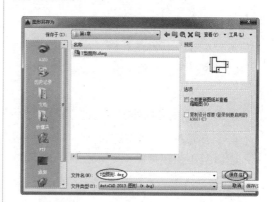

图 2-87　"图形另存为"对话框

2.8 AutoCAD 认证考试习题集

一、单选题

（1）下面哪个系统可以安装 AutoCAD 2018？
A. Windows Vista Enterprise
B. Windows 2000 Professional
C. Windows XP
D. Windows 7/8/10

正确答案（　）

（2）在 AutoCAD 2018 的"二维草图与注释"工作空间中，位于绘图区顶部的区域称作什么？
A. 功能区
B. 下拉菜单
C. 子菜单
D. 快捷菜单

正确答案（　）

（3）在 AutoCAD 2018 中，工作空间的切换按钮放在哪个位置？
A. 绘图区的上方
B. 状态栏
C. 菜单栏
D. 功能区

正确答案（　）

（4）要将当前图形文件保存为另一个文件名，应使用哪个命令？
A. 保存
B. 另存为
C. 新建
D. 修改

正确答案（　）

（5）"选项"命令在下面哪个菜单中？
A. "文件"菜单
B. "视图"菜单
C. "窗口"菜单
D. "工具"菜单

正确答案（　）

（6）使用样板创建新图形时，符合中国技术制图标准的样板名代号是什么？
A. Gb
B. Din
C. Ansi
D. Jis

正确答案（　）

（7）"打开"和"保存"按钮在哪一个工具栏或菜单栏中？
A. "CAD"标准工具栏
B. "标准"工具栏
C. "文件"菜单栏
D. 快速访问工具栏

正确答案（　）

（8）在十字光标处被调用的菜单称为什么？
A. 鼠标菜单
B. 十字交叉线菜单
C. 此处不出现菜单
D. 快捷菜单

正确答案（　）

（9）取消命令执行的快捷键是哪个？

A. 按 Esc 键　　　　　　　　　　B. 鼠标右键

C. 按 Enter 键　　　　　　　　　 D. 按 FI 键

正确答案（　）

（10）重复执行上一个命令的最快方法是什么？

A. 按 Enter 键　　　　　　　　　B. 按空格键

C. 按 Esc 键　　　　　　　　　　D. 按 F1 键

正确答案（　）

（11）使用哪个功能健可以进入文本窗口？

A. F2　　　　　　　　　　　　　B. F3

C. F1　　　　　　　　　　　　　D. 修改

正确答案（　）

（12）以下说法错误的是哪一项？

A. 系统临时保存的文件与原图形文件名称相同，扩展名不一样，默认保存在系统的临时文件夹中

B. 用户可以设定 SAVETIME 系统变量为 0

C. 手动执行 QSAVE、SAVE 或 SAVEAS 命令后，SAVETIME 系统变量的计时器将被重置并重新开始计时

D. AutoCAD 文件保存后产生的备分文件可以使用 AutoCAD 直接打开

正确答案（　）

二、绘图练习

（1）练习一。

按如图 2-88 所示标注的尺寸绘制一个矩形和一条直线，左下角的坐标为任意坐标位置。

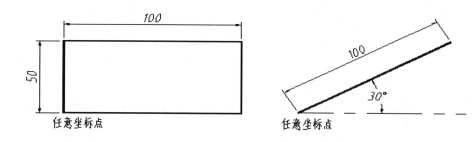

图 2-88　绘制矩形和直线

（2）练习二。

先执行 line 命令绘制一个三角形，三角形的 3 个顶点坐标分别为（45,125）、（145,125）、（95,210）。然后再绘制这个三角形的内切圆和外接圆，如图 2-89 所示。

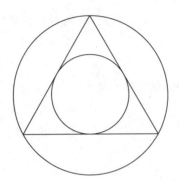

图 2-89　画图练习

A. 画外接圆：circle 命令（"三点"选项）。

B. 画内切圆有两种方法：

- 方法一：执行 circle 命令，选择"相切、相切、相切"选项，分别单击三角形的 3 条边。
- 方法二：先执行 xline 命令（参照线），选择命令中的"平分线（B）"选项平分三角形的顶点，平分线的交点即三角形中心点；以中心点为圆心，执行 circle 命令绘制内切圆（此种方法要使用"对象捕捉"功能，但不如方法一简单、快捷）。

第 3 章
必备的辅助作图工具

本章内容

学习 AutoCAD 2018 关键的第三步,是本章所要掌握的知识。本章主要帮助读者熟悉 AutoCAD 2018 的视图操作、AutoCAD 坐标系、导航栏和 ViewCube、模型视口、选项板、绘图窗口的用法和管理。
这些基本功能将会在三维建模和平面绘图时用到,要牢记并掌握。

知识要点

- ☑ AutoCAD 2018 坐标系
- ☑ 控制图形视图
- ☑ 测量工具
- ☑ 快速计算器

3.1 AutoCAD 2018 的坐标系

用户在绘制精度要求较高的图形时，常使用用户坐标系 UCS 的二维坐标系、三维坐标系来输入坐标值，以满足设计需要。

3.1.1 认识 AutoCAD 的坐标系

坐标 (x, y) 是表示点的最基本的方法。为了输入坐标及建立工作平面，需要使用坐标系。在 AutoCAD 中，坐标系由世界坐标系（简称 WCS）和用户坐标系（简称 UCS）构成。

1. 世界坐标系（WCS）

世界坐标系是一个固定的坐标系，也是一个绝对坐标系。通常在二维视图中，WCS 的 X 轴水平，Y 轴垂直。WCS 的原点为 X 轴和 Y 轴的交点 $(0,0)$。图形文件中的所有对象均由 WCS 坐标来定义。

2. 用户坐标系（UCS）

用户坐标系是可移动的坐标系，也是一个相对坐标系。一般情形下，所有坐标输入及其他许多工具和操作，均参照当前的 UCS。使用可移动的用户坐标系 UCS 创建和编辑对象通常更方便。

在默认情况下，UCS 和 WCS 是重合的，如图 3-1 所示为用户坐标系在绘图操作中的定义。

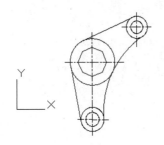　　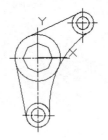

（a）设置前 WCS 与 UCS 重合　　（b）设置后的 UCS

图 3-1　设置 UCS

3.1.2 笛卡儿坐标系

笛卡儿坐标系有 3 个轴，即 X、Y 和 Z 轴。输入坐标值时，需要指示沿 X、Y 和 Z 轴相对于坐标系原点 $(0,0,0)$ 的距离（以单位表示）及其方向（正或负）。在二维绘图模式下，在

XY 平面（也称为工作平面）上指定点。工作平面类似于平铺的网格纸。笛卡儿坐标的 X 值指定水平距离，Y 值指定垂直距离。原点（0,0）表示两轴相交的位置。

要在二维坐标系中输入笛卡儿坐标，在命令行输入以逗号分隔的 X 值和 Y 值即可。笛卡儿坐标输入分为绝对坐标输入和相对坐标输入。

1. 绝对坐标输入

当已知要输入点的精确坐标的 X 和 Y 值时，最好使用绝对坐标。若在浮动工具栏上（动态输入）输入坐标值，坐标值前面可选择添加"#"号（不添加也可），如图 3-2 所示。

若在命令行中输入坐标值，则无须添加"#"号，例如命令行中的操作提示如下：

```
命令: line
指定第一点: 30,60↙                    //输入直线第一点坐标
指定下一点或 [放弃(U)]: 150,300↙      //输入直线第二点坐标
指定下一点或 [放弃(U)]: *取消*         //输入U或按Enter键或按Esc键
```

绘制的直线如图 3-3 所示。

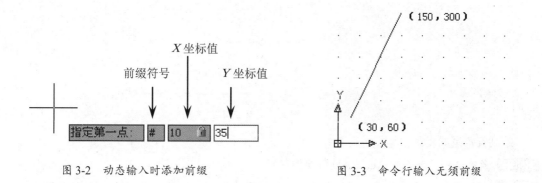

图 3-2 动态输入时添加前缀　　　　　　图 3-3 命令行输入无须前缀

2. 相对坐标输入

"相对坐标"是基于上一输入点的。如果知道某点与前一点的位置关系，可以使用相对坐标。要指定相对坐标，需在坐标前面添加一个 @ 符号。

例如，在命令行输入 @3,4 指定一点，此点沿 X 轴方向有 3 个单位，沿 Y 轴方向距离上一指定点有 4 个单位。在图形窗口中绘制了一个三角形的 3 条边，命令行的操作提示如下：

```
命令: line
指定第一点: -2,1↙                          //第一点绝对坐标
指定下一点或 [放弃(U)]: @5,0↙              //第二点相对坐标
指定下一点或 [放弃(U)]: @0,3↙              //第三点相对坐标
指定下一点或 [闭合(C)/放弃(U)]: @-5,-3↙   //第四点相对坐标
指定下一点或 [闭合(C)/放弃(U)]: c↙        //闭合直线
```

绘制的三角形如图 3-4 所示。

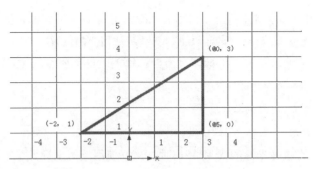

图 3-4 相对坐标输入

动手操练——利用笛卡儿坐标绘制五角星和多边形

使用笛卡儿相对坐标绘制的五角星和正五边形如图 3-5 所示。

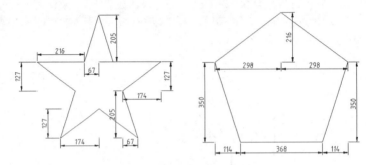

图 3-5 绘制五角星和正五边形

绘制五角星的步骤：

step 01 新建文件，进入到 AutoCAD 的绘图环境中。

step 02 使用直线命令，在命令行输入 L，然后按空格键确定，在绘图窗口指定第一点，提示下一点时输入坐标（@216,0），确定后即可完成五角星左上边的第一条横线。

step 03 再次输入坐标（@67,205），确定后即可绘制第二条斜线。

step 04 再次输入坐标（@67,-205），确定后即可绘制第三条斜线。

step 05 再次输入坐标（@216,0），确定后完成第四条横线。

step 06 再次输入坐标（@-174,-127），确定后完成第五条斜线。

step 07 再次输入坐标（@67,-205），确定后完成第六条斜线。

step 08 再次输入坐标（@-174,127），确定后完成第七条斜线。

step 09 再次输入坐标（@-174,-127），确定后完成第八条斜线。

step 10 再次输入（@67,205），确定后完成第九条斜线。

step 11 再次输入坐标（@-174,127），确定后完成最后第十条斜线。

绘制正五边形的步骤：

step 01 使用直线命令，在命令行输入 L，然后按空格键确定，在绘图窗口指定第一点，提示下一点时输入坐标（@298,216），确定后即可完成正五边形左上边的第一条斜线。

step 02 再次输入坐标（@298,-216），确定后即可完成第二条斜线。

step 03 再次输入坐标（@-114,-350），确定后即可完成第三条斜线。

step 04 再次输入坐标（@-368,0），确定后即可完成第四条横线。

step 05 再次输入坐标（@-114,350），确定后即可完成最后第五条斜线。

3.1.3 极坐标系

在平面内由极点、极轴和极径组成的坐标系称为极坐标系。在平面上取定一点 O，称为极点。从 O 出发引一条射线 Ox，称为极轴。再取定一个长度单位，通常规定角度取逆时针方向为正。这样，平面上任一点 P 的位置就可以用线段 OP 的长度 ρ 以及从 Ox 到 OP 的角度 θ 来确定，有序数对（ρ,θ）就称为 P 点的极坐标，记为 $P(\rho,\theta)$；ρ 称为 P 点的极径，θ 称为 P 点的极角，如图3-6所示。

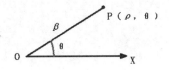

图3-6 极坐标的定义

在 AutoCAD 中要表达极坐标，需在命令行中输入角括号（<＝分隔的距离和角度）。默认情况下，角度按逆时针方向增大，按顺时针方向减小。要指定顺时针方向，为角度输入负值。例如，输入 1<315 和 1<-45 都代表相同的点。极坐标的输入包括绝对极坐标输入和相对极坐标输入。

1. 绝对极坐标输入

当知道点的准确距离和角度坐标时，一般情况下是使用绝对极坐标。绝对极坐标从 UCS 原点（0,0）开始测量，此原点是 X 轴和 Y 轴的交点。

使用动态输入，可以使用"#"前缀指定绝对坐标。如果在命令行而不是在工具提示中输入"动态输入"坐标，则不使用"#"前缀。例如，输入 #3<45 指定一点，此点距离原点有 3 个单位，并且与 X 轴成 45° 角。命令行操作提示如下：

```
命令: line
指定第一点: 0,0                              // 指定直线起点
指定下一点或 [放弃(U)]: 4<120                // 指定第二点
指定下一点或 [放弃(U)]: 5<30                 // 指定第三点
指定下一点或 [闭合(C)/放弃(U)]: *取消*        // 按 Esc 键或 Enter 键
```

绘制的线段如图3-7所示。

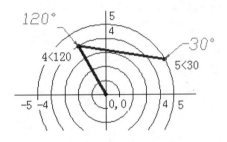

图3-7 以绝对极坐标方式绘制线段

2. 相对极坐标输入

相对极坐标是基于上一输入点确定的。如果知道某点与前一点的位置关系，可使用相对 (X,Y) 极坐标来输入。

要输入相对极坐标，需在坐标前面添加一个"@"符号。例如，输入 @1<45 来指定一点，此点距离上一指定点有 1 个单位，并且与 X 轴成 45°角。

例如，使用相对坐标来绘制两条线段，线段都是从标有上一点的位置开始的。在命令行中输入以下提示命令：

```
命令: line
指定第一点: -2, 3                         // 指定直线起点
指定下一点或 [放弃(U)]: 2, 4               // 指定第二点
指定下一点或 [放弃(U)]: @3<45              // 指定第三点
指定下一点或 [放弃(U)]: @5<285             // 指定第四点
指定下一点或 [闭合(C)/放弃(U)]: *取消*     // 按 Esc 键或 Enter 键
```

绘制的两条线段如图 3-8 所示。

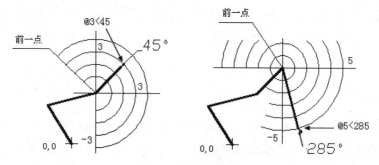

图 3-8 以相对极坐标方式绘制线段

动手操练——利用极坐标绘制五角星和多边形

使用相对极坐标绘制五角星和正五边形，如图 3-9 所示。

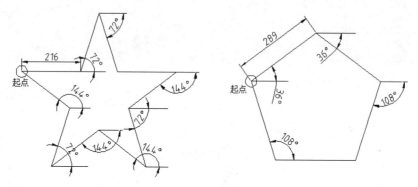

图 3-9 绘制五角星和正五边形

绘制五角星的步骤：

step 01 新建文件，进入到 AutoCAD 绘图环境中。

step 02 使用直线命令，在命令行输入 L，然后按空格键确定，在绘图窗口指定第一点，提示

下一点时输入坐标（@216<0），确定后即可完成五角星左上边的第一条横线。

step 03 再次输入坐标（@216<72），确定后即可绘制第二条斜线。

step 04 再次输入坐标（@216<-72），确定后即可绘制第三条斜线。

step 05 再次输入坐标（@216<0），确定后完成第四条横线。

step 06 再次输入坐标（@216<-144），确定后完成第五条斜线。

step 07 再次输入坐标（@216<-72），确定后完成第六条斜线。

step 08 再次输入坐标（@216<144），确定后完成第七条斜线。

step 09 再次输入坐标（@216<-144），确定后完成第八条斜线。

step 10 再次输入坐标（@216<72），确定后完成第九条斜线。

step 11 再次输入坐标（@216<144），确定后完成最后第十条斜线。

绘制正五边形的步骤：

step 01 使用直线命令，在命令行输入 L，然后按空格键确定，在绘图窗口指定第一点，提示下一点时输入坐标（@289<36），确定后即可完成正五边形左上边的第一条斜线。

step 02 再次输入坐标（@289<-36），确定后即可完成第二条斜线。

step 03 再次输入坐标（@289<-108），确定后即可完成第三条斜线。

step 04 再次输入坐标（@289<180），确定后即可完成第四条横线。

step 05 再次输入坐标（@289<108），确定后即可完成最后第五条斜线。

> **技巧点拨：**
>
> 在输入笛卡儿坐标时，绘制直线可启用正交模式，如五角星上边的两条直线，在打开正交模式的状态下，用光标指引向右的方向，直接输入 216 代替（@216,0）更加方便快捷，再如五边形下边的直线，打开正交模式后，光标向左，直接输入 368 代替（@-368,0）更加方便操作；在输入极坐标时，直线同样可启用正交模式，用光标指引直线的方向，直接输入 216 代替（@216<0）更加方便快捷，输入 289 代替（@289<180）更加方便操作。

3.2 控制图形视图

在中文版 AutoCAD 2018 中，用户可以使用多种方法来观察绘图窗口中绘制的图形，如使用"视图"菜单中的命令；使用"视图"工具栏中的工具按钮；以及使用视口和鸟瞰视图等。通过这些方式可以灵活地观察图形的整体效果或局部细节。

3.2.1 视图缩放

按一定比例、观察位置和角度显示的图形称为视图。在 AutoCAD 中，用户可以通过缩放视图来观察图形对象，如图 3-10 所示为视图的放大操作。

原视图　　　　　放大

图 3-10　视图的放大

缩放视图可以增加或减少图形对象的屏幕显示尺寸，但对象的真实尺寸保持不变。通过改变显示区域和图形对象的大小更准确、更详细地绘图。用户可通过以下方式来执行此操作。

- 菜单栏：选择"视图"|"缩放"|"实时"命令或子菜单上的其他命令。
- 右键快捷菜单：在绘图区域选择右键快捷菜单中的"缩放"命令。
- 命令行：输入 ZOOM。

"缩放"菜单中的命令如图 3-11 所示。

图 3-11　"缩放"菜单命令

1. 实时

"实时"就是利用定点设备，在逻辑范围内向上或向下动态缩放视图。进行视图缩放时，鼠标指针将变为带有加号（+）和减（−）的放大镜，如图 3-12 所示。

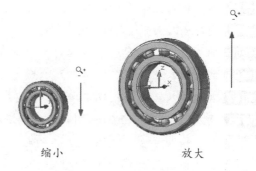

缩小　　　　　放大

图 3-12　视图的实时缩放

技巧点拨：

达到放大极限时，鼠标指针上的加号将消失，表示将无法继续放大。达到缩小极限时，鼠标指针上的减号将消失，表示将无法继续缩小。

2. 上一个

"上一个"就是缩放显示上一个视图。最多可恢复此前的 10 个视图。

3. 窗口

"窗口"就是缩放显示由两个角点定义的矩形框定的区域，如图 3-13 所示。

定义矩形放大区域　　　　放大效果

图 3-13　视图的窗口缩放

4. 动态

"动态"就是缩放显示在视图框中的部

分图形。视图框表示视口,可以改变它的大小,或在图形中移动。移动视图框或调整它的大小,将其中的图像平移或缩放,以充满整个视口,如图3-14所示。

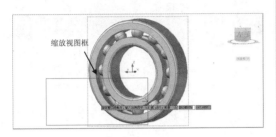

设定视图框的大小及位置

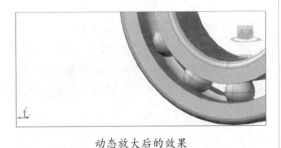

动态放大后的效果

图3-14 视图的动态缩放

技巧点拨:

使用"动态"缩放视图,应首先显示平移视图框。将其拖动到所需位置并单击,继而显示缩放视图框。调整其大小后按Enter键进行缩放,或单击以返回平移视图框。

5. 比例

"比例"就是以指定的比例因子缩放显示。

6. 圆心

"圆心"就是缩放显示由圆心和放大比例(或高度)所定义的窗口。高度值较小时增加放大比例;高度值较大时减小放大比例,如图3-15所示。

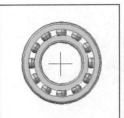 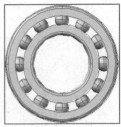

指定中心点　　　　　比例放大效果

图3-15 视图的圆心缩放

7. 对象

"对象"就是缩放以便尽可能大地显示一个或多个选定的对象并使其位于绘图区域的中心。

8. 放大

"放大"是指在图形中选择一定点,并输入比例值来放大视图。

9. 缩小

"缩小"是指在图形中选择一定点,并输入比例值来缩小视图。

10. 全部

"全部"就是在当前视口中缩放显示整个图形。在平面视图中,所有图形将被缩放到栅格界限和当前范围两者中较大的区域中。在三维视图中,"全部"选项与"范围"选项等效。即使图形超出了栅格界限也能显示所有对象,如图3-16所示。

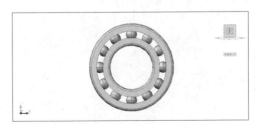

图3-16 全部缩放视图

11. 范围

"范围"是指缩放以显示图形范围，并尽最大可能显示所有对象。

3.2.2 平移视图

使用平移视图命令，可以重新定位图形，以便看清图形的其他部分。此时不会改变图形中对象的位置或比例，只改变视图。

用户可通过以下方式来平移视图：

- 菜单栏：选择"视图"|"平移"|"实时"命令或子菜单中的其他命令。
- 面板：在"默认"选项卡的"实用程序"组中单击"平移"按钮。
- 右键快捷菜单：在绘图区域选择右键快捷菜单中的"平移"命令。
- 状态栏：单击"平移"按钮。
- 命令行：输入 PAN。

> **技巧点拨：**
> 如果在命令行提示下输入 –pan，将显示另外的命令行提示，用户可以指定要平移图形显示的位移。

在菜单栏中的"平移"菜单命令如图 3-17 所示。

图 3-17 平移菜单命令

1. 实时

"实时"就是利用定点设备，在逻辑范围内上、下、左、右平移视图。进行视图平移时，光标形状变为手形，按住鼠标左键，视图将随着光标向同一方向移动，如图 3-18 所示。

图 3-18 实时平移视图

2. 左、右、上、下

当平移视图到达图纸空间或窗口的边缘时，将在此边缘上的手形指针上显示边界栏。程序根据边缘处于图形顶部、底部还是两侧，将相应地显示出水平（顶部或底部）或垂直（左侧或右侧）边界栏，如图 3-19 所示。

图 3-19 手形指针上的边界栏

3. 定点

"定点"是以指定视图的基点位移的距离来平移视图。执行此操作的命令行提示如下：

```
命令：'_-pan 指定基点或位移：指定第二点；      //指定基点（位移起点）
命令：'_-pan 指定基点或位移：指定第二点；      //指定位移的终点
```

使用"定点"方式来平移视图的示意图如图 3-20 所示。

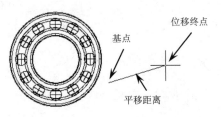

图 3-20 "定点"平移视图

3.2.3 重画与重生成

"重画"功能就是刷新显示所有视口。当控制点标记打开时，可使用"重画"功能将所有视口中编辑命令留下的点标记删除，如图 3-21 所示。

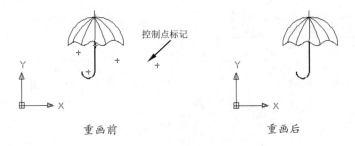

图 3-21 应用"重画"功能消除标记

"重生成"功能可在当前视口中重生成整个图形并重新计算所有对象的屏幕坐标。同时重新创建图形数据库索引，从而优化显示和对象选择的性能。

技巧点拨：
控制点标记可以通过在命令输入行 BLIPMODE 命令来打开，ON 为"开"，OFF 为"关"。

3.2.4 显示多个视口

有时为了编辑图形的需要，常将模型视图窗口划分为若干个独立的小区域，这些小的区域则称为模型空间视口。视口是显示用户模型不同视图的区域，用户可以创建一个或多个视口，也可以新建或重命名视口，还可以合并或拆分视口，如图 3-22 所示为创建的 4 个视口效果图。

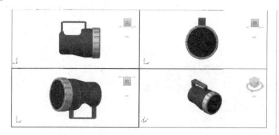

图 3-22　4 个模型空间视口

1. 新建视口

要创建新的视口，可通过"视口"对话框的"新建视口"选项卡（如图 3-23 所示）来配置模型空间并保存设置。

图 3-23　"新建视口"选项卡

用户可通过以下方式来打开该对话框：
- 菜单栏：选择"视图"|"视口"|"新建视口"命令。
- 命令行：输入 VPORTS。

在"视口"对话框中，"新建视口"选项卡显示"标准视口"配置列表并配置模型空间视口，"命名视口"选项卡则显示图形中任意已保存的视口配置。

"新建视口"选项卡中各选项含义如下：
- 新名称：为新建的模型空间视口配置指定名称。如果不输入名称，则新建的视口配置只能应用而不被保存。
- 标准视口：列出并设定标准视口配置，包括当前配置。
- 预览：显示选定视口配置的预览图像，以及在配置中被分配到每个单独视口的默认视图。
- 应用于：将模型空间视口配置应用到"显示"窗口或"当前视口"。"显示"是将视口配置应用到整个显示窗口，此选项是默认设置。"当前视口"仅将视口配置应用到当前视口。
- 设置：指定二维或三维设置。若选择"二维"选项，新的视口配置将最初通过所有视口中的当前视图来创建。若选择"三维"选项，一组标准正交三维视图将被应用到配置中的视口。
- 修改视图：使用从"标准视口"列表框中选择的视图替换选定视口中的视图。
- 视觉样式：将视觉样式应用到视口。"视觉样式"下拉列表中包括"当前""二维线框""三维隐藏""三维线框""概念"和"真实"等视觉样式。

2. 命名视口

命名视口是通过"视口"对话框中的"命名视口"选项卡来完成的。"命名视口"选项卡的功能是显示图形中任意已保存的视口配置，如图 3-24 所示。

图 3-24　"命名视口"选项卡

3. 拆分或合并视口

视口拆分就是将单个视口拆分为多个视口，或者在多视口的一个视口中进行再拆分。

若在单个视口中拆分视口,直接在菜单栏中选择"视图"|"视口"|"两个"命令,即可将单视口拆分为两个视口。

例如,将图形窗口的两个视口中的一个视口再次拆分,操作步骤如下:

(1)在图形窗口中选择要拆分的视口,如图 3-25 所示。

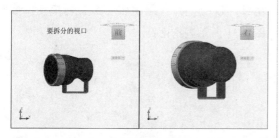

图 3-25　选择要拆分的视口

(2)在菜单栏中选择"视图"|"视口"|"两个"命令,程序自动将选择的视口拆分为两个小视口,效果如图 3-26 所示。

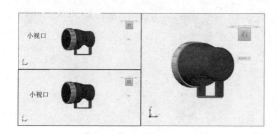

图 3-26　拆分的结果

合并视口是将多个视口合并为一个视口的操作。

用户可通过以下方式来执行此操作:
- 菜单栏:选择"视图"|"视口"|"合并"命令。
- 命令行:输入 VPORTS。

合并视口操作需要先选择一个主视口,然后选择要合并的其他视口。执行命令后,选择的其他视口将合并到主视口中。

3.2.5　命名视图

用户可以在一张工程图纸上创建多个视图。当要观看、修改图纸上的某一部分视图时,将该视图恢复出来即可。要创建、设置、重命名、修改和删除命名视图(包括模型命名视图)、相机视图、布局视图和预设视图,则可通过"视图管理器"对话框来设置。

用户可通过以下方式来执行此操作:
- 菜单栏:选择"视图"|"命名视图"命令。
- 命令行:输入 VIEW。

执行 VIEW 命令,程序将弹出"视图管理器"对话框,如图 3-27 所示。在此对话框中可设置模型视图、布局视图和预设视图。

图 3-27　"视图管理器"对话框

3.2.6　ViewCube 和导航栏

ViewCube 和导航栏主要用来恢复和更改视图方向、模型视图的观察与控制等。

1. ViewCube

ViewCube 是用户在二维模型空间或三维视觉样式中处理图形时显示的导航工具。通过 ViewCube,用户可以在标准视图和等轴测视图之间切换。

在 AutoCAD 功能区的"视图"选项卡中,可以在"视口工具"组中通过单击"ViewCube"按钮 来显示或隐藏图形区右上角的 ViewCube 界面。ViewCube 界面如图 3-28 所示。

图 3-28　ViewCube 界面

ViewCube 的视图控制方法之一是单击 ViewCube 界面中的 ▶、▲、◀ 和 ▼，也可以在图形区左上方选择"俯视""仰视""左视""右视""前视"及"后视"等视图，如图 3-29 所示。

图 3-29　选择视图

ViewCube 的视图控制方法之二是单击 ViewCube 界面中的角点、边或面，如图 3-30 所示。

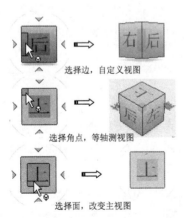

图 3-30　选择 ViewCube 改变视图

技巧点拨：

可以在 ViewCube 上按下鼠标左键不放并拖动来自定义视图方向。

在 ViewCube 的外围是指南针，用于指示模型定义的北向。可以单击指南针上的基本方向字母以旋转模型，也可以单击并拖动指南针环以交互方式围绕轴心点旋转模型，如图 3-31 所示为指南针。

图 3-31　指南针

指南针的下方是 UCS 坐标系的下拉菜单选项：WCS 和新 UCS。WCS 就是当前的世界坐标系，也是工作坐标系；UCS 是指用户自定义坐标系，可以为其指定坐标轴进行定义，如图 3-32 所示。

图 3-32　ViewCube UCS 坐标系菜单

2．导航栏

导航栏是一种用户界面元素，用户可以从中访问通用导航工具和特定于产品的导航工具，如图 3-33 所示。

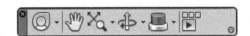

图 3-33　导航栏

导航栏中提供以下通用导航工具：

- 导航控制盘◎：提供在专用导航工具之间快速切换的控制盘集合。
- 平移🖑：用于平移视图中的模型及图纸。
- 范围缩放🔍：用于缩放视图的所有命令集合。
- 动态观察🞧：用于动态观察视图的命令集合。
- ShowMotion：用户界面元素，可提供用于创建和回放以便进行设计查看、演示和书签样式导航的屏幕显示。

3.3 测量工具

使用AutoCAD提供的查询功能可以查询面域的信息、测量点的坐标、两个对象之间的距离、图形的面积与周长等。下面将介绍各种查询工具的应用方法。

动手操练——查询坐标

step 01 在功能区的"默认"选项卡中，在"实用工具"面板中单击 点坐标 按钮。

step 02 随后命令行提示"指定点"，用户可以在图形中指定要测量坐标值的点对象，如图3-34所示。

技巧点拨：

在绘图操作中，用户可以通过在输入点的提示下输入"@"符号来引用查询到的点坐标。

动手操练——查询距离

使用距离测量工具可计算出AutoCAD中真实的三维距离。XY平面中的倾角相对于当前X轴，与XY平面的夹角相对于当前ZY平面。如果忽略Z轴的坐标值，计算的距离将采用第一点或第二点的当前距离。

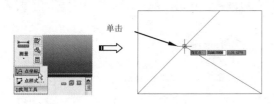

图3-34 选择点来查询该点的坐标

step 03 当用户指定点对象后，命令行将列出指定点的X、Y和Z值，并将指定点的坐标存储为上一点坐标，如图3-35所示。

step 01 在功能区中"默认"选项卡的"实用工具"面板中，单击 测量 下拉按钮。

step 02 在弹出的下拉列表中选择"距离"选项，命令行将提示"指定第一点"，用户需要指定测量的第一个点，如图3-36所示。

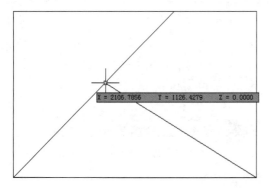

图3-35 显示该点的坐标

图3-36 指定第一点

step 03 当用户指定测量的第一个点后，命令行将继续提示"指定第二点"，当用户指定测量的第二个点后，命令行将显示测量的结果，如图 3-37 所示。

图 3-37　指定第二点并得到测量结果

step 04　最后在弹出的菜单中选择"退出(X)"命令结束测量操作。

动手操练——查询半径

step 01　单击"实用工具"面板中的 测量 下拉按钮。

step 02　在弹出的下拉列表中选择"半径"选项，命令行将提示"选择圆弧或圆"，当用户指定测量的对象后，命令行将显示半径的测量结果，如图 3-38 所示。

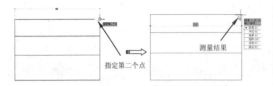

图 3-38　测量半径

step 03　然后在弹出的菜单中选择"退出(X)"命令结束操作。

动手操练——查询夹角的角度

step 01　单击"实用工具"面板中的 测量 下拉按钮。

step 02　在弹出的下拉列表中选择"角度"选项，命令行将提示"选择圆弧、圆、直线或 <指定顶点>："，这时，用户只需要指定测量的对象或夹角的第一条线段即可，如图 3-39 所示。

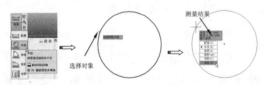

图 3-39　为查询角度选择第一条线段

step 03　当用户指定测量的第一条线段后，命令行将继续提示"选择第二条直线"，当用户指定测量的第二条线段后，命令行将显示角度的测量结果，如图 3-40 所示。

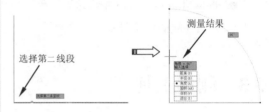

图 3-40　选择第二条线段并完成测量角度

step 04　最后在弹出的菜单中选择"退出(X)"命令结束操作。

动手操练——查询圆或圆弧的弧度

step 01　单击"实用工具"面板中的 测量 下拉按钮。

step 02　在弹出的下拉列表中选择"角度"选项后，直接选择要测量的对象，即可显示测量的结果，如图 3-41 所示。

图 3-41　查询弧度

动手操练——查询对象的面积和周长

step 01　单击"实用工具"面板中的 测量 下拉按钮。

step 02　在弹出的下拉列表中选择"面积"选项，命令行中将提示"指定第一个角点或 [对象(O)/增加面积(A)/减少面积(S)/退出(X)] <对象(O)>："，在此提示下选择"对象(O)"选项，如图 3-42 所示。

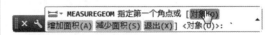

图 3-42　选择命令行中的选项

step 03　命令行将提示"选择对象"，当选择要测量的对象后，命令行将显示测量的结果，包括对象的面积和周长值，然后在弹出的菜单中选择"退出（X）"命令结束操作，如图 3-43 所示。

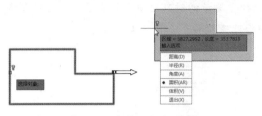

图 3-43　查询面积和周长

动手操练——查询区域面积和周长

测量区域面积和周长时，需要依次指定构成区域的角点。

step 01 打开"动手操练\源文件\Ch04\建筑平面.dwg"图形文件，如图 3-44 所示。

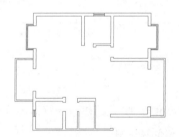

图 3-44　打开的图形

step 02 然后单击"实用工具"面板中的 测量 下拉按钮，在弹出的下拉列表中选择"面积"选项。

step 03 当命令行提示"指定第一个角点或[对象 (O)/ 增加面积 (A)/ 减少面积 (S)/ 退出 (X)] <对象 (O)>:"时，指定建筑区域的第一个角点，如图 3-45 所示。

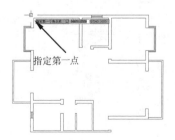

图 3-45　指定第一点

step 04 当命令行提示"指定下一个点或 [圆弧 (A)/ 长度 (L)/ 放弃 (U)]:"时，指定建筑区域的下一个角点，如图 3-46 所示。

图 3-46　指定第二点

step 05 根据命令行的提示，继续指定建筑区域的其他角点，然后按空格键进行确定，命令行将显示测量出的结果，如图 3-47 所示，记下测量值后退出操作。

图 3-47　显示测量结果

step 06 根据测量值得出建筑面积约为 100 平方米，然后选择"文字（T）"命令，记录测量的结果，如图 3-48 所示，完成本案例的制作。

图 3-48　记录测量结果

动手操练——查询体积

step 01 单击"实用工具"面板中的 测量 下拉按钮。

step 02 在弹出的下拉列表中选择"体积"选项，命令行将提示"指定第一个角点或 [对象 (O)/增加面积 (A)/ 减少面积 (S)/ 退出 (X)] < 对象 (O)>:"。在此提示下输入 O，或者选择"对象 (O)"命令。

step 03 命令行继续提示"选择对象"，当用户选择要测量的对象后命令行将显示体积的测量结果，然后在弹出的菜单中选择"退出（X）"命令结束操作，如图 3-49 所示。

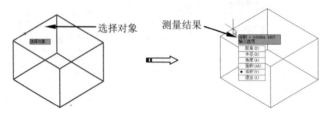

图 3-49　查询体积

> **技巧点拨：**
>
> 查询区域体积的方法与查询区域面积的方法基本相同，在执行测量"体积"命令后，指定构成区域体积的点，再按空格键进行确定，系统即可显示测量的结果。

3.4　快速计算器

快速计算器包括与大多数标准数学计算器类似的基本功能。另外，快速计算器还具有特别适用于 AutoCAD 的功能，例如几何函数、单位转换区域和变量区域。

3.4.1　了解快速计算器

与大多数计算器不同的是，快速计算器是一个表达式生成器。为了获取更大的灵活性，它不会在用户单击某个函数时立即计算出答案。相反，它会让用户输入一个可以轻松编辑的表达式。

在功能区的"默认"选项卡中，单击"实用工具"面板中的"快速计算器"按钮，打开"快速计算器"选项板，如图 3-50 所示。

图 3-50　"快速计算器"选项板

使用"快速计算器"可以进行以下操作：
- 执行数学计算和三角计算。
- 访问和检查以前输入的计算值进行重新计算。
- 从"特性"选项板访问计算器来修改对象特性。
- 转换测量单位。
- 执行与特定对象相关的几何计算。
- 向"特性"选项板和命令行提示复制和粘贴值和表达式。
- 计算混合数字（分数）、英寸和英尺。
- 定义、存储和使用计算器变量。
- 使用 CAL 命令中的几何函数。

图 3-51 使用快速计算器

动手操练——使用快速计算器

step 01 打开"动手操练\源文件\Ch04\平面图.dwg"图形文件，如图 3-52 所示。

> **技巧点拨：**
> 单击计算器上的"更少"按钮，将只显示输入框和"历史记录"区域。使用"展开"按钮或"收拢"按钮可以选择打开或关闭区域。还可以通过拖动快速计算器的边框控制其大小，或通过拖动快速计算器的标题栏改变其位置。

3.4.2 使用快速计算器

在功能区的"默认"选项卡中，单击"实用工具"面板中的"快速计算器"按钮，打开"快速计算器"面板，然后在文本框中输入要计算的内容。

输入要计算的内容后，单击快速计算器中的"等号"按钮或按 Enter 键进行确定，将在文本框中显示计算的结果，在"历史记录"区域中将显示计算的内容和结果。在"历史记录"区域中单击鼠标右键，在弹出的快捷菜单中选择"清除历史记录"命令，可以将"历史记录"区域的内容删除，如图 3-51 所示。

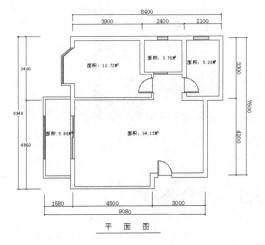

图 3-52 打开的图纸

step 02 单击"实用工具"面板中的"快速计算器"按钮，打开"快速计算器"选项板。

step 03 在文本框中输入各房间面积相加的算式"12.72+3.76+5.28+34.15+5.88"，如图 3-53 所示。

图 3-53 输入相加的算式

step 04 单击快速计算器中的"等号"按钮进行确定,在文本框中将显示计算的结果,如图 3-54 所示。

step 05 选择"文字(T)"命令,将计算结果室内面积 61.79 平方米,记录在图形下方"平面图"的右侧,完成本例的操作,如图 3-55 所示。

图 3-54 计算结果

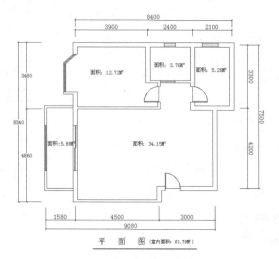

图 3-55 记录结果

3.5 综合案例

至此,AutoCAD 2018 入门的基础内容基本讲解完成,为了让大家在后面的学习过程中非常轻松,本章还将继续安排二维图形绘制的综合训练供大家学习。

3.5.1 案例一:绘制多边形组合图形

本例多边形组合图形主要由多个同心的正六边形和阵列圆构成,如图 3-56 所示。此图形可以通过"偏移"绘制,也可以通过"阵列"绘制,还可以按图形的比例放大进行绘制,本例采用的是比例放大方法。

操作步骤:

step 01 执行 QNEW 命令,创建空白文件。

step 02 在菜单栏中选择"工具"|"绘图设置"命令,设置捕捉模式,如图 3-57 所示。

step 03 在菜单栏中选择"格式"|"图形界限"命令,重新设置图形界限为 2500×2500。

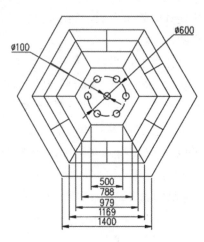

图 3-56 多边形组合图形

step 04 在菜单栏中选择"视图"|"缩放"|"全部"命令,将图形界限最大化显示。

step 05 在命令行中执行 POL 命令,绘制正六边形轮廓线,结果如图 3-58 所示。命令行操作提示如下:

```
命令:_polygon
输入边的数目 <4>:6↙              // 设置边的数目
指定正多边形的中心点或 [边(E)]: e ↙
指定边的第一个端点:              // 在绘图区指定第一端点
指定边的第二个端点:@500,0 ↙      // 绘制
```

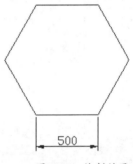

图 3-57 设置捕捉模式   图 3-58 绘制结果

step 06 执行 C 命令,配合捕捉与追踪功能,绘制半径为 50 的圆,绘制结果如图 3-59 所示。命令行操作过程如下:

```
命令:_circle
指定圆的圆心或 [三点(3P)/两点(2P)/切点、切点、半径(T)]:     // 通过下侧边中点和
右侧端点,引出互相垂直的方向矢量,然后捕捉两条虚线的交点作为圆心
指定圆的半径或 [直径(D)] <50.0000>: 50 ↙
```

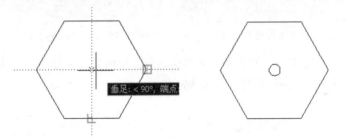

图 3-59 绘制圆

step 07 单击"修改"工具栏中的"缩放"按钮 ,然后对正六边形进行缩放,结果如图 3-60 所示。命令行操作提示如下:

```
命令:_scale
选择对象:                              // 单击正六边形
选择对象:↙                            // 结束选择
指定基点:                              // 捕捉圆的圆心
指定比例因子或 [复制(C)/参照(R)] <0>: C ↙
缩放一组选定对象。
指定比例因子或 [复制(C)/参照(R)] <0>: 1400/500 ↙
```

step 08 重复选择"缩放"命令,对缩放后的正六边形进行多次缩放和复制,结果如图 3-61 所示。命令行操作提示如下:

```
命令：_scale
选择对象：                    //选择最外侧的正六边形
选择对象：✓
指定基点：                    //捕捉圆的圆心
指定比例因子或 [复制(C)/参照(R)] <2.8000>：//c✓
缩放一组选定对象。
指定比例因子或 [复制(C)/参照(R)] <2.8000>：1169/1400 ✓
命令：✓
SCALE
选择对象：                    //选择最外侧的正六边形
选择对象：✓
指定基点：                    //捕捉圆的圆心
指定比例因子或 [复制(C)/参照(R)] <0.8350>：c✓
缩放一组选定对象。
指定比例因子或 [复制(C)/参照(R)] <0.8350>：979/1400 ✓
命令：✓
SCALE
选择对象：                    //选择最外侧的正六边形
选择对象：✓
指定基点：                    //捕捉圆的圆心
指定比例因子或 [复制(C)/参照(R)] <0.6993>：c ✓
缩放一组选定对象。
指定比例因子或 [复制(C)/参照(R)] <0.6993>：788/1400 ✓
```

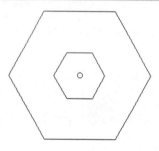

图 3-60 缩放正六边形

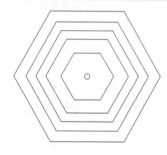

图 3-61 缩放结果

step 09 执行 L 命令，配合端点、中点等对象捕捉功能，绘制如图 3-62 所示的直线段。

step 10 执行 POL 命令，绘制外接圆半径为 300 的正六边形，如图 3-63 所示。命令行操作提示如下：

```
命令：_polygon
输入边的数目 <6>：✓
指定正多边形的中心点或 [边(E)]：        //捕捉圆的圆心
输入选项 [内接于圆(I)/外切于圆(C)] <I>：I
指定圆的半径：300 ✓
```

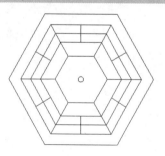

图 3-62 绘制结果

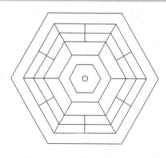

图 3-63 绘制内侧的正六边形

step 11 执行 C 命令，分别以刚绘制的正六边形各角点为圆心，绘制直径为 100 的 6 个圆图形，结果如图 3-64 所示。

step 12 按 Delete 键，删除最内侧的正六边形，最终结果如图 3-65 所示。

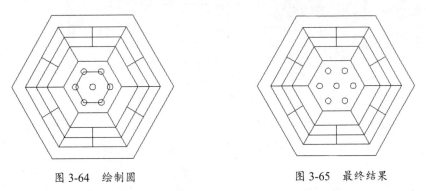

图 3-64　绘制圆　　　　　　　　图 3-65　最终结果

step 13 按下键盘上的 Ctrl+Shift+S 组合键，将图形另存为"多边形组合图形 .dwg"。

3.5.2　案例二：绘制密封垫

AutoCAD 2018 提供了 ARRAY 命令用于创建阵列图形。用该命令可以建立矩形阵列、极阵列（环形）和路径阵列。

绘制完成的密封垫图形如图 3-66 所示。

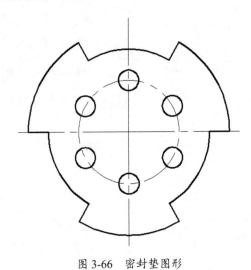

图 3-66　密封垫图形

操作步骤：

step 01 启动 AutoCAD 2018 程序，新建一个文件。

step 02 设置图层。利用"图层"快捷命令 LA，新建两个图层：将第一个图层命名为"轮廓线"，线宽属性为 0.3 mm，其余属性保持默认；将第二个图层命名为"中心线"，颜色设为红色，线型加载为 CENTER，其余属性保持默认，如图 3-67 所示。

图 3-67 创建新图层

step 03 将"中心线"图层设置为当前图层。执行 L 命令，绘制两条长度都为 60 且相互交于中点的中心线。然后执行 C 命令，以两中心线的交点为圆心，绘制直径为 50 的圆。结果如图 3-68 所示。

step 04 执行 O 命令，以两中心线的交点为圆心绘制直径分别为 80、100 的同心圆，如图 3-69 所示。

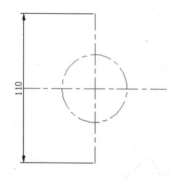

图 3-68 绘制中心线和圆

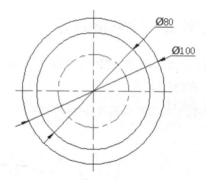

图 3-69 绘制同心圆

step 05 然后再以竖直中心线和中心线与第一个圆的交点为圆心绘制出直径为 10 的圆，如图 3-70 所示。

step 06 执行 L 命令，以 φ80 圆与水平对称中心线的交点为起点，以 φ100 圆与水平对称中心线的交点为终点绘制直线。结果如图 3-71 所示。

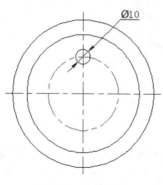

图 3-70 绘制小圆

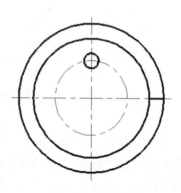

图 3-71 绘制直线

step 07 执行 ARRAYPOLAR（环形阵列）命令，选择上步绘制的直线和小圆进行阵列。绘制的图形如图 3-72 所示。命令行提示如下：

```
命令：_arraypolar
选择对象：找到 1 个
选择对象：
类型 = 极轴   关联 = 是
指定阵列的中心点或 [基点(B)/旋转轴(A)]：
输入项目数或 [项目间角度(A)/表达式(E)] <4>：6
指定填充角度 (+=逆时针、-=顺时针) 或 [表达式(EX)] <360>：✓
按 Enter 键接受或 [关联(AS)/基点(B)/项目(I)/项目间角度(A)/填充角度(F)/行(ROW)/层(L)/旋转项目(ROT)/退出(X)] <退出>：✓
```

step 08 执行 TR 命令，对图形进行修剪处理，结果如图 3-73 所示。

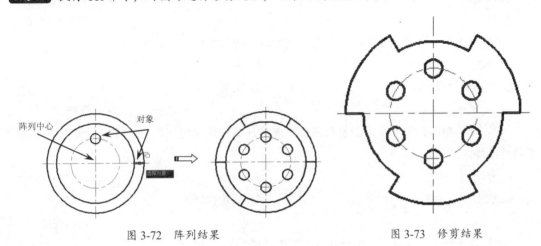

图 3-72 阵列结果   图 3-73 修剪结果

step 09 至此，密封垫图形绘制完成了，最后将结果保存。

3.6 AutoCAD 认证考试习题集

一、单选题

（1）默认的世界坐标系的简称是什么？

A. CCS　　　　　　　　　　　　B. UCS

C. WCS　　　　　　　　　　　　D. UCIS

正确答案（　）

（2）将当前图形生成 4 个视口，在一个视口中新画一个圆并将全图平移，其他视口的结果如何？

A. 其他视口生成圆也同步平移　　　B. 其他视口不生成圆但同步平移

C. 其他视口生成圆但不平移　　　　D. 其他视口不生成圆也不平移

正确答案（　）

（3）"缩放"命令在执行过程中改变了什么？

A. 图形界限的范围　　　　　　　　B. 图形的绝对坐标

C. 图形在视图中的位置　　　　　　　D. 图形在视图中显示的大小

正确答案（　）

（4）按比例改变图形实际大小的命令哪个？

A. OFFSET　　　　　　　　　　　　B. ZOOM
C. SCALE　　　　　　　　　　　　　D. STRETCH

正确答案（　）

（5）"移动"和"平移"命令相比如何？

A. 都是移动命令，效果一样　　　　　B. 移动速度快，平移速度慢
C. 移动的对象是视图，平移的对象是物体　　D. 移动的对象是物体，平移的对象是视图

正确答案（　）

（6）当图形中只有一个视口时，与"重生成"的功能相同的是哪个？

A. 重画　　　　　　　　　　　　　　B. 窗口缩放
C. 全部重生成　　　　　　　　　　　D. 实时平移

正确答案（　）

（7）对于图形界限非常大的复杂图形，能快速简便地定位图形中的任一部分以便观察的工具是什么？

A. 移动　　　　　　　　　　　　　　B. 缩小
C. 放大　　　　　　　　　　　　　　D. 鸟瞰视图

正确答案（　）

（8）以下输入方式是绝对坐标输入方式的是哪项？

A. 10　　　　　　　　　　　　　　　B. @ 10，10，0
C. 10，10，0　　　　　　　　　　　D. @ 10＜0

正确答案（　）

（9）要快速显示整个图限范围内的所有图形，可使用（　）命令。

A. "视图" | "缩放" | "窗口"　　　　B. "视图" | "缩放" | "动态"
C. "视图" | "缩放" | "范围"　　　　D. "视图" | "缩放" | "全部"

正确答案（　）

（10）在 AutoCAD 中，要将左右两个视口改为左上、左下、右 3 个视口可选择（　）命令。

A. "视图" | "视口" | "一个视口"　　B. "视图" | "视口" | "三个视口"
C. "视图" | "视口" | "合并"　　　　D. "视图" | "视口" | "两个视口"

正确答案（　）

（11）在 AutoCAD 中，使用（　）可以在打开的图形间来回切换，但是，在某些时间较长的操作（例如重生成图形）期间不能切换图形。

A. Ctrl+F9 或 Ctrl+Shift 组合键　　B. Ctrl+ F8 或 Ctrl+Tab 组合键
C. Ctrl+F6 或 Ctrl +Tab 组合键　　D. Ctrl+F7 或 Ctrl+Lock 组合键

正确答案（　）

二、绘图练习

（1）将长度和角度精度设置为小数点后三位，绘制如图 3-74 所示的图形，A 点坐标为（ ）。

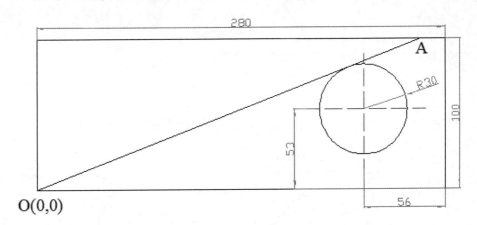

图 3-74　绘图练习一

A.（249.246,100）　　　　　　　B.（274.246,90.478）

C.（263.246,100）　　　　　　　D.（269.246,109.478）

（2）将长度和角度精度设置为小数点后三位，绘制如图 3-75 所示图形，图形面积为（ ）。

A. 28038.302　　　　　　　　　B. 28937.302

C. 27032.302　　　　　　　　　D. 29034.302

（3）将长度和角度精度设置为小数点后三位，绘制如图 3-76 所示的图形，阴影面积为（ ）。

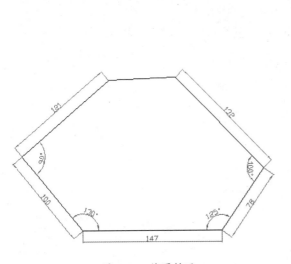

图 3-75　绘图练习二　　　　　图 3-76　绘图练习三

A. 644.791　　　　　　　　　　B. 763.479

C. 667.256　　　　　　　　　　D. 663.791

3.7 课后习题

1. 绘制凸轮

绘制如图 3-77 所示的异形凸轮轮廓图。

2. 绘制垫片

利用直线、圆、复制等命令，绘制如图 3-78 所示的垫片图形。

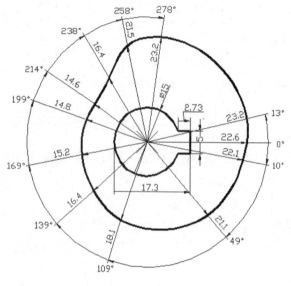

图 3-77 凸轮

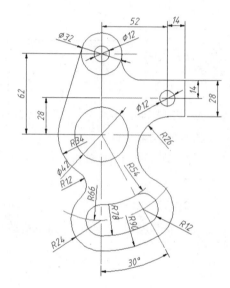

图 3-78 绘制垫片图形

第 4 章
快速高效作图

本章内容

绘制图形之前,读者需了解一些基本的操作,以熟悉和熟练地运用 AutoCAD。本章将对 AutoCAD 2018 中精确绘制图形的辅助工具应用、图形的简单编辑工具应用、图形对象的选择方法等进行详细介绍。

知识要点

☑ 精确绘制图形
☑ 图形的操作
☑ 对象的选择技巧

4.1 精确绘制图形

在绘图的过程中，经常要指定一些已有对象上的点，例如端点、圆心和两个对象的交点等。如果只凭观察来拾取，不可能非常准确地找到这些点。为此，AutoCAD 提供了精确绘制图形的功能，可以迅速、准确地捕捉到某些特殊点，从而能精确地绘制图形。

4.1.1 设置捕捉模式

在绘制图形时，尽管可以通过移动光标来指定点的位置，但却很难精确地指定点的某一位置。因此，要精确定位点，必须使用坐标输入或启用捕捉功能。

> **技巧点拨：**
>
> "捕捉模式"可以单独打开，也可以和其他模式一同打开。"捕捉模式"用于确定鼠标光标移动的间距。使用"捕捉模式"功能，可以提高绘图效率，如图 4-1 所示，打开捕捉模式后，光标按设定的移动间距来捕捉点位置，并绘制出图形。

图 4-1 打开"捕捉模式"来绘制的图形

用户可通过以下方式来打开或关闭"捕捉"功能：

- 状态栏：单击"捕捉模式"按钮 。
- 键盘快捷键：按 F9 键。
- "草图设置"对话框：在"捕捉和栅格"选项卡中，选中或取消选中"启用捕捉"复选框。
- 命令行：输入 SNAPMODE 命令。

4.1.2 栅格显示

栅格是一些标定位置的小点，起坐标纸的作用，可以提供直观的距离和位置参照。利用栅格可以对齐对象并直观地显示对象之间的距离。若要提高绘图的速度和效率，可以显示并捕捉矩形栅格，还可以控制其间距、角度和对齐方式。

用户可通过以下方式来打开或关闭"栅格"功能：

- 状态栏：单击"栅格"按钮▦。
- 键盘快捷键：按 F7 键。
- "草图设置"对话框：在"捕捉和栅格"选项卡中，选中或取消选中"启用栅格"复选框。
- 命令行：输入 GRIDDISPLAY 命令。

栅格的显示可以为点矩阵，也可以为线矩阵。仅在当前视觉样式设置为"二维线框"时栅格才显示为点，否则栅格将显示为线，如图 4-2 所示。在三维坐标系中工作时，所有视觉样式都显示为线栅格。

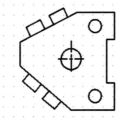

栅格显示为点　　栅格显示为线

图 4-2　栅格的显示

> **技巧点拨：**
>
> 默认情况下，UCS 的 X 轴和 Y 轴以不同于栅格线的颜色显示。用户可在"图形窗口颜色"对话框中设置颜色，此对话框可以通过"选项"对话框中的"草图"选项区域进行访问。

4.1.3　对象捕捉

在绘图的过程中，经常要指定一些已有对象上的点，例如端点、中点、圆心、节点等来进行精确定位。因此，对象捕捉功能可以迅速、准确地捕捉到这些特殊点，从而精确地绘制图形。

不论何时提示输入点，都可以指定对象捕捉。默认情况下，当将光标移到对象的捕捉位置时，将显示标记和工具提示。此功能称为 AutoSnap™（自动捕捉），提供了视觉提示，指示正在使用哪些对象捕捉。

1．特殊点对象捕捉

AutoCAD 提供了命令行、状态栏和右键快捷菜单 3 种执行特殊点对象捕捉的方法。

使用如图 4-3 所示状态栏中的"对象捕捉"工具。

通过快捷菜单也可以实现此功能，该菜单可通过同时按下 Shift 键和单击鼠标右键来激活，菜单中列出了 AutoCAD 提供的对象捕捉模式，如图 4-4 所示。

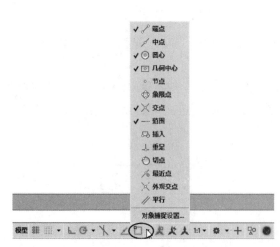 

图 4-3 "对象捕捉"工具栏　　　　　图 4-4 对象捕捉快捷菜单

表 4-1 列出了对象捕捉的模式及其功能,与"对象捕捉"工具栏中的按钮及对象捕捉快捷菜单命令相对应,在下面将对其中一部分捕捉模式进行介绍。

表 4-1 特殊位置点捕捉

捕捉模式	快捷命令	功 能
临时追踪点	TT	建立临时追踪点
两点之间的中点	M2P	捕捉两个独立点之间的中点
捕捉自	FRO	与其他捕捉方式配合使用建立一个临时参考点,作为指出后继点的基点
端点	ENDP	用来捕捉对象(如线段或圆弧等)的端点
中点	MID	用来捕捉对象(如线段或圆弧等)的中点
圆心	CEN	用来捕捉圆或圆弧的圆心
节点	NOD	捕捉用 POINT 或 DIVIDE 等命令生成的点
象限点	QUA	用来捕捉距光标最近的圆或圆弧上可见部分的象限点,即圆周上 0°、90°、180°、270° 位置上的点
交点	INT	用来捕捉对象(如线、圆弧或圆等)的交点
延长线	EXT	用来捕捉对象延长路径上的点
插入点	INS	用于捕捉块、形、文字、属性或属性定义等对象的插入点
垂足	PER	在线段、圆、圆弧或它们的延长线上捕捉一个点,使之与最后生成的点的连线与该线段、圆或圆弧正交
切点	TAN	最后生成的一个点到选中的圆或圆弧上引切线的切点位置
最近点	NEA	用于捕捉离拾取点最近的线段、圆、圆弧等对象上的点
外观交点	APP	用来捕捉两个对象在视图平面上的交点。若两个对象没有直接相交,则系统自动计算其延长后的交点;若两对象在空间上为异面直线,则系统计算其投影方向上的交点
平行线	PAR	用于捕捉与指定对象平行方向的点
无	NON	关闭对象捕捉模式
对象捕捉设置	OSNAP	设置对象捕捉

第 4 章 快速高效作图

> **技巧点拨：**
> 仅当提示输入点时，对象捕捉才生效。如果尝试在命令行提示下使用对象捕捉功能，将显示错误消息。

动手操练——利用"对象捕捉"功能绘制图形

绘制如图 4-5 所示的公切线。

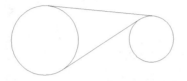

图 4-5　圆的公切线

step 01 单击"绘图"面板中的"圆"按钮，以适当的半径绘制两个圆，绘制结果如图 4-6 所示。

step 02 在操作界面的顶部工具栏单击鼠标右键，选择快捷菜单中的"autocad"|"对象捕捉"命令，打开"对象捕捉"工具栏。

step 03 单击"绘图"面板中的"直线"按钮，绘制公切线，命令行提示如下：

```
命令：_line
指定第一点：        //单击"对象捕捉"工具栏中的"捕捉到切点"按钮
_tan 到             //选择左边圆上一点，系统自动显示"递延切点"提示，如图 4-7 所示
指定下一点或 [放弃(U)]: //单击"对象捕捉"工具栏中的"捕捉到切点"按钮
_tan 到             //选择右边圆上一点，系统自动显示"递延切点"提示，如图 4-8 所示
指定下一点或 [放弃(U)]: ✓
```

step 04 单击"绘图"面板中的"直线"按钮，绘制公切线。单击"对象捕捉"工具栏中的"捕捉到切点"按钮，捕捉切点，如图 4-7 所示为捕捉第二个切点的情形。

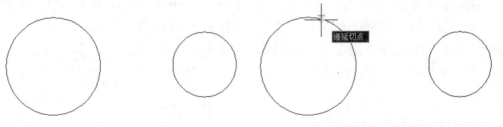

图 4-6　绘制圆　　　　　　　　　图 4-7　捕捉切点

step 05 系统自动捕捉到切点的位置，最终绘制结果如图 4-8 所示。

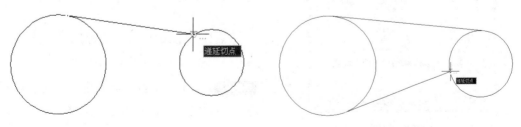

　　　(a) 捕捉另一切点　　　　　　　　　(b) 捕捉第二个切点

图 4-8　捕捉切点

技巧点拨：

不管指定圆上的哪一点作为切点，系统都会根据圆的半径和指定的大致位置确定准确的切点位置，并能根据大致指定点与内外切点距离，依据距离趋近原则判断绘制外切线还是内切线。

2. 捕捉设置

在 AutoCAD 中绘图之前，可以根据需要事先设置开启一些对象捕捉模式，绘图时系统就能自动捕捉这些特殊点，从而加快绘图速度，提高绘图质量。

用户可通过以下方式进行对象捕捉设置：
- 命令行：输入 DDOSNAP。
- 菜单栏：选择"工具"|"绘图设置"命令。
- 工具栏：单击"对象捕捉"工具栏中的"对象捕捉设置"按钮 。
- 状态栏：单击"对象捕捉"按钮 （仅限于打开与关闭）。
- 快捷键：按 F3 键（仅限于打开与关闭）。
- 快捷菜单：选择"捕捉替代"|"对象捕捉设置"命令。

执行上述操作后，系统打开"草图设置"对话框，单击"对象捕捉"选项卡，如图 4-9 所示，利用此选项卡可对对象捕捉方式进行设置。

图 4-9　"对象捕捉"选项卡

动手操练——盘盖的绘制

绘制如图 4-10 所示的盘盖。

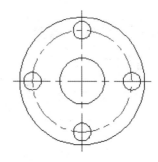

图 4-10　盘盖

选择"格式"|"图层"命令，设置图层：
- "中心线"图层：线型为 CENTER，颜色为红色，其余属性采用默认值。
- "粗实线"图层：线宽为 0.30mm，其余属性采用默认值。

step 01 将"中心线"图层设置为当前图层，然后单击"直线"按钮 绘制垂直中心线。

step 02 选择"工具"|"绘图设置"菜单命令。打开"草图设置"对话框中的"对象捕捉"选项卡，单击"全部选择"按钮，选择所有捕捉模式，并选中"启用对象捕捉"复选框，如图 4-11 所示，确认后关闭对话框。

图 4-11　对象捕捉设置

step 03 单击"绘图"面板中的"圆"按钮 ，绘制圆形，如图 4-12（a）所示。在指定圆心时，捕捉垂直中心线的交点，结果如图 4-12（b）所示。

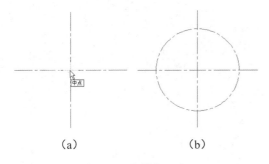

图 4-12　绘制中心线

step 04 转换到"粗实线"图层，单击"绘图"面板中的"圆"按钮 ⊙，绘制盘盖外圆和内孔，在指定圆心时，捕捉垂直中心线的交点，如图 4-13（a）所示，结果如图 4-13（b）所示。

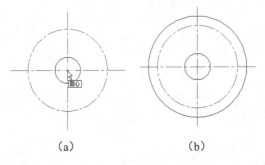

图 4-13　绘制同心圆

step 05 单击"绘图"面板中的"圆"按钮 ⊙，绘制螺孔，在指定圆心时，捕捉圆形中心线与水平中心线或垂直中心线的交点，如图 4-14（a）所示。结果如图 4-14（b）所示。

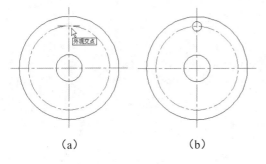

图 4-14　绘制单个圆

step 06 用同样的方法绘制其他 3 个螺孔，结果如图 4-15 所示。

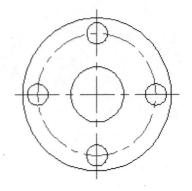

图 4-15　最后结果

step 07 保存文件。在命令行输入命令 QSAVE，选择"文件"|"保存"菜单命令，或者单击标准工具栏中的 🖫 按钮。

4.1.4　对象追踪

对象追踪可按指定角度绘制对象，或者绘制与其他对象有特定关系的对象的。对象追踪分"极轴追踪"和"对象捕捉"追踪两种，是常用的辅助绘图工具。

1．极轴追踪

极轴追踪是按程序默认给定或用户自定义的极轴角度增量来追踪对象点。如极轴角度为 45°，光标则只能按照给定的 45°范围来追踪，也就是说光标可在整个象限的 8 个位置上追踪对象点。如果事先知道要追踪的方向（角度），使用极轴追踪是比较方便的。

用户可通过以下方式来打开或关闭"极轴追踪"功能：

- 状态栏：单击"极轴追踪"按钮 ⊙。
- 键盘快捷键：按 F10 键。
- "草图设置"对话框：在"极轴追踪"选项卡中，选中或取消选中"启用极轴追踪"复选框。

创建或修改对象时，还可以使用"极轴

追踪"以显示由指定的极轴角度所定义的临时对齐路径。例如，设定极轴角度为45°，使用"极轴追踪"功能来捕捉的点的示意图，如图4-16所示。

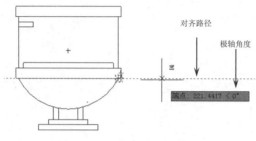

图4-16 "极轴追踪"捕捉

技巧点拨：

在没有特别指定极轴角度时，默认角度测量值为90°；可以使用对齐路径和工具提示绘制对象。与"交点"或"外观交点"对象捕捉一起使用极轴追踪，可以找出极轴对齐路径与其他对象的交点。

动手操练——利用"极轴追踪"功能绘制图形

绘制如图4-17所示的方头平键。

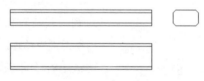

图4-17 方头平键

step 01 单击"绘图"面板中的"矩形"按钮 ▭，绘制主视图外形。首先在屏幕上的适当位置指定一个角点，然后指定第二个角点为（@100,11），结果如图4-18所示。

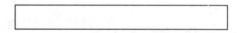

图4-18 绘制主视图外形

step 02 单击"绘图"面板中的"直线"按钮 ╱，绘制主视图棱线。命令行提示如下：

```
命令：LINE ↙
指定第一点：FROM ↙
基点：//捕捉矩形左上角点，如图4-19所示
<偏移>：@0,-2 ↙
指定下一点或 [放弃(U)]://鼠标右移，捕捉矩形右边上的垂足，如图4-20所示
```

使用相同的方法，以矩形左下角点为基点，向上偏移两个单位，利用基点捕捉绘制下边的另一条棱线。结果如图4-21所示。

图4-19 捕捉角点　　　　　　　　图4-20 捕捉垂足

step 03 同时单击状态栏上的"对象捕捉"和"对象追踪"按钮,启动对象捕捉追踪功能。并打开"草图设置"对话框,显示"极轴追踪"选项卡,将"增量角"设置为90°,将对象捕捉追踪设置为"仅正交追踪"。

step 04 单击"绘图"面板中的"矩形"按钮▭,绘制俯视图外形。捕捉上面所绘制矩形的左下角点,系统显示追踪线,沿追踪线向下在适当的位置指定一点为矩形角点,如图4-22所示。另一角点坐标为(@100,18),结果如图4-23所示。

step 05 单击"绘图"面板中的"直线"按钮╱,结合基点捕捉功能绘制俯视图棱线,设置偏移距离为2,结果如图4-24所示。

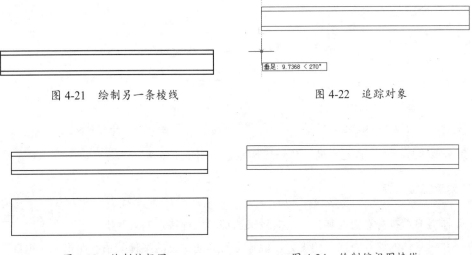

图4-21 绘制另一条棱线　　　　　　　　图4-22 追踪对象

图4-23 绘制俯视图　　　　　　　　图4-24 绘制俯视图棱线

step 06 单击"绘图"面板中的"构造线"按钮╱,绘制左视图构造线。首先指定适当的一点绘制-45°构造线,如图4-25所示。继续绘制构造线,命令行提示如下:

```
命令:XLINE✓
    指定点或 [水平(H)/垂直(V)/角度(A)/二等分(B)/偏移(O)]://捕捉俯视图右上角点,在
水平追踪线上指定一点,如图4-26所示
    指定通过点://打开状态栏上的"正交"开关,指定水平方向一点指定斜线与第四条水平线的交点
```

step 07 用同样的方法绘制另一条水平构造线,再捕捉两水平构造线与斜构造线交点为指定点绘制两条竖直构造线,如图4-26所示。

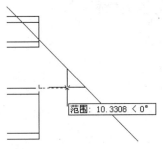   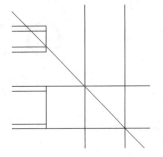

图4-25 绘制左视图构造线　　　　　　　　图4-26 完成左视图构造线

step 08 单击"绘图"面板中的"矩形"按钮□,绘制左视图。命令行提示如下:

```
命令: rectang↙
指定第一个角点或 [倒角(C)/标高(E)/圆角(F)/厚度(T)/宽度(W)]: C↙
指定矩形的第一个倒角距离 <0.0000>:    //捕捉俯视图上右上端点
指定第二点:    //捕捉俯视图上右上第二个端点
指定矩形的第二个倒角距离 <2.0000>:    //捕捉主视图右上端点
指定第二点:    (捕捉主视图上右上第二个端点)
指定第一个角点或 [倒角(C)/标高(E)/圆角(F)/厚度(T)/宽度(W)]:    //捕捉主视图矩形上
边延长线与第一条竖直构造线交点,如图4-27所示
指定另一个角点或 [尺寸(D)]:    //捕捉主视图矩形下边延长线与第二条竖直构造线交点
```

step 09 结果如图4-28所示。

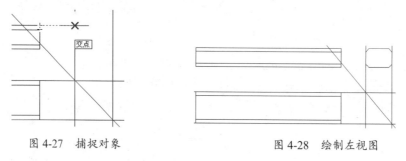

图4-27 捕捉对象　　　　　　　　图4-28 绘制左视图

step 10 单击"修改"工具栏中的"删除"按钮 ✎,删除构造线。

1. 对象捕捉追踪

对象捕捉追踪按与对象的某种特定关系来追踪,这种特定的关系确定了一个未知角度。如果事先不知道具体的追踪方向(角度),但知道与其他对象的某种关系(如相交、垂直等),则用对象捕捉追踪。极轴追踪和对象捕捉追踪可以同时使用。

用户可通过以下方式来打开或关闭"对象捕捉追踪"功能:

- 状态栏:单击"对象捕捉追踪"按钮□。
- 键盘快捷键:按F11键。

使用对象捕捉追踪,在命令行中提示指定点时,光标可以沿基于其他对象捕捉点的对齐路径进行追踪,如图4-29所示。

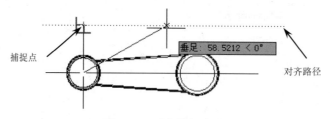

图4-29 对象捕捉追踪

技巧点拨:

要使用对象捕捉追踪,必须打开一个或多个对象捕捉。

动手操练——利用"对象捕捉追踪"功能绘制图形

使用 LINE 命令并结合对象捕捉功能将图 4-30 中的左图修改为右图。这个实例的目的是让读者掌握"交点""切点"和"延伸点"等常用对象捕捉的方法。

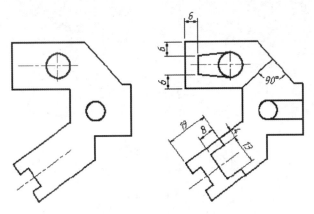

图 4-30 利用对象捕捉画线

step 01 画线段 BC 和 EF 等，B、E 两点的位置用正交偏移捕捉确定，如图 4-31 所示。

```
命令: _line 指定第一点: from              // 使用正交偏移捕捉
基点: end 于                              // 捕捉偏移基点 A
<偏移>: @6,-6                            // 输入 B 点的相对坐标
指定下一点或 [放弃(U)]: tan 到             // 捕捉切点 C
指定下一点或 [放弃(U)]:                    // 按 Enter 键结束
命令:                                     // 重复命令
LINE 指定第一点: from                     // 使用正交偏移捕捉
基点: end 于                              // 捕捉偏移基点 D
<偏移>: @6,6                             // 输入 E 点的相对坐标
指定下一点或 [放弃(U)]: tan 到             // 捕捉切点 F
指定下一点或 [放弃(U)]:                    // 按 Enter 键结束
命令:                                     // 重复命令
LINE 指定第一点: end 于                   // 捕捉端点 B
指定下一点或 [放弃(U)]: end 于             // 捕捉端点 E
指定下一点或 [放弃(U)]:                    // 按 Enter 键结束
```

技巧点拨:

正交偏移捕捉功能可以相对于一个已知点定位另一点。操作方法：先捕捉一个基准点，然后输入新点相对于基准点的坐标（相对直角坐标或相对极坐标），这样就可从新点开始作图了。

step 02 画线段 GH、IJ 等，如图 4-32 所示。

```
命令: _line 指定第一点: int 于             // 捕捉交点 G
指定下一点或 [放弃(U)]: per 到             // 捕捉垂足 H
指定下一点或 [放弃(U)]:                    // 按 Enter 键结束
命令:                                     // 重复命令
LINE 指定第一点: qua 于                   // 捕捉象限点 I
指定下一点或 [放弃(U)]: per 到             // 捕捉垂足 J
指定下一点或 [放弃(U)]:                    // 按 Enter 键结束
命令:                                     // 重复命令
LINE 指定第一点: qua 于                   // 捕捉象限点 K
指定下一点或 [放弃(U)]: per 到             // 捕捉垂足 L
指定下一点或 [放弃(U)]:                    // 按 Enter 键结束
```

step 03 画线段 NO、OP 等，如图 4-33 所示。

```
命令：_line 指定第一点：ext              // 捕捉延伸点 N
于 19                                    // 输入 N 点与 M 点的距离
指定下一点或 [放弃(U)]: par              // 利用平行捕捉画平行线
到 4                                    // 输入 O 点与 N 点的距离
指定下一点或 [放弃(U)]: par              // 使用平行捕捉
到 8                                    // 输入 P 点与 O 点的距离
指定下一点或 [闭合(C)/放弃(U)]: par      // 使用平行捕捉
到 13                                   // 输入 Q 点与 P 点的距离
指定下一点或 [闭合(C)/放弃(U)]: par      // 使用平行捕捉
到 8                                    // 输入 R 点与 Q 点的距离
指定下一点或 [闭合(C)/放弃(U)]: per 到   // 捕捉垂足 S
指定下一点或 [闭合(C)/放弃(U)]:          // 按 Enter 键结束
```

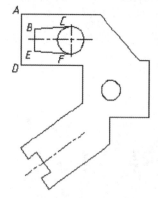
图 4-31　画线段 BC、EF 等

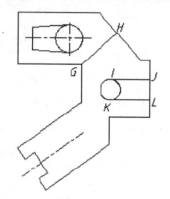
图 4-32　画线段 GH、IJ 等

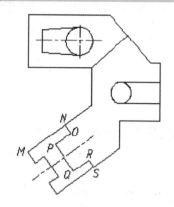
图 4-33　画线段 NO、OP 等

技巧点拨：

延伸点捕捉功能可以从线段端点开始沿线的方向确定新点。操作方法是：先把光标从线段端点开始移动，此时系统沿线段方向显示出捕捉辅助线及捕捉点的相对极坐标，再输入捕捉距离，系统即定位一个新点了。

4.1.5　正交模式

"正交"模式用于控制是否以正交方式绘图，或者在"正交"模式下追踪对象点。在"正交"模式下，可以方便地绘出与当前 X 轴或 Y 轴平行的直线。

用户可通过以下方式打开或关闭正交模式：

- 状态栏：单击"正交"模式按钮 。
- 键盘快捷键：按 F8 键。
- 命令行：输入变量 ORTHO。

创建或移动对象时，使用"正交"模式将光标限制在水平或垂直轴上。移动光标时，不管水平轴或垂直轴哪个离光标最近，引线将沿着该轴移动，如图 4-34 所示。

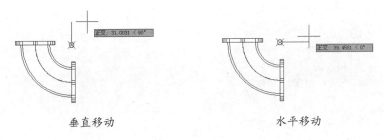

图 4-34 "正交"模式的垂直移动和水平移动

技巧点拨:
打开"正交"模式时,使用直接输入距离的方法以创建指定长度的正交线或将对象移动指定的距离。

在"二维草图与注释"空间中,打开"正交"模式,拖引线只能在 XY 工作平面的水平方向和垂直方向上移动。在三维视图中,"正交"模式下,拖引线除可在 XY 工作平面的 X、–X 方向和 Y、–Y 方向上移动外,还能在 Z 和 –Z 方向上移动,如图 4-35 所示。

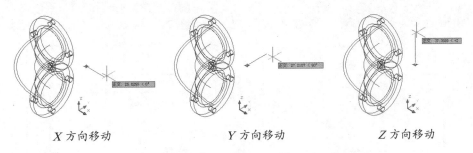

图 4-35 三维空间中"正交"模式的拖引线移动

技巧点拨:
在绘图和编辑过程中,可以随时打开或关闭"正交"模式。输入坐标或指定对象捕捉时将忽略"正交"。使用临时替代键时,无法使用直接输入距离的方法。

动手操练——利用"正交"模式绘制图形

利用"正交"模式绘制如图 4-36 所示的图形,其操作步骤如下:

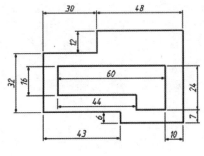

图 4-36 图形

step 01 单击状态栏中的"正交"模式按钮 ，启动"正交"模式功能。

step 02 画线段 AB、BC、CD 等，如图 4-37 所示。命令行操作提示如下：

```
命令：<正交开>                              //打开正交模式
命令：_line 指定第一点：                     //单击 A 点
指定下一点或 [放弃(U)]: 30                  //向右移动光标并输入线段 AB 的长度
指定下一点或 [放弃(U)]: 12                  //向上移动光标并输入线段 BC 的长度
指定下一点或 [闭合(C)/放弃(U)]: 48          //向右移动光标并输入线段 CD 的长度
指定下一点或 [闭合(C)/放弃(U)]: 50          //向下移动光标并输入线段 DE 的长度
指定下一点或 [闭合(C)/放弃(U)]: 35          //向左移动光标并输入线段 EF 的长度
指定下一点或 [闭合(C)/放弃(U)]: 6           //向上移动光标并输入线段 FG 的长度
指定下一点或 [闭合(C)/放弃(U)]: 43          //向左移动光标并输入线段 GH 的长度
指定下一点或 [闭合(C)/放弃(U)]: c           //使线框闭合
```

step 03 画线段 IJ、JK、KL 等，如图 4-38 所示。

```
命令：_line 指定第一点：from                //使用正交偏移捕捉
基点：int 于                                //捕捉交点 E
<偏移>：@-10,7                              //输入 I 点的相对坐标
指定下一点或 [放弃(U)]: 24                  //向上移动光标并输入线段 IJ 的长度
指定下一点或 [放弃(U)]: 60                  //向左移动光标并输入线段 JK 的长度
指定下一点或 [闭合(C)/放弃(U)]: 16          //向下移动光标并输入线段 KL 的长度
指定下一点或 [闭合(C)/放弃(U)]: 44          //向右移动光标并输入线段 LM 的长度
指定下一点或 [闭合(C)/放弃(U)]: 8           //向下移动光标并输入线段 MN 的长度
指定下一点或 [闭合(C)/放弃(U)]: C           //使线框闭合
```

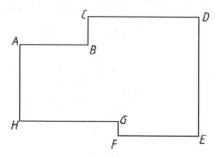
图 4-37 画线段 AB.BC 等

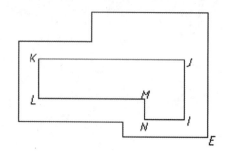
图 4-38 画线段 IJ、JK 等

4.1.6 锁定角度

用户在绘制几何图形时，有时需要指定角度替代，以锁定光标来精确输入下一个点。通常，指定角度替代，是在命令行提示指定点时输入左尖括号（<），其后输入一个角度。

例如，如下所示的命令行操作提示中显示了在执行 LINE 命令过程中输入 30°替代。

```
命令：line
指定第一点：                                //指定直线的起点
指定下一点或 [放弃(U)]: <30↙                //输入符号及角度值
角度替代：30
指定下一点或 [放弃(U)]:                     //指定直线下一点
```

> **技巧点拨：**
> 所指定的角度将锁定光标，替代"栅格捕捉"和"正交"模式。坐标输入和对象捕捉优先于角度替代。

4.1.7 动态输入

"动态输入"功能是控制指针输入、标注输入、动态提示及绘图工具提示的外观。
用户可通过以下方式来执行此操作:
- **"草图设置"对话框**:在"动态输入"选项卡中选中或取消选中"启用指针输入"等复选框。
- **状态栏**:单击"动态输入"按钮 。
- **快捷键**:按 F12 键。

启用"动态输入"时,工具提示将在光标附近显示信息,该信息会随着光标的移动而动态更新。当某命令处于活动状态时,工具提示将为用户提供输入的位置,如图4-39所示为绘图时动态和非动态输入比较。

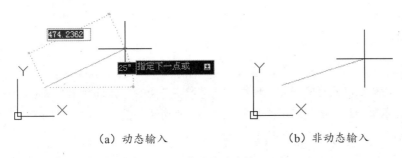

(a) 动态输入　　　　　(b) 非动态输入

图 4-39　动态和非动态输入比较

动态输入有3个组件:指针输入、标注输入和动态提示。用户可通过"草图设置"对话框来设置动态输入显示时的内容。

1. 指针输入

当启用指针输入且有命令在执行时,十字光标的位置将在光标附近的工具提示中显示为坐标。绘制图形时,用户可在工具提示中直接输入坐标值来创建对象,而不用在命令行中另行输入,如图4-40所示。

图 4-40　指针输入

> **技巧点拨:**
> 启动指针输入时,如果是相对坐标输入或绝对坐标输入,其输入格式与在命令行中输入相同。

2. 标注输入

若启用标注输入，当命令行提示输入第二点时，工具提示将显示距离（第二点与起点的长度值）和角度值，且在工具提示中的值将随光标的移动而发生改变，如图 4-41 所示。

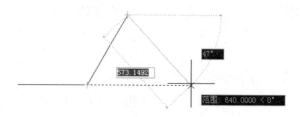

图 4-41　标注输入

> **技巧点拨：**
>
> 在标注输入时，按键盘上的 Tab 键可以交换动态显示长度值和角度值。

用户在使用夹点（夹点的概念及使用方法将在本书第 5 章详细介绍）来编辑图形时，标注输入的工具提示框中可能会显示旧的长度、移动夹点时更新的长度、长度的改变、角度、移动夹点时角度的变化、圆弧的半径等信息，如图 4-42 所示。

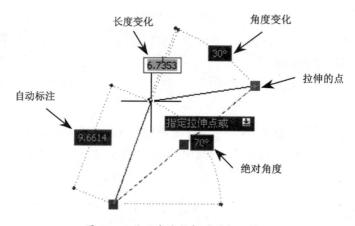

图 4-42　使用夹点编辑时的标注输入

> **技巧点拨：**
>
> 使用标注输入，工具提示框中显示的是用户希望看到的信息，要精确地指定点，可在工具提示框中输入精确的数值。

3. 动态提示

启用动态提示时，命令行提示和命令输入会显示在光标附近的工具提示中。用户可以在工具提示（而不是在命令行）中直接输入进行响应，如图 4-43 所示。

图 4-43　使用动态提示

> **技巧点拨：**
>
> 按键盘上的↓（下箭头）键可以查看和选择选项。按↑（上箭头）键可以显示最近的输入。要在动态提示工具提示中使用 PASTECLIP（粘贴），可在输入字母然后，在粘贴输入之前用空格键将其删除。否则，输入将作为文字粘贴到图形中。

动手操练——使用"动态输入"功能绘制图形

启用"动态输入"功能，通过指定线段长度及角度画线，如图 4-44 所示。这个实例的目的是让读者掌握使用"动态输入"功能画线的方法。

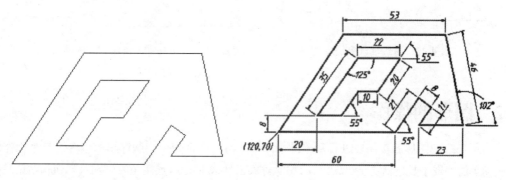

图 4-44　图形

step 01 启用"动态输入"功能，设定动态输入方式为"指针输入""标注输入"及"动态显示"。

step 02 画线段 AB、BC、CD 等，如图 4-45 所示。

```
命令：_line 指定第一点：120,70 //输入 A 点的 x 坐标值
// 按 Tab 键，输入 A 点的 y 坐标值
指定下一点或 [放弃(U)]：0 //输入线段 AB 的长度 60
// 按 Tab 键，输入线段 AB 的角度 0°
指定下一点或 [放弃(U)]：55 //输入线段 BC 的长度 21
// 按 Tab 键，输入线段 BC 的角度 55°
指定下一点或 [闭合(C)/放弃(U)]：35 //输入线段 CD 的长度 8
// 按 Tab 键，输入线段 CD 的角度 35°
指定下一点或 [闭合(C)/放弃(U)]：125 //输入线段 DE 的长度 11
// 按 Tab 键，输入线段 DE 的角度 125°
指定下一点或 [闭合(C)/放弃(U)]：0 //输入线段 EF 的长度 23
// 按 Tab 键，输入线段 EF 的角度 0°
指定下一点或 [闭合(C)/放弃(U)]：102 //输入线段 FG 的长度 46
// 按 Tab 键，输入线段 FG 的角度 102°
指定下一点或 [闭合(C)/放弃(U)]：180 //输入线段 GH 的长度 53
// 按 Tab 键，输入线段 GH 的角度 180°
指定下一点或 [闭合(C)/放弃(U)]：C //按↓键，选择"闭合"选项
```

step 03 画线段 IJ、JK、KL 等，如图 4-46 所示。

```
命令: _line 指定第一点: 140,78 // 输入 I 点的 x 坐标值
// 按 Tab 键,输入 I 点的 y 坐标值
指定下一点或 [放弃(U)]: 55 // 输入线段 IJ 的长度 35
// 按 Tab 键,输入线段 IJ 的角度 55°
指定下一点或 [放弃(U)]: 0 // 输入线段 JK 的长度 22
// 按 Tab 键,输入线段 JK 的角度 0°
指定下一点或 [闭合(C)/放弃(U)]: 125 // 输入线段 KL 的长度 20
// 按 Tab 键,输入线段 KL 的角度 125°
指定下一点或 [闭合(C)/放弃(U)]: 180 // 输入线段 LM 的长度 10
// 按 Tab 键,输入线段 LM 的角度 180°
指定下一点或 [闭合(C)/放弃(U)]: 125 // 输入线段 MN 的长度 15
// 按 Tab 键,输入线段 MN 的角度 125°
指定下一点或 [闭合(C)/放弃(U)]: C // 按↓键,选择"闭合"选项
```

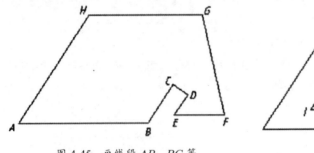

图 4-45　画线段 AB、BC 等

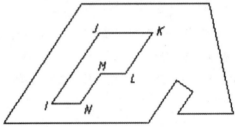

图 4-46　画线段 IJ、JK 等

4.2　图形的操作

当用户绘制图形后,需要进行简单的修改操作时,经常使用一些简单的编辑工具来操作。这些简单的编辑工具包括更正错误工具、删除对象工具、Windows 通用工具(复制、剪切和粘贴)等。

4.2.1　更正错误

当用户绘制的图形出现错误时,可使用多种方法来更正。

1. 放弃单个操作

在绘制图形的过程中,若要放弃单个操作,最简单的方法就是单击快速访问工具栏中的"放弃"按钮或在命令行中输入 U 命令。许多命令自身也包含 U(放弃)选项,无须退出此命令即可更正错误。

例如,在创建直线或多段线时,输入 U 命令即可放弃上一个线段。命令行操作提示如下:

```
命令: pline                                    // 输入命令
指定起点:                                      // 指定多段线起点
当前线宽为 0.0000                              // 线宽
指定下一个点或 [圆弧(A)/半宽(H)/长度(L)/放弃(U)/宽度(W)]:
                                               // 指定多段线第二点
指定下一点或 [圆弧(A)/闭合(C)/半宽(H)/长度(L)/放弃(U)/宽度(W)]: u↵
                                               // 放弃上一操作
```

> **技巧点拨：**
>
> 在默认情况下，进行放弃或重做操作时，UNDO 命令将设置为把连续平移和缩放命令合并成一个操作。但是，从菜单开始的平移和缩放命令不会合并，并且始终保持独立的操作。

2．一次放弃几步操作

在快速访问工具栏上单击"放弃"下拉按钮，在展开的下拉列表中，移动鼠标可以选择多个已执行的命令，再单击（执行放弃操作）鼠标，即可一次性放弃几步操作，如图 4-47 所示。

图 4-47 选择操作条目来放弃

在命令行输入 UNDO 命令，用户可输入操作步骤的数目来放弃操作。例如，将绘制的图形放弃 5 步操作，命令行操作提示如下：

```
命令：undo
当前设置：自动 = 开，控制 = 全部，合并 = 是，图层 = 是
输入要放弃的操作数目或 [自动(A)/控制(C)/开始(BE)/结束(E)/标记(M)/后退(B)]
<1>：5                                       //输入放弃的操作数目
LINE  LINE  LINE  LINE  LINE                 //放弃的操作名称
```

放弃前 5 步操作后的图形变化如图 4-48 所示。

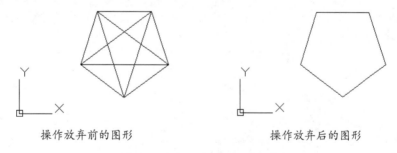

图 4-48 放弃操作的图形前后对比

3．取消放弃的效果

"取消放弃的效果"也就是重做的意思，即恢复上一个用 UNDO 或 U 命令放弃的效果。用户可通过以下方式来执行此操作：

- 快速工具栏：单击"重做"按钮。

- 菜单栏：选择"编辑"|"重做"命令。
- 键盘快捷键：Ctrl+Z。

4．删除对象的恢复

在绘制图形时，如果误删除了对象，可以使用 UNDO 命令或 OOPS 命令将其恢复。

5．取消命令

在 AutoCAD 中，若要终止进行中的操作，或取消未完成的命令，可通过按键盘的 Esc 键来执行取消操作。

4.2.2 删除对象

在 AutoCAD 2018 中，对象的删除大致可分为 3 种：一般对象删除、消除显示和删除未使用的定义与样式。

1．一般对象删除

用户可以使用以下方法来删除对象：
- 使用 ERASE（清除）命令，或在菜单栏中选择"编辑"|"清除"命令。
- 选择对象，然后使用快捷键 Ctrl+X 将它们剪切到剪贴板。
- 选择对象，然后按 Delete 键。

通常，当选择"删除"命令后，需要选择要删除的对象，然后按 Enter 键或 Space 键结束对象选择，同时删除已选择的对象。

如果在"选项"对话框（在菜单栏中选择"工具"|"选项"命令）的"选择集"选项卡中，选中"选择集模式"选项卡中的"先选择后执行"复选框，就可以先选择对象，然后单击"删除"按钮进行删除，如图 4-49 所示。

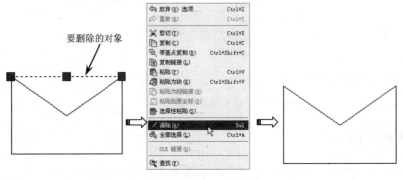

图 4-49　先选择后删除

> **技巧点拨：**
> 使用 UNDO 命令可以恢复意外删除的对象，使用 OOPS 命令可以恢复最近使用 ERASE、BLOCK 或 WBLOCK 命令删除的所有对象。

2．消除显示

用户在进行某些编辑操作时留在显示区域中的加号形状的标记（称为点标记）和杂散像素，都可以删除。删除标记使用 REDRAW 命令，删除杂散像素则使用 REGEN 命令。

3．删除未使用的定义与样式

用户还可以使用 PURGE 命令删除未使用的命名对象，包括块定义、标注样式、图层、线型和文字样式。

4.2.3 Windows 通用工具

当用户要从另一个应用程序的图形文件中使用对象时，可以先将这些对象剪切或复制到剪贴板，然后将它们从剪贴板粘贴到其他的应用程序中。Windows 通用工具包括剪切、复制和粘贴。

1．剪切

剪切就是从图形中删除选定对象并将它们存储到剪贴板上，然后便可以将对象粘贴到其他 Windows 应用程序中。用户可通过以下方式来执行此操作：

- 菜单栏：选择"编辑"|"剪切"命令。
- 键盘快捷键：按快捷键 Ctrl+X。
- 命令行：输入 CUTCLIP。

2．复制

复制就是使用剪贴板将图形的部分或全部复制到其他应用程序创建的文档中。复制与剪切的区别是，剪切不保留原有对象，而复制则保留原对象。

用户可通过以下方式来执行此操作：

- 菜单栏：选择"编辑"|"复制"命令。
- 键盘快捷键：按快捷键 Ctrl+C。
- 命令行：输入 COPYCLIP。

3．粘贴

粘贴就是将剪切或复制到剪贴板上的图形对象，粘贴到图形文件中。将剪贴板的内容粘贴到图形中时，将使用保留信息最多的格式。用户也可将粘贴信息转换为 AutoCAD 格式。

4.3 对象的选择技巧

在对二维图形元素进行修改之前，首先选择要编辑的对象。对象的选择方法有很多种，例如，可以通过单击对象逐个拾取，也可利用矩形窗口或交叉窗口选择；可以选择最近创建的对象、前面的选择集或图形中的所有对象，也可以向选择集中添加对象或从中删除对象，等等。接下来将对象的选择方法及类型做详细介绍。

4.3.1 常规选择

图形的选择是 AutoCAD 的重要基本技能之一，它常用于对图形进行修改编辑之前。常用的选择方式有点选、窗口和窗交 3 种。

1. 点选择

点选是最基本、最简单的一种对外选择方式，此种方式一次仅能选择一个对象。在命令行"选择对象："的提示下，系统自动进入点选模式，此时鼠标指针切换为矩形选择框状，将选择框放在对象的边沿上单击，即可选择该图形，被选择的图形对象以虚线显示，如图 4-50 所示。

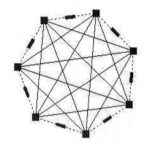

图 4-50　点选示例

2. 窗口选择

窗口选择也是一种常用的选择方式，使用此方式一次也可以选择多个对象。当未激活任何命令的时候，在窗口中从左向右拉出一个矩形选择框，此选择框即为窗口选择框，选择框以实线显示，内部以浅蓝色填充，如图 4-51 所示。

当指定窗口选择框的对角点之后，结果所有完全位于框内的对象都能被选择，如图 4-52 所示。

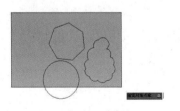

图 4-51　窗口选择框

图 4-52　选择结果

3. 窗交选择

窗交选择是使用频率非常高的选择方式，使用此方式一次也可以选择多个对象。当未激活任何命令时，在窗口中从右向左拉出一个矩形选择框，此选择框即为窗交选择框，选择框以虚线显示，内部以绿色填充，如图 4-53 所示。

第 4 章 快速高效作图

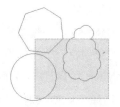

图 4-53 窗交选择框

当指定选择框的对角点之后，结果所有与选择框相交和完全位于选择框内的对象都能被选择，如图 4-54 所示。

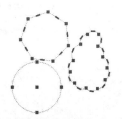

图 4-54 选择结果

4.3.2 快速选择

用户可使用"快速旋转"命令来进行快速选择，该命令可以在整个图形或现有选择集的范围内创建一个选择集，通过包括或排除符合指定对象类型和对象特性条件的所有对象。同时，用户还可以指定该选择集用于替换当前选择集还是将其附加到当前选择集之中。

选择"快速旋转"的方式有以下几种：
- 选择"工具"|"快速选择"命令。
- 终止任何活动命令，在绘图区单击鼠标右键，在打开的快捷菜单中选择"快速选择"命令。
- 在命令行输入 Qselect 并按 Enter 键。
- 在"特性""块定义"等窗口或对话框中也提供了"快速选择"按钮，以便访问"快速选择"命令。

执行该命令后，打开"快速选择"对话框，如图 4-55 所示。

图 4-55 "快速选择"对话框

该对话框中各选项的具体说明如下：
- "应用到"：指定过滤条件应用的范围，包括"整个图形"或"当前选择集"。用户也可单击右侧的按钮返回绘图区来创建选择集。
- "对象类型"：指定过滤对象的类型。如果当前不存在选择集，则该下拉列表中将包括 AutoCAD 中所有可用对象类型及自定义对象类型，并显示默认值"所有图元"；如果存在选择集，此下拉列表中只显示选定对象的对象类型。
- "特性"：指定过滤对象的特性。此列表框中包括选定对象类型的所有可搜索特性。
- "运算符"：控制对象特性的取值范围。
- "值"：指定过滤条件中对象特性的取值。如果指定的对象特性具有可用值，则该选项显示为下拉列表，用户可以从中选择一个值；如果指定的对象特性不具有可用值，则该项显示为编辑框，用户根据需要输入一个值。此外，如果在"运算符"下拉列表中选择了"选择全部"选项，则"值"选项将不可显示。

109

- "如何应用":指定符合给定过滤条件的对象与选择集的关系。
  - "包括在新选择集中":将为符合过滤条件的对象创建一个新的选择集。
  - "排除在新选择集之外":将为不符合过滤条件的对象创建一个新的选择集。
- "附加到当前选择集":选择该选项后通过过滤条件所创建的新选择集将附加到当前的选择集之中;否则,将替换当前选择集。如果用户选择该选项,则"当前选择集"和 按钮均不可用。

动手操练——快速选择对象

快速选择方式是 AutoCAD 2018 中唯一以窗口作为对象选择界面的选择方式。通过该选择方式,用户可以更直观地选择并编辑对象。具体操作步骤如下:

step 01 启动 AutoCAD 2018,打开光盘中的"动手操练\源文件\Ch04\视图.dwg"文件,如图 4-56 所示。在命令行中输入 QSELECT 命令并按 Enter 键确认。弹出"快速选择"对话框,如图 4-57 所示。

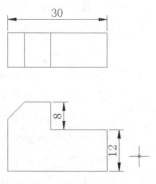

图 4-56 打开素材文件

图 4-57 "快速选择"对话框

step 02 在"应用到"下拉列表中选择"整个图形"选项,在"特性"列表框中选择"图层"选项,在"值"下拉列表中选择"标注"选项,如图 4-58 所示。

step 03 单击"确定"按钮,即可选择所有"标注"图层中的图形对象,如图 4-59 所示。

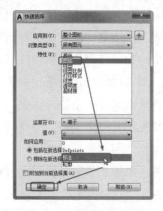

图 4-58 "快速选择"对话框

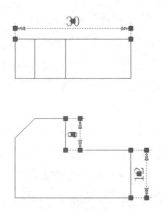

图 4-59 选择"标注"图层中的图形对象

> **技巧点拨：**
>
> 如果想从选择集中排除对象，可以在"快速选择"对话框中设置"运算符"为"大于"，然后设置"值"，再选择"排除在新选择集之外"选项，就可以将大于值的对象排除在外。

4.3.3 过滤选择

与"快速选择"相比，"对象选择过滤器"可以提供更复杂的过滤选项，并可以命名和保存过滤器。执行该命令的方式为：

- 在命令行输入 filter 并按 Enter 键。
- 输入命令简写 FI 并按 Enter 键。

执行该命令后，打开"对象选择过滤器"对话框，如图 4-60 所示。

该对话框中各选项的具体说明如下：

- "对象选择过滤器"列表框：该列表框中显示了组成当前过滤器的全部过滤器特性。用户可单击"编辑项目"按钮编辑选定的项目；单击"删除"按钮删除选定的项目；或单击"清除列表"按钮清除整个列表。

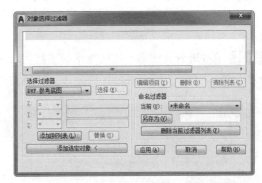

图 4-60 "对象选择过滤器"对话框

- "选择过滤器"：该下拉列表的作用类似于快速选择命令，可根据对象的特性向当前列表中添加过滤器。在该下拉列表中包含可用于构造过滤器的全部对象及分组运算符。用户可以根据对象的不同指定相应的参数值，并可以通过关系运算符来控制对象属性与取值之间的关系。
- "命名过滤器"：用于显示、保存和删除过滤器列表。

> **技巧点拨：**
>
> "filter"命令可透明地使用。AutoCAD 从默认的"filter.nfl"文件中加载已命名的过滤器，并在"filter.nfl"文件中保存过滤器列表。

动手操练——过滤选择图形元素

在 AutoCAD 2018 中，如果需要在复杂的图形中选择某个指定对象，可以采用过滤选择集进行选择。具体操作步骤如下：

step 01 启动 AutoCAD 2018，打开光盘中的"动手操练\源文件\Ch04\电源插头.dwg"文件，如图 4-61 所示。在命令行中输入 FILTER 命令并按 Enter 键确认。

step 02 弹出"对象选择过滤器"对话框，如图 4-62 所示。

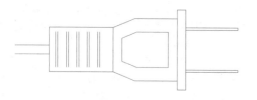 

图 4-61　打开素材文件　　　　　图 4-62　"对象选择过滤器"对话框 1

step 03 在"选择过滤器"选项组中的下拉列表中选择"** 开始 OR"选项，并单击"添加到列表"按钮，将其添加到过滤器的列表框中，此时，过滤器列表框中将显示"** 开始 OR"选项，如图 4-63 所示。

step 04 在"选择过滤器"选项组中的下拉列表中选择"圆"选项，并单击"添加到列表"按钮，结果如图 4-64 所示，使用同样的方法，将"直线"添加至过滤器列表框中。

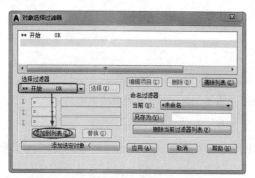 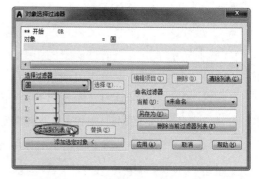

图 4-63　"对象选择过滤器"对话框 2　　　　图 4-64　"对象选择过滤器"对话框 3

step 05 在"选择过滤器"选项组中的下拉列表中选择"** 结束 OR"选项，并单击"添加到列表"按钮，此时对话框显示如图 4-65 所示。

step 06 单击"应用"按钮，在绘图区域中用窗口方式选择整个图形对象，这时满足条件的对象将被选中，效果如图 4-66 所示。

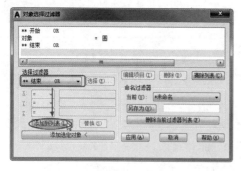 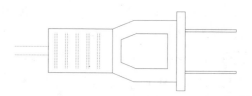

图 4-65　选择"** 结束 OR"选项　　　　图 4-66　过滤选择后的效果

4.4 综合案例

下面用几个典型高效作图案例，让读者熟练操作高效作图工具和作图技巧。

4.4.1 案例一：绘制简单零件的二视图

本例通过绘制如图 4-67 所示的简单零件的二视图，主要对点的捕捉、追踪及视图调整等功能进行综合练习和巩固。

操作步骤：

step 01 单击"新建"按钮，新建空白文件。

step 02 在菜单栏中选择"视图"|"缩放"|"中心点"命令，将当前视图高度调整为 150。命令行操作提示如下：

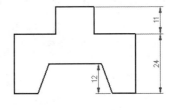

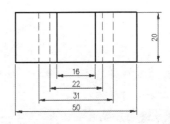

图 4-67 本例效果

```
命令：_zoom
指定窗口的角点，输入比例因子 (nX 或 nXP)，或者 [全部 (A)/中心 (C)/动态 (D)/范围 (E)/
上一个 (P)/比例 (S)/窗口 (W)/对象 (O)] <实时>：_c
指定中心点：                          // 在绘图区拾取一点作为新视图中心点
输入比例或高度 <210.0777>: 150        // 按 Enter 键，输入新视图的高度
```

step 03 在菜单栏中选择"工具"|"绘图设置"命令，打开"草图设置"对话框，然后分别设置极轴追踪参数和对象捕捉参数，如图 4-68 和图 4-69 所示。

图 4-68 设置极轴参数

图 4-69 设置捕捉追踪参数

step 04 按下键盘上的 F12 键，打开状态栏上的"动态输入"功能。

step 05 单击"绘图"面板中的"直线"按钮，激活"直线"命令，使用点的精确输入功能绘制主视图外轮廓线。命令行操作提示如下：

```
命令：_line
指定第一点：                              // 在绘图区单击，拾取一点作为起点
指定下一点或 [放弃(U)]: @0,24              // 按 Enter 键，输入下一点坐标
指定下一点或 [放弃(U)]: @17<0              // 按 Enter 键，输入下一点坐标
指定下一点或 [闭合(C)/放弃(U)]: @11<90     // 按 Enter 键，输入下一点坐标
指定下一点或 [闭合(C)/放弃(U)]: @16<0      // 按 Enter 键，输入下一点坐标
指定下一点或 [闭合(C)/放弃(U)]: @11<-90    // 按 Enter 键，输入下一点坐标
指定下一点或 [闭合(C)/放弃(U)]: @17,0      // 按 Enter 键，输入下一点坐标
指定下一点或 [闭合(C)/放弃(U)]: @0,-24     // 按 Enter 键，输入下一点坐标
指定下一点或 [闭合(C)/放弃(U)]: @-9.5,0    // 按 Enter 键，输入下一点坐标
指定下一点或 [闭合(C)/放弃(U)]: @-4.5,12   // 按 Enter 键，输入下一点坐标
指定下一点或 [闭合(C)/放弃(U)]: @-22,0     // 按 Enter 键，输入下一点坐标
指定下一点或 [闭合(C)/放弃(U)]: @-4.5,-12  // 按 Enter 键，输入下一点坐标
指定下一点或 [闭合(C)/放弃(U)]: C          // 按 Enter 键，结果如图 4-70 所示
```

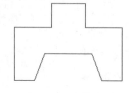

图 4-70　绘制结果

step 06 重复选择"直线"命令，配合端点捕捉、延伸捕捉和极轴追踪功能，绘制俯视图的外轮廓线。命令行操作提示如下：

```
命令：_line
指定第一点：        // 以如图 4-71 所示的端点作为延伸点，向下引出如图 4-72 所示的
延伸线，然后在适当位置拾取一点，定位起点
```

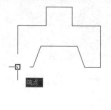

图 4-71　定位延伸点

图 4-72　引出延伸虚线

```
指定下一点或 [放弃(U)]:        // 水平向右移动光标，引出水平的极轴追踪虚线，如图 4-73
所示，然后输入 50 按 Enter 键
指定下一点或 [放弃(U)]:        // 垂直向下移动光标，引出如图 4-74 所示的极轴虚线，输
入 20 按 Enter 键
```

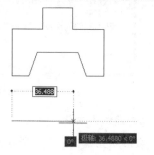

图 4-73　引出水平极轴追踪虚线

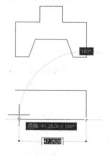

图 4-74　引出极轴虚线

```
  指定下一点或 [闭合(C)/放弃(U)]:           //向左移动光标,引出如图4-75所示水平的极
轴追踪虚线,然后输入50,按Enter键
  指定下一点或 [闭合(C)/放弃(U)]: c         //按Enter键,闭合图形,结果如图4-76所示
```

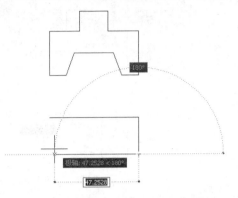

图 4-75 引出水平极轴跟踪虚线　　　　　　　图 4-76 绘制结果

step 07 重复选择"直线"命令,配合端点捕捉、交点捕捉、垂足捕捉和对象捕捉追踪功能,绘制内部的垂直轮廓线。命令行操作提示如下:

```
命令: _line
  指定第一点:                              //引出图4-77所示的对象追踪虚线,捕捉追踪虚线与水平轮廓线的
交点,如图4-78所示
```

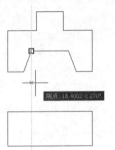

图 4-77 引出对象追踪虚线　　　　　　　　　图 4-78 捕捉交点

```
  指定下一点或 [放弃(U)]:                  //向下移动光标,捕捉如图4-79所示的垂足点
  指定下一点或 [放弃(U)]:                  //按Enter键,结束命令,结果如图4-80所示。
```

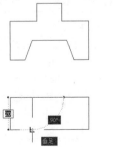 

图 4-79 捕捉垂足点　　　　　　　　　　　　图 4-80 绘制结果

step 08 再次选择"直线"命令,配合端点、交点、对象追踪和极轴追踪等功能,绘制右侧的垂直轮廓线。命令行操作提示如下:

命令：_line
指定第一点：   // 引出图 4-81 所示的对象追踪虚线，捕捉追踪虚线与水平轮廓线的
交点，如图 4-82 所示，定位起点

图 4-81 引出对象追踪虚线

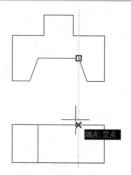

图 4-82 捕捉交点

指定下一点或 [放弃(U)]：   // 向下引出图 4-83 所示的极轴追踪虚线，捕捉追踪虚
线与下侧边的交点，如图 4-84 所示
指定下一点或 [放弃(U)]：   // 按 Enter 键，结束命令，绘制结果如图 4-85 所示

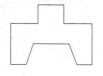

图 4-83 引出极轴追踪虚线

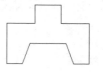

图 4-84 捕捉交点

step 09 参照第 7~8 操作步骤，使用画线命令配合捕捉追踪功能，根据二视图的对应关系，绘制内部垂直轮廓线，结果如图 4-86 所示。

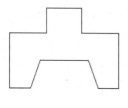

图 4-85 绘制结果

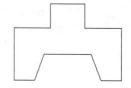

图 4-86 绘制其他轮廓线

step 10 在菜单栏中选择"格式"|"线型"命令，打开"线型管理器"对话框，单击 加载(L)... 按钮，从弹出的"加载或重载线型"对话框中加载一种名为 HIDDEN2 的线型，如图 4-87 所示。

step 11 选择HIDDEN2线型后单击"确定"按钮,加载此线型,加载结果如图4-88所示。

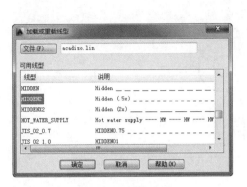

图4-87 加载线型

图4-88 加载结果

step 12 在无命令执行的前提下选择如图4-89所示的垂直轮廓线,然后单击"特性"选项板上的"颜色控制"列表,在展开的下拉列表中选择"洋红",更改对象的颜色特性。

step 13 单击"特性"选项板中的"线型控制"列表,在展开的下拉列表中选择HIDDEN2,更改对象的线型,如图4-90所示。

step 14 按下键盘上的Esc键,取消对象的夹点显示,结果如图4-91所示。

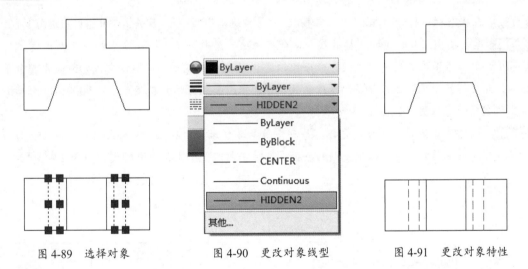

图4-89 选择对象　　　　图4-90 更改对象线型　　　　图4-91 更改对象特性

step 15 最后选择"文件"|"保存"命令,将图形另存。

4.4.2 案例二:利用"对象追踪"与"极轴追踪"绘制图形

使用"对象追踪"与"极轴追踪"功能绘制如图4-92所示的对称零件图形。

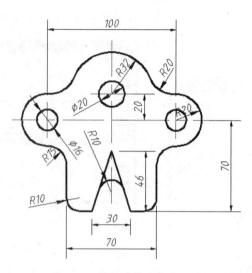

图 4-92 绘制对称的零件图形

操作步骤

step 01 选择"工具"|"草图设置"菜单命令，打开"草图设置"对话框。在"捕捉与栅格"选项卡的"捕捉类型和样式"选项组内，选中"极轴捕捉"复选框，设置"极轴距离"为1。然后，在"极轴追踪"选项卡中，选中"用所有极轴角设置追踪"复选框。

step 02 在状态栏中打开"捕捉""对象捕捉""对象追踪""极轴"开关，启用捕捉与追踪功能。

step 03 单击绘图工具栏中的"构造线"命令按钮 ，绘制一条水平构造线和一条垂直线。

step 04 单击绘图工具栏中的"圆"命令按钮 ，将光标移动到构造线的交点O，向左侧水平拖动，此时将显示跟踪线，并显示跟踪参数。等到跟踪参数显示为"交点：50.0000<180*"时，单击以确定圆心位置，如图4-93所示。

step 05 确定圆心位置后，移动光标，等到跟踪参数显示为"极轴：8.0000<30*"时（后面的角度可以是任意值），单击以确定圆的半径，这时将创建一个半径为8的圆，如图4-94所示。

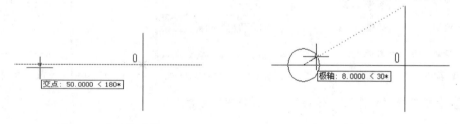

图 4-93 显示跟踪线　　　　　　　　　图 4-94 确定圆的半径

step 06 单击绘图工具栏中的"圆"命令按钮 ，在"对象捕捉"工具栏中单击"捕捉圆心"按钮，并将光标移动至所绘制的圆的圆心位置，当参数显示为"圆心"时单击，确定圆心位置。然后，移动光标，等到跟踪参数显示为"极轴：20.0000<30*"时（后面的角度可以是任意值），单击确定圆的半径，这时将创建一个半径为20的圆，如图4-95所示。

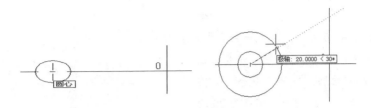

图 4-95 捕捉圆心位置并绘制圆

step 07 用同样的方法，从构造线的交点 O 向右追踪 50 个单位，确定圆心位置，绘制一个半径为 8 和一个半径为 20 的圆；从构造线的交点 O 向上追踪 20 个单位，确定圆心位置，绘制一个半径为 10 和一个半径为 32 的圆，结果如图 4-96 所示。

step 08 单击绘图工具栏中的"直线"命令按钮 ，从构造线的交点 O 向左追踪 35 个单位，单击确定直线的起点，然后向下追踪 70 个单位，此时跟踪参数显示为"极轴：70.0000<270*"，单击确定直线的另一个端点，如图 4-97 所示。

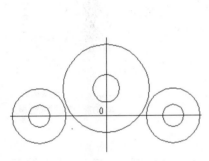

图 4-96 绘制圆

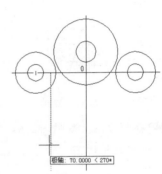

图 4-97 绘制直线

step 09 参照上一步，用同样的方法，在构造线的交点 O 的右边绘制一条长度为 70 的直线段。

step 10 选择"绘图"|"射线"菜单，从构造线交点 O 向下追踪 24 个单位，单击确定射线的起点，再在"对象捕捉"工具栏中单击"捕捉自"按钮，并从射线的起点向下追踪 46 个单位，单击后向左追踪，当跟踪参数显示为"极轴：15.0000<180*"时单击，即可绘制一条射线，如图 4-98 所示。

step 11 参照上一步，用同样的方法，在构造线交点 O 的右边绘制一条射线，如图 4-99 所示。

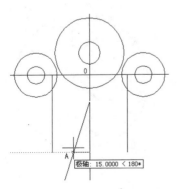

图 4-98 绘制左侧射线

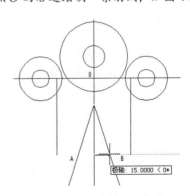

图 4-99 绘制右侧射线

step 12 单击绘图工具栏中的"直线"命令按钮 ✏️，以直线端点 A、B 为端点绘制一条直线。

step 13 单击绘图工具栏中的"圆"命令按钮 ⊙，选择"相切、相切、半径"命令，以圆 M 和圆 N 为相切对象，绘制一个半径为 20 的相切圆，如图 4-100 所示。

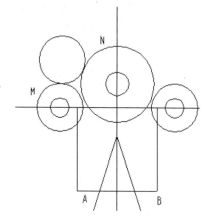

图 4-100　绘制相切圆

step 14 用同样的方法，参照图 4-64 所示图形的尺寸绘制其他相切圆，结果如图 4-101 所示。

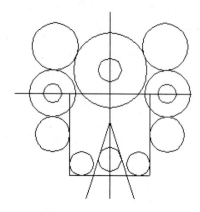

图 4-101　绘制其他相切圆

step 15 单击修改工具栏中的"修剪"按钮 ✂️，参照图 4-92 所示的图形尺寸，修剪图形中多余的线条，如图 4-102 所示。

step 16 删除所绘制的水平构造线和垂直构造线，最终的图形绘制完成，结果如图 4-103 所示。

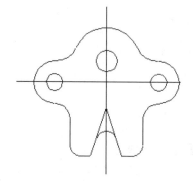

图 4-102　修剪图形

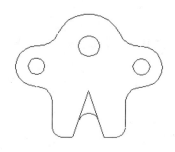

图 4-103　删除辅助线

4.4.3　案例三：利用正交与追踪捕捉绘制图形

如图 4-104 所示零件图形结构比较简单，先绘制中心线，然后调用绘制圆命令绘制几个圆，修剪并阵列后即可完成绘制。

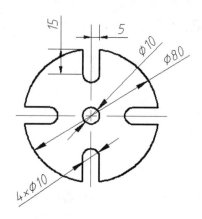

图 4-104　利用正交与追踪绘制图形

操作步骤：

step 01 打开 AutoCAD 软件，同时按快捷键 Ctrl+N，新建图形文件。

step 02 按 F8 键打开正交命令，选择"格式"|"图层"命令（或在命令行输入 La），在系统弹出的"图层特性管理器"对话框中将"中心线"图层置为当前图层。

step 03 单击绘图工具栏中的"直线"命令按钮，在绘图区域绘制两条相交的十字中心线。

step 04 在图层工具栏中打开下拉列表，选择"粗实线"，将其设置为当前图层。单击绘图工具栏中的"圆"命令按钮，以默认方式捕捉中心线的交点作为圆心，分别绘制半径为 5 和 40 的两个圆，完成如图 4-105 所示的图形。

step 05 继续绘制圆，按照命令行提示操作如下：

```
CIRCLE 指定圆的圆心或 [三点(3P)/两点(2P)/切点、切点、半径(T)]: tk↙
                                    // 调用定点追踪
第一个追踪点：            // 捕捉中心线交点
下一点（按 Enter 键结束追踪）：25↙    // 鼠标向上移动输入数值
下一点（按 Enter 键结束追踪）：↙     // 完成追踪
指定圆的半径或 [直径(D)] <5.0000>: 5↙ // 指定圆半径
```

step 06 单击绘图工具栏中的"直线"命令按钮，如图 4-106 所示捕捉刚才绘制上方小圆的右侧象限点作为第一点，上方一点为第二点。用同样的方法绘制另外一边的直线。

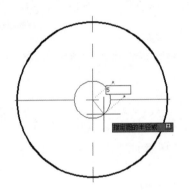 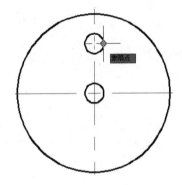

图 4-105 捕捉中心线交点绘制圆　　　图 4-106 捕捉象限点

step 07 然后利用"修剪"命令与"阵列"命令完成绘制。相关内容将在第 3 章介绍，在此不再具体讲解。最终完成图形绘制，如图 4-107 所示。

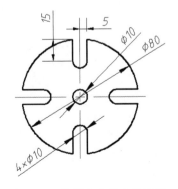

图 4-107 绘制完成的零件图形

4.5 课后习题

（1）理解对象栅格与对象捕捉，并利用对象捕捉功能绘制出如图 4-108 所示的图形。

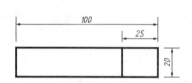

【操作提示】
- 在命令行输入 Rec 绘制一个矩形，矩形尺寸为（100×20）。
- 在命令行输入 L 绘制直线，打开对象捕捉功能，单击矩形长的一边作为起点。
- 然后单击鼠标右键，在弹出的快捷菜单中选择"捕捉替代"|"两点之间的中点"命令，然后单击刚才绘制直线的矩形长边中点及最近一端端点。
- 此时鼠标指针捕捉垂足，即完成绘制。

图 4-108　绘制图形

（2）使用栅格和捕捉命令绘制如图 4-109 所示的图形。

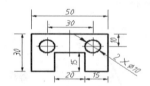

【操作提示】
- 打开"草图设置"对话框，选中"栅格捕捉"与"矩形捕捉"复选框，设置捕捉间距为 5，并在状态栏中打开"捕捉"与"栅格"开关。
- 利用栅格捕捉绘制直线与圆即可。

图 4-109　绘制图形

（3）使用正交命令与捕捉命令，绘制如图 4-110 所示的图形。

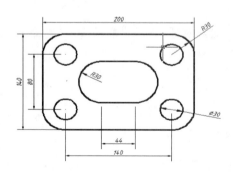

【操作提示】
- 利用绘制矩形命令绘制一个 200×140 的矩形。
- 通过对象捕捉追踪功能绘两个半径分别为 15 和 30 的圆，定位到图形的正确位置。
- 然后通过修剪及多重复制命令完成绘制。

图 4-110　绘制图形

第 5 章
绘制基本图形（一）

本章内容

本章介绍用 AutoCAD 2018 绘制二维平面图形的方法，系统地分类介绍各种点、线的绘制和编辑。比如点样式的设置、点的绘制和等分点的绘制，直线、射线、构造线的绘制，矩形与正多边形的绘制，圆、圆弧、椭圆和椭圆弧的绘制、多线的绘制和编辑，以及修改多线样式的方法、多线段的绘制与编辑、样条曲线的绘制等。

知识要点

- ☑ 点对象
- ☑ 直线、射线和构造线
- ☑ 矩形和正多边形
- ☑ 圆、圆弧、椭圆和椭圆弧

5.1 绘制点对象

5.1.1 设置点样式

AutoCAD 2018 为用户提供了多种点的样式，用户可以根据需要设置当前点的显示样式。在菜单栏中选择"格式"|"点样式"命令，或在命令行输入 Ddptype 并按 Enter 键，打开"点样式"对话框，如图 5-1 所示。

"点样式"对话框中的各项参数解释如下：

- "点大小"：在该文本框内，可输入点的大小尺寸。
- "相对于屏幕设置大小"：此选项表示按照屏幕尺寸的百分比显示点。
- "按绝对单位设置大小"：此选项表示按照点的实际尺寸来显示点。

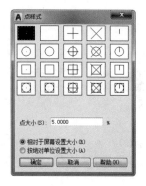

图 5-1 "点样式"对话框

在对话框中罗列了 20 种点样式，只需在所需样式上单击，即可将此样式设置为当前样式。在此设置 ⊠ 为当前点样式。

动手操练——设置点样式

step 01 在菜单栏中选择"格式"|"点样式"命令，或在命令行输入 Ddptype 并按 Enter 键，打开如图 5-1 所示的对话框。

step 02 从对话框中可以看出，AutoCAD 共为用户提供了 20 种点样式，在所需样式上单击，即可将此样式设置为当前样式。在此设置 ⊠ 为当前点样式。

step 03 在"点大小"文本框内输入点的大小尺寸。

step 04 单击"确定"按钮，结果绘图区的点则被更新，如图 5-2 所示。

图 5-2 操作结果

技巧点拨：

默认设置下，点图形以一个小点显示。

5.1.2 绘制单点和多点

1. 绘制单点

"单点"命令一次可以绘制一个点对象。当绘制完单个点后，系统自动结束此命令，所绘制的点以一个小点的方式进行显示，如图 5-3 所示。

图 5-3 单点示例

选择"单点"命令主要有以下几种方式：
- 在菜单栏中选择"绘图"|"点"|"单点"命令。
- 在命令行输入 Point 并按 Enter 键。
- 在命令行输入命令简写 PO 并按 Enter 键。

2. 绘制多点

"多点"命令可以连续地绘制多个点对象，直到按下 Esc 键结束命令为止，如图 5-4 所示。

图 5-4 绘制多点

选择"多点"命令主要有以下几种方式：
- 选择"绘图"|"点"|"多点"命令。
- 单击"绘图"面板中的 · 按钮。

选择"多点"命令后 AutoCAD 命令行提示如下：

```
命令: Point
            当前点模式：  PDMODE=0   PDSIZE=0.0000   (Current point modes:
PDMODE=0   PDSIZE=0.0000)
指定点:                         // 在绘图区给定点的位置
指定点:                         // 在绘图区给定点的位置
指定点:                         // 在绘图区给定点的位置
...
指定点:                         // 继续绘制点或按 Esc 键结束命令
```

5.1.3 绘制定数等分点

"定数等分"命令用于按照指定的等分数目等分对象，对象被等分的结果仅仅是在等分点处放置了点的标记符号（或者是内部图块），而源对象并没有被等分为多个对象。

选择"定数等分"命令主要有以下几种方式：
- 选择"绘图"|"点"|"定数等分"命令。
- 在命令行中输入 Divide 并按 Enter 键。
- 在命令行输入命令简写 DVI 并按 Enter 键。

动手操练——利用"定数等分"等分直线

绘制如图 5-6 所示的线段并进行定数等分。

下面通过将某水平直线段等分为 5 份，学习"定数等分"命令的使用方法和操作技巧，具体操作如下：

step 01 首先绘制一条长度为 200 的水平线段，如图 5-5 所示。

图 5-5　绘制线段

step 02 选择"格式"|"点样式"命令，打开"点样式"对话框，将当前点样式设置为 ⊕。

step 03 选择"绘图"|"点"|"定数等分"命令，然后根据 AutoCAD 命令行提示将线段进行定数等分，命令行操作提示如下：

```
命令：_divide
选择要定数等分的对象：                    // 选择需要等分的线段
输入线段数目或 [块（B）]：↙
需要 2 和 32767 之间的整数，或选项关键字。
输入线段数目或 [块（B）]：5↙             // 输入需要等分的份数
```

step 04 等分结果如图 5-6 所示。

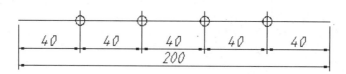

图 5-6　等分结果

> **技巧点拨：**
>
> "块（B）"选项用于在对象等分点处放置内部图块，以代替点标记。在执行此选项时，必须确保当前文件中存在所需使用的内部图块。

5.1.4　绘制定距等分点

"定距等分"命令是按照指定的等分距离等分对象的。对象被等分的结果仅仅是在等分点处放置了点的标记符号（或者是内部图块），而源对象并没有被等分为多个对象。

选择"定距等分"命令主要有以下几种方式：

- 选择"绘图"|"点"|"定距等分"菜单命令。
- 在命令行输入 Measure 并按 Enter 键。
- 在命令行输入命令简写 ME 并按 Enter 键。

动手操练——利用"定距等分"命令等分直线

绘制如图 5-7 所示的等距线段。

下面通过将某线段每隔 45 个单位的距离放置点标记，学习"定距等分"命令的使用方法和技巧。操作步骤如下：

step 01 首先绘制长度为 200 的水平线段。

step 02 选择"格式"|"点样式"命令,打开"点样式"对话框,设置点的显示样式为 ⊕。

step 03 选择"绘图"|"点"|"定距等分"命令,对线段进行定距等分。命令行操作提示如下:

```
命令: measure
选择要定距等分的对象:                    //选择需要等分的线段
指定线段长度或 [块(B)]: ✓
需要数值距离、两点或选项关键字。
指定线段长度或 [块(B)]: 45               //设置等分长度
```

step 04 定距等分的结果如图 5-7 所示。

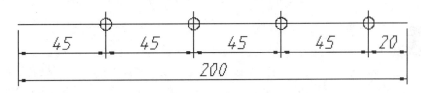

图 5-7　等分结果

5.2　直线、射线和构造线

5.2.1　绘制直线

"直线"是各种绘图中最常用、最简单的一类图形对象,只要指定了起点和终点即可绘制一条直线。

选择"直线"命令主要有以下几种方式:

- 选择"绘图"|"直线"命令。
- 单击"绘图"面板中的 ∕ 按钮。
- 在命令行输入 Line 并按 Enter 键。
- 在命令行输入命令简写 L 并按 Enter 键。

动手操练——利用"直线"命令绘制图形

绘制如图 5-8 所示的图形。

step 01 单击"绘图"面板中的"直线"按钮 ∕,然后按以下命令行提示进行操作:

```
指定第一点:        //输入 100,0,确定 A 点
指定下一点或 [放弃(U)]: //输入 @0,-40,按 Enter 键后确定 B 点
指定下一点或 [放弃(U)]: //输入 @-90,0,按 Enter 键后确定 C 点
指定下一点或 [闭合(C)/放弃(U)]: //输入 @0,20,按 Enter 键后确定 D 点
指定下一点或 [闭合(C)/放弃(U)]: //输入 @50,0,按 Enter 键后确定 E 点
指定下一点或 [闭合(C)/放弃(U)]: //输入 @0,40,按 Enter 键后确定 F 点
指定下一点或 [闭合(C)/放弃(U)]: //输入 C,按 Enter 键后自动闭合并结束命令
```

step 02 绘制结果如图 5-8 所示。

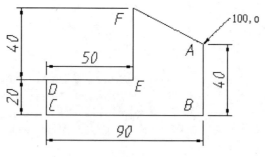

图 5-8　利用"直线"命令绘制图形

技巧点拨：

在 AutoCAD 中，可以用二维坐标（X,Y）或三维坐标（X,Y,Z）来指定端点，也可以混合使用二维坐标和三维坐标。如果输入二维坐标，AutoCAD 将会用当前的高度作为 Z 轴坐标值，默认值为 0。

5.2.2　绘制射线

"射线"为一端固定、另一端无限延伸的直线。

选择"射线"命令主要有以下几种方式：

- 选择"绘图"|"射线"命令。
- 在命令行输入 Ray 并按 Enter 键。

动手操练——绘制射线

绘制如图 5-9 所示的射线。

step 01　单击"绘图"面板中的"直线"按钮。

step 02　根据如下命令行提示进行操作：

```
命令：RAY
指定起点：0,0          确定起点
指定通过点：@30,0
```

step 03　绘制结果如图 5-9 所示。

图 5-9　绘制结果

技巧点拨：

在 AutoCAD 中，射线主要用于绘制辅助线。

5.2.3 绘制构造线

"构造线"为两端可以无限延伸的直线，没有起点和终点，可以放置在三维空间的任何地方，主要用于绘制辅助线。

选择"直线"命令主要有以下几种方式：

- 选择"绘图"|"构造线"命令。
- 单击"绘图"面板中的 按钮。
- 在命令行输入 Xline 并按 Enter 键。
- 在命令行输入命令简写 XL 并按 Enter 键。

动手操练——绘制构造线

绘制如图 5-10 所示的构造线。

step 01 选择"绘图"|"构造线"命令。

step 02 根据如下命令行提示进行操作：

```
命令:XL
XLINE
指定点或 [水平（H）/垂直（V）/角度（A）/二等分（B）/偏移（O）]:0,0
指定通过点：@30,0
指定通过点：@30,20
```

step 03 绘制结果如图 5-10 所示。

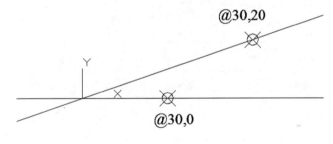

图 5-10 绘制结果

5.3 矩形和正多边形

5.3.1 绘制矩形

"矩形"是由 4 条直线元素组合而成的闭合对象，AutoCAD 将其看作一条闭合的多段线。

选择"矩形"命令主要有以下几种方式：

- 在菜单栏中选择"绘图"|"矩形"命令。
- 单击"绘图"面板中的"矩形"按钮 。

- 在命令行输入 Rectang 并按 Enter 键。
- 在命令行输入命令简写 REC 并按 Enter 键。

动手操练——矩形的绘制

默认设置下，绘制矩形的方式为"对角点"方式，下面通过绘制长度为 200、宽度为 100 的矩形，学习使用此种方式。操作步骤如下：

step 01 单击"绘图"面板中的"矩形"按钮▭，激活"矩形"命令。

step 02 根据命令行的提示，使用默认对角点方式绘制矩形，操作如下：

```
命令：_rectang
指定第一个角点或 [倒角(C)|标高(E)|圆角(F)|厚度(T)|宽度(W)]：        // 定位一个角点
指定另一个角点或 [面积(A)|尺寸(D)|旋转(R)]：@200,100              // 输入长宽参数
```

step 03 绘制结果如图 5-11 所示。

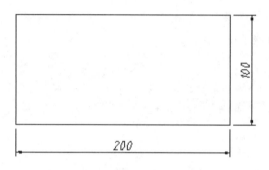

图 5-11 绘制的矩形

> **技巧点拨：**
> 由于矩形被看作一条多线段，当用户编辑某一条边时，需要事先使用"分解"命令将其进行分解。

5.3.2 绘制正多边形

在 AutoCAD 中，可以使用"多边形"命令绘制边数为 3~1 024 的正多边形。

选择"多边形"命令主要有以下几种方式：

- 选择"绘图"|"多边形"命令。
- 在"绘图"面板中单击"多边形"按钮⬠。
- 在命令行输入 Polygon 并按 Enter 键。
- 在命令行输入命令简写 POL 并按 Enter 键。

绘制正多边形的方式有两种，分别是根据边长绘制和根据半径绘制。

1. 根据边长绘制正多边形

在工程图中，经常会根据一条边的两个端点绘制多边形，这样不仅确定了正多边形的边长，

也指定了正多边形的位置。

动手操练——根据边长绘制正多边形

绘制如图 5-12 所示的正多边形，其操作步骤如下：

step 01 选择"绘图"|"多边形"命令，激活"多边形"命令。

step 02 根据如下命令行的提示进行操作：

```
命令：_polygon 输入侧面数 <8>:↙              // 指定正多边形的边数
指定正多边形的中心点或 [边(E)]: e↙           // 通过一条边的两个端点绘制
指定边的第一个端点：指定边的第二个端点：100↙  // 指定边长
```

step 03 绘制结果如图 5-12 所示。

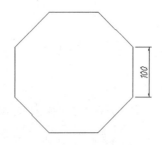

图 5-12　绘制结果

2. 根据半径绘制正多边形

动手操练——根据半径绘制正多边形

step 01 选择"绘图"|"多边形"命令，激活"多边形"命令。

step 02 根据如下命令行的提示进行操作：

```
命令：_polygon 输入侧面数 <5>:↙              // 指定边数
指定正多边形的中心点或 [边(E)]:              // 在视图中单击鼠标指定中心点
输入选项 [内接于圆(I)|外切于圆(C)] <C>: I↙   // 激活"内接于圆"选项
指定圆的半径：100↙                          // 设定半径参数
```

step 03 绘制结果如图 5-13 所示。

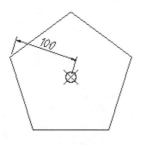

图 5-13　绘制结果

> **技巧点拨：**
>
> 也可以不输入半径尺寸，在视图中移动十字光标并单击，创建正多边形。

> **内接于圆和外切于圆**
>
> 选择"内接于圆"和"外切于圆"选项时,命令行提示输入的数值是不同的。
> - "内接于圆":命令行要求输入正多边形外圆的半径,也就是正多边形中心点至端点的距离,创建的正多边形所有的顶点都在此圆周上。
> - "外切于圆":命令行要求输入的是正多边形中心点至各边线中点的距离。
>
> 同样输入数值5,创建的内接于圆正多边形小于外切于圆正多边形。
>
>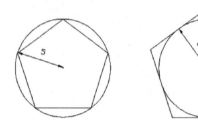
>
> 内接于圆与外切于圆正多边形的区别

5.4 圆、圆弧、椭圆和椭圆弧

在AutoCAD 2018中,曲线对象包括圆、圆弧、椭圆和椭圆弧、圆环等。曲线对象的绘制方法比较多,因此用户在绘制曲线对象时,按给定的条件来合理选择绘制方法,以提高绘图效率。

5.4.1 绘制圆

要创建圆,可以指定圆心、半径、直径、圆周上的点和其他对象上点的不同组合。圆的绘制方法有很多种,常见的有"圆心、半径""圆心、直径""两点""三点""相切、相切、半径"和"相切、相切、相切"6种,如图5-14所示。

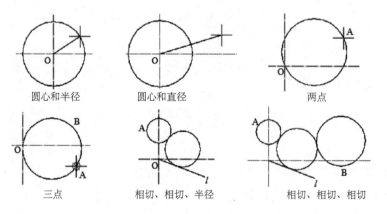

图5-14 绘制圆的6种方式

"圆"是一种闭合的基本图形元素，AutoCAD 2018 共为用户提供了 6 种画圆方式，如图 5-15 所示。

选择"圆"命令主要有以下几种方式：
- 选择"绘图"|"圆"子菜单中的各种命令。
- 单击"绘图"面板中的"圆"按钮。
- 在命令行输入 Circle 并按 Enter 键。

图 5-15 6 种画圆方式

绘制圆主要有两种方式，分别是通过指定半径和直径画圆，以及通过两点或三点精确定位画圆。

1. 半径画圆和直径画圆

半径画圆和直径画圆是两种基本的画圆方式，默认方式为半径画圆。当用户定位出圆的圆心之后，只需输入圆的半径或直径，即可精确画圆。

动手操练——用半径或直径画圆

此种画圆方式操作步骤如下：

step 01 单击"绘图"面板中的"圆"按钮，激活"圆"命令。

step 02 根据 AutoCAD 命令行的提示精确画圆。命令行操作提示如下：

```
命令: _circle
指定圆的圆心或 [三点(3P)|两点(2P)|切点、切点、半径(T)]:    //指定圆心位置
指定圆的半径或 [直径(D)] <100.0000>:                        //设置半径值为 100
```

step 03 结果绘制了一个半径为 100 的圆，如图 5-16 所示。

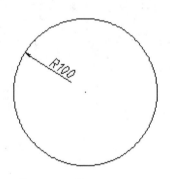

图 5-16 "半径画圆"示例

> **技巧点拨：**
>
> 激活"直径"选项，即可以直径方式画圆。

2. 两点和三点画圆

"两点"画圆和"三点"画圆指的是定位出两点或三点，即可精确画圆。所给定的两点被看作圆直径的两个端点，所给定的三点都位于圆周上。

动手操练——用两点和三点画圆

其操作步骤如下：

step 01 选择"绘图"|"圆"|"两点"命令，激活"两点"画圆命令。

step 02 根据 AutoCAD 命令行的提示进行两点画圆。命令行操作提示如下：

```
命令：circle
指定圆的圆心或 [三点(3P)|两点(2P)|切点、切点、半径(T)]：_2p 指定圆直径的第一个端点：
指定圆直径的第二个端点：
```

step 03 绘制结果如图 5-17 所示。

> **技巧点拨：**
> 另外，用户也可以通过输入两点的坐标值，或使用对象的捕捉追踪功能定位两点，以精确画圆。

step 04 重复"圆"命令，然后根据 AutoCAD 命令行的提示进行"三点"画圆。命令行操作提示如下：

```
命令：_circle
指定圆的圆心或 [三点(3P)|两点(2P)|切点、切点、半径(T)]：3p
指定圆上的第一个点：                        //拾取点 1
指定圆上的第二个点：                        //拾取点 2
指定圆上的第三个点：                        //拾取点 3
```

step 05 绘制结果如图 5-18 所示。

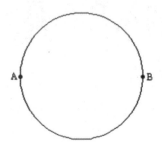
图 5-17 "两点"画圆示例

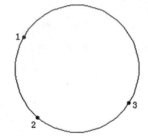
图 5-18 "三点"画圆示例

5.4.2 圆弧

在 AutoCAD 2018 中，创建圆弧的方式有很多种，包括"三点""起点、圆心、端点""起点、圆心、角度""起点、圆心、长度""起点、端点、角度""起点、端点、方向""起点、端点、半径""圆心、起点、端点""圆心、起点、角度""圆心、起点、长度""连续"等方式。除"三点"方式外，其他方式都是从起点到端点逆时针绘制圆弧的。

1. 三点

"三点"方式是通过指定圆弧的起点、第二点和端点来绘制圆弧的。用户可通过以下方式来执行此操作：

● 菜单栏：选择"绘图"|"圆弧"|"三点"命令。

- 选项面板：在"默认"选项卡的"绘图"面板中单击"三点"按钮。
- 命令行：输入 ARC。

"三点"绘制圆弧的命令行提示如下：

```
命令： arc 指定圆弧的起点或 [圆心(C)]：            //指定圆弧起点或输入选项
指定圆弧的第二个点或 [圆心(C)|端点(E)]：          //指定圆弧上的第二点或输入选项
指定圆弧的端点：                                 //指定圆弧上的第三点
```

在操作提示中有可供选择的选项来确定圆弧的起点、第二点和端点，选项含义如下：

- 圆心：通过指定圆心、圆弧起点和端点的方式来绘制圆弧。
- 端点：通过指定圆弧起点、端点、圆心（或角度、方向、半径）来绘制圆弧。

以"三点"方式来绘制圆弧，可通过在图形窗口中捕捉点来确定，也可在命令行精确输入点坐标值来指定。例如，通过捕捉点来确定圆弧的三点来绘制圆弧，如图 5-19 所示。

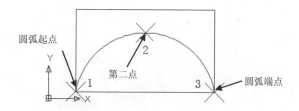

图 5-19 通过指定三点绘制圆弧

2. 起点、圆心、端点

"起点、圆心、端点"方式是通过指定起点和端点，以及圆弧所在圆的圆心来绘制圆弧的。用户可通过以下方式来执行此操作：

- 菜单栏：选择"绘图"|"圆弧"|"起点、圆心、端点"命令。
- 选项面板：在"默认"选项卡的"绘图"面板中单击"起点、圆心、端点"按钮。
- 命令行：输入 ARC。

以"起点、圆心、端点"方式绘制圆弧，可以按"起点、圆心、端点"方法来绘制，如图 5-20 所示。还可以用"起点、端点、圆心"方式来绘制，如图 5-21 所示。

 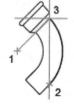

图 5-20 起点、圆心、端点   图 5-21 起点、端点、圆心

3. 起点、圆心、角度

"起点、圆心、角度"方式是通过指定起点、圆弧所在圆的圆心、圆弧包含的角度来绘制

圆弧的。用户可通过以下方式来执行此操作:

- 菜单栏:选择"绘图"|"圆弧"|"起点、圆心、角度"命令。
- 选项面板:在"默认"选项卡的"绘图"面板中单击"起点、圆心、角度"按钮。
- 命令行:输入 ARC。

例如,通过捕捉点来定义起点和圆心,并已知包含角度(135°)来绘制一段圆弧,其命令行提示如下:

```
命令:_arc 指定圆弧的起点或 [圆心(C)]:                | 指定圆弧起点或选择选项
指定圆弧的第二个点或 [圆心(C)/端点(E)]:_c 指定圆弧的圆心:    | 指定圆弧圆心
指定圆弧的端点或 [角度(A)/弦长(L)]:_a 指定包含角:135↙   | 输入包含角
```

绘制的圆弧如图 5-22 所示。

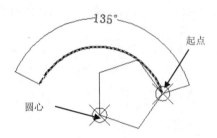

图 5-22 用"起点、圆心、角度"方式绘制圆弧

如果存在可以捕捉到的起点和圆心点,并且已知包含角度,在命令行选择"起点"|"圆心"|"角度"或"圆心"|"起点"|"角度"选项。如果已知两个端点但不能捕捉到圆心,可以选择"起点"|"端点"|"角度"选项,如图 5-23 所示。

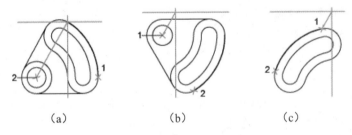

图 5-23 选择不同选项来创建圆弧

4. 起点、圆心、长度

"起点、圆心、长度"方式是通过指定起点、圆弧所在圆的圆心、弧的弦长来绘制圆弧。用户可通过以下方式来执行此操作:

- 菜单栏:选择"绘图"|"圆弧"|"起点、圆心、长度"命令。
- 选项面板:在"默认"选项卡的"绘图"面板中单击"起点、圆心、长度"按钮。
- 命令行:输入 ARC。

如果存在可以捕捉到的起点和圆心,并且已知弦长,可使用"起点、圆心、长度"或"圆心、起点、长度"选项,如图 5-24 所示。

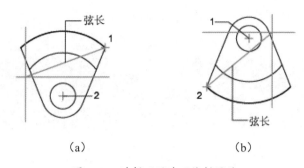

图 5-24 选择不同选项绘制圆弧

5．起点、端点、角度

"起点、端点、角度"方式是通过指定起点、端点，以及圆心角来绘制圆弧的。用户可通过以下方式来执行此操作：

- 菜单栏：选择"绘图"|"圆弧"|"起点、端点、角度"命令。
- 选项面板：在"默认"选项卡的"绘图"面板中单击"起点、端点、角度"按钮 。
- 命令行：输入 ARC。

例如，在图形窗口中指定了圆弧的起点和端点，并输入圆心角为 45°来绘制圆弧。其命令行提示如下：

```
命令: _arc 指定圆弧的起点或 [圆心(C)]:              //指定圆弧起点或选择选项
指定圆弧的第二个点或 [圆心(C)|端点(E)]: _e
指定圆弧的端点:                                    //指定圆弧端点
指定圆弧的圆心或 [角度(A)|方向(D)|半径(R)]: _a 指定包含角: 45✓   //输入包含角度
```

绘制的圆弧如图 5-25 所示。

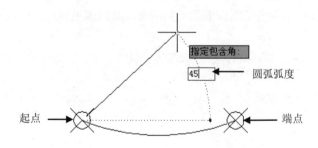

图 5-25 以"起点、端点、角度"方式绘制圆弧

6．起点、端点、方向

"起点、端点、方向"方式是通过指定起点、端点，以及圆弧切线的方向夹角（即切线与 X 轴的夹角）来绘制圆弧的。用户可通过以下方式来执行此操作：

- 菜单栏：选择"绘图"|"圆弧"|"起点、端点、方向"命令。
- 选项面板：在"默认"选项卡的"绘图"面板中单击"起点、端点、方向"按钮 。
- 命令行：输入 ARC。

例如，在图形窗口中指定了圆弧的起点和端点，并指定切线方向夹角为45°来绘制圆弧。其命令行提示如下：

```
命令：_arc 指定圆弧的起点或 [圆心(C)]：                    // 指定圆弧起点
指定圆弧的第二个点或 [圆心(C)|端点(E)]：_e
指定圆弧的端点：                                          // 指定圆弧端点
指定圆弧的圆心或 [角度(A)|方向(D)|半径(R)]：_d 指定圆弧的起点切向：45 ✓
                                                      // 输入斜向夹角
```

绘制的圆弧如图 5-26 所示。

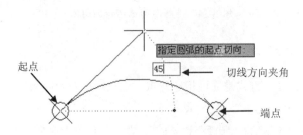

图 5-26　以"起点、端点、方向"方式绘制圆弧

7. 起点、端点、半径

"起点、端点、半径"方式是通过指定起点、端点，以及圆弧所在圆的半径来绘制圆弧的。用户可通过以下方式来执行此操作：

- 菜单栏：选择"绘图"|"圆弧"|"起点、端点、半径"命令。
- 选项面板：在"默认"选项卡的"绘图"面板中单击"起点、端点、半径"按钮 。
- 命令行：输入 ARC。

例如，在图形窗口中指定了圆弧的起点和端点，且圆弧半径为30来绘制圆弧。其命令行提示如下：

```
命令：_arc 指定圆弧的起点或 [圆心(C)]：                    // 指定圆弧起点
指定圆弧的第二个点或 [圆心(C)|端点(E)]：_e
指定圆弧的端点：                                          // 指定圆弧端点
指定圆弧的圆心或 [角度(A)|方向(D)|半径(R)]：_r 指定圆弧的半径：30 ✓
                                                      // 输入圆弧半径值
```

绘制的圆弧如图 5-27 所示。

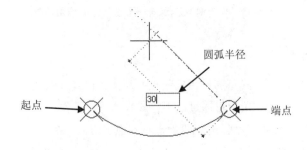

图 5-27　以"起点、端点、半径"方式绘制圆弧

8. 圆心、起点、端点

"圆心、起点、端点"方式是通过指定圆弧所在圆的圆心、圆弧起点和端点来绘制圆弧的。用户可通过以下方式来执行此操作：

- 菜单栏：选择"绘图"|"圆弧"|"圆心、起点、端点"命令。
- 选项面板：在"默认"选项卡的"绘图"面板中单击"圆心、起点、端点"按钮 。
- 命令行：输入 ARC。

例如，在图形窗口中依次指定圆弧的圆心、起点和端点，来绘制圆弧。其命令行提示如下：

```
命令：_arc 指定圆弧的起点或 [圆心(C)]：_c 指定圆弧的圆心：        //指定圆弧圆心
指定圆弧的起点：                                                  //指定圆弧起点
指定圆弧的端点或 [角度(A)|弦长(L)]：                              //指定圆弧端点
```

绘制的圆弧如图 5-28 所示。

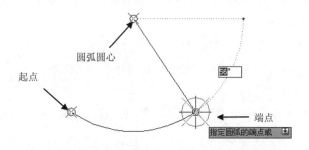

图 5-28　以"圆心、起点、端点"方式绘制圆弧

9. 圆心、起点、角度

"圆心、起点、角度"方式是通过指定圆弧所在圆的圆心、圆弧起点，以及圆心角来绘制圆弧的。用户可通过以下方式来执行此操作：

- 菜单栏：选择"绘图"|"圆弧"|"圆心、起点、角度"命令。
- 选项面板：在"默认"选项卡的"绘图"面板中单击"圆心、起点、角度"按钮 。
- 命令行：输入 ARC。

例如，在图形窗口中依次指定圆弧的圆心、起点，并输入圆心角的角度 45°来绘制圆弧。其命令行提示如下：

```
命令：_arc 指定圆弧的起点或 [圆心(C)]：_c 指定圆弧的圆心：        //指定圆弧的圆心
指定圆弧的起点：                                                  //指定圆弧的起点
指定圆弧的端点或 [角度(A)|弦长(L)]：_a 指定包含角：45↙            //输入包含角值
```

绘制的圆弧如图 5-29 所示。

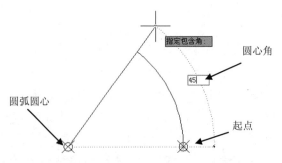

图 5-29 以"圆心、起点、角度"方式绘制圆弧

10. 圆心、起点、长度

"圆心、起点、角度"方式是通过指定圆弧所在圆的圆心、圆弧起点和弦长来绘制圆弧的。用户可通过以下方式来执行此操作：

- 菜单栏：选择"绘图"|"圆弧"|"圆心、起点、长度"命令。
- 选项面板：在"默认"选项卡的"绘图"面板中单击"圆心、起点、长度"按钮 。
- 命令行：输入 ARC。

例如，在图形窗口中依次指定圆弧的圆心、起点，且弦长为 15 来绘制圆弧。其命令行提示如下：

```
命令：_arc 指定圆弧的起点或 [圆心(C)]：_c 指定圆弧的圆心：     // 指定圆弧的圆心
指定圆弧的起点：                                             // 指定圆弧的起点
指定圆弧的端点或 [角度(A)|弦长(L)]：_l 指定弦长：15✓         // 输入弦长值
```

绘制的圆弧如图 5-30 所示。

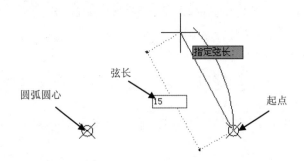

图 5-30 以"圆心、起点、长度"方式绘制圆弧

11. 连续

"连续"方式是创建一个圆弧，使其与上一步绘制的直线或圆弧相切连续。用户可通过以下方式来执行此操作：

- 菜单栏：选择"绘图"|"圆弧"|"连续"命令。
- 选项面板：在"默认"选项卡的"绘图"面板中单击"连续"按钮 。
- 命令行：输入 ARC。

相切连续的圆弧起点就是先前直线或圆弧的端点，相切连续的圆弧端点可通过捕捉点或在命令行输入精确坐标值来确定。当绘制一条直线或圆弧后，选择"连续"命令，程序会自动捕捉直线或圆弧的端点作为连续圆弧的起点，如图 5-31 所示。

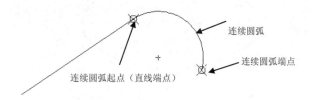

图 5-31　绘制相切连续圆弧

5.4.3　绘制椭圆

椭圆由定义其长度和宽度的两条轴来决定。较长的轴称为长轴，较短的轴称为短轴，如图 5-32 所示。椭圆的绘制有两种方式："圆心"和"轴和端点"。

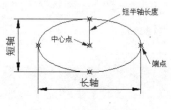

图 5-32　椭圆释义图

1．圆心

"圆心"方式是通过指定椭圆中心点、长轴的一个端点，以及短半轴的长度来绘制椭圆的。用户可通过以下方式来执行此操作：

- 菜单栏：选择"绘图"|"椭圆"|"圆心"命令。
- 选项面板：在"默认"选项卡的"绘图"面板中单击"圆心"按钮 。
- 命令行：输入 ELLIPSE。

例如，绘制一个中心点坐标为（0,0）、长轴的一个端点坐标为（25,0）、短半轴的长度为 12 的椭圆。绘制椭圆的命令行提示如下：

```
命令: ellipse
指定椭圆的轴端点或 [圆弧(A)|中心点(C)]: _c
指定椭圆的中心点: 0,0↙           //输入椭圆圆心坐标值
指定轴的端点: @25,0↙             //输入轴端点的绝对坐标值
指定另一条半轴长度或 [旋转(R)]: 12↙  //输入另半轴长度值
```

技巧点拨：

命令行中的"旋转"选项是指以椭圆的短轴和长轴的比值，把一个圆绕定义的第一轴旋转成椭圆。

绘制的椭圆如图 5-33 所示。

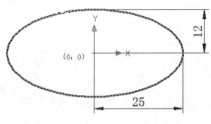

图 5-33 "圆心"方式绘制椭圆

2. 轴、端点

"轴、端点"方式是通过指定椭圆长轴的两个端点和短半轴长度来绘制椭圆的。用户可以通过以下方式来执行此操作：

- 菜单栏：选择"绘图"|"椭圆"|"轴、端点"命令。
- 选项面板：在"默认"选项卡的"绘图"面板中单击"轴、端点"按钮。
- 命令行：输入 ELLIPSE。

例如，绘制一个长轴的端点坐标分别为（12.5,0）和（−12.5,0）、短半轴的长度为10的椭圆。绘制椭圆的命令行提示如下：

```
命令：_ellipse
指定椭圆的轴端点或 [圆弧(A)|中心点(C)]：12.5,0↙        //输入椭圆轴端点坐标
指定轴的另一个端点：-12.5,0↙                          //输入椭圆轴另一端点坐标
指定另一条半轴长度或 [旋转(R)]：10↙                    //输入椭圆短半轴长度值
```

绘制的椭圆如图 5-34 所示。

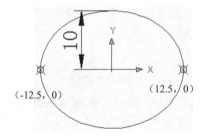

图 5-34 以"轴、端点"方式绘制椭圆弧

5.4.4 绘制椭圆弧

通过指定椭圆长轴的两个端点和短半轴长度，以及起始角、终止角可以绘制椭圆弧。用户可通过以下方式来执行此操作：

- 菜单栏：选择"绘图"|"椭圆"|"椭圆弧"命令。
- 选项面板：在"默认"选项卡的"绘图"面板中单击"椭圆弧"按钮。

● 命令行：输入 ELLIPSE。

椭圆弧是椭圆上的一段弧，因此需要指定弧的起始位置和终止位置。例如，绘制一个长轴的端点坐标分别为（25,0）和（-25,0）、短半轴的长度为15、起始角度为0°、终止角度为270°的椭圆弧。绘制椭圆的命令行提示如下：

```
命令：ellipse
指定椭圆的轴端点或 [圆弧(A)|中心点(C)]：_a
指定椭圆弧的轴端点或 [中心点(C)]：25,0↙         //输入椭圆轴端点坐标
指定轴的另一个端点：-25,0↙                       //输入椭圆另一轴端点坐标
指定另一条半轴长度或 [旋转(R)]：15↙              //输入椭圆半轴长度值
指定起始角度或 [参数(P)]：0↙                      //输入起始角度值
指定终止角度或 [参数(P)|包含角度(I)]：270↙        //输入终止角度值
```

绘制的椭圆如图5-35所示。

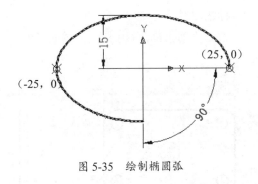

图5-35 绘制椭圆弧

技巧点拨：

椭圆弧的角度就是终止角和起始角度的差值。另外，用户也可以使用"包含角"选项功能，直接输入椭圆弧的角度。

5.4.5 圆环

"圆环"工具能创建实心的圆与环。要创建圆环，需要指定它的内外直径和圆心。通过指定不同的圆心，可以继续创建具有相同直径的多个副本。要创建实体填充圆，必须将内径值指定为0。

用户可通过以下方式来创建圆环：

● 菜单栏：选择"绘图"|"圆环"命令。
● 选项面板：在"默认"选项卡的"绘图"面板中单击"圆环"按钮⊚。
● 命令行：输入 DONUT。

实心圆和圆环的应用实例如图5-36所示。

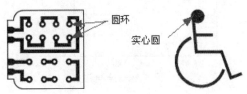

图5-36 圆环和实心圆的应用实例

5.5 综合案例

前面介绍了 AutoCAD 2018 的二维绘图命令，这些基本命令是制图人员必须具备的基本技能。下面讲解关于二维绘图命令的常见应用实例。

5.5.1 案例一：绘制减速器透视孔盖

减速器透视孔盖有多种类型，一般都以螺纹结构固定，如图 5-57 所示为减速器上的油孔顶盖。

此图形的绘制方法是：首先绘制定位基准线（即中心线），其次绘制主视图矩形，最后绘制侧视图。图形绘制完成后，标注图形。

在绘制机械类图形时，一定要先创建符合 GB 标准的图纸样板，以便在后期的一系列机械设计图纸中能快速调用。

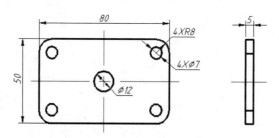

图 5-57 减速器上的透视孔盖

操作步骤：

step 01 调用用户自定义的图纸样板文件。

step 02 使用"矩形"工具，绘制如图 5-58 所示的矩形。

step 03 使用"直线"命令，在矩形的中心位置绘制如图 5-59 所示的中心线。

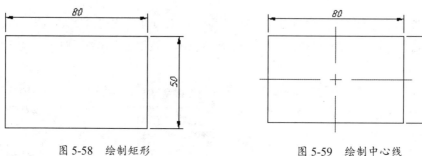

图 5-58 绘制矩形　　　　　图 5-59 绘制中心线

> **技巧点拨：**
>
> 在绘制所需的图线或图形时，可以先指定预设置的图层，也可以随意绘制，最后再指定图层，但先指定图层可以提高部分绘图效率。

step 04 在命令行输入 fillet 命令（圆角），或者单击"圆角"按钮 ⌐圆角 ▼，然后按命令行的提示进行操作。命令行提示如下：

```
命令: fillet
当前设置：模式 = 修剪，半径 = 7.0000
选择第一个对象或 [放弃(U)|多段线(P)|半径(R)|修剪(T)|多个(M)]: R
指定圆角半径 <7.0000>: 8
选择第一个对象或 [放弃(U)|多段线(P)|半径(R)|修剪(T)|多个(M)]:
选择第二个对象，或按住 Shift 键选择对象以应用角点或 [半径(R)]:
```

step 05 创建的圆角如图 5-60 所示。

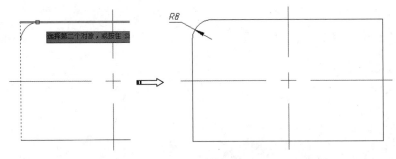

图 5-60　绘制圆角

step 06 同理，在另外 3 个角点位置也绘制同样半径的圆角，结果如图 5-61 所示。

技巧点拨：

由于执行的是相同的操作，可以按 Enter 键继续该命令的执行，并直接选中对象来创建圆角。

step 07 使用"圆心、半径"命令，在圆角的中心点位置绘制出 4 个直径为 7 的圆，结果如图 5-62 所示。

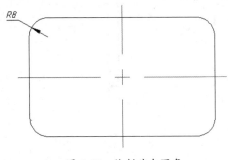
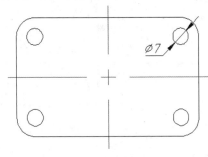

图 5-61　绘制其余圆角　　　　　　图 5-62　绘制圆

step 08 在矩形中心位置绘制如图 5-63 所示的圆。

step 09 使用"矩形"命令，绘制如图 5-64 所示的矩形。

技巧点拨：

要想精确绘制矩形，最好采用绝对坐标输入方法，即（@X,Y）形式。

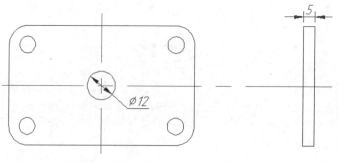

图 5-63 绘制圆　　　　图 5-64 绘制矩形

step 10 使用"直线"命令，在大矩形的圆角位置画两条水平直线，并穿过小矩形，如图 5-65 所示。

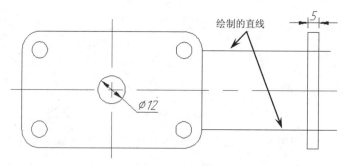

图 5-65 绘制直线

step 11 使用"修剪"命令，将图形中多余的图线修剪掉。然后将主要的图线置于"粗实线"图层。最后对图形进行尺寸标注，结果如图 5-66 所示。

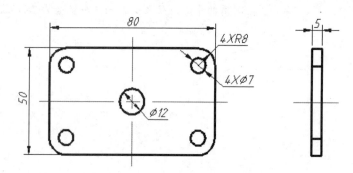

图 5-66 绘制完成的图形

step 12 最后将结果保存。

5.5.2　案例二：绘制曲柄

本节将以曲柄平面图的绘制过程来巩固前面所学的基础内容。曲柄平面图如图 5-67 所示。

从曲面平面图分析得知，平面图的绘制将会分成以下几个步骤来进行：

(1) 绘制基准线。
(2) 绘制已知线段。
(3) 绘制连接线段。

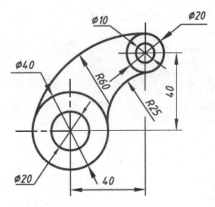

图 5-67　曲柄平面图

操作步骤：

1. 绘制基准线

本例图形的主基准线就是大圆的中心线，另外两个同心小圆的中心线为辅助基准。基准线的绘制可使用"直线"命令来完成。

step 01 首先绘制大圆的两条中心线。操作步骤的命令行提示如下：

```
命令：line
指定第一点：1000,1000↙              // 输入直线起点坐标值
指定下一点或 [放弃(U)]：@50,0↙      // 输入直线第二点绝对坐标值
指定下一点或 [放弃(U)]：↙
命令：↙
line 指定第一点：1025,975↙          // 输入直线起点坐标值
指定下一点或 [放弃(U)]：@0,50↙      // 输入直线第二点绝对坐标值
指定下一点或 [放弃(U)]：↙
```

step 02 绘制的大圆中心线如图 5-68 所示。

step 03 再绘制小圆的两条中心线。操作步骤的命令行提示如下：

```
命令：line
指定第一点：1050,1040↙              // 输入直线起点坐标值
指定下一点或 [放弃(U)]：@30,0↙      // 输入直线第二点绝对坐标值
指定下一点或 [放弃(U)]：↙
命令：↙
line 指定第一点：1065,1025↙         // 输入直线起点坐标值
指定下一点或 [放弃(U)]：@0,30↙      // 输入直线第二点绝对坐标值
指定下一点或 [放弃(U)]：↙
```

step 04 绘制的两条小圆中心线如图 5-69 所示。

图 5-68　绘制大圆中心线　　　　　图 5-69　绘制小圆中心线

step 05 加载 CENTER（点画线）线型，然后将 4 条基准线转换为点画线。

2. 绘制已知线段

曲柄平面图的已知线段就是 4 个圆，可使用"圆心、直径"画圆的方式来绘制。

step 01 在主要基准线上绘制较大的两个同心圆。操作步骤的命令行提示如下:

命令: CIRCLE
指定圆的圆心或 [三点(3P)|两点(2P)|切点、切点、半径(T)]:
                                              // 指定主要基准线交点为圆心
指定圆的半径或 [直径(D)] <40.0000>: d↙
指定圆的直径 <80.0000>: 40↙   // 输入圆直径值
命令: ↙
CIRCLE 指定圆的圆心或 [三点(3P)|两点(2P)|切点、切点、半径(T)]:
                                              // 指定基准线交点为圆心
指定圆的半径或 [直径(D)] <20.0000>: _d 指定圆的直径 <40.0000>: 20↙
                                              // 输入圆直径值

step 02 绘制的两个大同心圆如图 5-70 所示。

step 03 在辅助基准线上绘制两个小的同心圆。操作步骤的命令行提示如下:

命令: circle
指定圆的圆心或 [三点(3P)|两点(2P)|切点、切点、半径(T)]:
                                              // 指定辅助基准线交点为圆心
指定圆的半径或 [直径(D)] <10.0000>: d↙
指定圆的直径 <20.0000>: 20↙   // 输入圆直径值
命令: ↙
CIRCLE 指定圆的圆心或 [三点(3P)|两点(2P)|切点、切点、半径(T)]:
                                              // 指定辅助基准线交点为圆心
指定圆的半径或 [直径(D)] <10.0000>: d↙
指定圆的直径 <20.0000>: 10↙   // 输入圆直径值

step 04 绘制的两个小同心圆如图 5-71 所示。

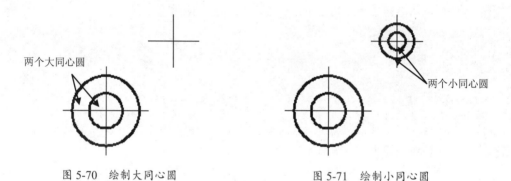

图 5-70 绘制大同心圆   图 5-71 绘制小同心圆

3. 绘制连接线段

曲柄平面图的连接线段是两段连接弧,从平面图形中可以得知,连接弧与两相邻同心圆是相切的,因此可使用"切点、切点、半径"画圆的方式来绘制。

step 01 首先绘制半径为 60 的大相切圆,操作步骤的命令行提示如下:

命令: circle
指定圆的圆心或 [三点(3P)|两点(2P)|切点、切点、半径(T)]: t↙   // 输入 T 选项
指定对象与圆的第一个切点: // 指定第一个切点
指定对象与圆的第二个切点: // 指定第二个切点
指定圆的半径 <10.0000>: 60↙   // 输入圆半径

step 02 绘制的大相切圆如图 5-72 所示。

step 03 再绘制半径为 25 的小相切圆,操作步骤的命令行提示如下:

```
命令: circle
指定圆的圆心或 [三点(3P)|两点(2P)|切点、切点、半径(T)]: t↙    // 输入T选项
指定对象与圆的第一个切点:                  // 指定第一个切点
指定对象与圆的第二个切点:                  // 指定第二个切点
指定圆的半径 <60.0000>: 25↙               // 输入圆半径
```

step 04 绘制的小相切圆如图 5-73 所示。

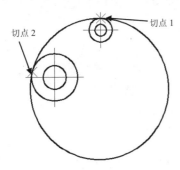
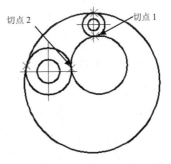

图 5-72　绘制大相切圆　　　图 5-73　绘制小相切圆

step 05 在"默认"选项卡的"修改"面板中,单击"修剪"按钮,将多余线段修剪掉。操作步骤的命令行提示如下:

```
命令: trim
当前设置: 投影=UCS, 边=无
选择剪切边...
选择对象或 <全部选择>: ↙
选择要修剪的对象,或按住 Shift 键选择要延伸的对象,或
[栏选(F)|窗交(C)|投影(P)|边(E)|删除(R)|放弃(U)]:              // 选择要修剪图线
选择要修剪的对象,或按住 Shift 键选择要延伸的对象,或
[栏选(F)|窗交(C)|投影(P)|边(E)|删除(R)|放弃(U)]:              // 选择要修剪图线
选择要修剪的对象,或按住 Shift 键选择要延伸的对象,或
[栏选(F)|窗交(C)|投影(P)|边(E)|删除(R)|放弃(U)]: *取消*      // 按 Esc 键结束命令
```

step 06 修剪完成后匹配线型,最后结果如图 5-74 所示。

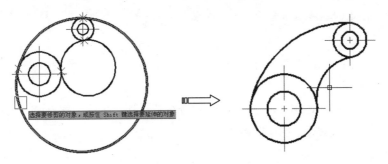

图 5-74　修剪多余线段

5.6　AutoCAD 认证考试习题集

单选题

(1)以下哪个命令不可绘制圆形的线条?

A. ELLIPSE B. POLYGON
C. ARC D. CIRCLE

正确答案（ ）

（2）下面哪个命令不能绘制三角形？

A. LINE B. RECTANG
C. POLYGON D. PLINE

正确答案（ ）

（3）下面哪个命令可以绘制连续的直线段，且每一部分都是单独的线对象？

A. POLYGON B. RECTANGLE
C. POLYLINE D. LINE

正确答案（ ）

（4）下面哪个对象不可以使用 PLINE 命令来绘制？

A. 直线 B. 圆弧
C. 具有宽度的直线 D. 椭圆弧

正确答案（ ）

（5）下面哪个命令以等分长度的方式在直线、圆弧等对象上放置点或图块？

A. POINT B. DIVIDE
C. MEASURE D. SOLIT

正确答案（ ）

（6）应用"相切、相切、相切"方式画圆时，有什么要求？

A. 相切的对象必须是直线 B. 从下拉菜单激活画圆命令
C. 不需要指定圆的半径和圆心 D. 不需要指定圆心但要输入圆的半径

正确答案（ ）

（7）（ ）命令用于绘制指定内外直径的圆环或填充圆。

A. 圆环 B. 椭圆
C. 圆 D. 圆弧

正确答案（ ）

（8）（ ）是 AutoCAD 中另一种辅助绘图命令，它是一条没有端点而无限延伸的线，它经常用于建筑设计和机械设计的绘图辅助工作。

A. 样条曲线 B. 射线
C. 多线 D. 构造线

正确答案（ ）

（9）运用"正多边形"命令绘制的正多边形可以看作是一条（ ）。

A. 多段线 B. 构造线
C. 样条曲线 D. 直线

正确答案（ ）

（10）在 AutoCAD 中，使用"绘图"|"矩形"命令可以绘制多种图形，以下答案中最恰当的是（　）。

　　A. 圆角矩形　　　　　　　　　　　　B. 有厚度的矩形
　　C. 以上答案全正确　　　　　　　　　D. 倒角矩形

正确答案（　）

（11）在绘制圆弧时，已知圆弧的圆心、弦长和起点，可以使用"绘图"|"圆弧"命令中的（　）子命令绘制圆弧。

　　A. 起点、端点、方向　　　　　　　　B. 起点、端点、角度
　　C. 起点、圆心、长度　　　　　　　　D. 起点、圆心、角度

正确答案（　）

（12）在机械制图中，常使用"绘图"|"圆"命令中的（　）子命令绘制连接弧。

　　A. 相切、相切、半径　　　　　　　　B. 相切、相切、相切
　　C. 三点　　　　　　　　　　　　　　D. 圆心、半径

正确答案（　）

（13）选择"样条曲线"命令后，（　）选项用来输入曲线的偏差值。值越大，曲线越远离指定的点；值越小，曲线离指定的点越近。

　　A. 起点切向　　　　　　　　　　　　B. 拟合公差
　　C. 闭合　　　　　　　　　　　　　　D. 端点切向

正确答案（　）

5.7　课后习题

1. 直线绘图

用 OFFSET、LINE 及 TRIM 命令绘制如图 5-75 所示的图形一。

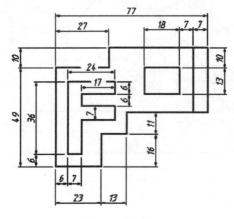

图 5-75　图形一

2. 直线、构造线绘图

用 LINE、XLINE、CIRCLE 及 BREAK 等命令绘制如图 5-76 所示的图形二。

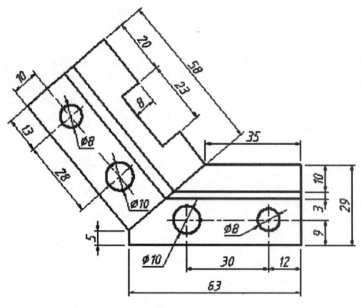

图 5-76　图形二

3. 画圆、切线及圆弧连接

用 LINE、CIRCLE 及 TRIM 等命令绘制如图 5-77 所示的图形三。

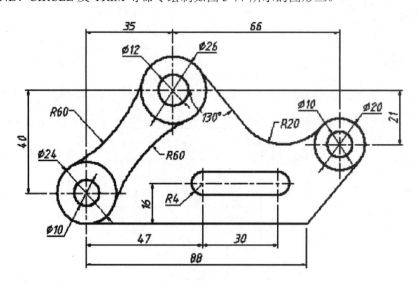

图 5-77　图形三

第 6 章

绘图基本图形（二）

本章内容

前面一章介绍了 AutoCAD 2018 中简单图形的绘制，相信读者已经掌握了基本图形的绘制方法与相关命令的含义。在本章中，将讲解二维绘图的高级图形绘制命令。

知识要点

- ☑ 绘制与编辑多线
- ☑ 绘制与编辑多段线
- ☑ 样条曲线
- ☑ 绘制曲线与参照几何图形

6.1 绘制与编辑多线

多线由多条平行线组成,这些平行线称为元素。

6.1.1 绘制多线

"多线"是由两条或两条以上的平行元素构成的复合线对象,并且每条平行线元素的线型、颜色及间距都是可以设置的,如图 6-1 所示。

图 6-1 多线示例

> **技巧点拨**:
>
> 在默认设置下,所绘制的多线是由两条平行元素构成的。

选择"多线"命令主要有以下几种方式:

- 在菜单栏中选择"绘图"|"多线"命令。
- 在命令行输入 Mline 并按 Enter 键。
- 输入命令简写 ML 并按 Enter 键。

"多线"命令常被用于绘制墙线、阳台线及道路和管道线。

动手操练——绘制多线

下面通过绘制闭合的多线,学习使用"多线"命令,操作步骤如下:

step 01 新建文件。

step 02 选择"绘图"|"多线"命令,配合点的坐标输入功能绘制多线。命令行操作过程如下:

```
命令: mline
当前设置: 对正 = 上,比例 = 20.00,样式 = STANDARD
指定起点或 [对正(J)|比例(S)|样式(ST)]: s↙        // 激活"比例"选项
输入多线比例 <20.00>: 120↙                      // 设置多线比例
当前设置: 对正 = 上,比例 = 120.00,样式 = STANDARD
指定起点或 [对正(J)|比例(S)|样式(ST)]:            // 在绘图区拾取一点
指定下一点: @0,1800↙
指定下一点或 [放弃(U)]: @3000,0 ↙
指定下一点或 [闭合(C)|放弃(U)]: @0,-1800↙
指定下一点或 [闭合(C)|放弃(U)]: c↙
```

step 03 使用视图调整工具调整图形的显示,绘制效果如图 6-2 所示。

第 6 章　绘图基本图形(二)

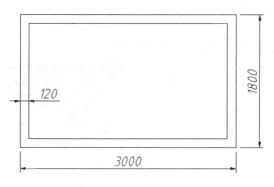

图 6-2　绘制效果

> **技巧点拨：**
>
> 使用"比例"选项，可以绘制不同宽度的多线。默认比例为 20 个绘图单位。另外，如果用户输入的比例值为负值，多条平行线的顺序就会产生反转。使用"样式"选项，可以随意更改当前的多线样式；"闭合"选项用于绘制闭合的多线。

AutoCAD 共提供了 3 种"对正"方式，即上对正、下对正和中心对正，如图 6-3 所示。如果当前多线的对正方式不符合用户的要求，可以在命令行中选择"对正（J）"选项，系统出现如下提示：

```
指定起点或 [对正(J)/比例(S)/样式(ST)]：J
输入对正类型 [上(T)/无(Z)/下(B)] <上>：          //提示用户输入多线的对正方式
```

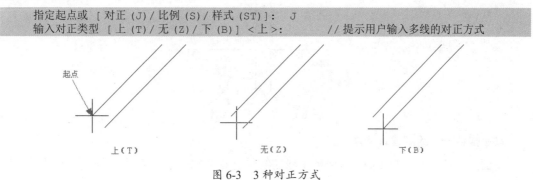

图 6-3　3 种对正方式

6.1.2　编辑多线

多线的编辑应用于两条多线的衔接。选择"编辑多线"命令主要有以下几种方式：

- 在菜单栏中选择"修改"|"对象"|"多线"命令。
- 在命令行输入 Mledit 并按 Enter 键。

动手操练——编辑多线

编辑多线的操作步骤如下：

step 01　新建文件。

step 02　绘制两条交叉多线，如图 6-4 所示。

step 03 选择"修改"|"对象"|"多线"命令，打开"多线编辑工具"对话框，如图6-5所示。单击"多线编辑工具"对话框中的"十字打开"按钮 。

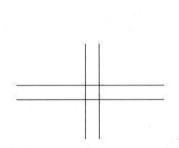

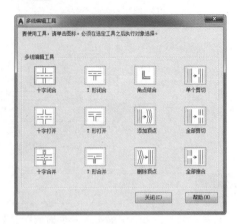

图 6-4 绘制交叉多线　　　　　　　图 6-5 "多线编辑工具"对话框

step 04 根据如下命令行提示操作，操作结果如图6-6所示。

```
命令：_mledit
选择第一条多线：                    // 在视图中选择一条多线
选择第二条多线：                    // 在视图中选择另一条多线
```

图 6-6 编辑多线示例

动手操练——绘制建筑墙体

下面通过墙体的绘制实例，来讲解多线的绘制及多线编辑的步骤，如图6-7所示为绘制完成的建筑墙体。

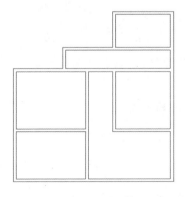

图 6-7 建筑墙体

step 01 新建一个文件。

step 02 执行 XL（构造线）命令绘制辅助线，绘制出一条水平构造线和一条垂直构造线，组成"十"字构造线，如图 6-8 所示。

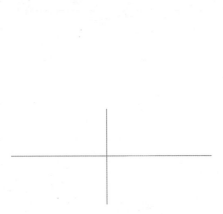

图 6-8　绘制构造线　　　　　　　　图 6-9　偏移构造线

step 03 再执行 XL 命令，利用"偏移"选项将水平构造线分别向上偏移 3000、6500、7800 和 9800，绘制的水平构造线如图 6-9 所示。

step 04 用同样的方法绘制垂直构造线，依次向右偏移 3 900、1 800、2 100 和 4 500，结果如图 6-10 所示。命令行操作提示如下：

```
命令：XL
XLINE 指定点或 [水平(H)/垂直(V)/角度(A)/二等分(B)/偏移(O)]：O
指定偏移距离或 [通过(T)] <通过>：3000
选择直线对象：
指定向哪侧偏移：
选择直线对象：
命令：
XLINE 指定点或 [水平(H)/垂直(V)/角度(A)/二等分(B)/偏移(O)]：O
指定偏移距离或 [通过(T)] <2500.0000>：6500
选择直线对象：
指定向哪侧偏移：
选择直线对象：
命令：
XLINE 指定点或 [水平(H)/垂直(V)/角度(A)/二等分(B)/偏移(O)]：O
指定偏移距离或 [通过(T)] <5000.0000>：7800
选择直线对象：
指定向哪侧偏移：
选择直线对象：
命令：
XLINE 指定点或 [水平(H)/垂直(V)/角度(A)/二等分(B)/偏移(O)]：O
指定偏移距离或 [通过(T)] <3000.0000>：9800
选择直线对象：
指定向哪侧偏移：
选择直线对象：*取消*
```

技巧点拨：

这里也可以执行 O（偏移）命令来偏移直线。

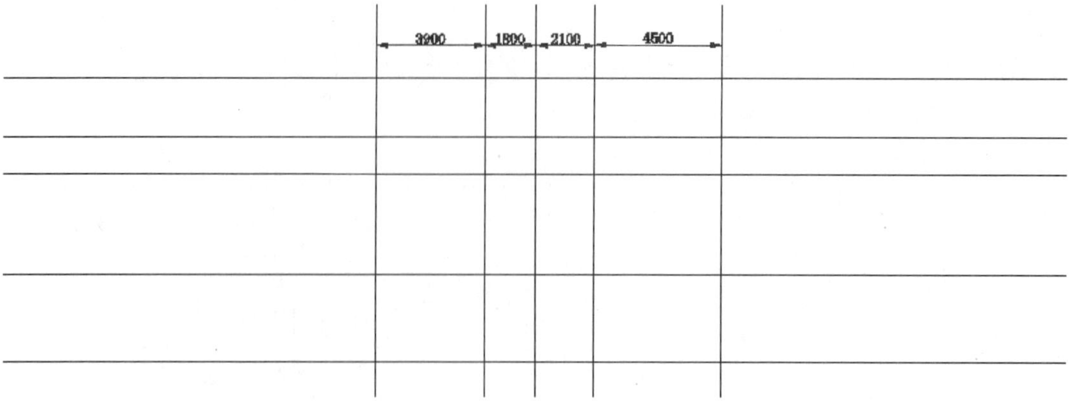

图 6-10 绘制偏移的构造线

step 05 执行 MLST（多线样式）命令，打开"多线样式"对话框，在该对话框中单击"新建"按钮，再打开"创建新的多线样式"对话框，在该对话框的"新样式名"文本框中输入"墙体线"，单击"继续"按钮，如图 6-11 所示。

step 06 打开"新建多线样式：墙选择"对话框后，按如图 6-12 所示进行设置。

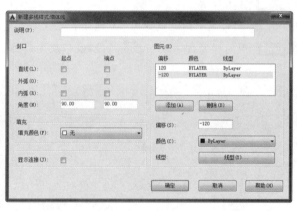

图 6-11 新建多线样式　　　　图 6-12 设置多线样式

step 07 绘制多线墙体，结果如图 6-13 所示。命令行操作提示如下：

```
命令：ML↙
当前设置：对正 = 上，比例 = 20.00，样式 = STANDARD
指定起点或 [对正(J)/比例(S)/样式(ST)]： S↙
输入多线比例 <20.00>： 1↙
当前设置：对正 = 上，比例 = 1.00，样式 = STANDARD
指定起点或 [对正(J)/比例(S)/样式(ST)]： J↙
输入对正类型 [上(T)/无(Z)/下(B)] <上>： Z↙
当前设置：对正 = 无，比例 = 1.00，样式 = STANDARD
指定起点或 [对正(J)/比例(S)/样式(ST)]： //在绘制的辅助线交点上指定一点
指定下一点： （在绘制的辅助线交点上指定下一点）
指定下一点或 [放弃(U)]：            //在绘制的辅助线交点上指定下一点
指定下一点或 [闭合(C)/放弃(U)]：      //在绘制的辅助线交点上指定下一点
指定下一点或 [闭合(C)/放弃(U)]：C↙↙
```

step 08 执行 MLED 命令，打开"多线编辑工具"对话框，如图 6-14 所示。

第 6 章　绘图基本图形（二）

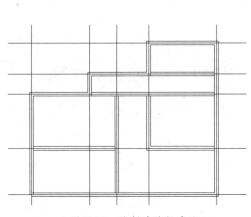

图 6-13　绘制墙体轮廓线

图 6-14　"多线编辑工具"对话框

step 09 选择其中的"T形打开""角点结合"选项，对绘制的墙体多线进行编辑，结果如图 6-15 所示。

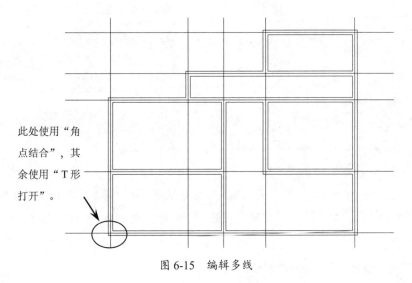

图 6-15　编辑多线

技巧点拨：

如果编辑多线时不能达到理想效果，可以将多线分解，然后采用夹点模式进行编辑。

step 10 至此，建筑墙体绘制完成，最后将结果保存。

6.1.3　创建与修改多线样式

多线的外观由多线样式决定。在多线样式中，用户可以设定多线中线条的数量、每条线的颜色、线型和线间的距离，还能指定多线两个端头的形式，如弧形端头、平直端头等。

选择"多线样式"命令主要有以下几种方式：

- 在菜单栏中选择"格式"|"多线样式"命令；
- 在命令行输入 Mlstyle 并按 Enter 键。

动手操练——创建多线样式

下面通过创建新多线样式来讲解"多线样式"的用法：

step 01 新建文件。

step 02 执行 MLSTYLE 命令，AutoCAD 打开"多线样式"对话框，如图 6-16 所示。

step 03 单击 新建(N)... 按钮，打开"创建新的多线样式"对话框。在"新样式名"文本框中输入新样式的名称"样式"，单击"继续"按钮 继续 ，如图 6-17 所示，打开"新建多线样式：样式"对话框。

图 6-16 "多线样式"对话框　　　　　图 6-17 创建新的多线样式

step 04 在随后弹出的"新建多线样式：样式"对话框中单击"添加"按钮，可增加新的线型，单击"线型"按钮 线型(Y)... ，可在打开的"选择线型"对话框中加载或者选择所需的线型，如图 6-18 所示。

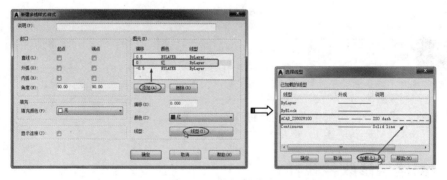

图 6-18 添加新图元

step 05 在"多线样式"对话框中，单击"置为当前"按钮 置为当前(U) ，单击"确定"按钮 确定 ，关闭对话框。

step 06 新建的多线样式如图 6-19 所示。

第 6 章 绘图基本图形（二）

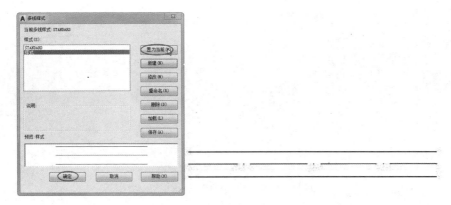

图 6-19　创建多线样式示例

6.2　多段线

多段线是作为单个对象创建的相互连接的线段序列。它是直线段、弧线段或两者的组合线段，既可以一起编辑，也可以分别编辑，还可以具有不同的宽度。

6.2.1　绘制多段线

使用"多段线"命令不但可以绘制一条单独的直线段或圆弧，还可以绘制具有一定宽度的闭合或不闭合直线段和弧线序列。

选择"多段线"命令主要有以下几种方法：

- 在菜单栏中选择"绘图"|"多段线"命令。
- 单击"绘图"面板中的"多段线"按钮 。
- 在命令行输入简写 PL，并按 Enter 键。

要绘制多段线，执行 PLINE 命令，当指定多段线的起点后，命令行显示如下操作提示：

指定下一个点或 [圆弧 (A) | 半宽 (H) | 长度 (L) | 放弃 (U) | 宽度 (W)]：

命令行提示中有 5 个操作选项，其含义如下：

- 圆弧（A）：若选择此选项（即在命令行输入 A），即可创建圆弧对象。
- 半宽（H）：是指绘制的线性对象按设置宽度值的一倍由起点至终点逐渐增大或减小。如绘制一条起点半宽度为 5、终点半宽度为 10 的直线，则绘制的直线起点宽度应为 10、终点宽度为 20。
- 长度（L）：指定弧线段的弦长。如果上一线段是圆弧，程序将绘制与上一弧线段相切的新弧线段。
- 放弃（U）：放弃绘制的前一线段。
- 宽度（W）：与"半宽"性质相同。此选项输入的值是全宽度值。

例如，绘制变宽度的多线段，命令行操作提示如下：

```
命令: pline
指定起点: 50,10
当前线宽为 0.0500
指定下一个点或 [圆弧(A)|半宽(H)|长度(L)|放弃(U)|宽度(W)]: 50,60
指定下一点或 [圆弧(A)|闭合(C)|半宽(H)|长度(L)|放弃(U)|宽度(W)]: A
指定圆弧的端点或
[角度(A)|圆心(CE)|闭合(CL)|方向(D)|半宽(H)|直线(L)|半径(R)|第二个点(S)|放
弃(U)|宽度(W)]: W
指定起点宽度 <0.0500>:
指定端点宽度 <0.0500>: 1
指定圆弧的端点或
[角度(A)|圆心(CE)|闭合(CL)|方向(D)|半宽(H)|直线(L)|半径(R)|第二个点(S)|放
弃(U)|宽度(W)]: 100,60
指定圆弧的端点或
[角度(A)|圆心(CE)|闭合(CL)|方向(D)|半宽(H)|直线(L)|半径(R)|第二个点(S)|放
弃(U)|宽度(W)]: L
指定下一点或 [圆弧(A)|闭合(C)|半宽(H)|长度(L)|放弃(U)|宽度(W)]: W
指定起点宽度 <1.0000>: 2
指定端点宽度 <2.0000>: 2
指定下一点或 [圆弧(A)|闭合(C)|半宽(H)|长度(L)|放弃(U)|宽度(W)]: 100,10
指定下一点或 [圆弧(A)|闭合(C)|半宽(H)|长度(L)|放弃(U)|宽度(W)]: C
```

绘制的多段线如图 6-20 所示。

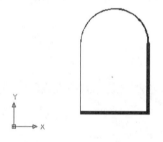

图 6-20 绘制变宽度的多段线

技巧点拨：

无论绘制的多段线包含多少条直线或圆弧，AutoCAD 都把它们作为一个单独的对象。

---

1. "圆弧"选项

此选项用于将当前多段线模式切换为画弧模式，以绘制由弧线组合而成的多段线。在命令行提示下输入"A"，或绘图区单击鼠标右键，在右键快捷菜单中选择"圆弧"命令，都可激活此选项，系统自动切换到画弧状态，且命令行提示如下：

"指定圆弧的端点或 [角度(A)|圆心(CE)|闭合(CL)|方向(D)|半宽(H)|直线(L)|半径(R)|第二个点(S)|放弃(U)|宽度(W)]:"

各次级选项功能如下：

- "角度"选项用于指定要绘制的圆弧的圆心角。
- "圆心"选项用于指定圆弧的圆心。
- "闭合"选项用于用弧线封闭多段线。

- "方向"选项用于取消直线与圆弧的相切关系,改变圆弧的起始方向。
- "半宽"选项用于指定圆弧的半宽值。激活此选项后,AutoCAD将提示用户输入多段线的起点半宽值和终点半宽值。
- "直线"选项用于切换直线模式。
- "半径"选项用于指定圆弧的半径。
- "第二个点"选项用于选择"三点"画弧方式中的第二个点。
- "宽度"选项用于设置弧线的宽度值。

2. 其他选项

- "闭合"选项。激活此选项后,AutoCAD将使用直线段封闭多段线,并结束多段线命令。当用户需要绘制一条闭合的多段线时,最后一定要使用此选项功能,才能保证绘制的多段线是完全封闭的。
- "长度"选项。此选项用于定义下一段多段线的长度,AutoCAD按照上一线段的方向绘制这一段多段线。若上一段是圆弧,AutoCAD绘制的直线段与圆弧相切。
- "半宽"/"宽度"选项。"半宽"选项用于设置多段线的半宽,"宽度"选项用于设置多段线的起始宽度值,起始点的宽度值可以相同也可以不同。

技巧点拨:

在绘制具有一定宽度的多段线时,系统变量Fillmode控制着多段线是否被填充,当变量值为1时,绘制的带有宽度的多段线将被填充;变量为0时,带有宽度的多段线将不会填充,如图6-21所示。

图6-21 非填充多段线

动手操练——绘制楼梯剖面示意图

在本例中将利用PLINE命令结合坐标输入的方式,绘制如图6-22所示的直行楼梯剖面示意图,其中,台阶高150、宽300。读者可结合前面介绍的知识来完成本实例的绘制,其具体操作如下:

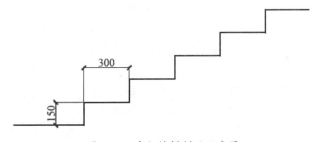

图6-22 直行楼梯剖面示意图

step 01 新建文件。

step 02 打开"正交"模式,单击"绘图"面板中的"多段线"按钮 ,绘制带有宽度的多段

线。命令行操作提示如下:

```
命令: PLINE↙                          // 激活 PLINE 命令绘制楼梯
指定起点: 在绘图区中任意拾取一点        // 指定多段线的起点
指定下一个点或 [圆弧(A)/半宽(H)/长度(L)/放弃(U)/宽度(W)]: @600,0↙
                          // 指定第一点
指定下一点或 [圆弧(A)/闭合(C)/半宽(H)/长度(L)/放弃(U)/宽度(W)]: @0,150↙
                          // 指定第二点(绘制楼梯踏步的高)
指定下一点或 [圆弧(A)/闭合(C)/半宽(H)/长度(L)/放弃(U)/宽度(W)]: @300,0↙
                          // 指定第三点(绘制楼梯踏步的宽)
指定下一点或 [圆弧(A)/闭合(C)/半宽(H)/长度(L)/放弃(U)/宽度(W)]: @0,150↙
                          // 指定下一点
指定下一点或 [圆弧(A)/闭合(C)/半宽(H)/长度(L)/放弃(U)/宽度(W)]: @300,0↙
                          // 指定下一点
指定下一点或 [圆弧(A)/闭合(C)/半宽(H)/长度(L)/放弃(U)/宽度(W)]: @0,150↙
                          // 指定下一点
指定下一点或 [圆弧(A)/闭合(C)/半宽(H)/长度(L)/放弃(U)/宽度(W)]: @300,0↙
                          // 指定下一点,再使用同样的方法绘制楼梯其余踏步
指定下一点或 [圆弧(A)/闭合(C)/半宽(H)/长度(L)/放弃(U)/宽度(W)]: ↙
                          // 按 Enter 键结束绘制
```

step 03 结果参见图 6-22 所示。

6.2.2 编辑多段线

选择"编辑多段线"命令主要有以下几种方式:

- 在菜单栏中选择"修改"|"对象"|"多段线"命令。
- 在命令行输入 Pedit,并按 Enter 键。

执行 Pedit 命令,命令行显示如下提示信息:

输入选项 [闭合(C)|合并(J)|宽度(W)|编辑顶点(E)|拟合(F)|样条曲线(S)|非曲线化(D)|线型生成(L)|放弃(U)]:

如果选择多个多段线,命令行则显示如下提示信息:

输入选项 [闭合(C)|打开(O)|合并(J)|宽度(W)|拟合(F)|样条曲线(S)|非曲线化(D)|线型生成(L)|放弃(U)]:

动手操练——绘制剪刀平面图

使用"多段线"命令绘制把手,使用"直线"命令绘制刀刃,完成剪刀的平面图。效果如图 6-23 所示。

图 6-23 剪刀平面效果

step 01 新建一个文件。

step 02 执行 PL（多段线）命令，在绘图区中的任意位置指定起点后，绘制如图 6-24 所示的多段线。命令行操作提示如下：

```
命令：_pline
指定起点：
当前线宽为 0.0000
指定下一个点或 [圆弧(A)/半宽(H)/长度(L)/放弃(U)/宽度(W)]：A
指定圆弧的端点或
[角度(A)/圆心(CE)/方向(D)/半宽(H)/直线(L)/半径(R)/第二个点(S)/放弃(U)/宽度(W)]：S
指定圆弧上的第二个点：@-9,-12.7
二维点无效。
指定圆弧上的第二个点：@-9,-12.7
指定圆弧的端点：@12.7,-9
指定圆弧的端点或
[角度(A)/圆心(CE)/闭合(CL)/方向(D)/半宽(H)/直线(L)/半径(R)/第二个点(S)/放弃(U)/宽度(W)]：L
指定下一点或 [圆弧(A)/闭合(C)/半宽(H)/长度(L)/放弃(U)/宽度(W)]：@-3,19
指定下一点或 [圆弧(A)/闭合(C)/半宽(H)/长度(L)/放弃(U)/宽度(W)]：✓
```

step 03 执行 explode 命令，分解多段线。

step 04 执行 fillet 命令，指定圆角半径为 3，对圆弧与直线的下端点进行圆角处理，如图 6-25 所示。

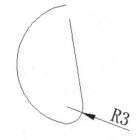

图 6-24 绘制多段线　　　　图 6-25 绘制圆角

step 05 执行 L 命令，拾取多段线中直线部分的上端点，确认为直线的第一点，依次输入（@0.8,2）、（@2.8,0.7）、（@2.8,7）、（@-0.1,16.7）、（@-6,-25），绘制多条直线，效果如图 6-26 所示。命令行操作提示如下：

```
命令：L
LINE 指定第一点：
指定下一点或 [放弃(U)]：@0.8,2
指定下一点或 [放弃(U)]：@2.8,0.7
指定下一点或 [闭合(C)/放弃(U)]：@2.8,7
指定下一点或 [闭合(C)/放弃(U)]：@-0.1,16.7
指定下一点或 [闭合(C)/放弃(U)]：@-6,-25
指定下一点或 [闭合(C)/放弃(U)]：✓
```

step 06 执行 fillet 命令，指定圆角半径为 3，对上一步绘制的直线与圆弧进行圆角处理，如图 6-27 所示。

step 07 执行 break 命令，在圆弧上的合适位置拾取一点作为打断的第一点，拾取圆弧的端点作为打断的第二点，效果如图 6-28 所示。

图 6-26 绘制直线　　　　图 6-27 圆角处理　　　　图 6-28 打断

step 08 执行 O 命令，设置偏移距离为 2，选择偏移对象为圆弧和圆弧旁的直线，分别进行偏移处理，完成后的效果如图 6-29 所示。

step 09 执行 fillet 命令，输入 R，设置圆角半径为 1，选择偏移的直线和外圆弧的上端点，效果如图 6-30 所示。

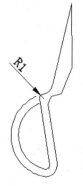

图 6-29 偏移处理　　　　图 6-30 圆角处理

step 10 执行 L 命令，连接圆弧的两个端点，结果如图 6-31 所示。

step 11 执行 mirror（镜像）命令，拾取绘图区中的所有对象，以通过最下端的圆角、最右侧的象限点所在的垂直直线为镜像轴线进行镜像处理，完成后效果如图 6-32 所示。

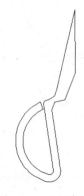
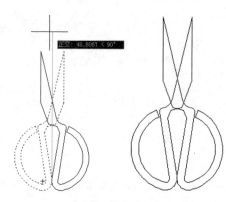

图 6-31 绘制直线　　　　图 6-32 镜像图形

step 12 执行 TR（修剪）命令，修剪绘图区中需要修剪的线段，如图 6-33 所示。

step 13 执行 C 命令，在适当的位置绘制直径为 2 的圆，如图 6-34 所示。

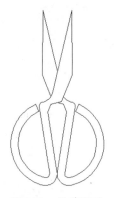 

图 6-33　修剪图形　　　　　　　　图 6-34　绘制圆

step 14 至此，剪刀平面图就绘制完成了，将完成后的文件进行保存。

6.3　样条曲线

样条曲线是经过或接近一系列给定点的光滑曲线，它可以控制曲线与点的拟合程度，如图 6-35 所示。样条曲线可以是开放的，也可以是闭合的。用户还可以对创建的样条曲线进行编辑。

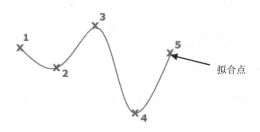

图 6-35　样条曲线

1．绘制样条曲线

绘制样条曲线就是创建通过或接近选定点的平滑曲线，用户可通过以下方式来执行操作：

- 菜单栏：选择"绘图"|"样条曲线"命令。
- 面板：在"默认"选项卡的"绘图"面板中单击"样条曲线"按钮 。
- 命令行：输入 SPLINE。

样条曲线的拟合点可以通过光标指定，也可以在命令行精确输入的坐标值。执行 SPLINE 命令，在图形窗口中指定样条曲线的第一点和第二点后，命令行显示如下操作提示：

```
命令: _spline
指定第一个点或 [对象(O)]:            // 指定样条曲线第一点或选择其中的选项
指定下一点:                          // 指定样条曲线的第二点
```

指定下一点或 [闭合 (C) | 拟合公差 (F)] <起点切向>：   // 指定样条曲线第三点或选择其他选项

在操作提示中，表示当样条曲线的拟合点有两个时，可以创建出闭合曲线（选择"闭合"选项），如图 6-36 所示。

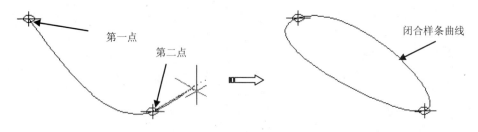

图 6-36　闭合样条曲线

还可以选择"拟合公差"选项来设置样条的拟合程度。如果将公差设置为 0，则样条曲线通过拟合点。输入大于 0 的公差将使样条曲线在指定的公差范围内通过拟合点，如图 6-37 所示。

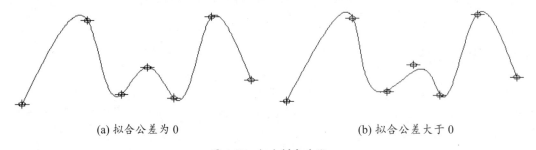

(a) 拟合公差为 0　　　　　　　　　　　　(b) 拟合公差大于 0

图 6-37　拟合样条曲线

2. 编辑样条曲线

"编辑样条曲线"工具可用于修改样条曲线对象的形状。样条曲线的编辑除可以直接在图形窗口中选择样条曲线进行拟合点的移动编辑外，还可以通过以下方式来执行此编辑操作：

- 菜单栏：选择"修改"|"对象"|"样条曲线"命令。
- 面板：在"默认"选项卡的"修改"面板中单击"编辑样条曲线"按钮 ⌂。
- 命令行：输入 SPLINEDIT。

执行 SPLINEDIT 命令并选择要编辑的样条曲线后，命令行显示如下操作提示：

输入选项 [拟合数据 (F) | 闭合 (C) | 移动顶点 (M) | 精度 (R) | 反转 (E) | 放弃 (U)]：

同时，图形窗口中弹出"输入选项"菜单，如图 6-38 所示。

命令行提示或"输入选项"菜单中的选项含义如下：

- 拟合数据：编辑定义样条曲线的拟合点数据，包括修改公差。
- 闭合：将开放样条曲线修改为连续闭合的环。
- 移动顶点：将拟合点移动到新位置。
- 精度：通过添加、权值控制点及提高样条曲线阶数来修改样条曲线定义。

- 反转：修改样条曲线的方向。
- 放弃：取消上一编辑操作。

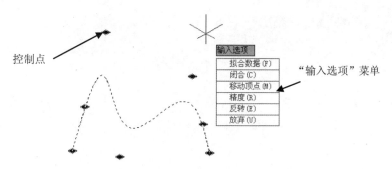

图 6-38 编辑样条曲线的"输入选项"菜单

动手操练——绘制异形轮

下面通过绘制如图 6-39 所示的异形轮轮廓图，熟悉样条曲线的用法。

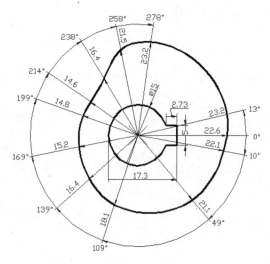

图 6-39 异形轮

step 01 使用"新建"命令创建空白文件。

step 02 按下 F12 键，关闭状态栏上的"动态输入"功能。

step 03 选择"视图"|"平移"|"实时"菜单命令，将坐标系图标移至绘图区中央。

step 04 单击"绘图"面板中的"多段线"命令按钮，配合坐标输入法绘制内部轮廓线。命令行操作提示如下：

```
命令：_pline
指定起点：                              //输入（9.8,0）后按 Enter 键
当前线宽为 0.0000
指定下一个点或 [圆弧(A)/半宽(H)/长度(L)/放弃(U)/宽度(W)]：    //输入（9.8,2.5）后按 Enter 键
指定下一点或 [圆弧(A)/闭合(C)/半宽(H)/长度(L)/放弃(U)/宽度(W)]：
                                //输入（@-2.73,0）后按 Enter 键
指定下一点或 [圆弧(A)/闭合(C)/半宽(H)/长度(L)/放弃(U)/宽度(W)]：
```

```
        //输入 a 后按 Enter 键，转入画弧模式
    指定圆弧的端点或 [角度(A)/圆心(CE)/闭合(CL)/方向(D)/半宽(H)/直线(L)/半径(R)/
第二个点(S)/放弃(U)/宽度(W)]:         //输入 ce 后按 Enter 键
    指定圆弧的圆心:                    //输入（0,0）后按 Enter 键
    指定圆弧的端点或 [角度(A)/长度(L)]:         //输入（7.07,-2.5）后按 Enter 键
    指定圆弧的端点或 [角度(A)/圆心(CE)/闭合(CL)/方向(D)/半宽(H)/直线(L)/半径(R)/
第二个点(S)/放弃(U)/宽度(W)]:                //输入 l 后按 Enter 键，转入画线模式
    指定下一点或 [圆弧(A)/闭合(C)/半宽(H)/长度(L)/放弃(U)/宽度(W)]:
                                    //输入（9.8,-2.5）后按 Enter 键
    指定下一点或 [圆弧(A)/闭合(C)/半宽(H)/长度(L)/放弃(U)/宽度(W)]:
                                    //输入 c 后按 Enter 键，结束命令，绘制结果如图 6-40
所示
```

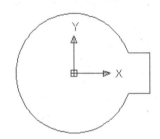

图 6-40 绘制内轮廓

step 05 单击"绘图"面板中的 ~ 按钮，激活"样条曲线"命令，绘制外轮廓线。命令行操作提示如下：

```
    命令: _spline
    指定第一个点或 [对象(O)]:              //输入（22.6,0）后按 Enter 键
    指定下一点:                          //输入（23.2<13）后按 Enter 键
    指定下一点或 [闭合(C)/拟合公差(F)] <起点切向>: //输入（23.2<-278）后按 Enter 键
    指定下一点或 [闭合(C)/拟合公差(F)] <起点切向>: //输入（21.5<-258）后按 Enter 键
    指定下一点或 [闭合(C)/拟合公差(F)] <起点切向>: //输入（16.4<-238）后按 Enter 键
    指定下一点或 [闭合(C)/拟合公差(F)] <起点切向>: //输入（14.6<-214）后按 Enter 键
    指定下一点或 [闭合(C)/拟合公差(F)] <起点切向>: //输入（14.8<-199）后按 Enter 键
    指定下一点或 [闭合(C)/拟合公差(F)] <起点切向>: //输入（15.2<-169）后按 Enter 键
    指定下一点或 [闭合(C)/拟合公差(F)] <起点切向>: //输入（16.4<-139）后按 Enter 键
    指定下一点或 [闭合(C)/拟合公差(F)] <起点切向>: //输入（18.1<-109）后按 Enter 键
    指定下一点或 [闭合(C)/拟合公差(F)] <起点切向>: //输入（21.1<-49）后按 Enter 键
    指定下一点或 [闭合(C)/拟合公差(F)] <起点切向>: //输入（22.1<-10）后按 Enter 键
    指定下一点或 [闭合(C)/拟合公差(F)] <起点切向>: //输入 c 后按 Enter 键
    指定切向: //将光标移至如图 6-41 所示的位置单击，以确定切向，绘制结果如图 6-42 所示。
```

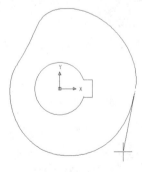 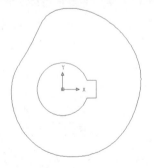

图 6-41 确定切向　　　　　　　　　图 6-42 绘制结果

step 06 最后选择"保存"命令。

动手操练——绘制石作雕花大样

样条曲线可在控制点之间产生一条光滑的曲线，常用于创建形状不规则的曲线，例如波浪线、截交线或设计汽车时绘制的轮廓线等。

下面利用样条曲线和绝对坐标输入法绘制如图 6-43 所示的石作雕花大样图。

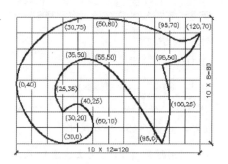

图 6-43 石作雕花大样

step 01 新建文件，并打开"正交"功能。

step 02 单击"直线"按钮，起点为（0,0），向右绘制一条长 120 的水平线段。

step 03 重复"直线"命令，起点仍为（0,0），向上绘制一条长 80 的垂直线段，如图 6-44 所示。

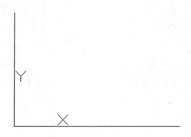

图 6-44 绘制直线

step 04 单击"阵列"按钮，选择长度为 120 的直线作为阵列对象，在"阵列创建"选项卡中设置相关参数，如图 6-45 所示。

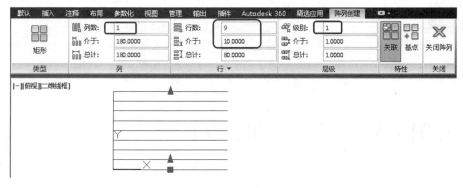

图 6-45 阵列线段

step 05 单击"阵列"按钮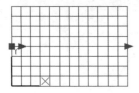,选择长度为80的直线作为阵列对象,在"阵列创建"选项卡中设置相关参数,如图6-46所示。

图 6-46 阵列线段

step 06 单击"样条曲线"按钮,利用绝对坐标输入法依次输入各点坐标,分段绘制样条曲线,如图6-47所示。

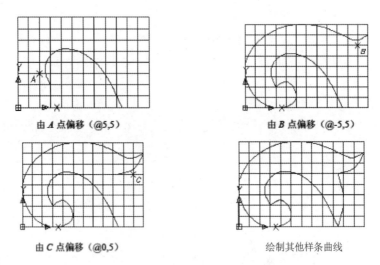

图 6-47 各段样条曲线的绘制过程

技巧点拨:

有时在工程制图中不会给出所有点的绝对坐标,此时可以捕捉网格交点来输入偏移坐标,确定线型形状,图6-47中的提示点为偏移参考点,读者也可使用这种方法来制作。

6.4 绘制曲线与参照几何图形命令

螺旋线属于曲线中较为高级的线条,而云线则是用来作为绘制参照几何图形时采用的一种查看、注意方法。

6.4.1 螺旋线（HELIX）

螺旋线是空间曲线，包括圆柱螺旋线和圆锥螺旋线。当底面直径等于顶面直径时，为圆柱螺旋线；当底面直径大于或小于顶面直径时，就是圆锥螺旋线。

用户可以通过以下方式执行操作：

- 命令行：输入 HELIX 并按 Enter 键。
- 菜单栏：选择"绘图"|"螺旋"命令。
- 功能区：在"常用"选项卡的"绘图"面板中单击"螺旋"按钮。

在二维视图中，圆柱螺旋线表现为多条螺旋线重合的圆，如图 6-48 所示。圆锥螺旋线表现为阿基米德螺线，如图 6-49 所示。

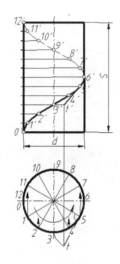
图 6-48 圆柱螺旋线

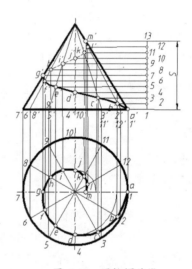
图 6-49 圆锥螺旋线

螺旋线的绘制需要确定底面直径、顶面直径和高度（导程）。当螺旋高度为 0 时，为二维的平面螺旋线；当高度值大于 0 时，则为三维的螺旋线。

> **技巧点拨：**
>
> 底面直径、顶面直径的值不能设为 0。

执行 HELIX 命令，按命令行提示指定螺旋线中心、底面半径和顶面半径后，命令行显示如下操作提示：

```
命令:_Helix
圈数 = 3.0000        扭曲 =CCW
指定底面的中心点：                           //指定底面中心点
指定底面半径或 [直径(D)] <335.7629>：        //指定底面半径或选择其他选项
指定顶面半径或 [直径(D)] <174.8169>：        //指定顶面半径或选择选项
指定螺旋高度或 [轴端点(A)/圈数(T)/圈高(H)/扭曲(W)] <135.7444>：
                                            //指定螺旋高度或选择其他选项
```

命令行提示中各选项含义如下：

- 中心点：指定螺旋线中心点位置。
- 底面半径：指定螺旋线底端面半径。
- 顶面半径：指定螺旋线顶端面半径。
- 螺旋高度：指定螺旋线 Z 向高度。
- 轴端点：导圆柱或导圆锥的轴端点，轴起点为底面中心点。
- 圈数：设置螺旋线的圈数。
- 圈高：设置螺旋线的导程，即每一圈的高度。
- 扭曲：指定螺旋线的旋向，包括顺时针旋向（右旋）和逆时针旋向（左旋）。

6.4.2 修订云线（REVCLOUD，REVC）

修订云线是由连续圆弧组成的多段线，主要用于在检查阶段提醒用户注意图形的某个部分。在检查或用红线圈阅图形时，可以使用修订云线功能亮显标记以提高工作效率，如图 6-50 所示。

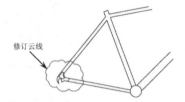

图 6-50　创建修订云线

用户可以通过以下方式执行操作：

- 命令行：输入 REVCLOUD 并按 Enter 键。
- 菜单栏：选择"绘图"|"修订云线"命令。
- 功能区：在"常用"选项卡的"绘图"面板中单击"修订云线"按钮。

除了可以绘制修订云线外，还可以将其他曲线（如圆、圆弧、椭圆等）转换成修订云线。在命令行输入 REVC 并执行命令后，将显示如下操作提示：

```
命令：_revcloud
最小弧长: 0.5000   最大弧长: 0.5000              //显示云线当前最小和最大弧长值
指定起点或 [弧长(A)/对象(O)/样式(S)] <对象>:   //指定云线的起点
```

命令行提示中有多个选项供用户选择，其选项含义如下：

- 弧长：指定云线中弧线的长度。
- 对象：选择要转换为云线的对象。
- 样式：选择修订云线的绘制方式，包括普通和手绘。

技巧点拨：
REVCLOUD 在系统注册表中存储上一次使用的弧长。在具有不同比例因子的图形中使用程序时，用 DIMSCALE 的值乘以此值来保持一致。

下面绘制修订云线，学习使用"修订云线"命令。

动手操练——画修订云线

step 01 新建空白文件。

step 02 选择"绘图"|"修订云线"命令，或单击"绘图"面板中的 按钮，根据 AutoCAD 命令行的步骤提示，精确绘图。

```
命令：_revcloud
最小弧长：30    最大弧长：30    样式：普通
指定起点或 [弧长(A)/对象(O)/样式(S)] <对象>：     // 在绘图区拾取一点作为起点
沿云线路径引导十字光标...                         // 按住鼠标左键不放，沿着所
需闭合路径引导光标，即可绘制闭合的云线图形
修订云线完成。
```

step 03 绘制结果如图 6-51 所示。

图 6-51 绘制云线

> **技巧点拨：**
> 在绘制闭合的云线时，需要移动光标，将云线的端点放在起点处，系统会自动绘制闭合云线。

1. "弧长"选项

"弧长"选项用于设置云线最小弧和最大弧的长度。当激活此选项后，系统提示用户输入最小弧和最大弧的长度。下面通过具体实例学习该选项功能。

下面以绘制最大弧长为 25、最小弧长为 10 的云线为例，介绍"弧长"选项功能的应用。

动手操练——设置云线的弧长

step 01 新建空白文件。

step 02 单击"绘图"面板中的 按钮，根据 AutoCAD 命令行的步骤提示，精确绘图。

```
命令：_revcloud
最小弧长：30    最大弧长：30    样式：普通
指定起点或 [弧长(A)/对象(O)/样式(S)] <对象>：a     // 按 Enter 键，激活"弧长"选项
指定最小弧长 <30>:10                               // 按 Enter 键，设置最小弧长度
指定最大弧长 <10>: 25                              // 按 Enter 键，设置最大弧长度
指定起点或 [弧长(A)/对象(O)/样式(S)] <对象>：      // 在绘图区拾取一点作为起点
沿云线路径引导十字光标...          // 按住鼠标左键不放，沿着所需闭合的路径引导光标
反转方向 [是(Y)/否(N)] <否>：N      // 按 Enter 键，采用默认设置
```

step 03 完成修订云线的绘制，如图 6-52 所示。

图 6-52 绘制结果

2. "对象"选项

"对象"选项用于对非云线图形,如直线、圆弧、矩形及圆形等,按照当前的样式和尺寸,将其转化为云线图形,如图 6-53 所示。

另外,在编辑的过程中还可以修改弧线的方向,如图 6-54 所示。

图 6-53 "对象"选项示例   图 6-54 反转方向

3. "样式"选项

"样式"选项用于设置修订云线的样式。AutoCAD 系统共为用户提供了"普通"和"手绘"两种样式,默认情况下为"普通"样式,如图 6-55 所示的云线就是在"手绘"样式下绘制的。

图 6-55 手绘示例

6.5 综合案例

本节介绍高级图形绘制命令在机械设计中的应用技巧和操作步骤。

6.5.1 案例一:将辅助线转化为图形轮廓线

下面通过绘制如图 6-56 所示的某零件剖视图,对作图辅助线及线的修改编辑工具进行综合练习和巩固。

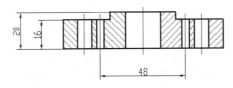

图 6-56 零件剖视图

操作步骤：

step 01 打开素材源文件"零件主视图.dwg"，如图 6-57 所示。

step 02 启用状态栏上的"对象捕捉"功能，并设置捕捉模式为端点捕捉、圆心捕捉和交点捕捉。

step 03 展开"图层"工具栏上的"图层控制"下拉列表，选择"轮廓线"图层作为当前图层。

step 04 选择"绘图"菜单中的"构造线"命令，绘制一条水平的构造线作为定位辅助线。命令行操作提示如下：

```
命令：_xline
指定点或 [水平(H)/垂直(V)/角度(A)/二等分(B)/偏移(O)]：
                                    //输入 H 后按 Enter 键，激活"水平"选项
指定通过点：                         //在俯视图上侧的适当位置拾取一点
指定通过点：                         //按 Enter 键，绘制结果如图 6-58 所示
```

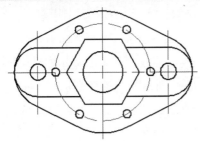

图 6-57 零件主视图

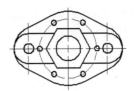

图 6-58 绘制结果

step 05 按 Enter 键，重复选择"构造线"命令，绘制其他定位辅助线，命令行操作提示如下：

```
命令：                              //按 Enter 键，重复执行命令
XLINE
指定点或 [水平(H)/垂直(V)/角度(A)/二等分(B)/偏移(O)]： //输入 O 后按 Enter 键，
激活"偏移"选项
指定偏移距离或 [通过(T)] <通过>：    //输入 16 后按 Enter 键，设置偏移距离
选择直线对象：                      //选择刚绘制的水平辅助线
指定向哪侧偏移：                    //在水平辅助线上侧拾取一点
选择直线对象：                      //按 Enter 键，结果如图 6-59 所示
```

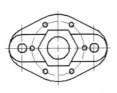

图 6-59 绘制结果

```
命令：                              // 按 Enter 键，重复执行命令
XLINE
指定点或 [水平(H)/垂直(V)/角度(A)/二等分(B)/偏移(O)]：  // 输入 O 后按 Enter 键，
激活"偏移"选项
指定偏移距离或 [通过(T)] <通过>：   // 输入 4 后按 Enter 键，设置偏移距离
选择直线对象：                      // 选择刚绘制的水平辅助线
指定向哪侧偏移：                    // 在水平辅助线上侧拾取一点
选择直线对象：                      // 按 Enter 键，结果如图 6-60 所示
```

step 06 再次选择"构造线"命令，配合对象的捕捉功能，分别通过俯视图各位置的特征点，绘制如图 6-61 所示的垂直定位辅助线。

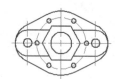
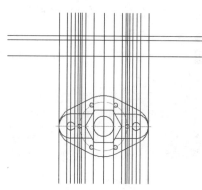

图 6-60 绘制结果　　　　　　　　　图 6-61 绘制垂直辅助线

step 07 综合使用"修改"菜单中的"修剪"和"删除"命令，对刚绘制的水平和重直辅助线进行修剪编辑，删除多余的图线，将辅助线转化为图形轮廓线，结果如图 6-62 所示。

step 08 在无命令执行的前提下，选择如图 6-63 所示的图线，以夹点状态显示。

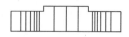

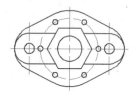
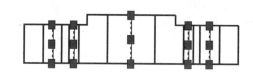

图 6-62 编辑结果　　　　　　　　　图 6-63 夹点显示图线

step 09 展开"图层"工具栏上的"图层控制"下拉列表，选择"点画线"，将夹点显示的图线图层修改为"点画线"。

step 10 按下 Esc 键取消对象的夹点显示状态，结果如图 6-64 所示。

step 11 选择"修改"菜单中的"拉长"命令，将各位置中心线向两端拉长。命令行操作提示如下：

```
命令：_lengthen
选择对象或 [增量(DE)/百分数(P)/全部(T)/动态(DY)]:
                                    // 输入 de 后按 Enter 键，激活"增量"选项
输入长度增量或 [角度(A)] <0.0>:     // 输入 3 后按 Enter 键，设置拉长的长度
选择要修改的对象或 [放弃(U)]:       // 在中心线 1 的上端单击
选择要修改的对象或 [放弃(U)]:       // 在中心线 1 的下端单击
选择要修改的对象或 [放弃(U)]:       // 在中心线 2 的上端单击
选择要修改的对象或 [放弃(U)]:       // 在中心线 2 的下端单击
选择要修改的对象或 [放弃(U)]:       // 在中心线 3 的上端单击
选择要修改的对象或 [放弃(U)]:       // 在中心线 3 的下端单击
选择要修改的对象或 [放弃(U)]:       // 在中心线 4 的上端单击
选择要修改的对象或 [放弃(U)]:       // 在中心线 4 的下端单击
选择要修改的对象或 [放弃(U)]:       // 在中心线 5 的上端单击
选择要修改的对象或 [放弃(U)]:       // 在中心线 5 的下端单击
选择要修改的对象或 [放弃(U)]:       // 按 Enter 键，拉长结果如图 6-65 所示。
```

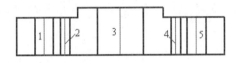
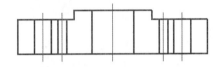

图 6-64　修改结果　　　　　　　　图 6-65　拉长结果

step 12　将"剖面线"图层设置为当前图层，选择"绘图"菜单中的"图案填充"命令，在弹出的"图案填充创建"选项卡中设置填充参数，如图 6-66 所示。

图 6-66　设置填充参数

step 13　为剖视图填充剖面图案，填充结果如图 6-67 所示。

step 14　重复选择"图案填充"命令，将填充角度设置为 90°，其他参数保持不变，继续对剖视图填充剖面图案，最终的填充效果如图 6-68 所示。

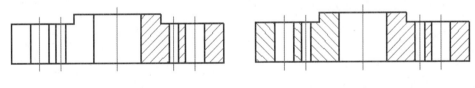

图 6-67　填充结果　　　　　　　　图 6-68　最终效果

step 15　最后选择"文件"菜单中的"另存为"命令，将当前图形另存为"某零件剖视图.dwg"。

6.5.2　案例二：绘制定位板

绘制如图 6-69 所示的定位板，按照 1:1 的尺寸比例进行绘制，不需要标注尺寸。绘制平面图形是按照一定的顺序来进行的，对于那些定形和定位尺寸齐全的图线，称为已知线段，应该

首先绘制,而尺寸不齐全的线段则后绘制。

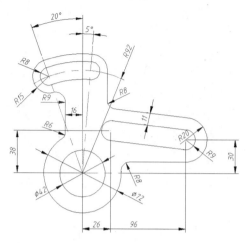

图 6-69 定位板

操作步骤:

step 01 新建一个空白文件。

step 02 设置图层。在菜单栏中选择"格式"|"图层"命令,打开"图层特性管理器"选项板。

step 03 新建两个图层:将第一个图层命名为"轮廓线",设置线宽属性为 0.3mm,其余属性保持默认。将第二个图层命名为"中心线",将颜色设为红色,将线型设置为 CENTER,其余属性保持默认,如图 6-70 所示。

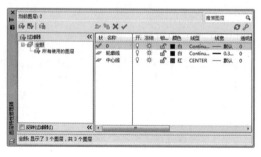

图 6-70 新建两个图层

step 04 将"中心线"图层设置为当前图层。单击"绘图"工具栏中的"直线"按钮，绘制中心线。结果如图 6-71 所示。

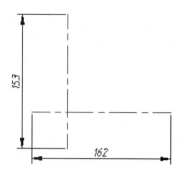

图 6-71 绘制基准线

step 05 单击"偏移"按钮，将竖直中心线向右分别偏移 26 和 96,如图 6-72 所示。

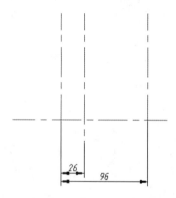

图 6-72 偏移竖直中心线

step 06 再单击"偏移"按钮，将水平中心线,向上分别偏移 30 和 38,如图 6-73 所示。

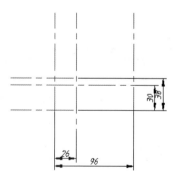

图 6-73 移水平中心线

step 07 绘制两条重合于竖直中心线的直线,然后单击"旋转"按钮，分别旋转 −5°和 20°,如图 6-74 所示。

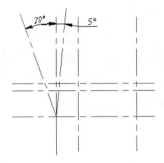

图 6-74　旋转直线

step 08　单击"圆"按钮⊘，绘制一个半径为 92 的圆，绘制结果如图 6-75 所示。

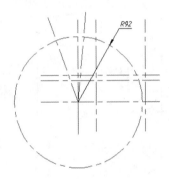

图 6-75　绘制圆

step 09　将"轮廓线"图层设置为当前图层。单击"圆"按钮⊘，分别绘制出直径为 72、42 的两个圆、半径为 8 的两个圆、半径为 9 的两个圆、半径为 15 的两个圆、半径为 20 的一个圆，如图 6-76 所示。

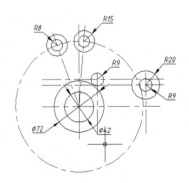

图 6-76　绘制圆

step 10　单击"圆弧"按钮，绘制 3 条公切线连接上面两个圆。使用"直线"命令利用对象捕捉功能，绘制两条圆半径为 9 的公切线，如图 6-77 所示。

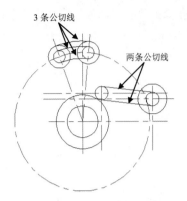

图 6-77　绘制公切线

step 11　使用"偏移"命令绘制两条辅助线，如图 6-78 所示。

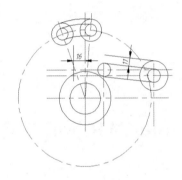

图 6-78　绘制辅助线

step 12　使用"直线"命令利用对象捕捉功能，绘制两条如图 6-79 所示的公切线。

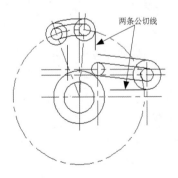

图 6-79　绘制公切线

step 13 单击"绘图"工具栏中的"相切,相切,半径"按钮,分别绘制相切于4条辅助直线的半径为9、半径为6、半径为8、半径为8的4个圆。绘制结果如图6-80所示。

step 14 最后使用"修剪"命令将多余图线进行修剪掉,并标注尺寸。结果如图6-81所示。

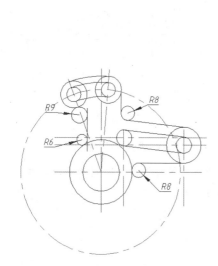

图6-80 绘制相切圆

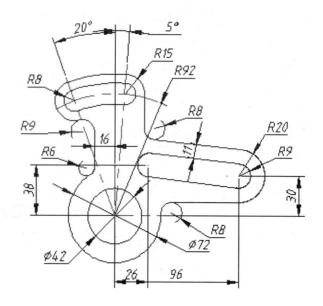

图6-81 定位板

6.6 AutoCAD 认证考试习题集

一、单选题

(1) 用样条曲线(SPLine)通过图示的几点绘制样条曲线,样条曲线起点切向为180°,终点切向为0°,样条曲线的长度为多少?

A. 364.46 B. 361.46

C. 无法得到 D. 367.46

答案( )

(2) ( )命令用于绘制多条相互平行的线,每一条的颜色和线型可以相同,也可以不同,此命令常用来绘制建筑工程上的墙线。

A. 直线 B. 多段线

C. 多线 D. 样条曲线

答案( )

(3) 运用"正多边形"命令绘制的正多边形可以看作是一条( )。

A. 多段线 B. 构造线

C. 样条曲线 D. 直线

答案( )

（4）在绘制多段线时，当在命令行提示下输入 A 时，表示切换到（ ）绘制方式。

A. 角度　　　　　　　　　　　　B. 圆弧
C. 直径　　　　　　　　　　　　D. 直线

答案（ ）

二、多选题

（1）下面关于样条曲线的说法哪些是对的？

A. 在机械图样中常用来绘制波浪线、凸轮曲线等
B. 样条曲线最少应有 3 个顶点
C. 是按照给定的某些数据点（控制点）拟合生成的光滑曲线
D. 可以是二维曲线或三维曲线

答案（ ）

（2）样条曲线能使用下面的（ ）命令进行编辑。

A. 分解　　　　　　　　　　　　B. 删除
C. 修剪　　　　　　　　　　　　D. 移动

答案（ ）

6.7　课后习题

1. 绘制燃气灶

通过燃气灶的绘制，学习使用多段线、修剪、镜像等命令的绘图技巧，如图 6-82 所示。

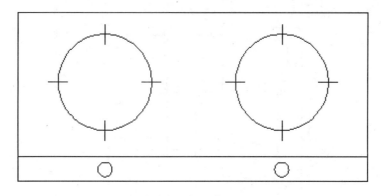

图 6-82　绘制燃气灶

2. 绘制空调图形

使用直线、矩形命令绘制出如图 6-83 所示的图形，再运用直接复制、镜像复制和阵列复制命令绘制出效果如图 6-84 所示的空调图形。

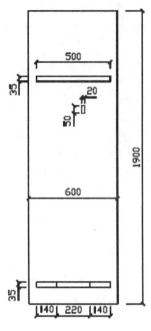
图 6-83 绘制图形

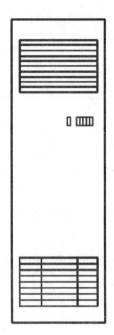
图 6-84 再绘制出空调图形

3．绘制楼梯

绘制如图 6-85 所示的楼梯平面图形。

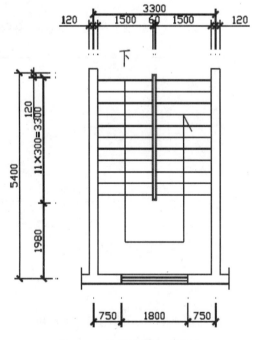
图 6-85 绘制楼梯平面图形

第 7 章
填充与渐变绘图

本章内容

在上一章介绍的点与线的绘制的基础上,本章开始介绍面的绘制与填充。面是平面绘图中最大的单位。在本章中可以学习到在 AutoCAD 2018 中,如何将线组成的闭合面转换成一个完整的面域、如何绘制面域及对面域的填充方式等,还将接触到特殊图形圆环的绘制方法。

知识要点

- ☑ 将图形转换为面域
- ☑ 填充概述
- ☑ 使用图案填充
- ☑ 渐变色填充
- ☑ 区域覆盖

7.1 将图形转换为面域

面域是具有物理特性（例如质心）的二维封闭区域。封闭区域可以是直线、多段线、圆、圆弧、椭圆、椭圆弧和样条曲线的组合，组成环的对象必须闭合或通过与其他对象共享端点而形成闭合的区域，如图 7-1 所示。

图 7-1 形成面域的图形

面域可用于应用填充和着色、计算面域或三维实体的质量特性，以及提取设计信息（例如形心）。面域的创建方法有多种，可以使用"面域"命令来创建，可以使用"边界"命令来创建，还可以使用"三维建模"空间的"并集""交集"和"差集"命令来创建。

7.1.1 创建面域

所谓"面域"，其实就是实体的表面，它是一个没有厚度的二维实心区域，它具备实体模型的一切特性，它不但含有边的信息，还有边界内的信息，可以利用这些信息计算工程属性，如面积、重心和惯性矩等。

选择"面域"命令主要有以下几种方式：

- 在菜单栏中选择"绘图"|"面域"命令。
- 单击"绘图"面板中的"面域"按钮 。
- 在命令行输入 Region，并按 Enter 键。

1. 将单个对象转成面域

面域不能直接被创建，而是通过其他闭合图形进行转换的。在激活"面域"命令后，只需选择封闭的图形对象，即可将其转换为面域，如圆、矩形、正多边形等。

当闭合对象被转换为面域后，看上去并没有什么变化，对其进行着色后就可以区分开，如图 7-2 所示。

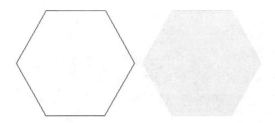

图 7-2　几何线框与几何面域

2．从多个对象中提取面域

使用"面域"命令，只能将单个闭合对象或由多个首尾相连的闭合区域转换成面域，如果用户需要从多个相交对象中提取面域，则可以使用"边界"命令，在如图 7-3 所示的"边界创建"对话框中，将"对象类型"设置为"面域"即可。

图 7-3　"边界创建"对话框

7.1.2　对面域进行逻辑运算

1．创建并集面域

"并集"命令用于将两个或两个以上的面域（或实体）组合成一个新的对象，如图 7-4 所示。

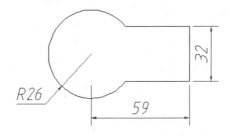

图 7-4　并集示例

选择"并集"命令主要有以下几种方法：
- 在菜单栏中选择"修改"|"实体编辑"|"并集"命令。
- 单击"实体"工具栏中的"并集"按钮⑩。
- 在命令行输入 Union，并按 Enter 键。

下面通过创建如图 7-5 所示的组合面域，学习使用"并集"命令。

动手操练——并集面域

step 01 首先新建空白文件，并绘制半径为 26 的圆。

step 02 选择"绘图"|"矩形"命令,以圆的圆心作为矩形左侧边的中点,绘制长度为59、宽度为32的矩形,如图7-5所示。

step 03 选择"绘图"菜单中的"面域"命令,根据AutoCAD命令行操作提示,将刚绘制的两个图形转换为圆形面域和矩形面域。命令行操作提示如下:

```
命令: _region
选择对象:                    //选择刚绘制的圆图形
选择对象:                    //选择刚绘制的矩形
选择对象: ✓                  //退出命令
已提取 2 个环。
已创建 2 个面域。
```

step 04 在"修改"菜单中选择"实体编辑"|"并集"命令,根据AutoCAD命令行的操作提示,将刚创建的两个面域进行组合,命令行操作如下:

```
命令: _union
选择对象:                    //选择刚创建的圆形面域
选择对象:                    //选择刚创建的矩形面域
选择对象: ✓                  //退出命令,并集
```

结果如图7-6所示。

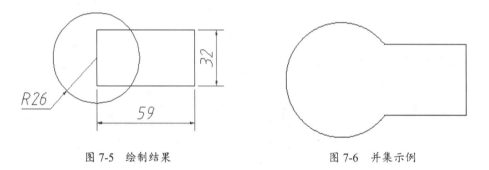

图7-5 绘制结果　　　　　　　　　　图7-6 并集示例

3. 创建差集面域

"差集"命令用于从一个面域或实体中,移去与其相交的面域或实体,从而生成新的组合实体。

选择"差集"命令主要有以下几种方法:

- 选择"修改"|"实体编辑"|"差集"命令。
- 单击"实体"工具栏中的"差集"按钮◎。
- 在命令行中输入 Subtract 并按 Enter 键。

下面通过前面的圆形面域和矩形面域,学习使用"差集"命令。

动手操练——差集面域

step 01 继续上例操作。

step 02 单击"实体"工具栏中的"差集"按钮◎,启动"差集"命令。

step 03 启动"差集"命令后,根据AutoCAD命令行操作提示,将圆形面域和矩形面域进行差集运算。命令行操作提示如下:

```
命令: _subtract
选择要从中减去的实体或面域...
选择对象:                    //选择刚创建的圆形面域
选择对象: ✓                  //结束对象的选择
选择要减去的实体或面域..
选择对象:                    //选择刚创建的矩形面域
选择对象: ✓                  //结束命令
```

差集结果如图 7-7 所示。

图 7-7 差集示例

技巧点拨:

在执行"差集"操作时,当选择完被减对象后一定要按 Enter 键,然后再选择需要减去的对象。

4. 创建交集面域

"交集"命令用于将两个或两个以上的面域或实体所共有的部分,提取出来组合成一个新的图形对象,同时删除公共部分以外的部分。

选择"交集"命令主要有以下几种方法:

- 选择"修改"|"实体编辑"|"交集"命令。
- 单击"实体"工具栏中的"交集"按钮◎◎。
- 在命令行输入 Intersect,并按 Enter 键。

下面通过将上述创建的圆形面域和矩形面域进行交集运算,学习使用"交集"命令。

动手操练——交集面域

step 01 继续上例操作。

step 02 选择"修改"菜单中的"实体编辑"|"交集"命令。

step 03 启动"交集"命令后,根据 AutoCAD 命令行操作提示,将圆形面域和矩形面域进行交集运算。交集结果如图 7-8 所示。

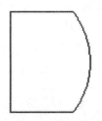

图 7-8 交集示例图

```
命令: _intersect
选择对象:                    //选择刚创建的圆形面域
选择对象:                    //选择刚创建的矩形面域
选择对象: ✓                  //退出命令
```

7.1.3 使用 MASSPROP 提取面域质量特性

Massprop 命令是对面域进行分析的命令,分析的结果可以存入文件。

在命令行输入 Massprop 命令后,打开如图 7-9 所示的窗口,在绘图区使用鼠标左键单击选择一个面域,释放鼠标左键后再单击鼠标右键,分析结果就显示出来了。

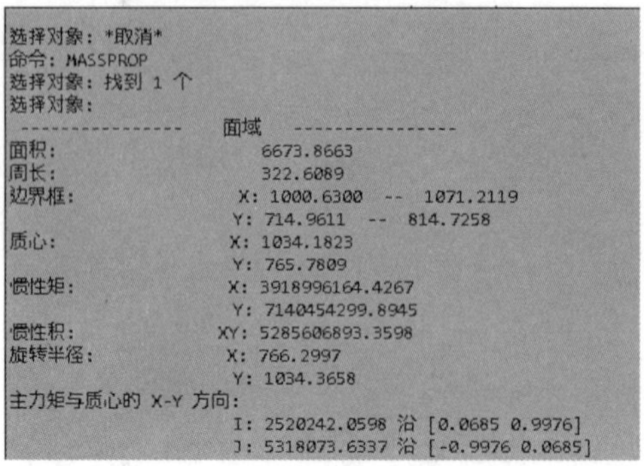

图 7-9　AutoCAD 文本窗口

7.2 填充概述

填充是一种使用指定线条图案、颜色来充满指定区域的操作,经常用于表达剖切面和不同类型物体对象的外观纹理等,被广泛应用在机械图、建筑图及地质构造图等各类图形中。图案的填充可以使用预定义填充图案,可以使用当前线型定义简单的线图案,也可以创建更复杂的填充图案,还可以使用实体颜色。

7.2.1 定义填充图案的边界

要填充图案首先要定义一个填充边界,定义边界的方法有指定对象封闭区域中的点、选择封闭区域的对象、将填充图案从工具选项板或设计中心拖动到封闭区域等。填充图形时,程序将忽略不在对象边界内的整个对象或局部对象,如图 7-10 所示。

如果填充线与某个对象(例如文本、属性或实体填充对象)相交,并且该对象被选定为边界集的一部分,则图案填充将围绕该对象来进行,如图 7-11 所示。

图 7-10　忽略边界内的对象

图 7-11　对象包含在边界中

7.2.2 添加填充图案和实体填充

除通过选择"图案填充"命令填充图案外,还可以通过从工具选项板拖动图案进行填充。使用工具选项板,可以更快、更方便地工作。在菜单栏中选择"工具"|"选项板"|"工具选项板"命令,即可打开工具选项板,然后将"图案填充"选项卡打开,如图 7-12 所示。

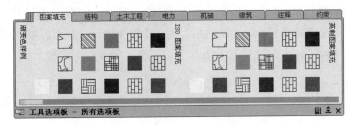

图 7-12 工具选项板

7.2.3 选择填充图案

AutoCAD 程序提供了实体填充及 50 多种行业标准填充图案,可用于区分对象的部件或表示对象的材质,还提供了符合 ISO(国际标准化组织)标准的 16 种填充图案。当选择 ISO 图案时,可以指定笔宽,笔宽决定了图案中的线宽,如图 7-13 所示。

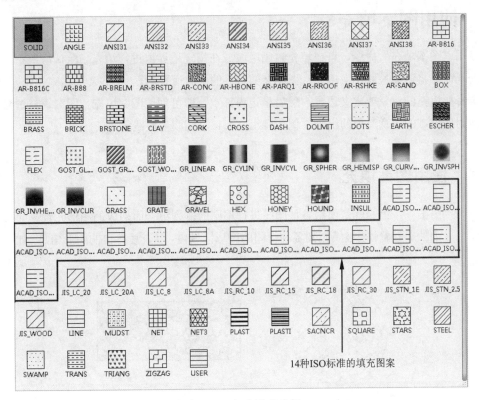

图 7-13 标准图案选择

7.2.4　关联填充图案

图案填充随边界的更改自动更新。默认情况下，用"填充图案"命令创建的图案填充区域是关联的。该设置存储在系统变量 HPASSOC 中。

使用 HPASSOC 中的设置通过从工具选项板或 DesignCENTER™（设计中心）拖动填充图案来创建图案填充。任何时候都可以删除图案填充的关联性，或者使用 HATCH 创建无关联填充。当将 HPGAPTOL 系统变量设置为 0（默认值）时，如果编辑，则会创建开放的边界，将自动删除关联性。使用 HATCH 来创建独立于边界的非关联图案填充，如图 7-14 所示。

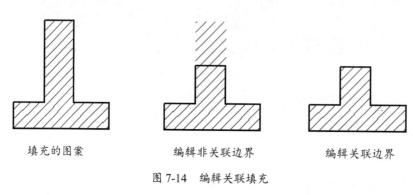

图 7-14　编辑关联填充

7.3　使用图案填充

使用"图案填充"命令，可在填充封闭区域或在指定边界内进行填充。默认情况下，"图案填充"命令将创建关联图案填充，图案会随边界的更改而更新。

选择要填充的对象或定义边界，然后指定内部点，即可创建图案填充。图案填充边界可以是形成封闭区域的任意对象的组合，例如直线、圆弧、圆和多段线等。

7.3.1　使用图案填充

所谓"图案"，指的就是使用各种图线进行不同的排列组合而构成的图形元素，此类图形元素作为一个独立的整体，被填充到各种封闭的图形区域内，以表达各自的图形信息，如图 7-15 所示。

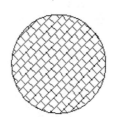
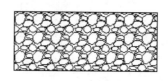

图 7-15　图案示例

选择"图案填充"命令有以下几种方式:
- 在菜单栏中选择"绘图"|"图案填充"命令。
- 单击"绘图"面板中的"图案填充"按钮。
- 在命令行输入 Bhatch 并按 Enter 键。

执行上述命令后,功能区将显示"图案填充创建"选项卡,如图 7-16 所示。

图 7-16 "图案填充创建"选项卡

该选项卡中包含"边界""图案""特性""原点""选项"等工具面板,下面分别介绍。

1. "边界"面板

"边界"面板主要用于拾取点(选择封闭的区域)、添加或删除边界对象、查看选项集等,如图 7-17 所示。

该面板所包含的按钮命令含义如下:

- "拾取点"按钮:根据围绕指定点构成封闭区域的现有对象确定边界,系统将会提示拾取一个点,如图 7-18 所示。

图 7-17 "边界"面板

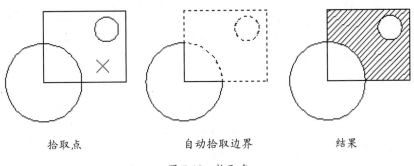

图 7-18 拾取点

- "选择"按钮:根据构成封闭区域的选定对象确定边界,系统将会提示选择对象,如图 7-19 所示。使用"选择"按钮时,HATCH 不自动检测内部对象。必须选择选定边界内的对象,以按照当前孤岛检测样式填充这些对象,如图 7-20 所示。

技巧点拨：

在选择对象时，可以随时在绘图区域单击鼠标右键以显示快捷菜单，可以利用此快捷菜单放弃最后一个操作或所选对象、更改选择方式、更改孤岛检测样式或预览图案填充或渐变填充。

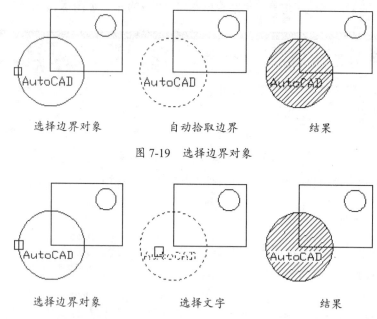

图 7-19 选择边界对象

图 7-20 确定边界内的对象

- "删除"按钮：从边界定义中删除之前添加的任何对象。使用此按钮，还可以在填充区域内添加新的填充边界，如图 7-21 所示。

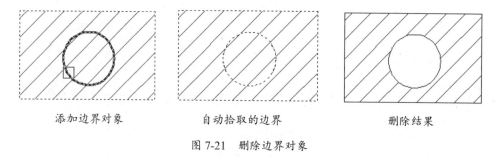

图 7-21 删除边界对象

- "重新创建"按钮：围绕选定的图案填充或填充对象创建多段线或面域，并使其与图案填充对象相关联。
- "显示边界对象"按钮：单击该按钮，将使用当前的图案填充或填充设置显示当前定义的边界。如果未定义边界，则此选项不可用。

2. "图案"面板

"图案"面板的主要作用是定义要应用的填充图案的外观。

"图案"面板中列出了可使用的预定义图案。上下拖动右侧的滑块,可以查看更多图案的预览,如图7-22所示。

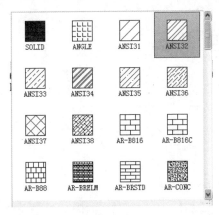

图 7-22 "填充"面板的图案

3. "特性"面板

此面板用于设置图案的特性,如图案的类型、颜色、背景色、图层、透明度、角度、填充比例和笔宽等,如图7-23所示。

图 7-23 "特性"面板

- 图案类型:图案填充的类型有4种,实体、渐变色、图案和用户定义。这4种类型在"图案"面板中也能找到,但在此处选择比较快捷。
- 图案填充颜色:为填充的图案选择颜色,单击下拉按钮 ,展开颜色下拉列表。如果需要更多的颜色选择,可以在颜色下拉列表中选择"选择颜色"选项,将打开"选择颜色"对话框,如图7-24所示。

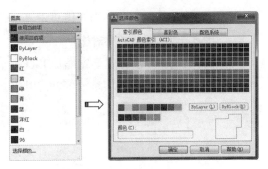

图 7-24 打开"选择颜色"对话框

- 背景色:是指在填充区域内,除填充图案外的区域颜色的设置。
- 图案填充图层替代:从用户定义的图层中为定义的图案指定当前图层。如果用户没有定义图层,则此下拉列表中仅显示 AutoCAD 默认的图层 0 和图层 Defpoints。
- 相对于图纸空间:在图纸空间中,此选项被激活。此选项用于设置图纸空间中图案的比例,选择此选项,将自动更改比例,如图7-25所示。

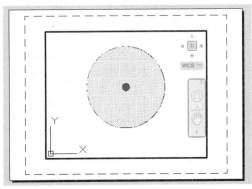

图 7-25 在图纸空间中设置相对比例

- 交叉线：当图案类型为"用户定义"时，"交叉线"选项被激活，如图 7-26 所示为应用交叉线的前后效果对比。
- ISO 笔宽：基于选定笔宽缩放 ISO 预定义图案（此选项等同于填充比例功能）。仅当用户指定了 ISO 图案时才可以使用此选项。

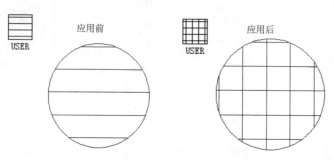

图 7-26　应用交叉线的前后效果对比

- 填充透明度：设定新图案填充或填充的透明度，替代当前对象的透明度。
- 填充角度：指定填充图案的角度（相对当前 UCS 坐标系的 X 轴）。设置角度的图案如图 7-27 所示。

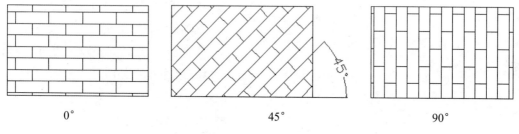

图 7-27　填充图案的角度

- 填充图案比例：放大或缩小预定义或自定义图案，如图 7-28 所示。

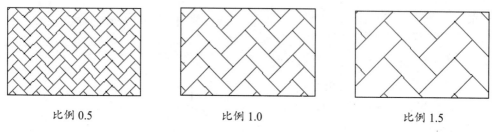

图 7-28　填充图案的比例

4．"原点"面板

该面板主要用于控制填充图案生成的起始位置。当某些图案填充（例如砖块图案）需要与图案填充边界上的一点对齐时，默认情况下，所有图案填充原点都对应于当前的 UCS 原点。图案填充"原点"面板中各选项如图 7-29 所示。

- 设定原点：单击此按钮，在图形区中可直接指定新的图案填充原点。
- 左下、右下、左上、右上和中心：根据图案填充对象边界的矩形范围来定义新原点。
- 存储为默认原点：将新图案填充原点的值存储在 HPORIGIN 系统变量中。

图 7-29　"原点"面板

5. "选项"面板

"选项"面板主要用于控制几个常用的图案填充或填充选项。"选项"面板如图 7-30 所示。

该面板中的选项含义如下：

- 注释性：指定图案填充为注释性。
- 关联：控制图案填充或填充的关联，关联的图案填充或填充在用户修改其边界时将会更新。

图 7-30　"选项"面板

- 创建独立的图案填充：控制当指定了几个单独的闭合边界时，是创建单个图案填充对象，还是创建多个图案填充对象。当创建了两个或两个以上的填充图案时，此选项才可用。
- 孤岛检测：填充区域内的闭合边界称为孤岛，控制是否检测孤岛。如果不存在内部边界，则指定孤岛检测样式没有意义。孤岛检测的4种方式：普通、外部、忽略和无，如图 7-31~图 7-34 所示。

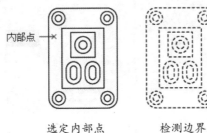

图 7-31　"普通"样式孤岛填充

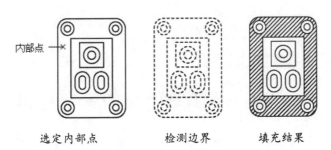

图 7-32　"外部"样式孤岛填充

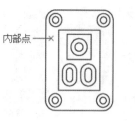  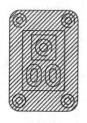

图 7-33 "忽略"样式孤岛填充

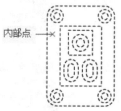 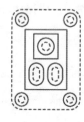 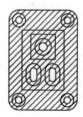

图 7-34 删除孤岛填充

- 绘图次序：为图案填充或填充指定绘图次序。图案填充可以放在所有其他对象之后、所有其他对象之前、图案填充边界之后或图案填充边界之前。在下拉列表中包括"不指定""后置""前置""置于边界之后"和"置于边界之前"选项。

- "图案填充和渐变色"对话框：当在"选项"面板的右下角单击 按钮时，会弹出"图案填充创建和渐变色"对话框，如图 7-35 所示。此对话框与 AutoCAD 之前版本中的填充图案功能对话框相同。

图 7-35 "图案填充和渐变色"对话框

7.3.2 创建无边界的图案填充

在特殊情况下，有时不需要显示填充图案的边界，用户可使用以下几种方法创建不显示图案填充边界的图案填充：

- 使用"图案填充"命令创建图案填充，然后删除全部或部分边界对象。
- 使用"图案填充"命令创建图案填充，确保边界对象与图案填充不在同一图层上。然后关闭或冻结边界对象所在的图层。这是保持图案填充关联性的唯一方法。
- 可以用创建为修剪边界的对象修剪现有的图案填充,修剪图案填充以后,删除这些对象。
- 用户可以通过在命令行提示下使用 HATCH 的"绘图"选项指定边界点来定义图案填充边界。

例如,只通过填充图形中较大区域的一小部分,来显示较大区域被图案填充,如图7-36所示。

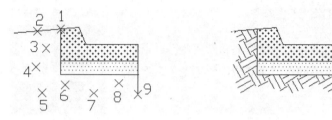

图 7-36 指定点来定义图案填充边界

动手操练——图案填充

下面通过一个小例子来学习如何使用"图案填充"。

step 01 打开"ex-1.dwg"文件。

step 02 在"默认"选项卡的"绘图"面板中单击"图案填充"按钮，功能区显示"图案填充创建"选项卡。

step 03 在选项卡中进行如下设置:类型为"图案"、图案为 ANSI31、角度为 90°、比例为 0.8。设置完成后单击"拾取点"按钮，如图 7-37 所示。

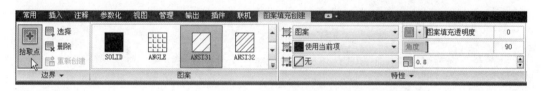

图 7-37 设置图案填充

step 04 在图形中的 6 个点上进行选择,拾取点选择完成后按 Enter 键确认,如图 7-38 所示。

step 05 在"图案填充创建"选项卡中单击"关闭填充图案创建"按钮,程序自动填充所选择的边界,如图 7-39 所示。

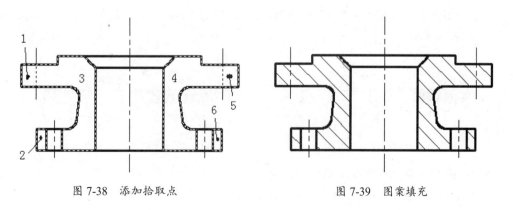

图 7-38 添加拾取点 　　　　　　图 7-39 图案填充

7.4 渐变色填充

渐变色填充在一种颜色的不同灰度之间或两种颜色之间使用过渡，渐变色填充提供光源反射到对象上的外观，可用于增强演示图形。

7.4.1 设置渐变色

渐变色填充可以通过"图案填充和渐变色"对话框中"渐变色"选项卡中的选项来完成，"渐变色"选项卡如图 7-40 所示。

用户可通过以下方式来打开渐变色的填充创建选项：

- 菜单栏：选择"绘图"|"渐变色"命令。
- 面板：在"默认"选项卡的"绘图"面板中单击"渐变色"按钮。
- 命令行：输入 GRADIENT 并按 Enter 键。

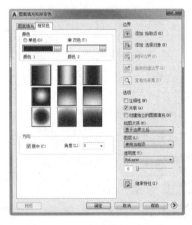

图 7-40 "渐变色"选项卡

"渐变色"选项卡包含多个选项组，其中，"边界""选项"等选项组在"图案填充创建"选项卡下已详细介绍过，这里不再重复叙述。下面主要介绍"颜色"和"方向"选项组的功能。

1. "颜色"选项组

"颜色"选项组主要控制渐变色填充的颜色对比、颜色的选择等，包括"单色"和"双色"颜色显示选项。

- "单色"单选按钮：指定使用从较深着色到较浅色调平滑过渡的单色填充。选择该单选按钮，将显示带有"浏览"按钮和"暗"和"明"滑块的颜色样本，如图 7-41 所示。
- "双色"单选按钮：指定在两种颜色之间平滑过渡的双色渐变填充。选择"双色"单选按钮时，将显示"颜色 1"和"颜色 2"的带有"浏览"按钮的颜色样本，如图 7-42 所示。

图 7-41 选中"单色"单选按钮

图 7-42 选中"双色"单选按钮

- 颜色样本：指定渐变填充的颜色。单击"浏览"按钮，显示"选择颜色"对话框，从中可以选择 AutoCAD 颜色索引（ACI）颜色、真彩色或配色系统颜色，如图 7-43 所示。

第 7 章 填充与渐变绘图

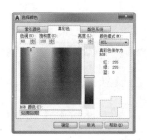

图 7-43 "选择颜色"对话框

2．渐变图案预览

渐变填充预览显示用户所设置的 9 种颜色固定图案，这些图案包括线性扫掠状、球状和抛物面状图案，如图 7-44 所示。

图 7-44 渐变色预览

3．"方向"选项组

该选项组用于指定渐变色的角度及其是否对称。其中包含的选项含义如下：

- 居中：指定对称的渐变配置。如果没有选中此复选框，渐变填充将朝左上方变化，创建光源在对象左边的图案，如图 7-45 所示。

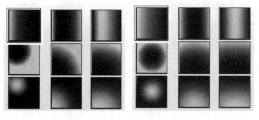

图 7-45 对称的渐变配置

- 角度：指定渐变填充的角度，相对于

当前 UCS 指定的角度，如图 7-46 所示。此选项指定的渐变填充角度与图案填充指定的角度互不影响。

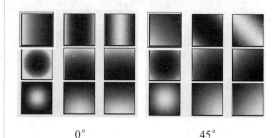

图 7-46 渐变填充的角度

7.4.2 创建渐变色填充

接下来以一个实例来说明渐变色填充的操作过程。本例将渐变填充颜色设为"双色"，并自选颜色，同时设置角度。

动手操练——创建渐变色

step 01 打开实例"ex-2.dwg"文件。

step 02 在"默认"选项卡的"绘图"面板中单击"渐变色"按钮，弹出"图案填充创建"选项卡。

step 03 在"特性"面板中设置以下参数：在"颜色 1"的颜色样本下拉列表中单击"更多颜色"按钮，在随后弹出的"选择颜色"对话框中，在"真彩色"选项卡中设置色调为 267、饱和度为 93、亮度为 77，然后关闭该对话框，如图 7-47 所示。

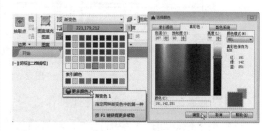

图 7-47 选择颜色

step 04 在"原点"面板中单击"居中"按钮，

并设置角度为 30°，如图 7-48 所示。

图 7-48　渐变填充角度设置

step 05 在图形中选中一点作为渐变色填充的位置点，如图 7-49 所示，单击即可添加渐变色填充，结果如图 7-50 所示。

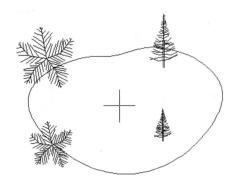 

图 7-49　添加拾取点　　　　　　　　　图 7-50　渐变填充

7.5　区域覆盖

区域覆盖对象是一块多边形区域，它可以使用当前背景色屏蔽底层的对象。此区域由区域覆盖边框进行绑定，可以打开此区域进行编辑，也可以关闭此区域进行打印。使用区域覆盖对象可以在现有对象上生成一个空白区域，用于添加注释或详细的屏蔽信息，如图 7-51 所示。

 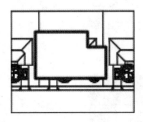 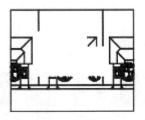

绘制多段线　　　　　　擦除多段线内的对象　　　　　擦除边框

图 7-51　区域覆盖

用户可通过以下方式来执行此操作：

- 菜单栏：选择"绘图"|"区域覆盖"命令。
- 面板：在"默认"选项卡的"绘图"面板中单击"区域覆盖"按钮 。
- 命令行：输入 WIPEOUT 并按 Enter 键。

执行 WIPEOUT 命令，命令行将显示如下操作提示：

```
命令: _wipeout
指定第一点或 [边框(F)/多段线(P)] <多段线>:
```

命令行各选项含义如下：

- 第一点：根据一系列点确定区域覆盖对象的多边形边界。
- 边框：确定是否显示所有区域覆盖对象的边。
- 多段线：根据选定的多段线确定区域覆盖对象的多边形边界。

> **技巧点拨：**
> 如果使用多段线创建区域覆盖对象，则多段线必须闭合，只包括直线段且宽度为零。

下面通过实例来说明区域覆盖对象的创建过程。

动手操练——创建区域覆盖

step 01 打开"ex-3.dwg"文件。

step 02 在"默认"选项卡的"绘图"面板中单击"区域覆盖"按钮，然后按命令行的提示进行操作。

```
命令: _wipeout
指定第一点或 [边框(F)/多段线(P)] <多段线>: ✓      // 选择选项或按 Enter 键
选择闭合多段线:                                    // 选择多段线
是否要删除多段线? [是(Y)/否(N)] <否>: ✓
```

step 03 创建区域覆盖对象的过程及结果如图 7-52 所示。

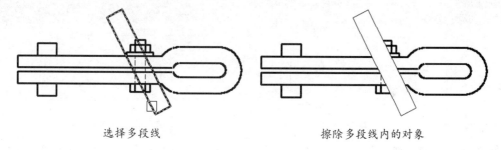

选择多段线　　　　　　　　　　　擦除多段线内的对象

图 7-52　创建区域覆盖

7.6　综合案例

下面利用两个动手操作案例来说明面域与图案填充的综合应用。

7.6.1　案例一：利用面域绘制图形

本例通过绘制图 7-29 所示的两个零件图形，主要对"边界""面域"和"并集"等命令进行综合练习和巩固。

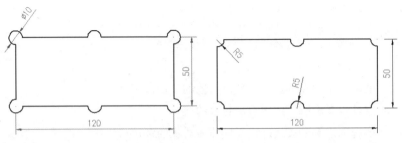

图 7-53 本例效果

操作步骤：

step 01 创建一张空白文件。

step 02 使用快捷命令DS打开"草图设置"对话框，设置对象的捕捉模式为端点捕捉和圆心捕捉。

step 03 选择"图形界限"命令，设置图形界限为240×100，并将其最大化显示。

step 04 选择"矩形"命令，绘制长度为120、宽度为50的矩形。命令行操作提示如下：

```
命令：_rectang
指定第一个角点或 [倒角(C)/标高(E)/圆角(F)/厚度(T)/宽度(W)]：
                                             // 在绘图区拾取一点
指定另一个角点或 [面积(A)/尺寸(D)/旋转(R)]：@120,50
                                             // 按Enter键，绘制结果如图7-54所示
```

step 05 单击"圆" 按钮，激活"圆"命令，绘制直径为10的圆。命令行操作提示如下：

```
命令：_circle
指定圆的圆心或 [三点(3P)/两点(2P)/切点、切点、半径(T)]：
                                             // 捕捉矩形左下角点作为圆心
指定圆的半径或 [直径(D)]：D                  // 按Enter键
指定圆的直径：10                             // 按Enter键，绘制结果如图7-55所示
```

图 7-54 绘制矩形　　　　　　　　　图 7-55 绘制圆

step 06 重复选择"圆"命令，分别以矩形其他3个角点和两条水平边的中点作为圆心，绘制直径为10的5个圆，结果如图7-56所示。

step 07 选择"绘图"|"边界"命令，打开如图7-57所示的"边界创建"对话框。

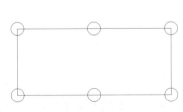

图 7-56 绘制结果　　　　　　图 7-57 "边界创建"对话框

step 08 采用默认设置，单击左上角的"拾取点"按钮，返回绘图区，在命令行"拾取内部点："的提示下，在矩形内部拾取一点，此时系统自动分析出一个闭合的虚线边界，如图 7-58 所示。

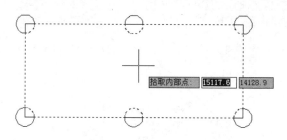

图 7-58 创建虚线边界

step 09 继续在命令行"拾取内部点："的提示下，按 Enter 键，结束命令，结果创建出一个闭合的多段线边界。

step 10 使用快捷命令 M 执行"移动"操作，使用"点选"的方式选择刚创建的闭合边界，将其外移，结果如图 7-59 所示。

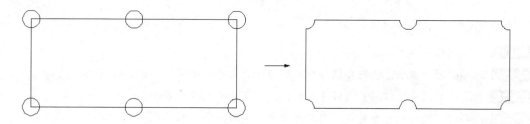

图 7-59 移出边界

step 11 选择"绘图"|"面域"菜单命令，将 6 个圆和矩形转换为面域。命令行操作提示如下：

```
命令：_region
选择对象：                    // 拉出如图 7-60 所示的窗交选择框。
选择对象：                    // 按 Enter 键，结果所选择的 6 个圆和一个矩形被转换为面域
已提取 7 个环。
已创建 7 个面域。
```

step 12 选择"修改"|"实体编辑"|"并集"命令，将刚创建的 7 个面域进行合并。命令行操作提示如下：

```
命令：_union
选择对象：                    // 使用"框选"方式选择 7 个面域
选择对象：                    // 按 Enter 键，结束命令，合并后的结果如图 7-61 的所示
```

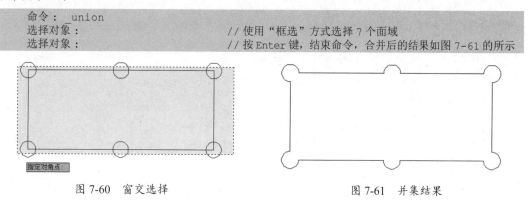

图 7-60 窗交选择　　　　　　　　　　图 7-61 并集结果

7.6.2 案例二：给图形进行图案填充

本例通过绘制如图 7-62 所示的地面拼花图例，使读者对夹点编辑、"图案填充"等知识进行综合练习和巩固。

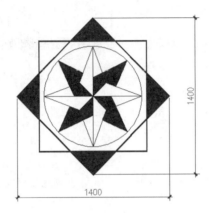

图 7-62 本例效果

操作步骤：

step 01 快速创建空白文件。

step 02 选择"圆"命令，绘制直径为 900 的圆和圆的垂直半径，如图 7-63 所示。

step 03 在无命令执行的前提下选择垂直线段，使其以夹点状态显示。

step 04 以半径上侧的点作为基点，对其进行夹点编辑。命令行操作提示如下：

```
命令：                                    // 进入夹点编辑模式
** 拉伸 **
指定拉伸点或 [基点(B)/复制(C)/放弃(U)/退出(X)]：    // 按 Enter 键，进入夹点移动模式
** 移动 **
指定移动点或 [基点(B)/复制(C)/放弃(U)/退出(X)]：    // 按 Enter 键，进入夹点旋转模式
** 旋转 **
指定旋转角度或 [基点(B)/复制(C)/放弃(U)/参照(R)/退出(X)]：    // 输入 c 后按 Enter 键
** 旋转 (多重) **
指定旋转角度或 [基点(B)/复制(C)/放弃(U)/参照(R)/退出(X)]：    // 输入 20 后按 Enter 键
** 旋转 (多重) **
指定旋转角度或 [基点(B)/复制(C)/放弃(U)/参照(R)/退出(X)]：    // 输入 -20 后按 Enter 键
** 旋转 (多重) **
指定旋转角度或 [基点(B)/复制(C)/放弃(U)/参照(R)/退出(X)]：
                    // 按 Enter 键，退出夹点编辑模式，编辑结果如图 7-64 所示
```

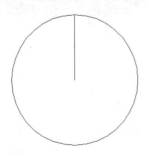

图 7-63 绘制结果

图 7-64 夹点旋转

> **技巧点拨：**
> 使用夹点旋转命令中的"多重"功能，可以在夹点旋转对象的同时，复制源对象。

step 05 以半径下侧的点作为夹基点，将半径旋转45°，并将其进行复制，结果如图7-65所示。

step 06 选择如图7-66所示的直线，以其下端点作为夹基点，将其旋转复制 –45°，结果如图7-67所示。

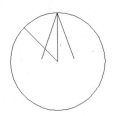 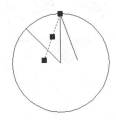 

图 7-65 夹点旋转　　　　图 7-66 显示夹点　　　　图 7-67 旋转结果

step 07 将旋转复制后的直线移动到指定交点上，结果如图7-68所示。

step 08 使用夹点拉伸功能，对直线进行编辑，然后删除多余直线，结果如图7-69所示。

step 09 使用"阵列"命令，对编辑出的花格单元进行环形阵列，阵列份数为8份，结果如图7-70所示。

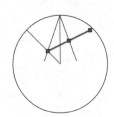 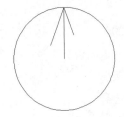 

图 7-68 移动直线　　　　图 7-69 删除结果　　　　图 7-70 阵列结果

step 10 选择"绘图"|"正多边形"菜单命令，绘制外接圆半径为500的正四边形，如图7-71所示。

step 11 将矩形进行旋转复制，将正四边形旋转45°并复制，如图7-72所示。

step 12 选择"特性"命令，选择两个正四边形，修改全局宽度为8，结果如图7-73所示。

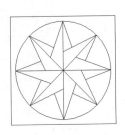 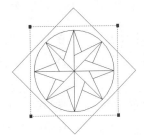 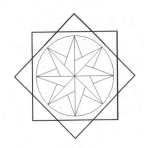

图 7-71 绘制正边形　　　　图 7-72 夹点编辑　　　　图 7-73 修改线宽

step 13 选择"绘图"菜单中的"图案填充"命令，为地花填充如图 7-74 所示的实体图案。

图 7-74 填充结果

7.7 AutoCAD 认证考试习题集

1. 单选及多选题

（1）在进行图案填充时，"添加：拾取点"方式是创建边界的灵活、方便的方法，关于该方式说法错误的是（　）。

　　A. 该方式自动搜索绕给定点最小的封闭边界，该边界必须封闭
　　B. 该方式自动搜索绕给定点最小的封闭边界，该边界允许有一定的间隙
　　C. 该方式创建的边界中不能存在孤岛
　　D. 该方式可以直接选择对象作为边界

正确答案（　）

（2）（　）是由封闭图形所形成的二维实心区域，它不但含有边的信息，还含有边界内的信息，用户可以对其进行各种布尔运算。

　　A. 块　　　　　　　　　　　　　　B. 多段线
　　C. 面域　　　　　　　　　　　　　D. 图案填充

正确答案（　）

（3）图案填充的"角度"是（　）。

　　A. 以 X 轴正方向为零度，顺时针为正　　B. 以 Y 轴正方向为零度，逆时针为正
　　C. 以 X 轴正方向为零度，逆时针为正　　D. ANSI31 角度是 45°

正确答案（　）

（4）图案填充有下面（　）图案的类型供用户选择？

　　A. 预定义　　　　　　　　　　　　B. 用户定义
　　C. 自定义　　　　　　　　　　　　D. 历史记录

正确答案（　）

二、绘图题

（1）画出如图7-75所示的图形，求角度A的数值。

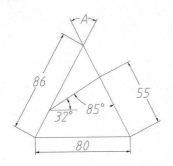

图7-75　绘图练习一

（2）将长度和角度精度设置为保留小数点后四位，绘制如图7-76所示的图形，求圆G的半径。

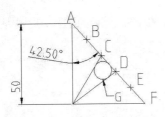

图7-76　绘图练习二

提示：

AB=BC=CD=DE=EF

（3）按照如图7-77所示画出图形，并求剖面线区域的面积。

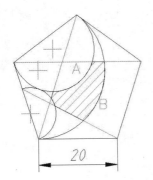

图7-77　绘图练习三

提示：

圆弧A与圆弧B分别与正五边形相切，切点为正五边形的顶点。

（4）将长度和角度精度设置为保留小数点后四位，绘制如图7-78所示的图形，并求剖面线区域面积。

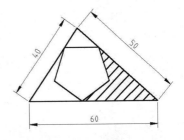

图7-78　绘图练习四

（5）画出如图7-79所示的图形，求剖面线区域的周长。

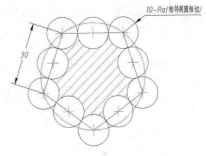

图7-79　绘图练习五

（6）画出如图7-80所示的图形，求尺寸L的数值。

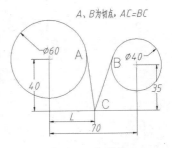

图7-80　绘图练习六

（8）绘制如图7-81所示的图形，求

$R136$ 圆弧的弧长。

（9）绘制如图 7-82 所示的图形，求图中蓝色区域的周长。

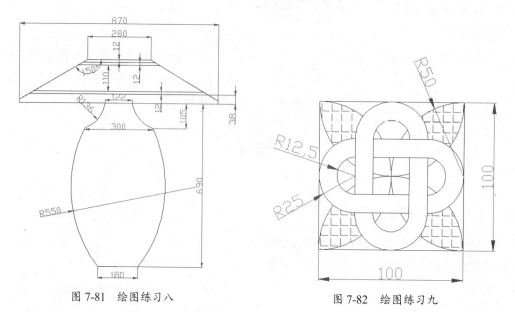

图 7-81　绘图练习八　　　　　　　　图 7-82　绘图练习九

（10）将绘图精度设置为保留小数点后四位，绘制如图 7-83 所示的图形（图中阴影宽度为 10），并回答问题。

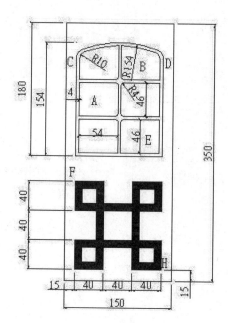

图 7-83　绘图练习十

图中 A 的面积为（　）。

A. 2477.1337

B. 2477.1327

C. 2477.1325

D. 2477.1320

7.8 课后习题

1. 利用面域绘制图形

（1）利用面域造型法绘制如图 7-84 所示的图形。

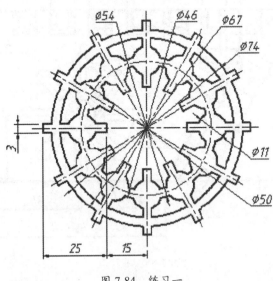

图 7-84 练习一

（2）利用面域造型法绘制如图 7-85 所示的图形。

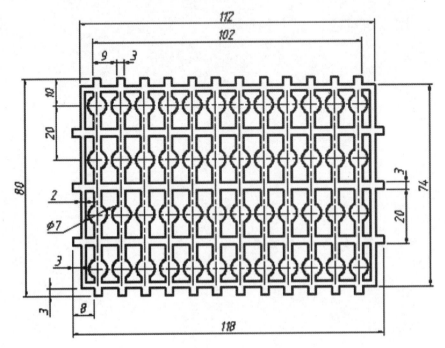

图 7-85 练习二

2. 填充剖面图案及阵列对象

用 LINE、CIRCLE 及 ARRAY 等命令绘制如图 7-86 所示的图形。

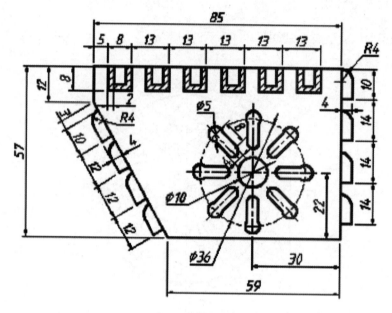

图 7-86　练习三

第 8 章
图形编辑与操作（一）

本章内容

在 AutoCAD 中，单纯地使用绘图命令或绘图工具只能绘制一些基本的图形对象。为了绘制复杂的图形，很多情况下都必须借助于图形编辑命令。AutoCAD 2018 提供了众多的图形编辑命令，如复制、移动、旋转、镜像、偏移、阵列、拉伸及修剪等。使用这些命令，可以修改已有图形或通过已有图形构造新的复杂图形。

知识要点

- ☑ 使用夹点编辑图形
- ☑ 删除指令
- ☑ 移动指令
- ☑ 复制指令

8.1 使用夹点编辑图形

使用"夹点"可以在不调用任何编辑命令的情况下,对需要进行编辑的对象进行修改。只要单击所要编辑的对象,当对象上出现若干个夹点以后,单击其中一个夹点作为编辑操作的基点,这时该点会高亮显示,表示已成为基点。在选中基点后,就可以使用 AutoCAD 的夹点功能对相应的对象进行拉伸、移动、旋转等编辑操作了。

8.1.1 夹点定义和设置

当单击所要编辑的图形对象后,被选中图形的特征点(如端点、圆心、象限点等)将显示为蓝色的小方块,这些小方块被称为"夹点"。"夹点"有两种状态:未激活状态和被激活状态。单击某个未被激活的夹点,该夹点被激活,以红色的实心小方块显示,这种处于被激活状态的夹点称为"热夹点"。

不同对象特征点的位置和数量也不相同。表 8-1 中给出了 AutoCAD 中常见对象特征的规定。

表 8-1 图形对象的特征点

对象类型	特征点的位置	对象类型	特征点的位置
直线	两个端点和中点	圆	4 个象限点和圆心
多段线	直线段的两端点、圆弧段的中点和两端点	椭圆	4 个顶点和中心点
构造线	控制点及线上邻近的两点	椭圆弧	端点、中点和中心点
射线	起点及射线上的一个点	文字	插入点和第二个对齐点
多线	控制线上的两个端点	段落文字	各顶点
圆弧	两个端点和中点		

选择"工具"|"选项"命令,打开"选项"对话框,可通过"选项"对话框中的"选择集"选项卡来设置夹点的各种参数,如图 8-1 所示。

在"选择集"选项卡中包含了对夹点选项的设置,这些设置主要有以下几种:

- "夹点尺寸":确定夹点小方块的大小,可通过调整滑块的位置来设置。
- "夹点颜色":单击该按钮,可打开"夹点颜色"对话框,如图 8-2 所示。在此对话框中可对夹点未选中、悬停、选中 3 种状态及夹点轮廓的颜色进行设置。
- "显示夹点":设置 AutoCAD 的夹点功能是否有效。"显示夹点"复选框下面有几个复选框,用于设置夹点显示的具体内容。

第 8 章　图形编辑与操作（一）

图 8-1　"选项"对话框

图 8-2　"夹点颜色"对话框

8.1.2　利用"夹点"拉伸对象

在选择基点后，命令行将出现以下提示：

```
** 拉伸 **
指定拉伸点或 [基点(B)/复制(C)/放弃(U)/退出(X)]:
```

"拉伸"各选项的含义如下：

- "基点（B）"：重新确定拉伸基点。选择此选项，AutoCAD 将接着提示指定基点，在此提示下指定一个点作为基点来执行拉伸操作。
- "复制（C）"：允许用户进行多次拉伸操作。选择该选项，允许用户进行多次拉伸操作。此时用户可以确定一系列的拉伸点，以实现多次拉伸。
- "放弃（U）"：可以取消上一次操作。
- "退出（X）"：退出当前操作。

> **技巧点拨：**
>
> 默认情况下，通过输入点的坐标或者直接用鼠标指针拾取拉伸点后，AutoCAD 将把对象拉伸或移动到新的位置。因为对于某些夹点，移动时只能移动对象而不能拉伸对象，如文字、块、直线中点、圆心、椭圆中心和点对象上的夹点。

动手操练——拉伸图形

step 01　打开素材文件，如图 8-3 所示。

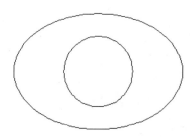

图 8-3　打开的文件

step 02 选中图中的圆形,然后拖动夹点至新位置,如图 8-4 所示。

step 03 拉伸后的结果如图 8-5 所示。

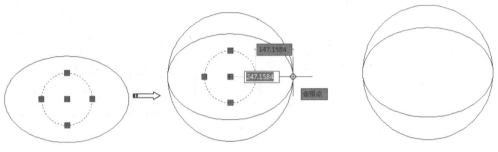

图 8-4　利用夹点拉伸对象　　　　　　　　　　图 8-5　拉伸结果

8.1.3 利用"夹点"移动对象

移动对象仅仅是位置上的平移,对象的方向和大小并不会改变。要精确地移动对象,可使用捕捉模式、坐标、夹点和对象捕捉模式。在夹点编辑模式下确定基点后,在命令行提示下输入 MO,按 Enter 键进入移动模式,命令行将显示如下提示信息:

```
** 移动 **
指定移动点或 [基点(B)/复制(C)/放弃(U)/退出(X)]:
```

通过输入点的坐标或拾取点的方式来确定平移对象的目的点后,即可以基点为平移的起点,以目的点为终点将所选对象平移到新位置,如图 8-6 所示。

8.1.4 利用"夹点"旋转对象

在夹点编辑模式下,确定基点后,在命令行提示下输入 RO,按 Enter 键,进入旋转模式,命令行将显示如下提示信息。

```
** 旋转 **
指定旋转角度或 [基点(B)/复制(C)/放弃(U)/参照(R)/退出(X)]:
```

默认情况下,输入旋转的角度值后或通过拖动方式确定旋转角度后,即可将对象绕基点旋转指定的角度。"旋转"效果如图 8-7 所示。

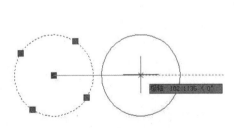 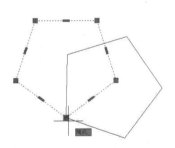

图 8-6　夹点移动对象　　　　　　　图 8-7　夹点旋转对象

8.1.5 利用"夹点"比例缩放

在夹点编辑模式下确定基点后,在命令行提示下输入 SC 进入缩放模式,命令行将显示如下提示信息:

```
** 比例缩放 **
指定比例因子或 [基点(B)/复制(C)/放弃(U)/参照(R)/退出(X)]:
```

默认情况下,当确定了缩放的比例因子后,AutoCAD 将相对于基点进行缩放对象的操作。

动手操练——缩放图形

step 01 打开素材文件,如图 8-8 所示。

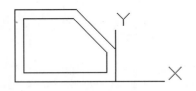

图 8-8 指定缩放基点

step 02 选中所有图形,然后指定缩放基点,如图 8-9 所示。

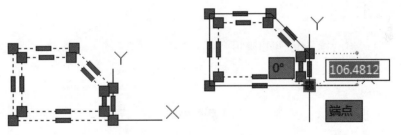

图 8-9 指定缩放基点

step 03 在命令行输入 SC,执行命令后再输入缩放比例 2,如图 8-10 所示。

step 04 按 Enter 键,完成图形的缩放,如图 8-11 所示。

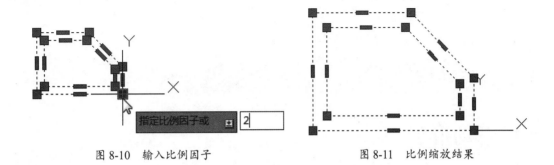

图 8-10 输入比例因子　　　　图 8-11 比例缩放结果

技巧点拨:

当比例因子大于 1 时放大对象;当比例因子大于 0 而小于 1 时缩小对象。

8.1.6 利用"夹点"镜像对象

"镜像"对象是只按镜像线改变图形,镜像效果如图 8-12 所示。

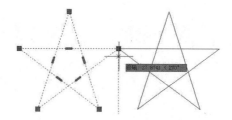

图 8-12 镜像对象

在夹点编辑模式下确定基点后,在命令行提示下输入 MI 即可进入镜像模式,命令行将显示如下提示信息:

```
** 镜像 **
指定第二点或 [基点(B)/复制(C)/放弃(U)/退出(X)]:
```

默认情况下,当确定了镜像线后,AutoCAD 将相对于镜像线进行镜像对象操作。

8.2 删除指令

在 AutoCAD 2018 中,不仅可以使用夹点来移动、旋转、对齐对象,还可以通过"修改"菜单中的相关命令来实现各种操作。下面来讲解"修改"菜单中"删除""移动""旋转""对齐"等命令的应用。

"删除"是非经常用的一个命令,用于删除画面中不需要的对象。"删除"命令的执行方式主要有以下几种:

- 在菜单栏中选择"修改"|"删除"命令。
- 在命令行输入 Erase 并按 Enter 键。
- 单击"修改"面板中的"删除"按钮 。
- 选择对象,按 Delete 键。

选择"删除"命令后,命令行将显示如下提示信息:

```
命令:_erase
选择对象:找到 1 个              //指定删除的对象↙
选择对象:↙                     //结束选择
```

8.3 移动指令

移动指令包括移动对象和旋转对象两个指令,也是复制指令的一种特殊情形。

8.3.1 移动对象

移动对象是指对象的重定位,可以在指定方向上按指定距离移动对象,对象的位置发生了改变,但方向和大小不改变。

执行"移动"命令主要有以下几种方式:

- 在菜单栏中选择"修改"|"移动"命令。
- 单击"修改"面板中的"移动"按钮 。
- 在命令行输入 Move 并按 Enter 键。

执行"移动"命令后,命令行将显示如下提示信息:

```
命令:_move
选择对象:找到 1 个✓                    //指定移动对象
选择对象:
指定基点或 [位移(D)] <位移>:
指定第二个点或 <使用第一个点作为位移>:
```

如图 8-13 所示为移动俯视图的操作。

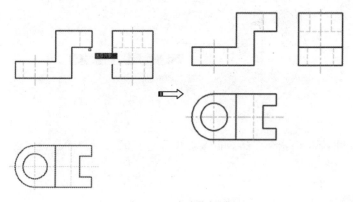

图 8-13　移动俯视图

8.3.2 旋转对象

"旋转"命令用于将选择对象围绕指定的基点旋转一定的角度。在旋转对象时,输入的角度为正值,系统将按逆时针方向旋转;若输入的角度为负值,则按顺时针方向旋转。

执行"旋转"命令主要有以下几种方式:

- 在菜单栏中选择"修改"|"旋转"命令。
- 单击"修改"面板中的 按钮。
- 在命令行输入 Rotate 并按 Enter 键。
- 在命令行输入命令简写 RO 并按 Enter 键。

动手操练——旋转对象

step 01 打开素材文件，如图 8-14 所示。

step 02 选中图形中需要旋转的部分图线，如图 8-15 所示。

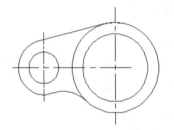
图 8-14 打开的素材文件

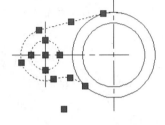
图 8-15 指定部分图线

step 03 单击"修改"面板中的 按钮，激活"旋转"命令。然后指定大圆的圆心作为旋转的基点，如图 8-16 所示。

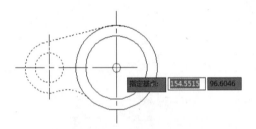
图 8-16 指定基点

step 04 在命令行中输入 C 命令，然后输入旋转角度 180°，按 Enter 键即创建如图 8-17 所示的旋转复制对象。

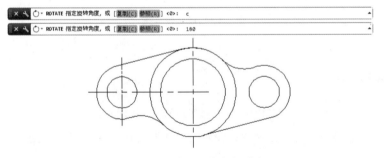

图 8-17 创建的旋转复制对象

技巧点拨：

"参照"选项用于将对象进行参照旋转，即指定一个参照角度和新角度，两个角度的差值就是对象的实际旋转角度。

8.4 复制指令

本节介绍如何利用复制指令绘制复杂的图形。

8.4.1 复制对象

"复制"命令用于为已有的对象复制出副本,并放置到指定的位置。复制出的图形尺寸、形状等保持不变,唯一发生改变的就是图形的位置。

执行"复制"命令主要有以下几种方式:

- 在菜单栏中选择"修改"|"复制"命令。
- 单击"修改"面板中的"复制"按钮。
- 在命令行输入 Copy 并按 Enter 键。
- 在命令行输入命令简写 CO 并按 Enter 键。

动手操练——复制对象

一般情况下,通常使用"复制"命令创建结构相同、位置不同的复合结构,下面通过典型的操作实例学习此命令的使用。

step 01 新建一个空白文件。

step 02 首先选择"椭圆"和"圆"命令,配合象限点捕捉功能,绘制如图 8-18 所示的椭圆和圆。

step 03 单击"修改"面板中的"复制"按钮,选中小圆进行多重复制,如图 8-19 所示。

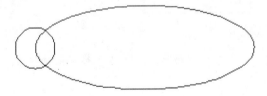

图 8-18　绘制结果　　　　　　　　图 8-19　选中小圆

step 04 将小圆的圆心作为基点,然后将椭圆的象限点作为指定点复制小圆,如图 8-20 所示。

step 05 重复操作,在椭圆余下的象限点复制小圆,结果如图 8-21 所示。

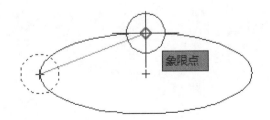
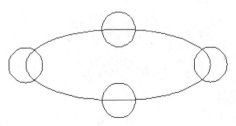

图 8-20　在象限点上复制圆　　　　　图 8-21　最后结果

8.4.2 镜像对象

"镜像"命令用于将选择的图形以镜像线为基准进行对称复制。在镜像过程中,源对象可以保留,也可以删除。

执行"镜像"命令主要有以下几种方式:

- 在菜单栏中选择"修改"|"镜像"命令。
- 单击"修改"面板中的"镜像"按钮 ⚠。
- 在命令行输入 Mirror 并按 Enter 键。
- 在命令行输入命令简写 MI 并按 Enter 键。

动手操练——镜像对象

绘制如图 8-22 所示的图形。该图形是上下对称的,可利用 MIRROR 命令来绘制。

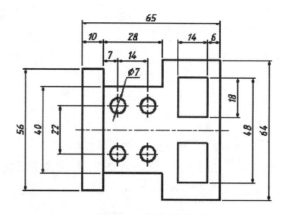

图 8-22 镜像图形

step 01 创建"中心线"图层,设置该图层的颜色为蓝色、线型为 CENTER,线宽保持默认,设置线型全局比例因子为 0.2。

step 02 打开极轴追踪、对象捕捉及自动追踪功能。指定极轴追踪"增量角"为 90°;设定对象捕捉方式为"端点""交点"及"圆心";设置仅沿正交方向自动追踪。

step 03 画两条作图基准线 A、B,A 线的长度约为 80,B 线的长度约为 50。绘制平行线 C、D、E 等,如图 8-23 左图所示。

```
命令:_offset
指定偏移距离或 <6.0000>: 10          //输入平移距离
选择要偏移的对象,或 <退出>:         //选择线段 A
指定要偏移的那一侧上的点:            //在线段 A 的右边单击一点
选择要偏移的对象,或 <退出>:         //按 Enter 键结束
```

step 04 向右平移线段 A 至 D,平移距离为 38。

step 05 向右平移线段 A 至 E,平移距离为 65。

step 06 向上平移线段 B 至 F,平移距离为 20。

step 07 向上平移线段 B 至 G,平移距离为 28。

step 08 向上平移线段 B 至 H,平移距离为 32。

step 09 修剪多余线条，结果如图 8-23 右图所示。

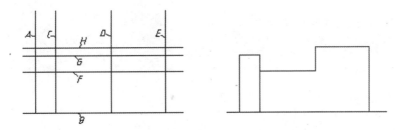

图 8-23　画平行线 C、D、E 等

step 10 画矩形和圆。

```
命令：_rectang
指定第一个角点或 [倒角(C)/标高(E)/圆角(F)/厚度(T)/宽度(W)]: from
                                          //使用正交偏移捕捉
基点：                                     //捕捉交点 I
<偏移>: @-6,-8                             //输入 J 点的相对坐标
指定另一个角点：@-14,-18                    //输入 K 点的相对坐标
命令：_circle 指定圆的圆心或 [三点(3P)/两点(2P)/相切、相切、半径(T)]: from
                                          //使用正交偏移捕捉
基点：  //捕捉交点 L
<偏移>: @7,11                              //输入 M 点的相对坐标
指定圆的半径或 [直径(D)]: 3.5               //输入圆半径
```

step 11 再绘制圆的定位线，结果如图 8-24 所示。

step 12 复制圆，再镜像图形。

```
命令：_copy
选择对象：指定对角点：找到 3 个             //选择对象 N
选择对象：                                 //按 Enter 键
指定基点或 [位移(D)] <位移>:                //单击一点
指定第二点或 <使用第一点作为位移>: 14       //向右追踪并输入追踪距离
指定第二个点：                             //按 Enter 键结束
命令：_mirror
选择对象：指定对角点：找到 14 个            //选择上半部分图形
选择对象：                                 //按 Enter 键
指定镜像线的第一点：                       //捕捉端点 O
指定镜像线的第二点：                       //捕捉端点 P
是否删除源对象？[是(Y)/否(N)] <N>:          //按 Enter 键结束
```

step 13 将线段 OP 及圆的定位线修改到"中心线"图层上，结果如图 8-25 所示。

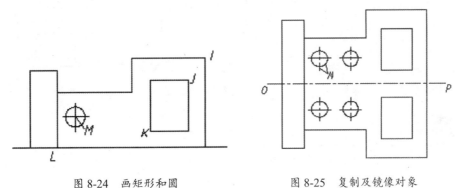

图 8-24　画矩形和圆　　　　　　图 8-25　复制及镜像对象

> **技巧点拨：**
>
> 在对文字进行镜像时，其镜像后的文字可读性取决于系统变量 MIRRTEX 的值，当变量值为 1 时，镜像文字不具有可读性；当变量值为 0 时，镜像后的文字具有可读性。

8.4.3 阵列对象

阵列是一种用于创建规则图形结构的复合命令，使用此命令可以创建均布结构或聚心结构的复制图形。

1. 矩形阵列

所谓矩形阵列，指的就是将图形对象按照指定的行数和列数，以"矩形"排列的方式进行大规模复制。

选择"矩形阵列"命令主要有以下几种方式：

- 在菜单栏中选择"修改"|"阵列"|"矩形阵列"命令。
- 单击"修改"面板中的"矩形阵列"按钮 。
- 在命令行输入 Arrayrect 并按 Enter 键。

选择"矩形阵列"命令后，命令行操作提示如下：

```
命令：_arrayrect
选择对象：找到 1 个                              // 选择阵列对象
选择对象：✓                                      // 确认选择
类型 = 矩形  关联 = 是
为项目数指定对角点或 [基点(B)/角度(A)/计数(C)] <计数>:
                        // 拉出一条斜线，如图 8-26 所示
指定对角点以间隔项目或 [间距(S)] <间距>:          // 调整间距，如图 8-27 所示
按 Enter 键接受或 [关联(AS)/基点(B)/行(R)/列(C)/层(L)/退出(X)] <退出>: ✓
                        // 确认，并打开如图 8-28 所示的快捷菜单
```

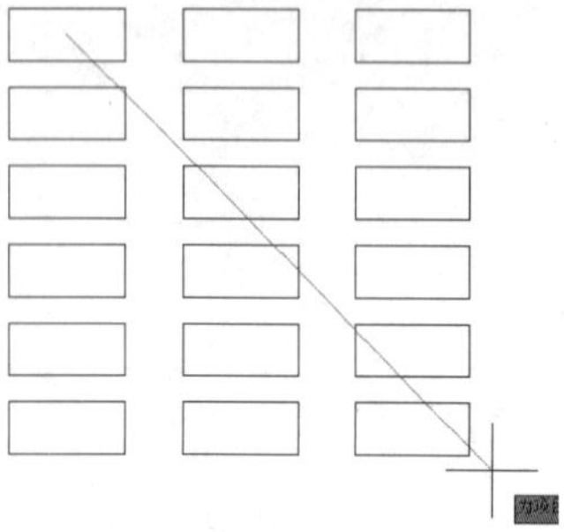

| 图 8-26 设置阵列的数目 | 图 8-27 设置阵列的间距 | 图 8-28 快捷菜单 |

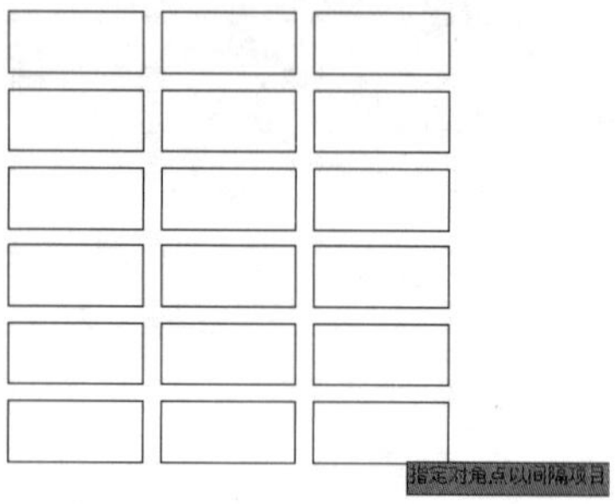

> **技巧点拨：**
>
> 矩形阵列的"角度"选项用于设置阵列的角度，使阵列后的图形对象沿着某一角度进行倾斜，如图 8-29 所示。

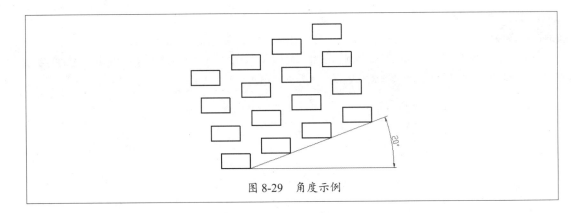

图 8-29 角度示例

2. 环形阵列

所谓环形阵列指的就是将图形对象按照指定的中心点和阵列数目，以"圆形"排列的形式进行大规模复制。

选择"环形阵列"命令主要有以下几种方式：

- 选择"修改"|"阵列"|"环形阵列"命令。
- 单击"修改"面板中的"环形阵列"按钮。
- 在命令行输入 Arraypolar 并按 Enter 键。

动手操练——环形阵列

下面通过一个小例子来学习"环形阵列"的应用。

step 01 新建空白文件。

step 02 选择"圆"和"矩形"命令，配合象限点捕捉，绘制图形，如图 8-30 所示。

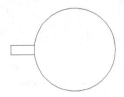

图 8-30 绘制图形

step 03 选择"修改"|"阵列"|"环形阵列"命令，选择矩形作为阵列对象，然后选择圆心作为阵列中心点，激活并打开"阵列创建"选项卡。

step 04 在此选项卡中设置阵列"项目数"为 10、"介于"数为 36，如图 8-31 所示。

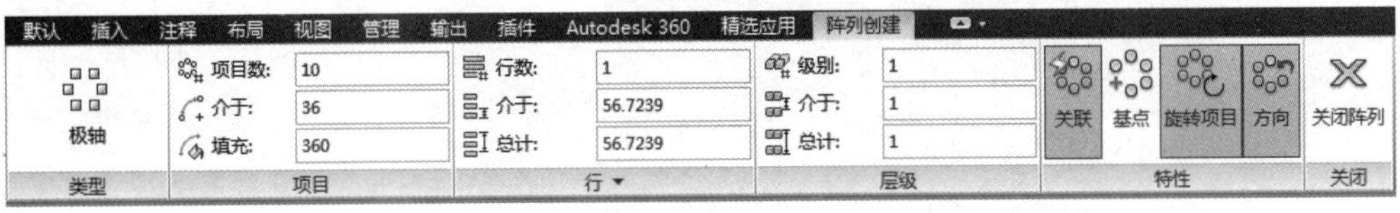

图 8-31 设置阵列参数

step 05 最后单击"关闭阵列"按钮，完成阵列。操作结果如图 8-32 所示。

> **技巧点拨：**
>
> "旋转项目（ROT）"用于设置环形阵列对象时，对象本身是否绕其基点旋转。如果设置不旋转复制项目，那么阵列出的对象将不会绕基点旋转，如图 8-33 所示。

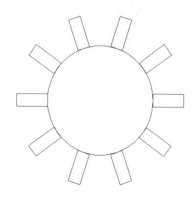
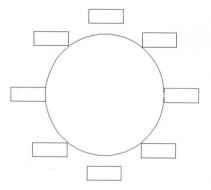

图 8-32　环形阵列示例　　　　　　　图 8-33　环形阵列示例

3. 路径阵列

"路径阵列"是将对象沿着一条路径进行排列，排列形态由路径形态确定。

动手操练——路径阵列

下面通过一个小例子来讲解"路径阵列"的操作方法。

step 01 绘制一个圆。

step 02 选择"修改"|"阵列"|"路径阵列"命令，激活"路径阵列"命令，命令行操作提示如下：

```
命令：_arraypath
选择对象：找到 1 个                    //选择"圆"图形
选择对象：✓                           //确认选择
类型 = 路径　关联 = 是
选择路径曲线：                         //选择弧形
输入沿路径的项数或 [方向(O)/表达式(E)] <方向>：15    //输入复制的数量
指定沿路径的项目之间的距离或 [定数等分(D)/总距离(T)/表达式(E)] <沿路径平均定数等分(D)>：✓                                  //定义密度，如图 8-34 所示
按 Enter 键接受或 [关联(AS)/基点(B)/项目(I)/行(R)/层(L)/对齐项目(A)/Z 方向(Z)/退出(X)] <退出>：✓         //自动弹出快捷菜单，如图 8-35 所示
```

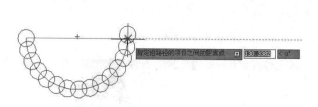

图 8-34　定义图形密度　　　　　　　图 8-35　快捷菜单

step 03 操作结果如图 8-36 所示。

图 8-36 结果

8.4.4 偏移对象

"偏移"命令用于将图线按照一定的距离或指定的通过点,偏移选择的图形对象。

选择"偏移"命令主要有以下几种方式:

- 在菜单栏中选择"修改"|"偏移"命令。
- 单击"修改"面板中的"偏移"按钮。
- 在命令行输入 Offset 并按 Enter 键。
- 输入命令简写 O 并按 Enter 键。

1. 将对象距离偏移

不同结构的对象,其偏移结果也会不同。比如在对圆、椭圆等对象进行偏移后,对象的尺寸发生了变化,而对直线进行偏移后,尺寸则保持不变。

动手操练——利用"偏移"命令绘制底座局部视图

底座局部剖视图如图 8-37 所示。本例主要利用"偏移"命令(offset)将各部分定位,再使用"倒角"(chamfer)、"圆角"(fillet)、"修剪"(trim)、"样条曲线"(spline)和"图案填充"等命令(bhatch)完成此图。

step 01 新建空白文件,然后设置"中心线"图层、"细实线"图层和"轮廓线"图层。

step 02 将"中心线"图层设置为当前图层。单击"直线"按钮,绘制一条竖直的中心线。将"轮廓线"图层设置为当前图层,重复"直线"命令,绘制一条水平的轮廓线,结果如图 8-38 所示。

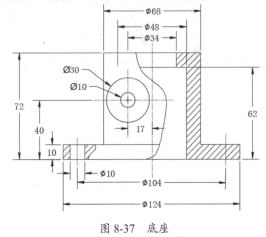

图 8-37 底座

step 03 单击"偏移"按钮,将水平轮廓线向上偏移,偏移距离分别为 10、40、62、72。重复"偏移"命令,将竖直中心线分别向两侧偏移 17、34、52、62。再将竖直中心线向右偏移 24。选中偏移后的直线,将其所在图层修改为"轮廓线"图层,得到的结果如图 8-39 所示。

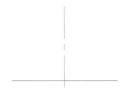
图 8-38　绘制直线

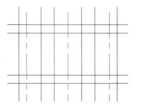
图 8-39　偏移处理

技巧点拨：

在选择偏移对象时，只能以点选的方式选择，且每次只能偏移一个对象。

step 04　单击"样条曲线"按钮，绘制中部的剖切线，结果如图 8-40 所示，命令行操作提示如下：

```
命令：_spline
指定第一个点或 [对象 (O)]:
指定下一点：
指定下一点或 [闭合 (C) / 拟合公差 (F)] <起点切向>:
指定下一点或 [闭合 (C) / 拟合公差 (F)] <起点切向>:
指定下一点或 [闭合 (C) / 拟合公差 (F)] <起点切向>:
指定起点切向：
指定端点切向：
```

step 05　单击"修剪"按钮，修剪相关图线，修剪编辑后的结果如图 8-41 所示。

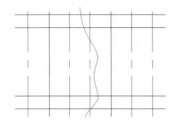
图 8-40　绘制样条

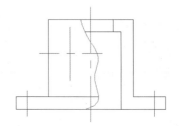
图 8-41　修剪处理

step 06　单击"偏移"按钮，将线段 1 向两侧分别偏移 5，并修剪。转换图层，将图线线型进行转换，结果如图 8-42 所示。

step 07　单击"样条曲线"按钮，绘制中部的剖切线，并进行修剪。结果如图 8-43 所示。

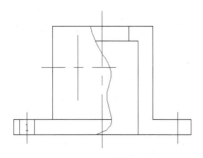
图 8-42　偏移处理

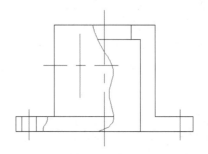
图 8-43　绘制样条

step 08 单击"圆"按钮⊙,以中心线交点为圆心,分别绘制半径为 15 和 5 的同心圆。结果如图 8-44 所示。

step 09 将"细实线"图层设置为当前图层。单击"图案填充"按钮▨,打开"图案填充创建"选项卡,选择"用户定义"类型,设置角度为 45°、间距为 3;分别打开和关闭"双向"复选框,选择相应的填充区域。确认后进行填充,结果如图 8-45 所示。

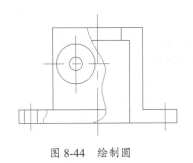

图 8-44　绘制圆　　　　　　　　图 8-45　填充图案

2. 将对象定点偏移

所谓定点偏移,指的就是为偏移对象指定一个通过点来进行偏移。

动手操练——定点偏移对象

此种偏移通常需要配合"对象捕捉"功能。下面通过实例介绍定点偏移的步骤。

step 01 打开如图 8-46 所示的源文件。

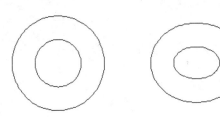

图 8-46　打开的图形

step 02 单击"修改"面板中的"偏移"按钮⟔,激活"偏移"命令,对小圆图形进行偏移,使偏移出的圆与大椭圆相切,如图 8-47 所示。

step 03 偏移结果如图 8-48 所示。

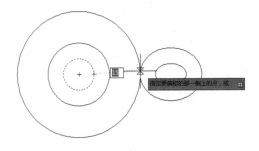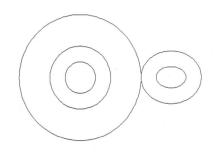

图 8-47　指定位置　　　　　　　　图 8-48　定点偏移

> **技巧点拨：**
> "通过"选项用于按照指定的通过点偏移对象，所偏移出的对象将通过事先指定的目标点。

8.5 综合案例

本章前面主要介绍了 AutoCAD 2018 中二维图形编辑命令及使用方法。接下来将以几个典型的图形绘制实例来说明图形编辑命令的应用方法及使用过程，以帮助读者快速掌握本章所学的重点知识。

8.5.1 案例一：绘制法兰盘

二维的法兰盘图形是以多个同心圆和圆阵列共同组成的，如图 8-49 所示。

绘制法兰盘，可以使用"偏移"命令来快速创建同心圆，再使用"阵列"命令来创建出直径相同的圆阵列组。

操作步骤：

step 01 打开本例源文件"基准中心线 .dwg"文件。

step 02 以基准线中点为基点绘制一个直径为 22 的基圆。命令行操作提示如下：

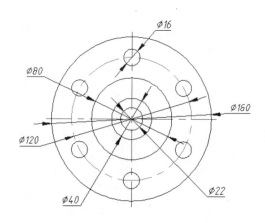

图 8-49 法兰盘平面图

```
命令: circle
指定圆的圆心或 [三点(3P)/两点(2P)/切点、切点、半径(T)]:        // 指定圆心
指定圆的半径或 [直径(D)]: d✓                                   // 输入 D 选项
指定圆的直径 <0.00>: 22✓                                      // 指定圆的直径
```

step 03 操作过程及结果如图 8-50 所示。

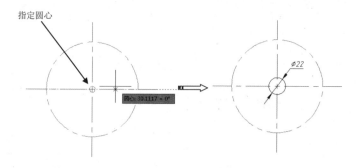

图 8-50 绘制基圆

step 04 使用"偏移"命令，将基圆作为要偏移的对象，创建出偏移距离为9的同心圆。在"常规"选项卡的"修改"面板中单击"偏移"按钮。命令行操作提示如下：

```
命令：_offset
当前设置：删除源=否  图层=源  OFFSETGAPTYPE=0           //设置显示
指定偏移距离或 [通过(T)/删除(E)/图层(L)] <通过>：9↙    //输入偏移距离值
选择要偏移的对象，或 [退出(E)/放弃(U)] <退出>：        //指定基圆
指定要偏移的那一侧上的点，或 [退出(E)/多个(M)/放弃(U)] <退出>： //指定偏移侧
选择要偏移的对象，或 [退出(E)/放弃(U)] <退出>：↙
```

step 05 操作过程及结果如图8-51所示。

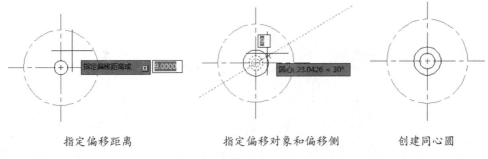

指定偏移距离　　　　　指定偏移对象和偏移侧　　　　　创建同心圆

图 8-51　绘制第一个同心圆

技巧点拨：

要执行相同的命令，可直接按 Enter 键。

step 06 使用"偏移"命令，将基圆作为要偏移的对象，创建出偏移距离为29的同心圆。在"常规"选项卡的"修改"面板中单击"偏移"按钮。命令行操作提示如下：

```
命令：_offset
当前设置：删除源=否  图层=源  OFFSETGAPTYPE=0           //设置显示
指定偏移距离或 [通过(T)/删除(E)/图层(L)] <9.0>：29↙    //输入偏移距离值
选择要偏移的对象，或 [退出(E)/放弃(U)] <退出>：        //指定基圆
指定要偏移的那一侧上的点，或 [退出(E)/多个(M)/放弃(U)] <退出>： //指定偏移侧
选择要偏移的对象，或 [退出(E)/放弃(U)] <退出>：↙
```

step 07 操作过程及结果如图8-52所示。

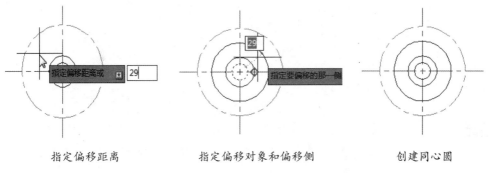

指定偏移距离　　　　　指定偏移对象和偏移侧　　　　　创建同心圆

图 8-52　绘制第二个同心圆

step 08 使用"偏移"命令,将基圆作为要偏移的对象,创建出偏移距离为69的同心圆。在"常规"选项卡的"修改"面板中单击"偏移"按钮。命令行操作提示如下:

```
命令:_offset
当前设置:删除源=否  图层=源  OFFSETGAPTYPE=0           //设置显示
指定偏移距离或 [通过(T)/删除(E)/图层(L)] <29.0>: 69↵    //输入偏移距离值
选择要偏移的对象,或 [退出(E)/放弃(U)] <退出>:          //指定基圆
指定要偏移的那一侧上的点,或 [退出(E)/多个(M)/放弃(U)] <退出>  //指定偏移侧
选择要偏移的对象,或 [退出(E)/放弃(U)] <退出>:↵
```

step 09 操作过程及结果如图 8-53 所示。

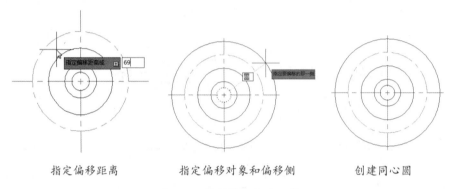

指定偏移距离　　　　　指定偏移对象和偏移侧　　　　创建同心圆

图 8-53　绘制第三个同心圆

step 10 使用"圆"命令,在圆定位线与基准线的交点绘制一个直径为16的小圆。命令行操作提示如下:

```
命令: circle
CIRCLE 指定圆的圆心或 [三点(3P)/两点(2P)/切点、切点、半径(T)]:   //指定圆心
指定圆的半径或 [直径(D)] <11.0>: d↵                              //输入D选项
指定圆的直径 <22.0>: 16↵                                          //输入直径
```

step 11 操作过程及结果如图 8-54 所示。

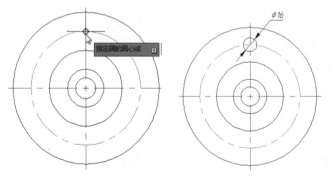

图 8-54　绘制小圆

step 12 使用"阵列"命令,将小圆作为要阵列的对象,创建6个环形阵列圆。在"修改"面板中单击"环形阵列"按钮,然后按命令行提示进行操作,阵列的结果如图 8-55 所示。

```
命令:_arraypolar
选择对象:找到 1 个
选择对象:                                                        //选择小圆
```

```
类型 = 极轴  关联 = 是
指定阵列的中心点或 [基点(B)/旋转轴(A)]:         //指定大圆圆心
输入项目数或 [项目间角度(A)/表达式(E)] <4>: 6✓
指定填充角度 (+=逆时针、-=顺时针) 或 [表达式(EX)] <360>:✓
按 Enter 键接受或 [关联(AS)/基点(B)/项目(I)/项目间角度(A)/填充角度(F)/行(ROW)/
层(L)/旋转项目(ROT)/退出(X)]
<退出>:✓
```

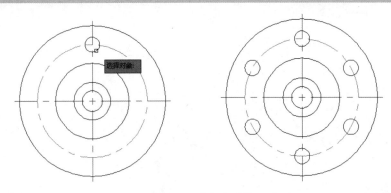

图 8-55 创建阵列圆

step 13 至此,本例二维图形编辑命令的应用及操作就结束了。

8.5.2 案例二:绘制机制夹具

机制夹具图形主要由圆、圆弧、直线等图素构成,如图 8-56 所示。图形基本元素可使用"直线"和"圆弧"工具来绘制,再结合"偏移""修剪""旋转""圆角""镜像""延伸"等命令来辅助完成其余特征,这样可以提高图形绘制效率。

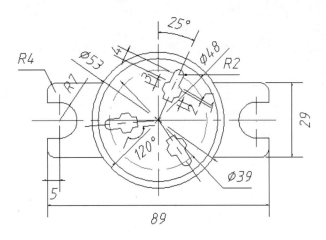

图 8-56 机制夹具二维图

操作步骤:

step 01 新建一个空白文件

step 02 绘制中心线,如图 8-57 所示。

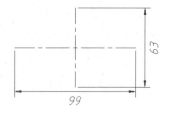

图 8-57 绘制中心线

step 03 使用"偏移"命令，绘制出直线图素的大致轮廓。其命令行的操作提示如下：

```
命令：_offset
当前设置：删除源=否   图层=源   OFFSETGAPTYPE=0           //设置显示
指定偏移距离或 [通过(T)/删除(E)/图层(L)] <通过>: 44.5✓    //输入偏移距离
选择要偏移的对象，或 [退出(E)/放弃(U)] <退出>:           //指定偏移对象
指定要偏移的那一侧上的点，或 [退出(E)/多个(M)/放弃(U)] <退出>:  //指定偏移侧
选择要偏移的对象，或 [退出(E)/放弃(U)] <退出>:✓
命令：✓
OFFSET
当前设置：删除源=否   图层=源   OFFSETGAPTYPE=0           //设置显示
指定偏移距离或 [通过(T)/删除(E)/图层(L)] <44.5000>: 5✓    //输入偏移距离
选择要偏移的对象，或 [退出(E)/放弃(U)] <退出>:           //指定偏移对象
指定要偏移的那一侧上的点，或 [退出(E)/多个(M)/放弃(U)] <退出>:  //指定偏移侧
选择要偏移的对象，或 [退出(E)/放弃(U)] <退出>:✓
命令：✓
OFFSET
当前设置：删除源=否   图层=源   OFFSETGAPTYPE=0           //设置显示
指定偏移距离或 [通过(T)/删除(E)/图层(L)] <5.0000>: 14.5✓  //输入偏移距离
选择要偏移的对象，或 [退出(E)/放弃(U)] <退出>:           //指定偏移对象
指定要偏移的那一侧上的点，或 [退出(E)/多个(M)/放弃(U)] <退出>:  //指定偏移侧
选择要偏移的对象，或 [退出(E)/放弃(U)] <退出>:           //指定偏移对象
指定要偏移的那一侧上的点，或 [退出(E)/多个(M)/放弃(U)] <退出>:  //指定偏移侧
选择要偏移的对象，或 [退出(E)/放弃(U)] <退出>:✓
命令：✓
OFFSET
当前设置：删除源=否   图层=源   OFFSETGAPTYPE=0           //设置显示
指定偏移距离或 [通过(T)/删除(E)/图层(L)] <14.5000>: 7✓    //输入偏移距离
选择要偏移的对象，或 [退出(E)/放弃(U)] <退出>:           //指定偏移对象
指定要偏移的那一侧上的点，或 [退出(E)/多个(M)/放弃(U)] <退出>:  //指定偏移侧
选择要偏移的对象，或 [退出(E)/放弃(U)] <退出>:           //指定偏移对象
指定要偏移的那一侧上的点，或 [退出(E)/多个(M)/放弃(U)] <退出>:  //指定偏移侧
选择要偏移的对象，或 [退出(E)/放弃(U)] <退出>:✓
```

step 04 绘制的偏移直线如图 8-58 所示。

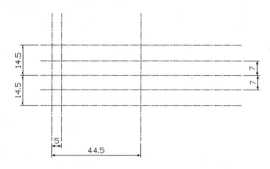

图 8-58 绘制直线和偏移直线

step 05 创建一个圆,然后以此圆作为偏移对象,再创建出两个偏移对象。命令行的操作提示如下:

```
命令:_circle
指定圆的圆心或 [三点(3P)/两点(2P)/切点、切点、半径(T)]:        //指定圆心
指定圆的半径或 [直径(D)] <0.0000>: d↙                        //输入D选项
指定圆的直径 <0.0000>: 39↙                                   //输入圆的直径
命令:_offset
当前设置: 删除源=否  图层=源  OFFSETGAPTYPE=0               //设置显示
指定偏移距离或 [通过(T)/删除(E)/图层(L)] <3.5000>: 4.5↙     //输入偏移距离
选择要偏移的对象,或 [退出(E)/放弃(U)] <退出>:              //指定直径为39的圆
指定要偏移的那一侧上的点,或 [退出(E)/多个(M)/放弃(U)] <退出>:  //指定偏移侧
选择要偏移的对象,或 [退出(E)/放弃(U)] <退出>: ↙
命令: ↙
OFFSET
当前设置: 删除源=否  图层=源  OFFSETGAPTYPE=0               //设置显示
指定偏移距离或 [通过(T)/删除(E)/图层(L)] <4.5000>: 2.5↙     //输入偏移距离
选择要偏移的对象,或 [退出(E)/放弃(U)] <退出>:              //指定直径为48的圆
指定要偏移的那一侧上的点,或 [退出(E)/多个(M)/放弃(U)] <退出>:  //指定偏移侧
选择要偏移的对象,或 [退出(E)/放弃(U)] <退出>: ↙
```

step 06 创建的圆和偏移圆如图8-59所示。

step 07 使用"修剪"命令,对绘制的直线和圆进行修剪,结果如图8-60所示。

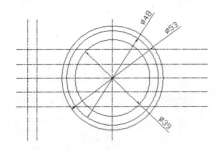
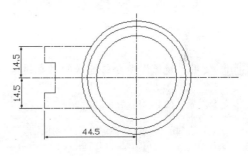

图8-59 绘制圆和偏移圆　　　　　　　　图8-60 修剪直线和圆

step 08 使用"圆角"命令,对直线倒圆角。命令行操作提示如下:

```
命令:_fillet
当前设置: 模式=不修剪,半径=0.0000                          //设置显示
选择第一个对象或 [放弃(U)/多段线(P)/半径(R)/修剪(T)/多个(M)]: r↙  //输入R
指定圆角半径 <0.0000>: 3.5↙                                //输入圆角半径
选择第一个对象或 [放弃(U)/多段线(P)/半径(R)/修剪(T)/多个(M)]: t↙  //选择选项
输入修剪模式选项 [修剪(T)/不修剪(N)] <不修剪>: t↙          //选择选项
选择第一个对象或 [放弃(U)/多段线(P)/半径(R)/修剪(T)/多个(M)]:    //选择圆角边1
选择第二个对象,或按住 Shift 键选择要应用角点的对象: ↙        //选择圆角边2
命令: ↙
FILLET
当前设置: 模式=修剪,半径=3.5000                            //设置显示
选择第一个对象或 [放弃(U)/多段线(P)/半径(R)/修剪(T)/多个(M)]:    //指定圆角边1
选择第二个对象,或按住 Shift 键选择要应用角点的对象:           //指定圆角边2
命令: ↙
FILLET
当前设置: 模式=修剪,半径=3.5000                            //设置显示
选择第一个对象或 [放弃(U)/多段线(P)/半径(R)/修剪(T)/多个(M)]: r↙  //选择选项
指定圆角半径 <3.5000>: 7↙                                  //输入圆角半径
选择第一个对象或 [放弃(U)/多段线(P)/半径(R)/修剪(T)/多个(M)]:    //指定圆角边1
选择第二个对象,或按住 Shift 键选择要应用角点的对象: ↙        //指定圆角边2
```

step 09 倒圆角结果如图 8-61 所示。

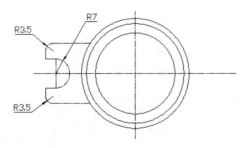

图 8-61 直线倒圆结果

step 10 利用夹点来拖动如图 8-62 所示的直线。

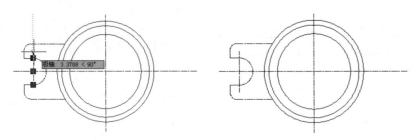

图 8-62 拖动直线

step 11 使用"镜像"命令将选择的对象镜像到圆中心线的另一侧。命令行操作提示如下:

```
命令: _mirror
选择对象: 指定对角点: 找到 10 个                    //选择要镜像的对象
选择对象: ✓
指定镜像线的第一点: 指定镜像线的第二点:            //指定镜像第一点和第二点
要删除源对象吗? [是(Y)/否(N)] <N>: ✓
```

step 12 镜像操作的结果如图 8-63 所示。

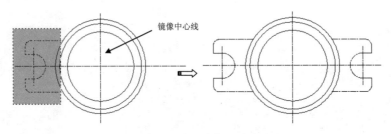

图 8-63 镜像选择的对象

step 13 绘制一斜线,如图 8-64 所示,命令行操作提示如下:

```
命令: _line 指定第一点:                    //指定起点
指定下一点或 [放弃(U)]: <65 ✓              //输入替代角度
角度替代: 65
指定下一点或 [放弃(U)]:                    //指定直线终点
指定下一点或 [放弃(U)]: ✓
```

step 14 打开"极轴追踪",并在"草图设置"对话框的"极轴追踪"选项卡中将增量角设为 90°,并在"极轴角侧"选项卡中选择"相对上一段"单选按钮,如图 8-65 所示。

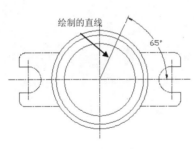

图 8-64 绘制直线　　　　　图 8-65 设置极轴追踪

step 15 在斜线的端点处绘制一条垂线，并将垂线移动至如图 8-66 所示的斜线与圆交点上。

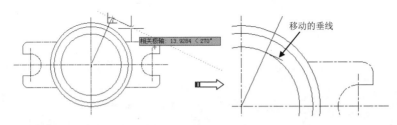

图 8-66 绘制垂线并移动垂线

step 16 使用"偏移"命令，绘制垂线和斜线的偏移对象，命令行的操作提示如下：

```
命令：_offset
当前设置：删除源 = 否    图层 = 源    OFFSETGAPTYPE=0        // 设置显示
指定偏移距离或 [通过 (T) / 删除 (E) / 图层 (L)] <7.0000>: 2↙    // 输入偏移距离
选择要偏移的对象，或 [退出 (E) / 放弃 (U)] <退出>:            // 指定偏移对象
指定要偏移的那一侧上的点，或 [退出 (E) / 多个 (M) / 放弃 (U)] <退出>:    // 指定偏移侧
选择要偏移的对象，或 [退出 (E) / 放弃 (U)] <退出>: ↙
命令：↙
OFFSET
当前设置：删除源 = 否    图层 = 源    OFFSETGAPTYPE=0
指定偏移距离或 [通过 (T) / 删除 (E) / 图层 (L)] <2.0000>: 4↙    // 输入偏移距离
选择要偏移的对象，或 [退出 (E) / 放弃 (U)] <退出>:            // 指定偏移对象
指定要偏移的那一侧上的点，或 [退出 (E) / 多个 (M) / 放弃 (U)] <退出>:    // 指定偏移侧
选择要偏移的对象，或 [退出 (E) / 放弃 (U)] <退出>: ↙
命令：↙
OFFSET
当前设置：删除源 = 否    图层 = 源    OFFSETGAPTYPE=0
指定偏移距离或 [通过 (T) / 删除 (E) / 图层 (L)] <4.0000>: 1↙    // 输入偏移距离
选择要偏移的对象，或 [退出 (E) / 放弃 (U)] <退出>:            // 指定偏移对象
指定要偏移的那一侧上的点，或 [退出 (E) / 多个 (M) / 放弃 (U)] <退出>:    // 指定偏移侧
选择要偏移的对象，或 [退出 (E) / 放弃 (U)] <退出>: ↙
命令：↙
OFFSET
当前设置：删除源 = 否    图层 = 源    OFFSETGAPTYPE=0
指定偏移距离或 [通过 (T) / 删除 (E) / 图层 (L)] <1.0000>: 3↙    // 输入偏移距离
选择要偏移的对象，或 [退出 (E) / 放弃 (U)] <退出>:            // 指定偏移对象
指定要偏移的那一侧上的点，或 [退出 (E) / 多个 (M) / 放弃 (U)] <退出>:    // 指定偏移侧
选择要偏移的对象，或 [退出 (E) / 放弃 (U)] <退出>: ↙
命令：↙
OFFSET
当前设置：删除源 = 否    图层 = 源    OFFSETGAPTYPE=0
```

```
指定偏移距离或 [通过(T)/删除(E)/图层(L)] <3.0000>: 1↙        //输入偏移距离
选择要偏移的对象，或 [退出(E)/放弃(U)] <退出>:              //指定偏移对象
指定要偏移的那一侧上的点，或 [退出(E)/多个(M)/放弃(U)] <退出>:   //指定偏移侧
选择要偏移的对象，或 [退出(E)/放弃(U)] <退出>:↙
命令:↙
OFFSET
当前设置：删除源=否   图层=源   OFFSETGAPTYPE=0
指定偏移距离或 [通过(T)/删除(E)/图层(L)] <1.0000>: 2↙        //输入偏移距离
选择要偏移的对象，或 [退出(E)/放弃(U)] <退出>:              //指定偏移对象
指定要偏移的那一侧上的点，或 [退出(E)/多个(M)/放弃(U)] <退出>:   //指定偏移侧
选择要偏移的对象，或 [退出(E)/放弃(U)] <退出>:↙
```

step 17 偏移的结果如图 8-67 所示。

step 18 使用"修剪"命令修剪偏移对象，修剪结果如图 8-68 所示。

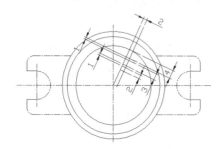
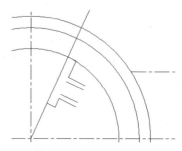

图 8-67　绘制偏移对象　　　　　　图 8-68　修剪偏移对象

step 19 使用"旋转"命令，将修剪后的两条直线进行旋转但不复制。命令行的操作提示如下：

```
命令: rotate
UCS 当前的正角方向：ANGDIR=逆时针  ANGBASE=0       //设置显示
选择对象: 找到 1 个                                //选择旋转对象1
选择对象:↙
指定基点:                                         //指定旋转基点
指定旋转角度，或 [复制(C)/参照(R)] <0>: 30↙        //输入旋转角度
命令:↙
ROTATE
UCS 当前的正角方向：ANGDIR=逆时针  ANGBASE=0
选择对象: 找到 1 个                                //选择旋转对象2
选择对象:↙
指定基点:                                         //指定旋转基点
指定旋转角度，或 [复制(C)/参照(R)] <30>: -30↙     //输入旋转角度
```

step 20 旋转结果如图 8-69 所示。

step 21 对旋转后的直线进行修剪，然后绘制一条直线进行连接。结果如图 8-70 所示。

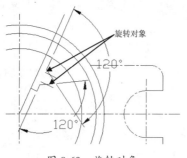
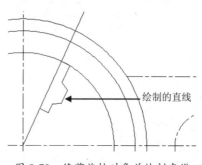

图 8-69　旋转对象　　　　　　图 8-70　修剪旋转对象并绘制直线

step 22 使用"镜像"命令,将修剪后的直线镜像到斜线的另一侧,如图8-71所示。然后再使用"圆角"命令创建圆角,如图8-72所示。

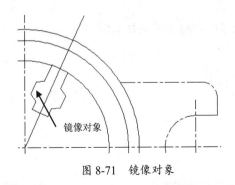

图8-71 镜像对象

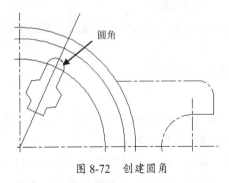

图8-72 创建圆角

step 23 使用"旋转"命令,将镜像对象、镜像中心线及圆角进行旋转复制。命令行操作提示如下:

```
命令: _rotate
UCS 当前的正角方向:    ANGDIR=逆时针    ANGBASE=0           // 设置提示
选择对象: 指定对角点: 找到 19 个                              // 选择旋转对象
选择对象: ✓
指定基点:                                                   // 指定基点
指定旋转角度, 或 [复制(C)/参照(R)] <330>: c✓               // 输入C选项
旋转一组选定对象。
指定旋转角度, 或 [复制(C)/参照(R)] <330>: 120✓             // 输入旋转角度
命令: ✓
ROTATE
UCS 当前的正角方向:    ANGDIR=逆时针    ANGBASE=0
选择对象: 找到19个                                          // 选择旋转对象
选择对象: ✓
指定基点:                                                   // 指定基点
指定旋转角度, 或 [复制(C)/参照(R)] <120>: c✓               // 输入C选项
旋转一组选定对象。
指定旋转角度, 或 [复制(C)/参照(R)] <120>: ✓
```

step 24 旋转复制对象后的结果如图8-73所示。

step 25 最后使用"特性匹配"命令将中心点画线设为统一格式,并统一所有实线格式。最终完成结果如图8-74所示。

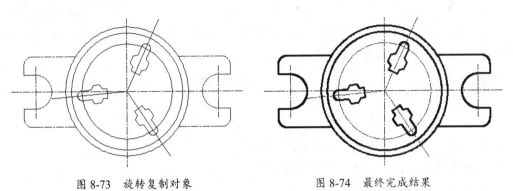

图8-73 旋转复制对象   图8-74 最终完成结果

8.6 AutoCAD 认证考试习题集

一、单选题

（1）设置"夹点"大小及颜色要在"选项"对话框中的（ ）选项卡中。

A. 系统 B. 显示

C. 打开和保存 D. 选择

正确答案：（ ）

（2）移动（Move）和平移（Pan）命令（ ）。

A. 都是移动命令，效果一样

B. 移动（Move）速度快，平移（Pan）速度慢

C. 移动（Move）的对象是视图，平移（Pan）的对象是物体

D. 移动（Move）的对象是物体，平移（Pan）的对象是视图

正确答案：（ ）

（3）使用（ ）命令可以绘制出所选对象的对称图形。

A. COPY B. LENGTHEN

C. STRETCH D. MIRROR

正确答案：（ ）

（4）下面（ ）命令用于把单个或多个对象从它们的当前位置移至新位置，且不改变对象的尺寸和方位。

A. MOVE B. ROTATE

C. ARRAY D. COPY

正确答案：（ ）

（5）如果按照简单的规律大量复制对象，可以选用下面的（ ）命令。

A. ROTATE B. ARRAY

C. COPY D. MOVE

正确答案：（ ）

（6）下面（ ）命令可以将直线、圆、多线段等对象进行同心复制，且如果对象是闭合的图形，则执行该命令后的对象将被放大或缩小。

A. SCALE B. ZOOM

C. OFFSET D. COPY

正确答案：（ ）

（7）使用"偏移"命令时，下列说法正确的是（ ）。

A. 偏移值可以小于 0，这是向反向偏移

B. 可以框选对象一次偏移多个对象

C. 一次只能偏移一个对象

D. 执行"偏移"命令时不能删除源对象

（8）在 CAD 中不能应用"修剪"命令（trim）进行修剪的对象是（ ）。

A. 圆弧 B. 圆
C. 直线 D. 文字

正确答案：（ ）

二、绘图题

（1）绘制如图 8-75 所示的平面图形。

（2）绘制如图 8-76 所示的平面图形。

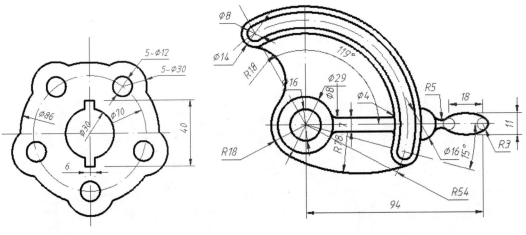

图 8-75 练习一　　　　　图 8-76 练习二

（3）绘制如图 8-77 所示的平面图形。

（4）绘制如图 8-78 所示的平面图形。

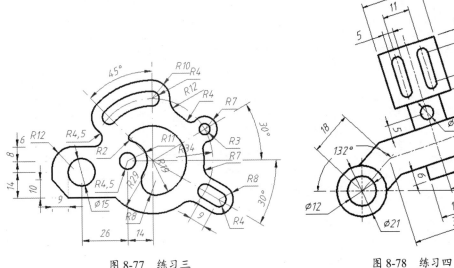

图 8-77 练习三　　　　　图 8-78 练习四

8.7 课后习题

1. 绘制挂轮架

利用"直线""圆弧""圆""复制""镜像"等命令,绘制如图 8-79 所示的挂轮架。

2. 绘制曲柄

利用"直线""圆""复制"等命令,绘制如图 8-80 所示的曲柄图形。

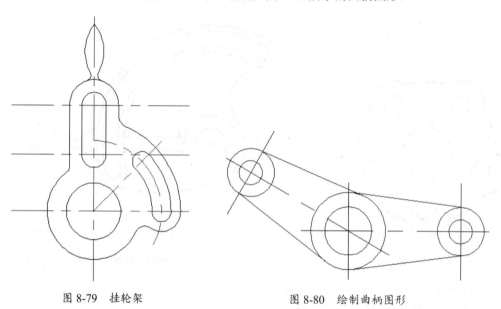

图 8-79 挂轮架　　　　　　图 8-80 绘制曲柄图形

3. 绘制燃气灶

通过燃气灶的绘制,学习"多段线""修剪""镜像"等命令的使用技巧,如图 8-81 所示。

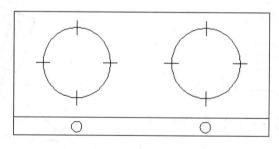

图 8-81 绘制燃气灶

第 9 章
图形编辑与操作（二）

本章内容

在 AutoCAD 中，单纯地使用绘图命令或绘图工具只能绘制一些基本的图形对象。为了绘制复杂的图形，很多情况下都必须借助于图形编辑命令。AutoCAD 2018 提供了众多的图形编辑命令，如复制、移动、旋转、镜像、偏移、阵列、拉伸及修剪等。使用这些命令，可以修改已有图形或通过已有图形构造新的复杂图形。

知识要点

- ☑ 图形修改
- ☑ 分解与合并操作
- ☑ 编辑对象特性

9.1 图形修改

在 AutoCAD 2018 中，可以使用"修剪"和"延伸"命令缩短或拉长对象，以与其他对象的边相接。也可以使用"缩放""拉伸"和"拉长"命令，在一个方向上调整对象的大小或按比例增大或缩小对象。

9.1.1 缩放对象

"缩放"命令用于将对象进行等比例放大或缩小，使用此命令可以创建形状相同、大小不同的图形。

选择"缩放"命令主要有以下几种方式：

- 在菜单栏中选择"修改"|"缩放"命令。
- 单击"修改"面板中的"缩放"按钮□。
- 在命令行输入 Scale 并按 Enter 键。
- 在命令行输入命令简写 SC 并按 Enter 键。

动手操练——图形的缩放

下面通过具体实例学习使用"缩放"命令。

step 01 首先新建空白文件。

step 02 使用 C 键激活"圆"命令，绘制直径为 100 的圆，如图 9-1 所示。

step 03 单击"修改"面板中的□按钮，激活"缩放"命令，将圆图形等比缩放 1/5。命令行操作提示如下：

```
命令：_scale
选择对象：                                    // 选择刚绘制的圆
选择对象：✓                                   // 结束对象的选择
指定基点：                                    // 捕捉圆的圆心
指定比例因子或 [复制(C)/参照(R)] <1.0000>:0.5✓  // 输入缩放比例
```

step 04 缩放结果如图 9-2 所示。

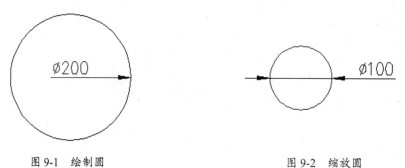

图 9-1 绘制圆   图 9-2 缩放圆

> **技巧点拨：**
>
> 在等比例缩放对象时，如果输入的比例因子大于1，对象将被放大；如果输入的比例小于1，对象将被缩小。

9.1.2 拉伸对象

"拉伸"命令用于将对象进行不等比缩放，进而改变对象的尺寸或形状，如图9-3所示。

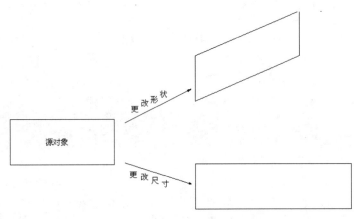

图 9-3 拉伸示例

选择"拉伸"命令主要有以下几种方式：

- 在菜单栏中选择"修改"|"拉伸"命令。
- 单击"修改"面板中的"拉伸"按钮。
- 在命令行输入 Stretch 并按 Enter 键。
- 在命令行输入命令简写 S 并按 Enter 键。

动手操练——拉伸对象

通常用于拉伸的对象有直线、圆弧、椭圆弧、多段线、样条曲线等。下面通过将某矩形的短边尺寸拉伸为原来的两倍，而将长边尺寸拉伸为原来的1.5倍，来学习使用"拉伸"命令。

step 01 新建空白文件。

step 02 使用"矩形"命令绘制一个矩形。

step 03 单击"修改"面板中的"拉伸"按钮，激活"拉伸"命令，对矩形的水平边进行拉长。命令行操作如下：

```
命令：_stretch
以交叉窗口或交叉多边形选择要拉伸的对象...
选择对象：                              // 拉出如图9-4所示的窗交选择框
选择对象：✓                             // 结束对象的选择
指定基点或 [位移(D)] <位移>：           // 捕捉矩形的左下角点，作为拉伸的基点
指定第二个点或 <使用第一个点作为位移>： // 捕捉矩形下侧边中点作为拉伸目标点
```

step 04 拉伸结果如图9-5所示。

图 9-4　窗交选择　　　　　　　　　　　图 9-5　拉伸结果

技巧点拨：

如果所选择的图形对象完全处于选择框内时，那么拉伸的结果只能是图形对象相对于原位置的平移。

step 05 按 Enter 键，重复"拉伸"命令，将矩形的宽度拉伸 1.5 倍。命令行操作提示如下：

```
命令: _stretch
以交叉窗口或交叉多边形选择要拉伸的对象...
选择对象:                              // 拉出如图 9-6 所示的窗交选择框
选择对象: ✓                            // 结束对象的选择
指定基点或 [位移(D)] <位移>:            // 捕捉矩形的左下角点，作为拉伸的基点
指定第二个点或 <使用第一个点作为位移>:
    // 捕捉矩形左上角点作为拉伸目标点
```

step 06 拉伸结果如图 9-7 所示。

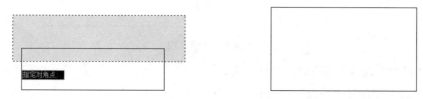

图 9-6　窗交选择　　　　　　　　　　　图 9-7　拉伸结果

9.1.3　修剪对象

"修剪"命令用于修剪对象上的指定部分，不过在修剪时，需要事先指定一个边界。

选择"修剪"命令主要有以下几种方式：

- 在菜单栏中选择"修改"|"修剪"命令。
- 单击"修改"面板中的"修剪"按钮 -/--。
- 在命令行输入 Trim 并按 Enter 键。
- 在命令行输入命令简写 TR 并按 Enter 键。

1．常规修剪

在修剪对象时，边界的选择是关键，而边界必须要与修剪对象相交，或与其延长线相交，才能成功地修剪对象。因此，系统为用户设定了两种修剪模式，即"修剪模式"和"不修剪模式"，默认模式为"不修剪模式"。

动手操练——对象的修剪

下面通过具体实例,学习默认模式下的修剪操作。

step 01 新建一个空白文件。

step 02 使用"直线"命令绘制如图9-8(左)所示的两条图线。

step 03 单击"修改"面板中的 按钮,激活"修剪"命令,对水平直线进行修剪,命令行操作提示如下:

```
命令:_trim
当前设置:投影=UCS,边=无
选择剪切边…
选择对象或 <全部选择>:              //选择倾斜直线作为边界
选择对象:✓                        //结束边界的选择
选择要修剪的对象,或按住 Shift 键选择要延伸的对象,或[栏选(F)/窗交(C)/投影式(P)/
边(E)/删除(R)/放弃(U)]:            //在水平直线的右端单击,定位需要删除的部分
选择要修剪的对象,或按住 Shift 键选择要延伸的对象,或[栏选(F)/窗交(C)/投影(P)/边(E)/
删除(R)/放弃(U)]:✓                //结束命令
```

step 04 修剪结果如图9-8(右)所示。

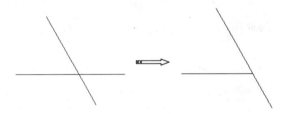

图9-8 修剪示例

技巧点拨:

当修剪多个对象时,可以使用"栏选"和"窗交"两种选择功能,而"栏选"方式需要绘制一条或多条栅栏线,所有与栅栏线相交的对象都会被选择,如图9-9所示和图9-10所示。

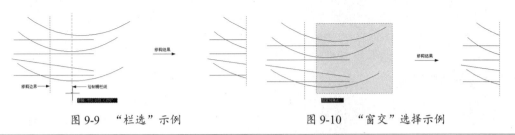

图9-9 "栏选"示例   图9-10 "窗交"选择示例

2. "隐含交点"下的修剪

所谓"隐含交点",指的是边界与对象没有实际的交点,而是边界被延长后,与对象存在一个隐含交点。

对"隐含交点"下的图线进行修剪时,需要更改默认的修剪模式,即将默认模式更改为"修剪模式"。

动手操练——隐含交点下的修剪

step 01 使用"直线"命令绘制如图 9-11 所示的两条图线。

step 02 单击"修改"面板中的"修剪"按钮 ‑/‑‑，激活"修剪"命令，对水平图线进行修剪，命令行操作提示如下：

```
命令: trim
当前设置：投影=UCS, 边 = 无
选择剪切边...
选择对象或 <全部选择>:↙           //选择刚绘制的倾斜图线
选择对象：
选择要修剪的对象,或按住 Shift 键选择要延伸的对象,或[栏选(F)/窗交(C)/投影(P)/边(E)/
删除(R)/放弃(U)]:e↙              //激活"边"选项功能
输入隐含边延伸模式 [延伸(E)/不延伸(N)] <不延伸>:e↙
                                //设置修剪模式为延伸模式
选择要修剪的对象,或按住 Shift 键选择要延伸的对象,或[栏选(F)/窗交(C)/投影(P)/边(E)/
删除(R)/放弃(U)]:               //在水平图线的右端单击
选择要修剪的对象,或按住 Shift 键选择要延伸的对象,或[栏选(F)/窗交(C)/投影(P)/边(E)/
删除(R)/放弃(U)]:↙              //结束修剪命令
```

step 03 图线的修剪结果如图 9-12 所示。

图 9-11　绘制图线　　　　　图 9-12　修剪结果

技巧点拨：

"边"选项用于确定修剪边的隐含延伸模式，其中"延伸"选项表示剪切边界可以无限延长，边界与被剪实体不必相交；"不延伸"选项指剪切边界只有与被剪实体相交时才有效。

9.1.4　延伸对象

"延伸"命令用于将对象延伸至指定的边界上，用于延伸的对象有直线、圆弧、椭圆弧、非闭合的二维多段线和三维多段线及射线等。

选择"延伸"命令主要有以下几种方式：

- 在菜单栏中选择"修改"|"延伸"命令。
- 单击"修改"面板中的"延伸"按钮 ‑‑/。
- 在命令行输入 Extend 并按 Enter 键。
- 在命令行输入命令简写 EX 并按 Enter 键。

1. 常规延伸

在延伸对象时，也需要为对象指定边界。指定边界时，有两种情况，一种是对象被延长后与边界存在一个实际的交点，另一种就是与边界的延长线相交于一点。

为此，AutoCAD 为用户提供了两种模式，即"延伸模式"和"不延伸模式"，系统默认模式为"不延伸模式"。

动手操练——对象的延伸

step 01 使用"直线"命令绘制如图 9-13（左）所示的两条图线。

step 02 选择"修改"|"延伸"命令，对垂直图线进行延伸，使之与水平图线垂直相交。命令行操作提示如下：

```
命令：_extend
当前设置：投影=UCS，边 = 无
选择边界的边 ...
选择对象或 <全部选择>:                    //选择水平图线作为边界
选择对象：↙                              //结束边界的选择
选择要延伸的对象,或按住 Shift 键选择要修剪的对象,或[栏选(F)/窗交(C)/投影(P)/边(E)/
放弃(U)]:                                //在垂直图线的下端单击
选择要延伸的对象,或按住 Shift 键选择要修剪的对象,或[栏选(F)/窗交(C)/投影(P)/边(E)/
放弃(U)]:↙                               //结束命令
```

step 03 结果垂直图线的下端被延伸，如图 9-13（右）所示。

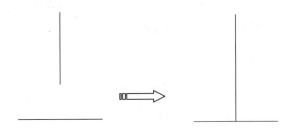

图 9-13 延伸示例

> **技巧点拨：**
> 在选择延伸对象时，要在靠近延伸边界的一端选择需要延伸的对象，否则对象将不被延伸。

2. "隐含交点"下的延伸

所谓"隐含交点"，指的是边界与对象延长线没有实际的交点，而是边界被延长后，与对象延长线存在一个隐含交点。

对"隐含交点"下的图线进行延伸时，需要更改默认的延伸模式，即将默认模式更改为"延伸模式"。

动手操练——隐含模式下的延伸

step 01 使用"执行"命令绘制如图 9-14（左）所示的两条图线。

step 02 选择"延伸"命令,将垂直图线的下端延长,使之与水平图线的延长线相交。命令行操作提示如下:

```
命令:_extend
当前设置:投影=UCS,边=无
选择边界的边...
选择对象:                              //选择水平的图线作为延伸边界
选择对象:✓                             //结束边界的选择
选择要延伸的对象,或按住 Shift 键选择要修剪的对象,或[栏选(F)/窗交(C)/投影(P)/边(E)/
放弃(U)]:e✓                           //激活"边"选项
输入隐含边延伸模式 [延伸(E)/不延伸(N)]<不延伸>: e✓
                                       //设置模式为延伸模式
选择要延伸的对象,或按住 Shift 键选择要修剪的对象,或[栏选(F)/窗交(C)/投影(P)/边(E)/
放弃(U)]:                              //在垂直图线的下端单击
选择要延伸的对象,或按住 Shift 键选择要修剪的对象,或[栏选(F)/窗交(C)/投影(P)/边(E)/
放弃(U)]:✓                            //结束命令
```

step 03 延伸效果如图 9-14(右)所示。

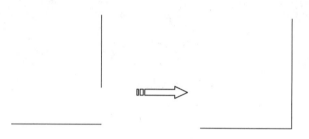

图 9-14　"延伸模式"下的延伸

技巧点拨:

"边"选项用来确定延伸边的方式。"延伸"选项将使用隐含的延伸边界来延伸对象,而实际上边界和延伸对象并没有真正相交,AutoCAD 会假想将延伸边延长,然后再延伸;"不延伸"选项确定边界不延伸,而只有边界与延伸对象真正相交后才能完成延伸操作。

9.1.5　拉长对象

"拉长"命令用于将对象进行拉长或缩短,在拉长的过程中,不仅可以改变线对象的长度,还可以更改弧对象的角度。

选择"拉长"命令的主要有以下几种方式:

● 在菜单栏中选择"修改"|"拉长"命令。
● 在命令行输入 Lengthen 并按 Enter 键。
● 在命令行输入命令简写 LEN 并按 Enter 键。

1. 增量拉长

所谓增量拉长,指的是按照事先指定的长度增量或角度增量,进行拉长或缩短对象。

动手操练——拉长对象

step 01 首先新建空白文件。

step 02 使用"直线"命令绘制长度为 200 的水平直线,如图 9-15(上)所示。

step 03 选择"修改"|"拉长"命令,将水平直线水平向右拉长 50 个单位。命令行操作提示如下:

```
命令:_lengthen
选择对象或 [增量(DE)/百分数(P)/全部(T)/动态(DY)]:DE↙
                                        //激活"增量"选项
输入长度增量或 [角度(A)] <0.0000>:50↙    //设置长度增量
选择要修改的对象或 [放弃(U)]:            //在直线的右端单击
选择要修改的对象或 [放弃(U)]:↙          //退出命令
```

step 04 拉长结果如图 9-15(下)所示。

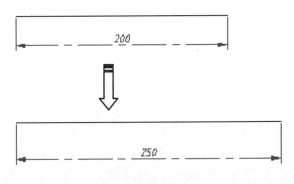

图 9-15 增量拉长示例

技巧点拨:

如果把增量值设置为正值,系统将拉长对象;反之,则缩短对象。

2. 百分数拉长

所谓百分数拉长,指的是以总长的百分比值进行拉长或缩短对象,长度的百分比数值必须为正且非零。

动手操练——用百分比拉长对象

step 01 新建空白文件。

step 02 使用"直线"命令绘制任意长度的水平图线,如图 9-16(上)所示。

step 03 选择"修改"|"拉长"命令,将水平图线拉长 200%。命令行操作提示如下:

```
命令:_lengthen
选择对象或 [增量(DE)/百分数(P)/全部(T)/动态(DY)]: P↙  //激活"百分比"选项
输入长度百分数 <100.0000>:200↙          //设置拉长的百分比值
选择要修改的对象或 [放弃(U)]:           //在线段的一端单击
选择要修改的对象或 [放弃(U)]:↙         //结束命令
```

step 04 拉长结果如图 9-16(下)所示。

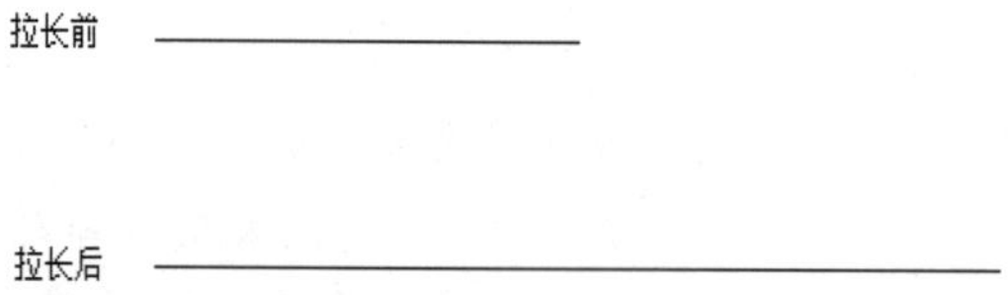

拉长前 ————————

拉长后 ——————————————

图 9-16 百分比拉长示例

技巧点拨：

当长度百分比值小于 100 时，将缩短对象；输入长度的百分比值大于 100 时，将拉伸对象。

3. 全部拉长

所谓全部拉长，指的是根据指定的总长度或者总角度进行拉长或缩短对象。

动手操练——将对象全部拉长

step 01 新建空白文件。

step 02 使用"直线"命令绘制任意长度的水平图线，如图 9-17（上）所示。

step 03 选择"修改"|"拉长"命令，将水平图线拉长 500 个单位。命令行操作提示如下：

```
命令：_lengthen
选择对象或 [增量(DE)/百分数(P)/全部(T)/动态(DY)]:t↙      //激活"全部"选项
指定总长度或 [角度(A)] <1.0000>:500↙                    //设置总长度
选择要修改的对象或 [放弃(U)]:                           //在线段的一端单击
选择要修改的对象或 [放弃(U)]:↙                          //退出命令
```

step 04 结果源对象的长度被拉长为 500，如图 9-17（下）所示。

图 9-17 全部拉长示例

技巧点拨：

如果原对象的总长度或总角度大于所指定的总长度或总角度，结果原对象将被缩短；反之，将被拉长。

4. 动态拉长

所谓动态拉长，指的是根据图形对象的端点位置动态地改变其长度。激活"动态"选项功能之后，AutoCAD 将端点移动到所需的长度或角度，另一端保持固定，如图 9-18 所示。

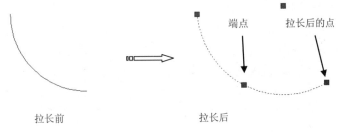

图 9-18 动态拉长

9.1.6 倒角

倒角指的就是使用一条线段连接两个非平行的图线，用于倒角的图线一般有直线、多段线、矩形、多边形等，不能倒角的图线有圆、圆弧、椭圆和椭圆弧等。下面将介绍几种常用的倒角方式。

选择"倒角"命令主要有以下几种方式：
- 在菜单栏中选择"修改"|"倒角"命令。
- 单击"修改"面板中的"倒角"按钮。
- 在命令行输入 Chamfer 并按 Enter 键。
- 在命令行输入命令简写 CHA 并按 Enter 键。

1．距离倒角

所谓距离倒角，指的就是直接输入两条图线上的倒角距离来进行倒角。

动手操练——距离倒角

step 01 首先新建空白文件。

step 02 绘制图 9-19（左）所示的两条图线。

step 03 单击"修改"面板中的"倒角"按钮，激活"倒角"命令，对两条图线进行距离倒角。命令行操作提示如下：

```
命令：_chamfer
（"修剪"模式）当前倒角距离 1 = 0.0000，距离 2 = 0.0000
选择第一条直线或 [放弃(U)/多段线(P)/距离(D)/角度(A)/修剪(T)/方式(E)/多个(M)]：
d↙                                                   //激活"距离"选项
指定第一个倒角距离 <0.0000>:40↙                       //设置第一倒角长度
指定第二个倒角距离 <25.0000>:50↙                      //设置第二倒角长度
选择第一条直线或 [放弃(U)/多段线(P)/距离(D)/角度(A)/修剪(T)/方式(E)/多个(M)]：
                                                     //选择水平线段
选择第二条直线，或按住 Shift 键选择要应用角点的直线：  //选择倾斜线段
```

技巧点拨：

在此操作提示中，"放弃"选项用于在不中止命令的前提下，撤销上一步操作；"多个"选项用于在执行一次命令时，对多个图线进行倒角操作。

step 05 距离倒角的结果如图 9-19（右）所示。

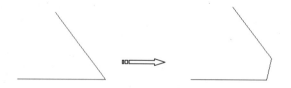

图 9-19　距离倒角

> **技巧点拨：**
>
> 用于倒角的两个倒角距离值不能为负值，如果将两个倒角距离设置为 0，那么倒角的结果就是两条图线被修剪或延长，直至相交于一点。

2．角度倒角

所谓角度倒角，指的是通过设置一条图线的倒角长度和倒角角度，为图线倒角。

动手操练——图形的角度倒角

step 01 新建空白文件。

step 02 使用"直线"命令绘制图 9-20（左）所示的两条互相垂直的图线。

step 03 单击"修改"面板中的"倒角"按钮，激活"倒角"命令，对两条图形进行角度倒角。命令行操作提示如下：

```
命令：_chamfer
（"修剪"模式）当前倒角长度 = 15.0000，角度 = 10
选择第一条直线或 [放弃(U)/多段线(P)/距离(D)/角度(A)/修剪(T)/方式(E)/多个(M)]: a
指定第一条直线的倒角长度 <15.0000>: 30
指定第一条直线的倒角角度 <10>: 45
选择第一条直线或 [放弃(U)/多段线(P)/距离(D)/角度(A)/修剪(T)/方式(E)/多个(M)]:
选择第二条直线，或按住 Shift 键选择直线以应用角点或 [距离(D)/角度(A)/方法(M)]:
```

step 04 角度倒角的结果如图 9-20（右）所示。

图 9-20　角度倒角

> **技巧点拨：**
>
> 在此操作提示中，"方式"选项用于确定倒角的方式，要求选择"距离倒角"或"角度倒角"。另外，系统变量 Chammode 控制着倒角的方式：当 Chammode=0 时，系统支持"距离倒角"；当 Chammode=1 时，系统支持"角度倒角"模式。

3. 多段线倒角

"多段线"选项是用于为整条多段线的所有相邻元素边进行同时倒角操作。在为多段线进行倒角操作时,可以使用相同的倒角距离值,也可以使用不同的倒角距离值。

动手操练——多段线倒角

step 01 使用"多段线"命令绘制如图 9-21(左)所示的多段线。

step 02 单击"修改"面板中的"倒角"按钮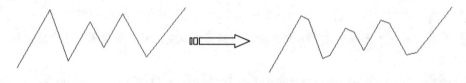,激活"倒角"命令,对多段线进行倒角。命令行操作提示如下:

```
命令:_chamfer
("修剪"模式)当前倒角距离 1 = 0.0000,距离 2 = 0.0000
选择第一条直线或 [放弃(U)/多段线(P)/距离(D)/角度(A)/修剪(T)/方式(E)/多个
(M)]:d↙
                                    //激活"距离"选项
指定第一个倒角距离 <0.0000>:30↙      //设置第一倒角长度
指定第二个倒角距离 <50.0000>:20↙     //设置第二倒角长度
选择第一条直线或 [放弃(U)/多段线(P)/距离(D)/角度(A)/修剪(T)/方式(E)/多个(M)]:
p↙                                  //激活"多段线"选项
选择二维多段线或 [距离(D)/角度(A)/方法(M)]:    //选择刚绘制的多段线
6 条直线已被倒角
```

step 03 多段线倒角的结果如图 9-21(右)所示。

图 9-21 多段线倒角

4. 设置倒角模式

"修剪"选项用于设置倒角的修剪状态。系统提供了两种倒角边的修剪模式,即"修剪"和"不修剪"。当将倒角模式设置为"修剪"时,被倒角的两条直线被修剪到倒角的端点,系统默认的模式为"修剪模式";当将倒角模式设置为"不修剪"时,那么用于倒角的图线将不被修剪,如图 9-22 所示。

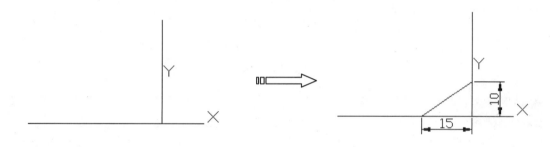

图 9-22 非修剪模式下的倒角

技巧点拨：

系统变量 Trimmode 控制倒角的修剪状态。当 Trimmode=0 时，系统保持对象不被修剪；当 Trimmode=1 时，系统支持倒角的修剪模式。

9.1.7 倒圆角

所谓"圆角对象"，指的就是使用一段给定半径的圆弧光滑地连接两条图线，一般情况下，用于圆角的图线有直线、多段线、样条曲线、构造线、射线、圆弧和椭圆弧等。

执行"圆角"命令主要有以下几种方式：

- 在菜单栏中选择"修改"|"圆角"命令。
- 单击"修改"面板中的"圆角"按钮。
- 在命令行输入 Fillet 并按 Enter 键。
- 在命令行输入命令简写 F 并按 Enter 键。

动手操练——直线与圆弧倒圆角

step 01 新建空白文件。

step 02 使用"直线"和"圆弧"命令绘制如图 9-23（左）所示的直线和圆弧。

step 03 单击"修改"面板中的按钮，激活"圆角"命令，对直线和圆弧进行圆角操作。命令行操作提示如下：

```
命令：_fillet
当前设置：模式 = 修剪，半径 = 0.0000
选择第一个对象或 [放弃(U)/多段线(P)/半径(R)/修剪(T)/多个(M)]：r↙
// 激活"半径"选项
指定圆角半径 <0.0000>:100 ↙
选择第一个对象或 [放弃(U)/多段线(P)/半径(R)/修剪(T)/多个(M)]：  // 选择倾斜线段
选择第二个对象，或按住 Shift 键选择要应用角点的对象：          // 选择圆弧
```

step 04 图线的圆角效果如图 9-23（右）所示。

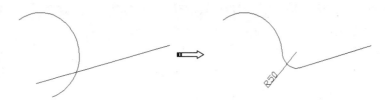

图 9-23　圆角示例

技巧点拨：

"多个"选项用于为多个对象进行圆角处理，不需要重复执行命令。如果用于圆角的图线处于同一图层中，那么圆角也处于同一图层上；如果两圆角对象不在同一图层中，那么圆角将处于当前图层上。同样，圆角的颜色、线型和线宽也都遵循这一规则。

技巧点拨：

"多段线"选项用于对多段线每相邻元素进行圆角处理，激活此选项后，AutoCAD 将以默认的圆角半径对整条多段线相邻各边进行圆角操作，如图 9-24 所示。

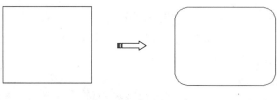

图 9-24　多段线圆角

与"倒角"命令一样，"圆角"命令也存在两种模式，即"修剪"和"不修剪"，以上各例都是在"修剪"模式下进行圆角的，而"非修剪"模式下的圆角效果如图 9-25 所示。

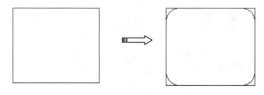

图 9-25　非修剪模式下的圆角

技巧点拨：

用户也可通过系统变量 Trimmode 设置圆角的修剪模式，当将系统变量的值设为 0 时，保持对象不被修剪；当将系统变量的值设置为 1 时，表示圆角后修剪对象。

9.2　分解与合并操作

在 AutoCAD 中，可以将一个对象打断为两个或两个以上对象，对象之间可以有间隙；也可以将一个多段线分解为多个对象；还可以将多个对象合并为一个对象；更可以选择对象将其删除。上述操作所涉及的命令包括删除对象、打断对象、分解对象和合并对象。

9.2.1　打断对象

打断对象指的是将对象打断为相连的两部分，或打断并删除图形对象上的一部分。

执行"打断"命令主要有以下几种方式：

- 在菜单栏中选择"修改"|"打断"命令。
- 单击"修改"面板中的"打断"按钮。
- 在命令行输入 Break 并按 Enter 键。

- 在命令行输入命令简写 BR 并按 Enter 键。

使用"打断"命令可以删除对象上任意两点之间的部分。

动手操练——打断图形

step 01 新建空白文件。

step 02 使用"直线"命令绘制长度为 500 的图线。

step 03 单击"修改"面板中的 按钮，配合点的捕捉和输入功能，在水平图线上删除 40 个单位的距离。命令行操作提示如下：

```
命令：_break
选择对象：                              // 选择刚绘制的线段
指定第二个打断点 或 [第一点(F)]:f↙      // 激活"第一点"选项
指定第一个打断点：                       // 捕捉线段的中点作为第一断点
指定第二个打断点:@150,0↙                // 定位第二断点
```

技巧点拨：

"第一点"选项用于重新确定第一断点。由于在选择对象时不可能拾取到准确的第一点，所以需要激活该选项，以重新定位第一断点。

step 04 打断结果如图 9-26 所示。

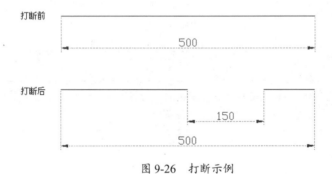

图 9-26 打断示例

9.2.2 合并对象

合并对象指的是将同角度的两条或多条线段合并为一条线段，还可以将圆弧或椭圆弧合并为一个整圆或椭圆，如图 9-27 所示。

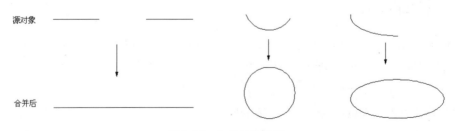

图 9-27 合并对象示例

执行"合并"命令主要有以下几种方式：
- 选择"修改"|"合并"命令。
- 单击"修改"面板中的"合并"按钮。
- 在命令行输入 Join 并按 Enter 键。
- 在命令行输入命令简写 J 并按 Enter 键。

下面通过实例讲解如何将两条线段合并为一条线段 / 将圆弧合并为一个整圆 / 将椭圆弧合并为一个椭圆。

动手操练——图形的合并

step 01 使用"直线"命令绘制两条线段。
step 02 选择"修改"|"合并"命令，将两条线段合并为一条线段，如图9-28所示。

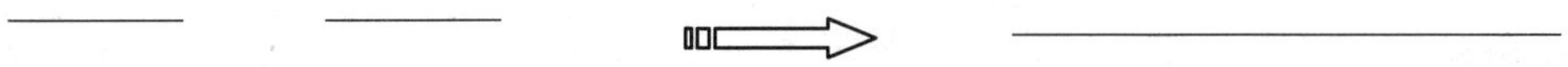

图 9-28　合并线段

step 03 选择"绘图"|"圆弧"命令，绘制一段圆弧。
step 04 重复选择"修改"|"合并"命令，将圆弧合并为圆，如图9-29所示。

图 9-29　合并圆弧

step 05 选择"绘图"|"圆弧"命令，绘制一段椭圆弧。
step 06 重复选择"修改"|"合并"命令，将椭圆弧合并为椭圆，如图9-30所示。

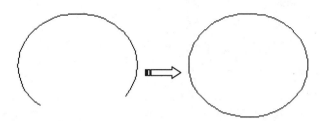

图 9-30　合并椭圆弧

9.2.3　分解对象

"分解"命令用于将组合对象分解成各自独立的对象，以方便对分解后的各对象进行编辑。

执行"分解"命令主要有以下几种方式：

- 在菜单栏中选择"修改"|"分解"命令。
- 单击"修改"面板中的"分解"按钮 。
- 在命令行输入 Explode 并按 Enter 键。
- 在命令行输入命令简写 X 并按 Enter 键。

经常用于分解的组合对象有矩形、正多边形、多段线、边界及一些图块等。在激活命令后，只需选择需要分解的对象，按 Enter 键即可将对象分解。如果对具有一定宽度的多段线进行分解，AutoCAD 将忽略其宽度并沿多段线的中心放置分解多段线，如图 9-31 所示。

图 9-31　分解宽度多段线

> **技巧点拨：**
>
> AutoCAD 一次只能删除一个编组级，如果一个图块包含一个多段线或嵌套块，那么对该图块的分解就是首先分解出该多段线或嵌套块，然后再分别分解该图块中的各个对象。

9.3　编辑对象特性

9.3.1　"特性"选项板

在 AutoCAD 2018 中，可以利用"特性"选项板修改选定对象的完整特性。

打开"特性"选项板主要有以下几种方式：

- 在菜单栏中选择"修改"|"特性"命令。
- 选择"工具"|"对象特性管理器"命令。

选择"特性"命令后，系统将打开"特性"选项板，如图 9-32 所示。

> **技巧点拨：**
>
> 当选中多个对象时，"特性"选项板中将显示这些对象的公共特性。

选择对象与"特性"选项板显示内容的含义如下：

- 在没有选中对象时，"特性"选项板将显示整个图纸的特性。
- 选择了一个对象，"特性"选项板将列出该对象的全部特性及其当前设置。
- 选择同一类型的多个对象，"特性"选项板将列出这些对象的共有特性及当前设置。
- 选择不同类型的多个对象，在"特性"选项板内只列出这些对象的基本特性及它们的当前设置。

第 9 章 图形编辑与操作（二）

在"特性"选项板中单击"快速选择" 按钮，将打开"快速选择"对话框，如图 9-33 所示，用户可以通过该对话框快速创建选择集。

图 9-32 "特性"选项板　　　　　　　　图 9-33 "快速选择"对话框

9.3.2 特性匹配

"特性匹配"是一个使用非常方便的编辑工具，它对编辑同类对象非常有用。它是将源对象的特性，包括颜色、图层、线型、线型比例等，全部赋予目标对象。

执行"特性匹配"有以下几种方式：

- 选择"修改"|"特性匹配"命令。
- 在"标准"面板中单击"特性匹配"按钮 。
- 在命令行输入 Matchprop 并按 Enter 键。
- 在命令行使用简写命令 MA 并按 Enter 键。

执行"特性匹配"命令后，命令行的操作提示如下：

```
命令：'_matchprop
选择源对象：                          //选择一个图形作为源对象
当前活动设置：颜色 图层 线型 线型比例 线宽 透明度 厚度 打印样式 标注 文字
图案填充 多段线 视口 表格材质 阴影显示 多重引线
选择目标对象或 [设置(S)]：             //将源对象的属性赋予所选的目标
```

如果在该提示下直接选择对象，所选对象的特性将由源对象的特性替代。如果在该提示下输入选项 S，将打开如图 9-34 所示的"特性设置"对话框，使用该对话框可以设置要匹配的选项。

图 9-34 "特性设置"对话框

9.4 综合案例

本章前面主要介绍了在 AutoCAD 2018 中编辑二维图形的相关命令及使用方法。接下来将以几个典型的图形绘制实例来说明图形编辑命令的应用方法及使用过程,以帮助读者快速掌握本章所学的重点知识。

9.4.1 案例一:绘制凸轮

下面通过绘制如图 9-35 所示的凸轮轮廓图,对本节相关知识进行综合练习和应用。

操作步骤:

step 01 使用"新建"命令创建空白文件。

step 02 按下 F12 键,关闭状态栏上的"动态输入"功能。

step 03 选择"视图"|"平移"|"实时"菜单命令,将坐标系图标移至绘图区中央位置上。

step 04 选择"绘图"菜单栏中的"多段线"命令,配合坐标输入法绘制内部轮廓线。命令行操作提示如下:

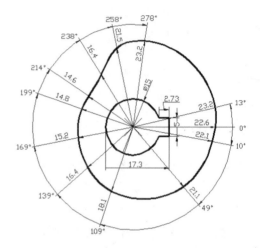

图 9-35 本例效果

```
命令:_pline
指定起点:                              // 输入 9.8,0 后按 Enter 键
当前线宽为 0.0000
指定下一个点或 [圆弧(A)/半宽(H)/长度(L)/放弃(U)/宽度(W)]: // 输入 9.8,2.5 后按 Enter 键
指定下一点或 [圆弧(A)/闭合(C)/半宽(H)/长度(L)/放弃(U)/宽度(W)]:
                                      // 输入 @-2.73,0 后按 Enter 键
指定下一点或 [圆弧(A)/闭合(C)/半宽(H)/长度(L)/放弃(U)/宽度(W)]:
                                      // 输入 a 后按 Enter 键,转入画弧模式
指定圆弧的端点或 [角度(A)/圆心(CE)/闭合(CL)/方向(D)/半宽(H)/直线(L)/半径(R)/
第二个点(S)/放弃(U)/宽度(W)]:         // 输入 ce 后按 Enter 键
指定圆弧的圆心:                        // 输入 0,0 后按 Enter 键
指定圆弧的端点或 [角度(A)/长度(L)]:    // 输入 7.07,-2.5 后按 Enter 键
指定圆弧的端点或 [角度(A)/圆心(CE)/闭合(CL)/方向(D)/半宽(H)/直线(L)/半径(R)/
第二个点(S)/放弃(U)/宽度(W)]:         // 输入 l 后按 Enter 键,转入画线模式
指定下一点或 [圆弧(A)/闭合(C)/半宽(H)/长度(L)/放弃(U)/宽度(W)]:
                                      // 输入 9.8,-2.5 后按 Enter 键
指定下一点或 [圆弧(A)/闭合(C)/半宽(H)/长度(L)/放弃(U)/宽度(W)]:
                                      // 输入 c 后按 Enter 键,结束命令,绘制结果如图 9-36 所示
```

step 05 单击"绘图"面板中的 ~ 按钮,激活"样条曲线"命令,绘制外轮廓线。命令行操作提示如下:

```
命令:_spline
指定第一个点或 [对象(O)]:              // 输入 22.6,0 后按 Enter 键
指定下一点:                            // 输入 23.2<13 后按 Enter 键
指定下一点或 [闭合(C)/拟合公差(F)] <起点切向>: // 输入 23.2<-278 后按 Enter 键
```

指定下一点或 [闭合(C)/拟合公差(F)] <起点切向>:   // 输入 21.5<-258 后按 Enter 键
指定下一点或 [闭合(C)/拟合公差(F)] <起点切向>:   // 输入 16.4<-238 后按 Enter 键
指定下一点或 [闭合(C)/拟合公差(F)] <起点切向>:   // 输入 14.6<-214 后按 Enter 键
指定下一点或 [闭合(C)/拟合公差(F)] <起点切向>:   // 输入 14.8<-199 后按 Enter 键
指定下一点或 [闭合(C)/拟合公差(F)] <起点切向>:   // 输入 15.2<-169 后按 Enter 键
指定下一点或 [闭合(C)/拟合公差(F)] <起点切向>:   // 输入 16.4<-139 后按 Enter 键
指定下一点或 [闭合(C)/拟合公差(F)] <起点切向>:   // 输入 18.1<-109 后按 Enter 键
指定下一点或 [闭合(C)/拟合公差(F)] <起点切向>:   // 输入 21.1<-49 后按 Enter 键
指定下一点或 [闭合(C)/拟合公差(F)] <起点切向>:   // 输入 22.1<-10 后按 Enter 键
指定下一点或 [闭合(C)/拟合公差(F)] <起点切向>:   // 输入 c 后按 Enter 键
指定切向: // 将光标移至如图 9-37 所示位置,单击以确定切向,绘制结果如图 9-38 所示

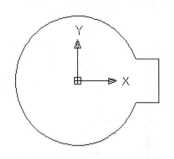
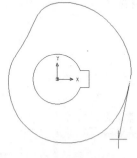
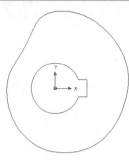

图 9-36　绘制内轮廓　　　　　图 9-37　确定切向　　　　　图 9-38　绘制结果

step 06 最后选择"保存"命令,将图形保存为"综合例题三.dwg"。

9.4.2　案例二:绘制垫片

绘制如图 9-39 所示的垫片,按照 1:1 的尺寸进行绘制。

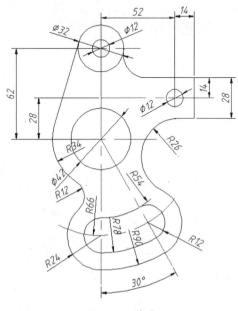

图 9-39　垫片

操作步骤：

step 01 新建一个空白文件。

step 02 设置图层。在菜单栏中选择"格式"|"图层"命令，打开"图层特性管理器"面板。

step 03 新建3个图层，如图9-40所示。

step 04 将"中心线"图层设置为当前图层。然后单击"绘图"面板中的"直线"按钮，绘制中心线，结果如图9-41所示。

step 05 单击"偏移"按钮，将水平中心线向上分别偏移28和62，将竖直中心线向右分别偏移52和66，结果如图9-42所示。

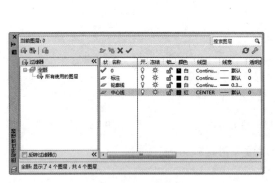
图9-40　创建图层

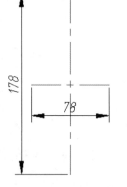
图9-41　绘制中心线

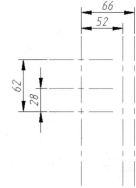
图9-42　偏移直线

step 06 利用"直线"命令绘制一条倾斜角度为30°的直线，如图9-43所示。

> **技巧点拨：**
>
> 在绘制倾斜直线时，可以按Tab键切换图形区中坐标输入的数值文本框，以此确定直线的长度和角度，如图9-44所示。

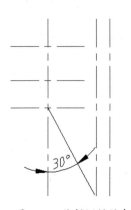
图9-43　绘制倾斜的直线

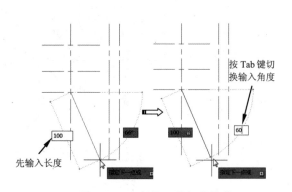
图9-44　坐标输入的切换操作

step 07 单击"圆"按钮，绘制一个直径为132的辅助圆，结果如图9-45所示。

step 08 再利用"圆"命令，绘制如图9-46所示的3个小圆。

第 9 章　图形编辑与操作（二）

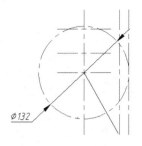
图 9-45　绘制圆

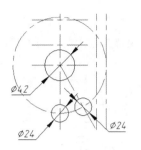
图 9-46　绘制 3 个小圆

step 09 利用"圆"命令，绘制如图 9-47 所示的 3 个同心圆。

step 10 使用"起点、端点、半径"命令，依次绘制出如图 9-48 所示的 3 条圆弧。

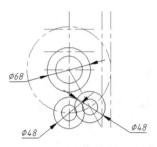
图 9-47　绘制同心圆

图 9-48　绘制相切圆弧

技巧点拨：

利用"起点、端点、半径"命令绘制同时与其他两个对象都相切的圆弧时，需要输入 tan 命令，使其起点与端点和所选的对象相切，命令行中的提示如下：

```
命令：_arc
指定圆弧的起点或 [圆心(C)]：tan↙
到
指定圆弧的第二个点或 [圆心(C)/端点(E)]：_e        // 指定圆弧起点
指定圆弧的端点：tan↙                               // 指定圆弧端点
到
指定圆弧的圆心或 [角度(A)/方向(D)/半径(R)]：_r 指定圆弧的半径:78 ↙
```

step 11 为了后续观察图形的需要，使用"修剪"命令将多余的图线修剪掉，如图 9-49 所示。

step 12 单击"圆"按钮⊙，绘制两个直径为 12 的圆和一个直径为 32 的圆，如图 9-50 所示。

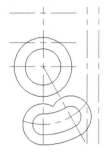
图 9-49　修剪结果

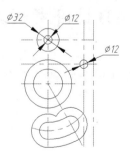
图 9-50　绘制圆

step 13 使用"直线"命令绘制一条公切线，如图 9-51 所示。

step 14 使用"偏移"命令绘制两条辅助线，然后连接两条辅助线，如图 9-52 所示。

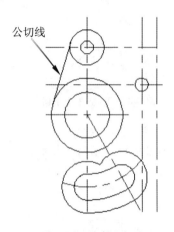

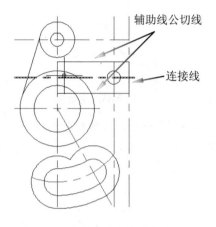

图 9-51 绘制公切线　　　　图 9-52 绘制辅助线和连接线

step 15 单击"绘图"面板中的"相切、相切、半径"按钮，分别绘制半径为 26、16、12 的相切圆，如图 9-53 所示。

step 16 使用"修剪"命令修剪多余图线，最后结果如图 9-54 所示。

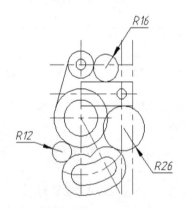

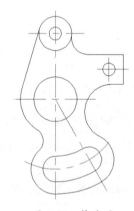

图 9-53 绘制 3 个相切圆　　　　图 9-54 垫片图

9.5　AutoCAD 认证考试习题集

一、单选题

（1）对（　）对象执行"倒角"命令无效。

A. 多段线　　　　　　　　　　　B. 直线

C. 构造线　　　　　　　　　　　D. 弧

正确答案：（　）

（2）对（　）对象可以选择"拉长"命令中的"增量"选项。

A. 弧 B. 矩形
C. 圆 D. 圆柱

正确答案：（ ）

（3）在选择"全部缩放"或"范围缩放"命令后，（ ）图形不能完全显示。

A. 射线 B. 圆
C. 多段线 D. 直线

正确答案：（ ）

（4）执行（ ）命令对闭合图形无效。

A. 删除 B. 打断
C. 复制 D. 拉长

正确答案：（ ）

（5）下列（ ）用于尽最大可能显示所有图形。

A. ZOOM/范围 (E) B. ZOOM/全部 (A)
C. ZOOM/动态 (D) D. ZOOM/窗口 (W)

正确答案：（ ）

（6）对（ ）对象使用"延伸"命令无效果。

A. 构造线 B. 射线
C. 圆弧 D. 多段线

正确答案：（ ）

（7）视图缩放（Zoom）命令和比例缩放（SCale）命令的区别是（ ）。

A. 两者本质上没有区别
B. 线宽会随比例缩放而更改
C. 视图缩放可以更改图形对象的大小
D. 比例缩放更改图形对象的大小，视图缩放只对其显示大小更改，不改变真实大小

正确答案：（ ）

（8）在执行 Zoom 命令的过程中改变了（ ）。

A. 图形在视图中显示的位置 B. 图形的几何大小
C. 图形的几何位置 D. 图形在视图中显示的大小

正确答案：（ ）

（9）在 AutoCAD 中，如果执行了缩放命令的"全部"选项，图形在屏幕上变成很小的一个部分，则可能出现的问题是（ ）。

A. 溢出计算机内存 B. 将图形对象放置在错误的位置上
C. 栅格和捕捉设置错误 D. 图形界限比当前图形对象范围大

正确答案：（ ）

二、绘图题

（1）将长度和角度精度设置为保留小数点后三位，绘制如图 9-55 所示图形，阴影面积和

周长为（ ）。

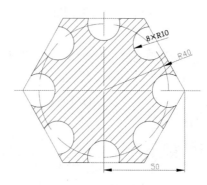

图 9-55　绘图题一

A. 4471.888，476.026　　　　　　　　B. 4444.888，446.027

C. 4571.874，446.078　　　　　　　　D. 4479.878，471.329

（2）将长度和角度精度设置为保留小数点后三位，绘制如图 9-56 所示的图形，绿色剖面线区域的面积是（ ）。

A 233.1049　　　　　　B 233.4109　　　　　　C 233.4901

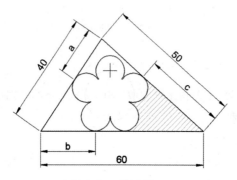

图 9-56　绘图题二

（3）将长度和角度精度设置为保留小数点后三位，绘制如图 9-57 所示的图形，剖面线区域的面积是（ ）。

A 145.0234　　　　　　B 145.0342　　　　　　C 145.0432

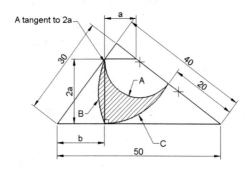

图 9-57　绘图题三

（4）将长度和角度精度设置为保留小数点后四位，绘制如图 9-58 所示的图形，剖面线区域面积为（ ）。

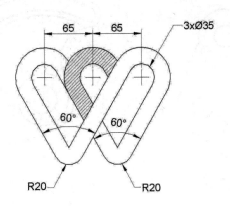

图 9-58　绘图题四

A. 2743.2210　　　　　　　　　　　　B. 2743.1470
C. 2743.2417　　　　　　　　　　　　D. 2743.3526

（5）绘制图 9-59 所示的图形，回答问题。将绘图精度设置为保留小数点后四位，图中阴影部分的面积为（ ）。

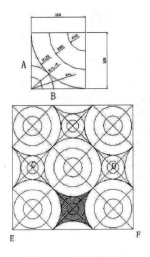

图 9-59　绘图题五

A 12361.0658　　　　　　　　　　　　B 12361.6658
C 12361.0655　　　　　　　　　　　　D 12361.0650

9.6　课后习题

（1）绘制如图 9-60 所示的平面图形。

（2）绘制如图9-61所示的平面图形。

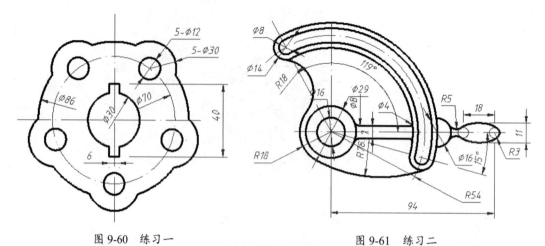

图9-60 练习一   图9-61 练习二

（3）绘制如图9-62所示的平面图形。
（4）绘制如图9-63所示的平面图形。

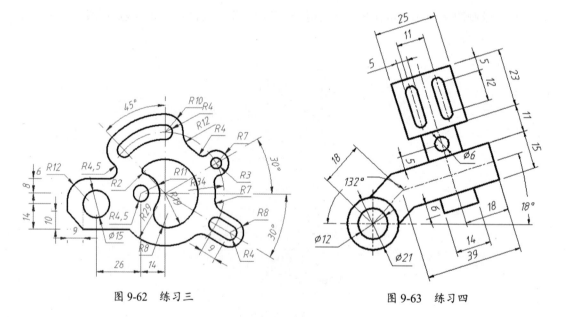

图9-62 练习三   图9-63 练习四

第 10 章
块与外部参照

本章内容

在绘制图形时，如果图形中有大量相同或相似的内容，或者所绘制的图形与已有的图形文件相同，则可以把要重复绘制的图形创建成块（也称为图块），并根据需要为块创建属性，指定块的名称、用途及设计者等信息，在需要时直接插入它们，从而提高绘图效率。用户也可以把已有的图形文件以参照的形式插入到当前图形中（即外部参照），或者通过 AutoCAD 设计中心浏览、查找、预览、使用和管理 AutoCAD 图形、块、外部参照等不同的资源文件。

知识要点

- ☑ 块与外部参照概述
- ☑ 创建块
- ☑ 块编辑器
- ☑ 动态块
- ☑ 块属性
- ☑ 使用外部参照
- ☑ 剪裁外部参照与光栅图像

10.1 块与外部参照概述

块与外部参照有相似的地方,但它们的主要区别是:一旦插入了块,该块就永久性地插入到了当前图形中,成为当前图形的一部分。而以外部参照方式将图形插入到某一图形中(称之为主图形)后,被插入图形文件的信息并不直接加入到主图形中,主图形只是记录参照关系。在功能区中,用于创建块和参照的"插入"选项卡如图 10-1 所示。

图 10-1 "插入"选项卡

10.1.1 块定义

块可以是绘制在几个图层上的不同颜色、线型和线宽特性的对象的组合。尽管块总是在当前图层上,但块参照保存了有关包含在该块中的对象的原图层、颜色和线型特性的信息。

块的定义方法主要有以下几种:
- 合并对象以在当前图形中创建块定义。
- 使用"块编辑器"将动态行为添加到当前图形中的块定义。
- 创建一个图形文件,随后将它作为块插入到其他图形中。
- 使用若干种相关块定义创建一个图形文件以用作块库。

10.1.2 块的特点

在 AutoCAD 中,使用块可以提高绘图速度、节省存储空间、便于修改图形,能够为块添加属性,还可以控制块中的对象是保留其原特性,还是继承当前图层的颜色、线型

或线宽设置。例如,在机械装配图中,常用的螺帽、螺钉、弹簧等标准件都可以定义为块,在定义成块时,需指定块名、块中对象、块插入基点和块插入单位等,如图 10-2 所示为零件装配部件图。

图 10-2 机械零件装配图

1. 提高绘图效率

使用 AutoCAD 绘图时,经常要绘制一些重复出现的图形对象,若把这些图形对象定义成块保存起来,再次绘制该图形时就可以

插入定义的块,这样就避免了大量重复性的工作,从而为用户提高了制图效率。

2. 节省存储空间

AutoCAD 要保存图中每一个对象的相关信息,如对象的类型、位置、图层、线型及颜色等,这些信息占据了大量的程序存储空间。如果在一幅图中绘制大量相同的图形,势必会造成操作系统运行缓慢,但把这些相同的图形定义成块,需要该图形时直接插入,即可节省磁盘空间。

3. 便于修改图形

一张工程图往往要经过多次修改。例如在机械设计中,旧的国家标准(GB)用虚线表示螺栓的内径,而新的 GB 则用细实线表示,如果对旧图纸上的每一个螺栓按新 GB 来修改,既费时又不方便。但如果原来各螺栓是通过插入块的方法绘制的,那么只要简单地修改定义的块,图中所有块图形都会相应地被修改。

4. 可以添加属性

很多块还要求有文字信息以进一步解释其用途。AutoCAD 允许为块创建这些文字属性,而且还可以在插入的块中显示或不显示这些属性,也可以从图中提取这些信息并将它们传送到数据库中。

10.2 创建块

块是一个或多个对象组成的对象集合,常用于绘制复杂、重复的图形。一旦一组对象被组合成块,就可以根据作图需要将这组对象插入到图中任意指定的位置,而且还可以按不同的比例和旋转角度插入。本节将着重介绍块的创建、插入块、删除块、存储并参照块、嵌套块、间隔插入块、多重插入块及创建块库等内容。

10.2.1 块的创建

通过选择对象、指定插入点为其命名,可创建块定义。用户可以创建自己的块,也可以使用设计中心或工具选项板中提供的块。

用户可通过以下方式来创建块:

- 菜单栏:选择"绘图"|"块"|"创建块"命令。
- 面板:在"常用"选项卡的"块"面板中单击"创建块"按钮 。
- 面板:在"插入"选项卡的"块定义"面板中单击"创建块"按钮 。
- 命令行:输入 BLOCK 并按 Enter 键。

执行 BLOCK 命令,程序将弹出"块定义"对话框,如图 10-3 所示。

图 10-3 "块定义"对话框

该对话框中各选项含义如下:

- 名称:指定块的名称。名称最多可以包含 255 个字符,包括字母、数字、空格,以及操作系统或程序未作他用的任何特殊字符。

注意：

不能用 DIRECT、LIGHT、AVE_RENDER、RM_SDB、SH_SPOT 和 OVERHEAD 作为有效的块名称。

- "基点"选项卡：指定块的插入基点。默认值是（0,0,0）。

注意：

此基点是图形插入过程中旋转或移动的参照点。

  - 在屏幕上指定：在屏幕窗口上指定块的插入基点。
  - "拾取点"按钮：暂时关闭对话框以使用户能在当前图形中拾取插入基点。
  - X：指定基点的 X 坐标值。
  - Y：指定基点的 Y 坐标值。
  - Z：指定基点的 Z 坐标值。
- "设置"选项组：指定块的设置。
  - 块单位：指定块参照插入单位。
  - "超链接"按钮：单击此按钮，打开"插入超链接"对话框，使用该对话框将某个超链接与块定义相关联，如图 10-4 所示。

图 10-4 "插入超链接"对话框

- 在块编辑器中打开：选中此复选框，将在块编辑器中打开当前的块定义。
- "对象"选项组：指定新块中要包含的对象，以及创建块之后如何处理这些对象，是保留还是删除选定的对象或者是将它们转换成块实例。
  - 在屏幕上指定：在屏幕中选择块包含的对象。
  - "选择对象"按钮：暂时关闭"块定义"对话框，允许用户选择块对象。完成选择对象后，按 Enter 键重新打开"块定义"对话框。
  - "快速选择"按钮：单击此按钮，将打开"快速选择"对话框，在该对话框中定义选择集，如图 10-5 所示。

图 10-5 "快速选择"对话框

  - 保留：创建块以后，将选定对象保留在图形中作为区别对象。
  - 转换为块：创建块以后，将选定对象转换成图形中的块实例。
  - 删除：创建块以后，从图形中删除选定的对象。
  - "未选定的对象"：此区域将显示选定对象的数目。
- "方式"选项组：指定块的生成方式。
  - 注释性：指定块为注释性。

第 10 章 块与外部参照

> 使块方向与布局匹配：指定在图纸空间视口中的块参照的方向与布局的方向匹配。如果未选择"注释性"复选框，则该选项不可用。
> 按统一比例缩放：指定块参照是否按统一比例缩放。
> 允许分解：指定块参照是否可以被分解。

每个块定义必须包括块名、一个或多个对象、用于插入块的基点坐标值和所有相关的属性数据。插入块时，将基点作为放置块的参照。

技巧点拨：

建议用户指定基点位于块中对象的左下角。在以后插入块时将提示指定插入点，块基点与指定的插入点对齐。

下面通过实例来说明块的创建。

动手操练——块的创建

step 01 打开本例文件"ex-1.dwg"。

step 02 在"插入"选项卡的"块"面板中单击"创建块"按钮，打开"块定义"对话框。

step 03 在"名称"文本框内输入块的名称"链齿轮"，然后单击"拾取点"按钮，如图 10-6 所示。

图 10-6 输入块名称

step 04 程序将暂时关闭对话框，在绘图区域中指定图形的中心点作为块插入基点，如图 10-7 所示。

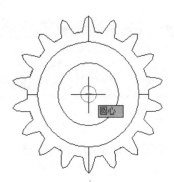

图 10-7 指定基点

step 05 指定基点后，程序再打开"块定义"对话框。单击该对话框中的"选择对象"按钮，切换到图形窗口，使用窗口选择的方法全部选择窗口中的图形元素，然后按 Enter 键返回到"块定义"对话框。

step 06 此时，在"名称"文本框旁边生成块图标。接着在对话框的"说明"选项卡中输入块的说明文字，如输入"齿轮分度圆直径 12、齿数 18、压力角 20"等字样。再保持其余选项为默认设置，最后单击"确定"按钮，完成块的定义，如图 10-8 所示。

图 10-8 完成块的定义

技巧点拨：

创建块时，必须先输入要创建块的图形对象，否则显示"块-未选定任何对象"选择信息提示框，如图 10-9 所示。如果新块名与已有块重名，程序将显示"块-重定义块"信息提示框，要求用户更新块定义或参照，如图 10-10 所示。

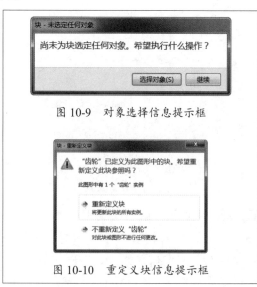

图 10-9 对象选择信息提示框

图 10-10 重定义块信息提示框

10.2.2 插入块

插入块时，需要创建块参照并指定它的位置、缩放比例和旋转度。插入块操作将创建一个称作块参照的对象，因为参照了存储在当前图形中的块定义。

用户可通过以下方式来执行此操作：
- 面板：在"插入"选项卡的"块"面板中单击"插入"按钮。
- 命令行：输入 IBSERT 并按 Enter 键。

执行 IBSERT 命令，程序将弹出"插入"对话框，如图 10-11 所示。

图 10-11 "插入"对话框

该对话框中各选项的含义如下：

- "名称"下拉列表：在该下拉列表中指定要插入块的名称，或指定要作为块插入的文件的名称。
- "浏览"按钮：单击此按钮，打开"选择图形文件"对话框（标准的文件选择对话框），从中可选择要插入的块或图形文件。
- 路径：显示块文件的浏览路径。
- "插入点"选项组：控制块的插入点。
  ➢ 在屏幕上指定：用定点设备指定块的插入点。
- "比例"选项组：指定插入块的缩放比例。如果指定负的 X、Y、Z 缩放比例因子，则插入块的镜像图像。

> **技巧点拨：**
> 如果插入的块所使用的图形单位与为图形指定的单位不同，则块将自动按照两种单位相比的等价比例因子进行缩放。

  ➢ 在屏幕上指定：用定点设备指定块的比例。
  ➢ 统一比例：为 X、Y、Z 坐标指定单一的比例值。为 X 指定的值也反映在 Y 和 Z 的值中。
- "旋转"选项组：在当前 UCS 中指定插入块的旋转角度。
  ➢ 在屏幕上指定：用定点设备指定块的旋转角度。
  ➢ 角度：设置插入块的旋转角度。
- "块单位"选项组：显示有关块单位的信息。
  ➢ 单位：显示块的单位。
  ➢ 比例：显示块的当前比例因子。
- 分解：分解块并插入该块的各个部分。选中"分解"复选框时，只可以指定"统一比例"因子。

块的插入方法较多，主要有以下几种：通过"插入"对话框、在命令行输入 –insert 命令、在工具选项板中单击块工具。

1. 通过"插入"对话框插入块

凡用户自定义的块或块库，都可以通过"插入"对话框插入到其他图形文件中。将一个完整的图形文件插入到其他图形中时，图形信息将作为块定义复制到当前图形的块表中，后续插入参照具有不同位置、比例和旋转角度的块定义，如图 10-12 所示。

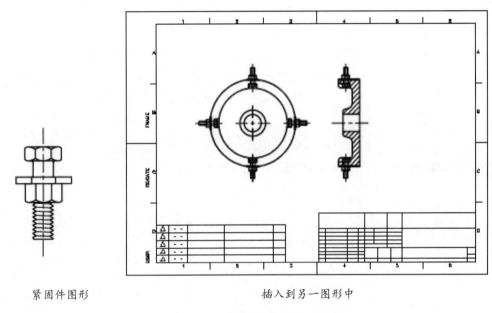

紧固件图形　　　　　　　　　　　插入到另一图形中

图 10-12　作为块插入图形文件

2. 在命令行输入 –insert 命令

如果在命令行提示下输入 –insert 命令，将显示以下命令操作提示：

```
命令：-insert
输入块名或 [?] <上一个>:                    // 输入块名
单位：毫米  转换：1.00000000                // 显示转换单位和比例
指定插入点或 [基点(B)//比例(S)//X//Y//Z// 旋转(R)]:   // 指定插入点或输入选项
输入 X 比例因子，指定对角点，或 [角点(C)//XYZ(XYZ)] <1>:  // 输入 X 缩放因子
输入 Y 比例因子或 <使用 X 比例因子>:         // 输入 Y 缩放因子
指定旋转角度 <0>:                          // 输入块旋转角度
```

操作提示下的选项含义如下：

- 输入块名：如果在当前编辑任务期间已经在当前图形中插入了块，则最后插入的块的名称作为当前块出现在提示中。
- 插入点：指定块或图形的位置，此点与块定义时的基点重合。
- 基点：将块临时放置到其当前所在的图形中，并允许在将块参考拖动到位时为其指定新基点。这不会影响为块参照定义的实际基点。

- 比例：设置 X、Y 和 Z 轴的比例因子。
- X//Y//Z：设置 XYZ 的比例因子。
- 旋转：设置块插入的旋转角度。
- 指定对角点：指定缩放比例的对角点。

动手操练——插入块

下面通过实例来说明在命令行中输入 –insert 命令插入块的操作过程。

step 01 打开本例光盘文件 "ex-2.dwg"。

step 02 在命令行中输入 –insert 命令，并按 Enter 键执行命令。

step 03 插入块时，将块放大为原来的 1.1 倍，并旋转 45°。命令行的操作提示如下：

```
命令：-insert
输入块名或 [?] <扳手>:↙
单位：毫米   转换：1.00000000                              // 转换单位信息
指定插入点或 [基点(B)// 比例(S)//X//Y//Z// 旋转(R)]: s↙    // 输入 S 选项
指定 XYZ 轴的比例因子 <1>：1.1↙                            // 输入比例因子
指定插入点或 [基点(B)// 比例(S)//X//Y//Z// 旋转(R)]: r↙    // 输入 F 选项
指定旋转角度 <0>：45↙                                      // 输入旋转角度
指定插入点或 [基点(B)// 比例(S)//X//Y//Z// 旋转(R)]:        // 指定插入点
```

step 04 插入块的操作过程及结果如图 10-13 所示。

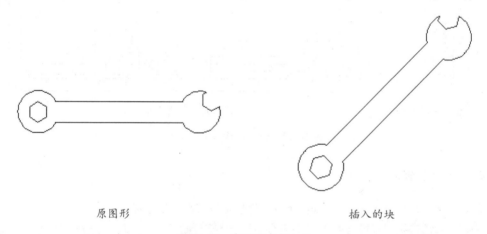

原图形　　　　　　　　　　　　　　插入的块

图 10-13　在图形中插入块

3. 在工具选项板中单击块工具

在 AutoCAD 中，工具选项板上的所有工具都是定义的块，从工具选项板中拖动的块将根据块和当前图形中的单位比例自动进行缩放。例如，如果当前图形使用米作为单位，而块使用厘米，则单位比例为 1m//100cm。将块拖动至图形中时，该块将按照 1//100 的比例插入。

对于从工具选项板中拖动来进行放置的块，必须在放置后经常旋转或缩放。从工具选项板中拖动块时可以使用对象捕捉功能，但不能使用栅格捕捉功能。在使用该工具时，可以为块或图案填充工具设置辅助比例来替代常规比例设置。

从工具选项板中单击块工具或拖动块来创建的图形如图 10-14 所示。

第 10 章　块与外部参照

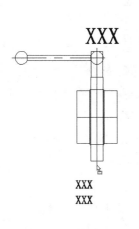

图 10-14　在工具选项板中选择块工具并拖动

技巧点拨：

如果将源块或目标图形中的"拖放比例"设置为"无单位"，可以使用"选项"对话框中"用户系统配置"选项卡中的"源内容单位"和"目标图形单位"来设置。

10.2.3　删除块

要删除未使用的块定义并减小图形尺寸，在绘图过程中可以使用"清理"命令。"清理"命令主要用于删除图形中未使用的命名项目，例如块定义和图层。

用户可通过以下方式来执行此操作：

- 菜单栏：选择"文件"|"图形实用程序"|"清理"命令。
- 命令行：输入 PURGE 并按 Enter 键。

执行 PURGE 命令，程序将弹出"清理"对话框，如图 10-15 所示。

该对话框中显示可以被清理的项目。该对话框中各选项的含义如下：

- 查看能清理的项目：切换树状图以显示当前图形中可以清理的命名对象的概要。

- 查看不能清理的项目：切换树状图以显示当前图形中不能清理的命名对象的概要。
- "图形中未使用的项目"列表框：列出当前图形中未使用的、可被清理的命名对象。可以通过单击加号或双击对象类型列出任意对象类型的项目。通过选择要清理的项目来清理项目。
- 确认要清理的每个项目：清理项目时显示"清理 - 确认清理"对话框，如图 10-16 所示。
- 清理嵌套项目：从图形中删除所有未使用的命名对象，即使这些对象包含在其他未使用的命名对象中或被这些对象所参照。
- 在对话框中的"图形中未使用的项目"列表框中选择"块"选项，然后单击"清理"按钮，定义的块将被删除。

图 10-15　"清理"对话框

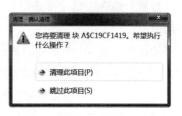

图 10-16　"清理 - 确认清理"对话框

10.2.4 存储并参照块

每个图形文件都具有一个称作块定义表（又称块表）的不可见数据区域。块定义表中存储着全部块定义，包括块的全部关联信息。在图形中插入块时，所参照的就是这些块定义。

如图 10-17 所示的图例是 3 个图形文件的概念性表示。每个矩形表示一个单独的图形文件，并分为两个部分：较小的部分表示块定义表，较大的部分表示图形中的对象。

插入块时即插入了块参照，不仅是将信息从块定义复制到绘图区域，而且在块参照与块定义之间建立了连接。因此，如果修改块定义，所有的块参照也将自动更新。

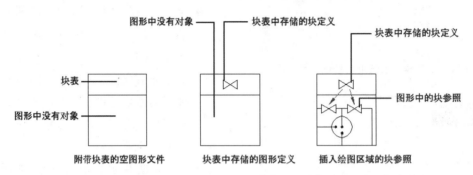

图 10-17　图形文件的概念性表示

当用户使用 BLOCK 命令定义一个块时，该块只能在存储该块定义的图形文件中使用。为了能在别的文件中再次引用块，必须使用 WBLOCK 命令，即打开"写块"对话框来进行文件的存放设置。"写块"对话框如图 10-18 所示。

"写块"对话框将显示不同的默认设置，这取决于是否选定了对象、是否选定了单个块或是否选定了非块的其他对象。对话框中各选项含义如下：

图 10-18　"写块"对话框

- "块"单选按钮：指明存入图形文件的是块。此时用户可以从下拉列表中选择已定义的块的名称。
- "整个图形"单选按钮：将当前图形文件看成一个块，将该块存储于指定的文件中。
- "对象"单选按钮：将选定对象存入文件，此时要求指定块的基点，并选择块所包含的对象。
- "基点"选项卡：指定块的基点，默认值是（0,0,0）。
  - "拾取点"按钮：暂时关闭对话框以使用户能在当前图形中拾取插入基点。
- "对象"选项卡：设置用于创建块的对象上的块创建的效果。
  - "选择对象"按钮：临时关闭该对话框以便可以选择一个或多个对象以保存至文件。

- ➢ "快速选择"按钮：单击此按钮，打开"快速选择"对话框，从中可以过滤选择集。
- ➢ "保留"单选按钮：将选定对象另存为文件后，在当前图形中仍保留它们。
- ➢ "转换为块"单选按钮：将选定对象另存为文件后，在当前图形中将它们转换为块。在"块"的列表中指定为"文件名"中的名称。
- ➢ "从图形中删除"单选按钮：将选定对象另存为文件后，从当前图形中删除。
- ➢ 未选定的对象：显示未选定对象或选定对象的数目。
- ● "目标"选项卡：指定文件的新名称和新位置，以及插入块时所用的测量单位。
  - ➢ "文件名和路径"组合框：指定目标文件的路径，单击其右侧的"浏览"按钮，显示"浏览文件夹"对话框。
  - ➢ "插入单位"下拉列表：设置将此处创建的块文件插入其他图形时所使用的单位。该下拉列表中包括多种可选单位。

10.2.5 嵌套块

使用嵌套块，可以在几个部件外创建单个块。使用嵌套块可以简化复杂块定义的组织。例如，可以将一个机械部件的装配图作为块插入，该部件包括机架、支架和紧固件，而紧固件又是由螺钉、垫片和螺母组成的块，如图 10-19 和图 10-20 所示。

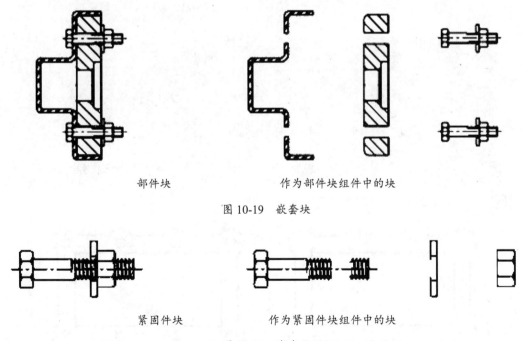

部件块　　　　作为部件块组件中的块

图 10-19　嵌套块

紧固件块　　　　作为紧固件块组件中的块

图 10-20　嵌套块

嵌套块的唯一限制是不能插入参照自身的块。

10.2.6 间隔插入块

在命令行输入 DIVIDE 命令（定数等分）或者 MEASURE 命令（定距等分），可以将点对象或块沿对象的长度或周长等间隔排列，也可以将点对象或块在对象上指定间隔处放置。

10.2.7 多重插入块

多重插入块就是在矩形阵列中插入一个块的多个引用。在插入过程中，MINSERT 命令不能像使用 INSERT 命令那样在块名前使用 "*" 号来分解块对象。

下面通过实例来说明多重插入块的操作过程。

动手操练——多重插入块

本例中插入块的名称为"螺纹孔"，基点为孔中心，如图 10-21 所示。

step 01 打开本例光盘文件 "ex-3.dwg"。

step 02 在命令行执行 MINSERT 命令，然后将"螺纹孔"块插入到图形中，命令行的操作提示如下：

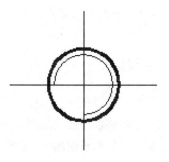

图 10-21 要插入的"螺纹孔"块

```
命令: minsert
输入块名或 [?] <螺纹孔>:                    // 输入块名
单位: 毫米   转换: 1.00000000              // 转换信息提示
指定插入点或 [基点(B)//比例(S)//X//Y//Z//旋转(R)]:      // 指定插入基点
输入 X 比例因子,指定对角点, 或 [角点(C)//XYZ(XYZ)] <1>: ✓   // 输入 X 比例因子
输入 Y 比例因子或 <使用 X 比例因子>: ✓       // 输入 Y 比例因子
指定旋转角度 <0>: ✓                         // 输入块旋转角度
输入行数 (---) <1>: 2 ✓                    // 输入行数
输入列数 (|||) <1>: 4 ✓                    // 输入列数
输入行间距或指定单位单元 (---): 38 ✓        // 输入行间距
指定列间距 (|||): 23 ✓                     // 输入列间距
```

step 03 将块插入图形中的过程及结果如图 10-22 所示。

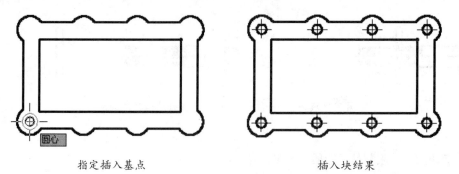

指定插入基点　　　　　　　　　　插入块结果

图 10-22 插入块

10.2.8 创建块库

块库是存储在单个图形文件中的块定义的集合。在创建插入块时，用户可以使用 Autodesk 或其他厂商提供的块库或自定义块库。

通过在同一图形文件中创建块，可以组织一组相关的块定义。使用这种方法的图形文件称为块、符号或库。这些块定义可以单独插入正在其中工作的任何图形。除块几何图形之外，还可以包括提供块名的文字、创建日期、最后修改的日期，以及任何特殊的说明或约定。

下面通过实例来说明块库的创建过程。

动手操练——创建块库

step 01 打开本例光盘文件"ex-4.dwg"，打开的图形如图 10-23 所示。

图 10-23 实例图形

step 02 首先为 4 个代表粗糙度符号及基准代号的小图形创建块定义，名称分别为"粗糙度符号-1""粗糙度符号-2""粗糙度符号-3"和"基准代号"。添加的说明分别是"基本符号，可用任何方法获得""基本符号，表面是用不去除材料的方法获得的""基本符号，表面是用去除材料的方法获得的"和"此基准代号的基准要素为线或面"。其中，创建"基准代号"块图例如图 10-24 所示。

图 10-24 创建"基准代号"块

step 03 在命令行执行 ADCENTER（设计中心）命令，打开"设计中心"选项板。从选项板中可看见创建的块库，块库中包含先前创建的 4 个块及说明，如图 10-25 所示。

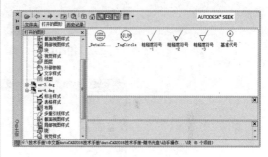

图 10-25 定义的块库

10.3 块编辑器

在 AutoCAD 2018 中，用户可使用"块编辑器"来创建块定义和添加动态行为。用户可通过以下方式来执行此操作：

- 菜单栏：选择"工具"|"块编辑器"命令。
- 面板：在"插入"选项卡的"块定义"面板中单击"块编辑器"按钮。
- 命令行：输入 BEDIT 并按 Enter 键。

执行 BEDIT 命令，程序将弹出"编辑块定义"对话框，如图 10-26 所示。

在该对话框中的"要创建或编辑的块"文本框内输入新的块名称，例如"A"。单击"确定"按钮，程序自动显示"块编辑器"选项卡，同时打开"块编写选项板"。

10.3.1 "块编辑器"选项卡

"块编辑器"选项卡和"块编写选项板"

图 10-26 "编辑块定义"对话框

还提供了绘图区域，用户可以像在程序的主绘图区域中一样在此区域绘制和编辑几何图形，并可以指定块编辑器绘图区域的背景色。"块编辑器"选项卡如图 10-27 所示，"块编写选项板"如图 10-28 所示。

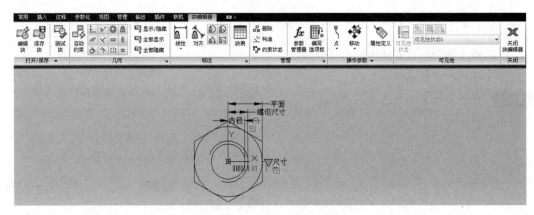

图 10-27 "块编辑器"选项卡

图 10-28 "块编写选项板"中的命令

> **技巧点拨：**
>
> 用户可使用"块编辑器"选项卡或"块编写选项板"中的大多数命令。如果用户输入了块编辑器中不允许执行的命令，命令行提示中将显示一条消息。

下面通过实例来说明利用块编辑器来编辑块定义的操作过程。

动手操练——创建粗糙度符号块

step 01 打开本例光盘文件"ex-5.dwg"，在图形中插入的块如图 10-29 所示。

第 10 章 块与外部参照

10.3.2 块编写选项板

"块编写选项板"中的块编写选项有"参数""动作"和"参数集"等,如图10-32所示。"块编写选项板"可通过单击"块编辑器"选项卡下"工具"面板中的"块编写选项板"按钮，来打开或关闭。

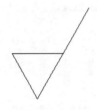

图 10-29 插入的块图形

step 02 在"插入"选项卡的"块"面板中单击"块编辑器"按钮，打开"编辑块定义"对话框。在该对话框的列表框中选择"粗糙度符号-3",并单击"确定"按钮,如图10-30所示。

图 10-30 选择要编辑的块

step 03 随后程序打开"块编辑器"选项卡。使用 LINE 命令和 CIRCLE 命令在绘图区域中原图形的基础之上添加一条直线（长度为10）和一个圆（直径为2.4），如图10-31所示。

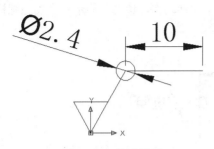

图 10-31 修改图形

step 04 单击"打开/保存"面板中的"保存块"按钮，将编辑的块定义保存。然后单击"关闭"面板中的"关闭块编辑器"按钮，退出块编辑器。

图 10-32 "块编写选项板"面板

1. "参数"选项卡

"参数"选项可提供用于向块编辑器中的动态块定义中添加参数的工具。参数用于指定几何图形在块参照中的位置、距离和角度。将参数添加到动态块定义中时，该参数将定义块的一个或多个自定义特性。该选项卡如图10-32所示。

2. "动作"选项卡

"动作"选项卡提供用于向块编辑器中的动态块定义中添加动作的工具，如图10-33所示。动作定义了在图形中操作块参照的自定义特性时，动态块参照的几何图形将如何移动或变化。

图 10-33 "动作"选项卡

3. "参数集"选项卡

"参数集"选项卡提供用于在块编辑器中向动态块定义中添加一个参数和至少一个动作的工具,如图10-34所示。将参数集添加到动态块中时,动作将自动与参数相关联。将参数集添加到动态块中后,双击黄色警告图标,然后按照命令行提示将该动作与几何图形选择集相关联。

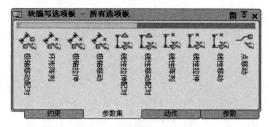

图10-34 "参数集"选项卡

4. "约束"选项卡

"约束"选项卡中的各选项用于图形的位置约束。这些选项与块编辑器的"几何"面板中的约束选项相同。

10.4 动态块

如果向块定义中添加了动态行为,也就为块几何图形增添了灵活性和智能性。动态块参照并非图形的固定部分,用户在图形中进行操作时可以对其进行修改或操作。

10.4.1 动态块概述

动态块具有灵活性和智能性,用户在操作时可以轻松地更改图形中的动态块参照。这使得用户可以根据需要在位调整块,而不用搜索另一个块以插入或重定义现有的块。

通过"块编辑器"选项卡的功能,将参数和动作添加到块,或者将动态行为添加到新的或现有的块定义当中,如图10-35所示。块编辑器内显示了一个定义块,该块包含一个标有"距离"的线性参数,其显示方式与标注类似,此外还包含一个拉伸动作,该动作显示一个发亮螺栓和一个"拉伸"选项卡。

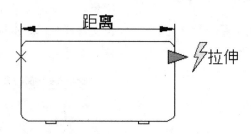

图10-35 向块添加动作和参数

向块中添加参数和动作可以使其成为动态块。如果向块中添加了这些元素,也就为块几何图形增添了灵活性和智能性。

10.4.2 向块中添加元素

用户可以在块编辑器中向块定义中添加动态元素（参数和动作）。特殊情况下，除几何图形外，动态块中通常包含一个或多个参数和动作。

"参数"表示通过指定块中几何图形的位置、距离和角度来定义动态块的自定义特性。"动作"表示定义在图形中操作动态块参照时，该块参照中的几何图形将如何移动或修改。

添加到动态块中的参数类型决定了添加的夹点类型，每种参数类型仅支持特定类型的动作。表 10-1 显示了参数、夹点和动作之间的关系。

表 10-1 参数、夹点和动作之间的关系

参数类型	夹点类型	说明	与参数关联的动作
点	■	在图形中定义一个 X 和 Y 位置。在块编辑器中，外观类似于坐标标注	移动、拉伸
线性	▶	可显示出两个固定点之间的距离。约束夹点沿预设角度的移动。在块编辑器中，外观类似于对齐标注	移动、缩放、拉伸、阵列
极轴	■	可显示出两个固定点之间的距离并显示角度值。可以使用夹点和"特性"选项板来共同更改距离值和角度值。在块编辑器中，外观类似于对齐标注	移动、缩放、拉伸、极轴拉伸、阵列
XY	■	可显示出距参数基点的 X 距离和 Y 距离。在块编辑器中，显示为一对标注（水平标注和垂直标注）	移动、缩放、拉伸、阵列
旋转	●	可定义角度。在块编辑器中，显示为一个圆	旋转
翻转	▶	翻转对象。在块编辑器中，显示为一条投影线。可以围绕这条投影线翻转对象。将显示一个值，该值显示出了块参照是否已被翻转	翻转
对齐	▶	可定义 X 和 Y 位置及一个角度。对齐参数总是应用于整个块，并且无须与任何动作相关联。对齐参数允许块参照自动围绕一个点旋转，以便与图形中的另一对象对齐。对齐参数会影响块参照的旋转特性。在块编辑器中，外观类似于对齐线	无（此动作隐藏在参数中）
可见性	▼	可控制对象在块中的可见性。可见性参数总是应用于整个块，并且无须与任何动作相关联。在图形中单击夹点可以显示块参照中所有可见性状态的列表。在块编辑器中，显示为带有关联夹点的文字	无（此动作是隐含的，并且受可见性状态的控制）
查询	▼	定义一个可以指定或设置为计算用户定义的列表或表中的值的自定义特性。该参数可以与单个查寻夹点相关联。在块参照中单击该夹点可以显示可用值的列表。在块编辑器中，显示为带有关联夹点的文字	查询
基点	■	在动态块参照中相对于该块中的几何图形定义一个基点，无法与任何动作相关联，但可以归属于某个动作的选择集。在块编辑器中，显示为带有十字光标的圆	无

注意：参数和动作仅显示在块编辑器中。将动态块参照插入到图形中时，将不会显示动态块定义中包含的参数和动作。

10.4.3 创建动态块

在创建动态块之前，应当了解其外观及在图形中的使用方式。确定当操作动态块参照时，块中的哪些对象会更改或移动。另外，还要确定这些对象将如何更改。

下面通过实例来说明创建动态块的操作过程。本例将创建一个可旋转、可调整大小的动态块。

动手操练——创建动态块

step 01 在"插入"选项卡的"块"面板中单击"块编辑器"按钮，打开"编辑块定义"对话框。在该对话框中输入新块名称"动态块"，并单击"确定"按钮，如图 10-36 所示。

step 02 在"常用"选项卡下，使用"绘图"面板中的 LINE 命令创建出图形。然后使用"注释"面板中的"单行文字"命令在图形中添加单行文字，如图 10-37 所示。

图 10-36　输入动态块名

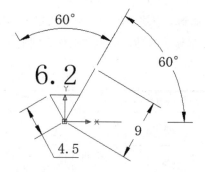
图 10-37　绘制图形和文字

> **技巧点拨：**
> 在块编辑器处于激活的状态下，仍然可以使用功能区上其他选项卡中的功能命令来绘制图形。

step 03 添加点参数。在"块编写选项板"的"参数"选项卡中单击"点参数"按钮，然后按命令行的如下操作提示进行操作：

```
命令：_BParameter 点
指定参数位置或 [名称(N)//选项卡(L)//链(C)//说明(D)//选项板(P)]: L↙
                                          // 输入选项
输入位置特性选项卡 <位置>: 基点↙         // 输入选项卡名称
指定参数位置或 [名称(N)//选项卡(L)//链(C)//说明(D)//选项板(P)]:
                                          // 指定参数位置
指定选项卡位置：                          // 指定选项卡位置
```

step 04 操作过程及结果如图 10-38 所示。

图 10-38　添加点参数

step 05 添加线性参数。在"块编写选项板"的"参数"选项卡中单击"线性参数"按钮，然后按命令行的如下操作提示进行操作：

```
命令: BParameter 线性
指定起点或 [名称(N)//选项卡(L)//链(C)//说明(D)//基点(B)//选项板(P)//值集(V)]:
L↙
输入距离特性选项卡 <距离>: 拉伸↙
指定起点或 [名称(N)//选项卡(L)//链(C)//说明(D)//基点(B)//选项板(P)//值集(V)]:
指定端点:
指定选项卡位置:
```

step 06 操作过程及结果如图 10-39 所示。

指定起点　　　　　　指定选项卡位置　　　　　　结果

图 10-39　添加线性参数

step 07 添加旋转参数。在"块编写选项板"的"参数"选项卡中单击"旋转参数"按钮，然后按命令行的如下操作提示进行操作:

```
命令: BParameter 旋转
指定基点或 [名称(N)//选项卡(L)//链(C)//说明(D)//选项板(P)//值集(V)]: L↙
输入旋转特性选项卡 <角度>: 旋转↙
指定基点或 [名称(N)//选项卡(L)//链(C)//说明(D)//选项板(P)//值集(V)]:
指定参数半径: 3↙
指定默认旋转角度或 [基准角度(B)] <0>: 270↙
指定选项卡位置:
```

step 08 操作过程及结果如图 10-40 所示。

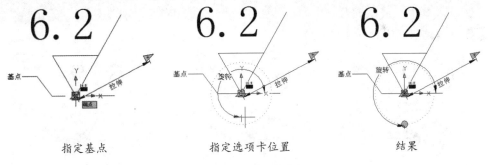

指定基点　　　　　　指定选项卡位置　　　　　　结果

图 10-40　添加旋转参数

step 09 添加缩放动作。在"块编写选项板"的"动作"选项卡中单击"缩放动作"按钮，然后按命令行的如下操作提示进行操作:

```
命令: BActionTool 缩放
选择参数: ↙
指定动作的选择集
选择对象: 找到 1 个
选择对象: 找到 1 个, 总计 2 个
```

```
选择对象: 找到 1 个，总计 3 个
选择对象: 找到 1 个，总计 4 个
选择对象: ✓
指定动作位置或 [基点类型(B)]:
```

step 10 操作过程及结果如图 10-41 所示。

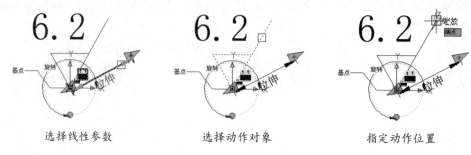

图 10-41 添加缩放动作

技巧点拨：

打开"动作"选项卡，还可以继续添加动作对象。

step 11 添加旋转动作。在"块编写选项板"的"动作"选项卡中单击"旋转动作"按钮 ，然后按命令行的如下操作提示进行操作：

```
命令: _BActionTool 旋转
选择参数: ✓                              // 选择旋转参数
指定动作的选择集
选择对象: 找到 1 个                      // 选择动作对象 1
选择对象: 找到 1 个，总计 2 个            // 选择动作对象 2
选择对象: 找到 1 个，总计 3 个            // 选择动作对象 3
选择对象: 找到 1 个，总计 4 个            // 选择动作对象 4
选择对象: ✓
指定动作位置或 [基点类型(B)]:              // 指定动作位置
```

step 12 操作过程及结果如图 10-42 所示。

图 10-42 添加旋转动作

技巧点拨：

用户可以通过自定义夹点和自定义特性来操作动态块参照。例如，选择一个动作并单击鼠标右键，在弹出的快捷菜单中选择"特性"命令，打开"特性"选项板来添加夹点或动作对象。

step 13 单击"管理"面板中的"保存"按钮,将定义的动态块保存。然后再单击"关闭块编辑器"按钮退出"块编辑器"选项卡。

step 14 使用"插入"选项卡下"块"面板中的"插入点"工具,在绘图区域中插入动态块。单击块,然后使用夹点来缩放块或旋转块,如图 10-43 所示。

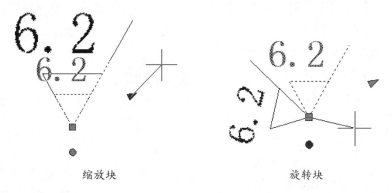

图 10-43　验证动态块

10.5　块属性

块属性是附属于块的非图形信息,是块的组成部分,可包含在块定义中的文字对象。在定义一个块时,必须预先定义属性而后选定。通常属性用于在块的插入过程中进行自动注释,如图 10-44 所示的图中显示了具有 4 种特性(类型、制造商、型号和价格)的块。

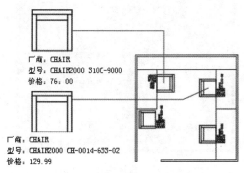

图 10-44　具有属性的块

10.5.1　块属性特点

在 AutoCAD 中,用户可以在图形绘制完成后(甚至在绘制完成前),使用 ATTEXT 命令将块属性数据从图形中提取出来,并将这些数据写入到一个文件中,这样就可以从图形数据库文件中获取块数据信息了。块属性具有以下特点:

- 块属性由属性标记名和属性值两部分组成。
- 定义块前,应先定义该块的每个属性,即规定每个属性的标记名、属性提示、属性默认值、属性的显示格式(可见或不可见)及属性在图中的位置等。
- 定义块时,应将图形对象和表示属性定义的属性标记名一起用来定义块对象。
- 插入有属性的块时,系统将提示用户输入需要的属性值。插入块后,属性用它的值表示。
- 插入块后,用户可以改变属性的显示可见性,对属性做修改,把属性单独提取出来写入文件,以供统计、制表使用,还可以与其他高级语言或数据库进行数据通信。

10.5.2 定义块属性

要创建带有属性的块,可以先绘制希望作为块元素的图形,然后创建希望作为块元素的属性,最后同时选中图形及属性,将其统一定义为块或保存为块文件。

块属性是通过"属性定义"对话框来设置的。用户可通过以下方式打开该对话框:

- 菜单栏:选择"绘图"|"块"|"定义属性"命令。
- 面板:在"插入"选项卡的"块定义"面板中单击"定义属性"按钮 。
- 命令行:输入 ATTDEF 并按 Enter 键。

执行 ATTDEF 命令,程序将弹出"属性定义"对话框,如图 10-45 所示。

图 10-45 "属性定义"对话框

该对话框中各选项的含义如下:

- "模式"选项组:在图形中插入块时,设置与块关联的属性值选项。
  - 不可见:指定插入块时不显示或打印属性值。
  - 固定:设置属性的固定值。
  - 验证:插入块时提示验证属性值是否正确。
  - 预设:插入包含预设属性值的块时,将属性设置为默认值。
  - 锁定位置:锁定块参照中属性的位置。解锁后,属性可以相对于使用夹点编辑的块的其他部分移动,并且可以调整多行文字属性的大小。
  - 多行:指定属性值可以包含多行文字。选中此复选框后,可以指定属性的边界宽度。

> **注意:**
>
> 动态块中,由于属性的位置包括在动作的选择集中,因此必须将其锁定。

- "插入点"选项组:指定属性位置。输入坐标值或者选择"在屏幕上指定"复选框,并使用定点设备根据与属性关联的对象指定属性的位置。
  - 在屏幕上指定:使用定点设备相对于要与属性关联的对象指定属性的位置。
- "属性"选项组:设置块属性的数据。
  - 标记:标识图形中每次出现的属性。

> **技巧点拨:**
>
> 指定在插入包含该属性定义的块时显示的提示。如果不输入提示,属性标记将用作提示。

  - 默认:设置默认的属性值。
- "文字设置"选项组:设置属性文字的对正方式、样式、高度和旋转。
  - 对正:指定属性文字的对正。
  - 文字样式:指定属性文字的预定义样式。
  - 注释性:选中此复选框,指定属性为注释性。
  - 文字高度:设置文字的高度。
  - 旋转:设置文字的旋转角度。
  - 边界宽度:换行前,请指定多行文字属性中文字行的最大长度。

- 在上一个属性定义下对齐：将属性标记直接置于之前定义的属性下面。如果之前没有创建属性定义，则此选项不可用。

动手操练——定义块属性

下面通过一个实例说明如何创建带有属性定义的块。在机械制图中，表面粗糙度的值有 0.8、1.6、3.2、6.3、12.5、25、50 等，用户可以在表面粗糙度图块中将粗糙度值定义为属性，当每次插入表面粗糙度时，AutoCAD 将自动提示用户输入表面粗糙度的数值。

step 01 打开本例光盘文件 "ex-6.dwg"，图形如图 10-46 所示。

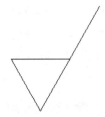

图 10-46 图形

step 02 在菜单栏中选择"格式"|"文字样式"命令，在弹出的对话框的"字体名"下拉列表中选择 tex.shx 选项，并选中"使用大字体"复选框，接着在"大字体"下拉列表中选择 gbcbig.shx 选项，最后依次单击"应用"与"关闭"按钮，如图 10-47 所示。

图 10-47 设置文字样式

step 03 在菜单栏中选择"绘图"|"块"|"定义属性"命令，打开如图 10-48 所示的"属性定义"对话框。在"标记"和"提示"文本框中输入相关内容，并单击"确定"按钮关闭该对话框。最后在绘图区域的图形上单击以确定属性的位置，结果如图 10-49 所示。

图 10-48 设置属性参数

图 10-49 定义的属性

step 04 在菜单栏中选择"绘图"|"块"|"创建"命令，打开"块定义"对话框。在"名称"文本框中输入"表面粗糙度符号"，并单击"选择对象"按钮，在绘图窗口选中全部对象（包括图形元素和属性），然后单击"拾取点"按钮，在绘图区的适当位置单击以确定块的基点，最后单击"确定"按钮，如图 10-50 所示。

设置块参数

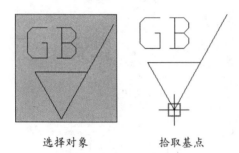

选择对象　　　　　拾取基点

图 10-50　创建块

step 05 接着程序弹出"编辑属性"对话框。在该对话框的"表面粗糙度值"文本框中输入新值 3.2，单击"确定"按钮后，块中的文字 GB 则自动变成实际值 3.2，如图 10-51 所示。GB 属性标记已被此处输入的具体属性值所取代。

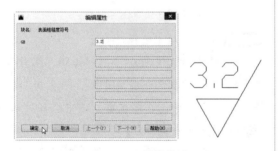

图 10-51　编辑属性

> **技巧点拨：**
> 此后，每插入一次定义属性的块，命令行中将提示用户输入新的表面粗糙度值。

10.5.3　编辑块属性

对于块属性，用户可以像修改其他对象一样对其进行编辑。例如，单击选中块后，系统将显示块及属性夹点，单击属性夹点即可移动属性的位置，如图 10-52 所示。

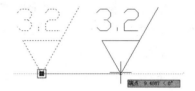

图 10-52　移动属性

要编辑块的属性，可在菜单栏中选择"修改"|"对象"|"属性"|"单个"命令，然后在图形区域中选择属性块，弹出"增强属性编辑器"对话框，如图 10-53 所示。在该对话框中用户可以修改块的属性值、属性的文字选项、属性所在图层，以及属性的线型、颜色和线宽等。

图 10-53　"增强属性编辑器"对话框

若在菜单栏中选择"修改"|"对象"|"属性"|"块属性管理器"命令，然后在图形区域中选择属性块，将弹出"块属性管理器"对话框，如图 10-54 所示。

图 10-54　"块属性管理器"对话框

该对话框的主要特点如下：

- 可在"块"下拉列表选择要编辑的块。
- 在属性列表中选择属性后，单击"上移"或"下移"按钮，可以移动属性在列表中的位置。
- 在属性列表中选择某属性后，单击"编辑"按钮，将打开如图10-55所示的对话框，用户可以在该对话框中，修改属性模式、标记、提示与默认值、属性的文字选项、属性所在图层，以及属性的线型、颜色和线宽等。
- 在属性列表中选择某属性后，单击"删除"按钮，可以删除选中的属性。

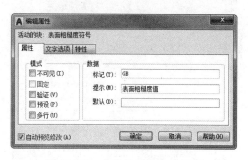

图 10-55 "编辑属性"对话框

10.6 使用外部参照

外部参照是指在一幅图形中对另一幅外部图形的引用。外部参照有两种基本用途。通过外部参照，参照图形中所做的修改将反映在当前图形中。附着的外部参照链接至另一图形，并不真正插入。因此，使用外部参照可以生成图形而不会显著增加图形文件的大小。

使用外部参照图形，可以使用户获得良好的设计效果。其表现如下：

- 通过在图形中参照其他用户的图形协调用户之间的工作，从而与其他设计师所做的修改保持同步。用户也可以使用组成图形装配一个主图形，主图形将随工程的开发而被修改。
- 确保显示参照图形的最新版本。打开图形时，将自动重载每个参照图形，从而反映参照图形文件的最新状态。
- 请勿在图形中使用参照图形中已存在的图层名、标注样式、文字样式和其他命名元素。
- 当工程完成并准备归档时，将附着的参照图形和当前图形永久合并（绑定）到一起。

> **技巧点拨：**
>
> 与块参照相同，外部参照在当前图形中以单个对象的形式存在。但是，必须首先绑定外部参照才能将其分解。

10.6.1 使用外部参照

外部参照与块在很多方面都很类似，其不同点在于块的数据存储于当前图形中，而外部参照的数据存储于一个外部图形中，当前图形数据库中仅存放外部文件的一个引用。

用户可通过以下方式来执行此操作：

- 菜单栏：选择"插入"|"外部参照"命令。
- 功能区：在"插入"选项卡的"参照"面板中单击"附着"按钮。
- 命 令 行：输 入 EXTERNALREFE-RENCES 并按 Enter 键。

执行 EXTERNALREFERENCES 命令，

程序弹出"外部参照"选项板，如图10-56所示。

图 10-56　"外部参照"选项板

通过该选项板，用户可以从外部加载DWG、DXF、DGN和图像等文件。单击选项板上的"附着"按钮，将打开"选择参照文件"对话框，用户可以通过该对话框选择要作为外部参照的图形文件。

选定文件后，单击"打开"按钮，程序则弹出如图10-57所示的"附着外部参照"对话框。用户可以在该对话框中，选择引用类型（附加或覆盖），设置插入图形时的插入点、比例和旋转角度，以及是否包含路径。

图 10-57　"附着外部参照"对话框

"附着外部参照"对话框中各选项含义如下：

- 名称：附着了一个外部参照之后，该外部参照的名称将出现在下拉列表里。当在下拉列表中选择了一个附着的外部参照时，它的路径将显示在"保存路径"或"位置"中。
- 浏览：单击"浏览"按钮以显示"选择参照文件"对话框，可以从中为当前图形选择新的外部参照。
- 附着型：将图形作为外部参照附着时，会将该参照图形链接到当前图形。打开或重载外部参照时，对参照图形所做的任何修改都会显示在当前图形中。
- 覆盖型：覆盖外部参照用于在网络环境中共享数据。通过覆盖外部参照，无须通过附着外部参照来修改图形便可以查看图形与其他编组中的图形的相关方式。
- "插入点"选项组：指定所选外部参照的插入点。
  - 在屏幕上指定：显示命令行提示并使 X、Y 和 Z 比例因子选项不可用。
- "比例"选项组：指定所选外部参照的比例因子。
  - 统一比例：选中此复选框，使 Y 和 Z 的比例因子等于 X 的比例因子。
- "旋转"选项组：为外部参照引用指定旋转角度。
  - 角度：指定外部参照实例插入到当前图形时的旋转角度。
- "块单位"选项组：显示有关块单位的信息。

10.6.2　外部参照管理器

参照管理器是一个独立的应用程序，它可以使用户轻松地管理图形文件和附着参照。其中包括图形、图像、字体和打印样式等由AutoCAD或基于AutoCAD产品生成的内容，还能够很容易地识别和修正图形中未解决的参照。

在Windows操作系统中选择"开始"|"所有程序"|"Autodesk"|"AutoCAD

2018-Simplifide Chinese"|"参照管理器"命令,即可打开"参照管理器"窗口,如图10-58所示。

参照管理器分为两个窗格。左侧窗格用于选定图形和它们参照的外部文件的树状视图。树状视图帮助用户在右侧窗格中查找和添加内容,叫作参照列表。该列表框显示了用户选择和编辑的保存参照路径信息。用户还可以控制树状视图的显示样式,并可以在树状视图中单击加号或减号来展开或收拢项目或节点。

图10-58 "参照管理器"窗口

如果要向参照管理器树状视图添加一个图形,可以单击窗口上的"添加图形"按钮,然后在打开的对话框中,浏览要打开文件的位置,选择文件后,单击"打开"按钮,会弹出如图10-59所示的"参照管理器 - 添加外部参照"信息提示对话框。

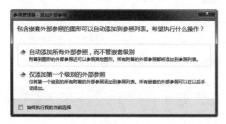

图10-59 "参照管理器 - 添加外部参照"信息提示对话框

> **技巧点拨:**
> 若选中该对话框中的"始终执行我的当前选择"复选框,则第二次添加外部参照时不会再弹出此对话框。

单击"添加外部参照"信息提示对话框中的"自动添加所有外部参照,而不管嵌套级别"按钮后,用户所选择的外部参照图形将被添加进"参照管理器"窗口中,如图10-60所示。

图10-60 添加参照到"参照管理器"窗口中

若要在添加的外部参照图形中再添加外部参照,则在该图形上选择右键快捷菜单中的"添加图形"命令即可,如图10-61所示。

图10-61 在外部参照中添加图形

10.6.3 附着外部参照

附着外部参照是指将图形作为外部参照附着时,会将该参照图形链接到当前图形;打开或重载外部参照时,对参照图形所做的任何修改都会显示在当前图形中。

用户可通过以下方式来执行此操作:

● 菜单栏:选择"插入"|"外部参照"命令。
● 命令行:输入 XATTACH 并按 Enter 键。

执行 XATTACH 命令,所弹出的操作对话框及使用外部参照的操作过程与执行

EXTERNALREFERENCES 命令的操作过程是完全相同的。

当外部参照附着到图形时，应用程序窗口的右下角（状态栏托盘）将显示一个外部参照图标，如图 10-62 所示。

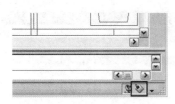

图 10-62　显示外部参照图标

10.6.4　拆离外部参照

要从图形中彻底删除 DWG 参照（外部参照），需要拆离它们而不是删除。因为删除外部参照不会删除与其关联的图层定义。

在菜单栏中选择"插入"|"外部参照"命令，然后在打开的"外部参照"选项板中选择外部参照图形，并选择右键快捷菜单中的"拆离"命令，即可将外部参照拆离，如图 10-63 所示。

图 10-63　拆离外部参照

10.6.5　外部参照应用实例

外部参照在 AutoCAD 图形中广泛使用。当打开和编辑包含外部参照的文件时，用户将发现改进的性能。为了获得更好的性能，AutoCAD 使用线程同时运行一些外部参照处理，而不是按加载序列处理外部参照。

下面通过实例来说明利用外部参照增强工作，首先在图形中添加一个带有相对路径的外部参照，然后打开外部参照进行更改。

动手操练——外部参照的应用

step 01　打开本例光盘实例文件"ex-8.dwg"，打开的图纸文件如图 10-64 所示。

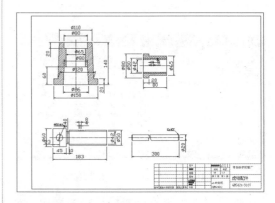

图 10-64　图纸文件

step 02　在"插入"选项卡的"参照"面板中单击"附着"按钮，打开"选择参照文件"对话框。然后选择本例光盘中的"图纸-2.dwg"文件，并单击"打开"按钮。

step 03　弹出"附着外部参照"对话框。在该对话框的"路径类型"下拉列表中选择"相对路径"选项，其余选项保持默认设置，单击"确定"按钮，如图 10-65 所示。

图 10-65　设置外部参照选项

step 04 关闭对话框后，在图纸右上角放置外部参照图形，如图10-66所示。

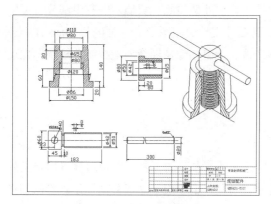

图 10-66　放置外部参照图形

> **技巧点拨：**
> 可先任意放置参照图形，然后使用"移动"命令将其移动到合适的位置。

step 05 在状态栏中单击"管理外部参照"按钮，程序弹出"外部参照"选项板。然后在"文件参照"列表中选择"图纸-2"文件，并选择右键快捷菜单中的"打开"命令，如图10-67所示。

图 10-67　打开外部参照

step 06 从选项板的"详细信息"列表中可看见参照名为"图纸-2"的图形处于打开状态，如图10-68所示。

图 10-68　打开信息显示

step 07 将外部参照图形的颜色设为红色，并显示线宽，修改完成后将图形保存并关闭该文件。随后返回到"图纸-1.dwg"文件的图形窗口中，窗口右下角则显示文件修改信息提示，在信息提示框中单击"重载 图纸-2"超链接，如图10-69所示。

图 10-69　文件修改信息显示

step 08 此时，外部参照图形的状态由"已打开"变为"已加载"。最后关闭"外部参照"选项板，完成外部参照图形的编辑，如图10-70所示。

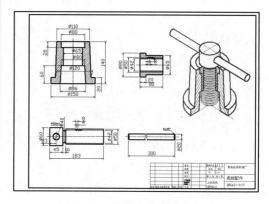

图 10-70　编辑完成的外部参照

10.7 剪裁外部参照与光栅图像

在 AutoCAD 2018 中，用户可以指定剪裁边界以显示外部参照和块插入的有限部分；可以使用链接图像路径将对光栅图像文件的参照附着到图像文件中，图像文件可以从 Internet 上访问；附着外部参照图像后，用户还可以进行剪裁图像、调整图像、图像质量控制、控制图像边框大小等操作。

10.7.1 剪裁外部参照

剪裁外部参照是 AutoCAD 中经常用到的一种处理外部参照的工具。剪裁边界可以定义外部参照的一部分，外部参照在剪裁边界内的部分仍然可见，而不显示边界外的图形。参照图形本身不发生任何改变，如图 10-71 所示。

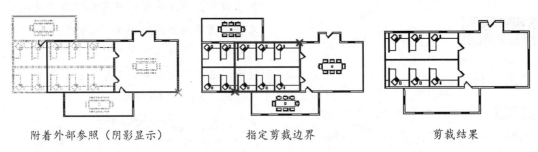

附着外部参照（阴影显示）　　　指定剪裁边界　　　剪裁结果

图 10-71 剪裁外部参照

用户可通过以下方式来执行此操作：

- 快捷菜单：选定外部参照后，在绘图区选择右键快捷菜单中的"剪裁外部参照"命令。
- 菜单栏：选择"修改"|"剪裁"|"外部参照"命令。
- 面板：在"插入"选项卡的"参照"面板中单击"剪裁外部参照"按钮 。
- 命令行：输入 XCLIP 并按 Enter 键。

执行 XCLIP 命令，命令行将显示如下操作提示：

```
命令:_xclip
选择对象：找到 1 个
选择对象：✓
输入剪裁选项
[开(ON)//关(OFF)//剪裁深度(C)//删除(D)//生成多段线(P)//新建边界(N)] <新建边界>：
剪裁选项
外部模式 - 边界外的对象将被隐藏。
指定剪裁边界或选择反向选项：                                      //指定边界
[选择多段线(S)//多边形(P)//矩形(R)//反向剪裁(I)] <矩形>：          //输入反向选项
```

命令行提示中各选项含义如下：

- 开：显示剪裁边界外的部分或者全部外部参照。
- 关：关闭显示剪裁边界外的部分或者全部外部参照。
- 剪裁深度：在外部参照或块上设置前剪裁平面和后剪裁平面，程序将不显示由边界和指定深度所定义的区域外的对象。

> **注意：**
> 剪裁深度应用在平行于剪裁边界的方向上，与当前 UCS 无关。

- 删除：删除剪裁平面。
- 生成多段线：剪裁边界由多段线生成。
- 新建边界：重新创建或指定剪裁边界，可以使用矩形、多边形或多段线。
- 选择多段线：选择多段线作为剪裁边界。
- 多边形：选择多边形作为剪裁边界。
- 矩形：选择矩形作为剪裁边界。
- 反向剪裁：反转剪裁边界的模式。如隐藏边界外（默认）或边界内的对象。

下面通过实例来说明使用"剪裁外部参照"命令来剪裁外部参照的过程。

动手操练——剪裁外部参照

step 01 打开本例光盘实例文件"ex-9.dwg"，使用的外部参照如图 10-72 所示的虚线部分图形。

step 02 在菜单栏中选择"修改"|"剪裁"|"外部参照"命令，然后将外部参照进行剪裁。命令行的操作提示如下：

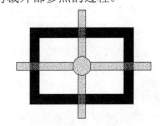

图 10-72　外部参照

```
命令：_xclip
选择对象：找到 1 个
选择对象：✓
输入剪裁选项
[开(ON)//关(OFF)//剪裁深度(C)//删除(D)//生成多段线(P)//新建边界(N)] <新建边界>：✓
外部模式 - 边界外的对象将被隐藏。
指定剪裁边界或选择反向选项：
[选择多段线(S)//多边形(P)//矩形(R)//反向剪裁(I)] <矩形>：r✓
指定第一个角点：
指定对角点：
已删除填充边界关联性。
```

step 03 剪裁外部参照的过程及结果如图 10-73 所示。

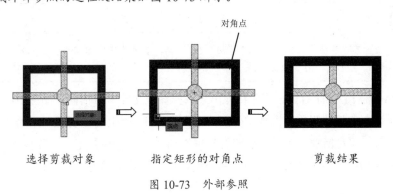

选择剪裁对象　　　指定矩形的对角点　　　剪裁结果

图 10-73　外部参照

10.7.2 光栅图像

光栅图像由一些被称为像素的小方块或点的矩形栅格组成，光栅图像参照了特有的栅格上的像素。例如，产品零件的实景照片由一系列表示外观的着色像素组成，如图10-74所示。

光栅图像与其他许多图形对象一样，可以进行复制、移动或剪裁，也可以使用夹点模式修改图像、调整图像的对比度、使用矩形或多边形剪裁图像或将图像用作修剪操作的剪切边。

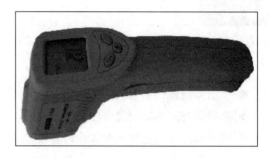

图 10-74　附着的真实照片

在 AutoCAD 2018 中，程序支持的图像文件格式包含主要技术成像应用领域中最常用的格式，这些应用领域有：计算机图形、文档管理、工程、映射和地理信息系统（GIS）。图像可以是两色、8 位灰度、8 位颜色或 24 位颜色的图像。

> **技巧点拨：**
>
> AutoCAD 2018 不支持 16 位颜色深度的图像。

10.7.3 附着图像

与其他外部参照图形一样，光栅图像也可以使用链接图像路径将参照附着到图像文件中或者放到图形文件中。附着的图像并不是图形文件的实际组成部分。

用户可通过以下方式来执行此操作：

- 菜单栏：选择"插入"|"光栅图像参照"命令。
- 功能区：在"插入"选项卡的"参照"面板中单击"附着"按钮 。
- 命令行：输入 IMAGEATTACH 并按 Enter 键。

> **技巧点拨：**
>
> 在"插入"选项卡的"参照"面板中单击"附着"按钮 ，如果选择图像文件，那么就变成附着图像，若选择其他文件，就变成了附着外部参照。

执行 IMAGEATTACH 命令，程序将弹出"选择参照文件"对话框，如图 10-75 所示。

在图像路径下选择要附着的图像文件后，单击"打开"按钮，会弹出"附着图像"对话框，如图 10-76 所示。该对话框与"外部参照对话框"的选项内容相差无几，除少了"参照类型"选项卡外，还增加了"显示细节"按钮。其余选项含义都是相同的。

第 10 章 块与外部参照

图 10-75 附着真实的照片

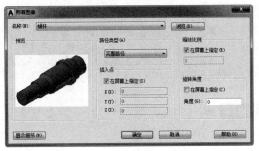

图 10-76 "附着图像"对话框

单击"显示细节"按钮后，对话框下方则显示图像信息，如图 10-77 所示。

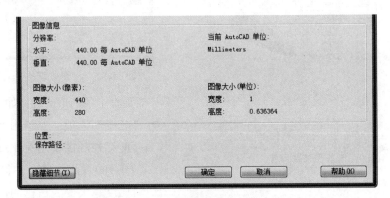

图 10-77 "图像信息"选项卡

下面通过实例来说明在当前图形中附着外部图像的操作过程。

动手操练——附着外部图像操作

step 01 打开本例光盘实例文件"ex-10.dwg"，打开的图形如图 10-78 所示。

step 02 在菜单栏中选择"插入"|"光栅图像参照"命令，然后通过打开的"选择参照文件"对话框，选择"动手操练\源文件\Ch11\蜗杆.gif"文件，并单击"打开"按钮，如图 10-79 所示。

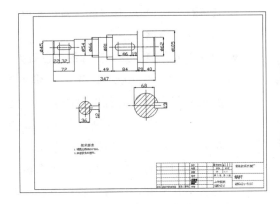

图 10-78 打开的图形

图 10-79 选择图像文件

303

step 03 随后弹出"附着图像"对话框,保留该对话框中所有选项的默认设置,单击"确定"按钮关闭对话框。

step 04 然后按命令行中的提示来操作:

```
命令: imageattach
指定插入点 <0, 0>:                                          // 指定图像插入点
基本图像大小: 宽: 1.000000, 高: 0.695946, Millimeters         // 图像信息显示
指定缩放比例因子 <1>: 200✓                                   // 输入比例因子
```

step 05 执行上述操作后,从外部附着图像的结果如图 10-80 所示。

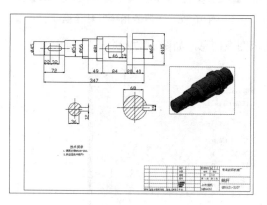

图 10-80　附着图像的结果

10.7.4　调整图像

附着外部图像后,可使用"调整图像"命令更改图形中光栅图像的几个显示特性(如亮度、对比度和淡入度),以便于查看或实现特殊效果。

用户可通过以下方式来执行此操作:

- 菜单栏:选择"修改"|"对象"|"图像"|"调整"命令。
- 功能区:在"插入"选项卡的"参照"面板中单击"调整"按钮。
- 快捷菜单:选中图像,选择右键快捷菜单中的"图像"|"调整"命令。
- 命令行:输入 IMAGEADJUST 并按 Enter 键。

在图形区中选中图像后,执行 IMAGEADJUST 命令,程序将弹出"图像调整"对话框,如图 10-81 所示。

图 10-81　"图像调整"对话框

该对话框中各选项的含义如下:

- "亮度"选项:控制图像的亮度,从而间接控制图像的对比度。取值范围为 0~100。此值越大,图像就越亮,对比度越大变成白色的像素点也会越多。左移滑块将减小该值,右移滑块将增大该值。
- "对比度"选项:控制图像的对比度,从而间接控制图像的褪色效果。取值范围为 0~100。此值越大,每个像素就会在更大程度上被强制使用主要颜色或次要颜色。左移滑块将减小该值,右移滑块将增大该值。
- "淡入度"选项:控制图像的褪色效果。取值范围为 0~100。值越大,图像与当前背景色的混合程度就越高。值为 100 时,图像完全融进背景中。改变屏幕的背景色可以将图像褪色至新的颜色。打印时,褪色的背景色为白色。左移滑块将减小该值,右移滑块将增大该值。

- "重置"按钮:将亮度、对比度和褪色度重置为默认设置(亮度 50、对比度 50 和淡入度 0)。

> **技巧点拨:**
> 两色图像不能调整亮度、对比度或淡入度。显示时图像淡入为当前屏幕的背景色,打印时淡入为白色。

10.7.5 图像边框

"图像边框"工具可以隐藏图像边界,隐藏图像边界可以防止打印或显示边界,还可以防止使用定点设备选中图像,以确保不会因误操作而移动或修改图像。

隐藏图像边界时,剪裁图像仍然显示在指定的边界界限内,只有边界会受到影响。显示和隐藏图像边界将影响图形中附着的所有图像。

用户可通过以下方式来执行此操作:
- 菜单栏:选择"修改"|"对象"|"图像"|"边框"命令。
- 命令行:输入 IMAGEFRAME 并按 Enter 键。

执行 IMAGEADJUST 命令,命令行显示如下操作提示:

```
命令:_imageframe
输入图像边框设置 [0//1//2] <1>:
```

命令行提示中各选项含义如下:
- 0:不显示和打印图像边框。
- 1:显示并打印图像边框。该设置为默认设置。
- 2:显示图像边框但不打印。

> **技巧点拨:**
> 通常情况下未显示图像边框时,不能使用 SELECT 命令的"拾取"或"窗口"选项选择图像。但是,重执行 IMAGECLIP 命令会临时打开图像边框。

下面通过实例来说明图像边框的隐藏操作过程。

动手操练——图像边框的隐藏

step 01 打开本例光盘文件"ex-10.dwg"。

step 02 在菜单栏中选择"修改"|"对象"|"图像"|"边框"命令,然后按命令行操作提示进行操作:

```
命令:_imageframe
输入图像边框设置 [0//1//2] <1>: 0↙
```

step 03 输入 0 选项并执行操作后,结果如图 10-82 所示。

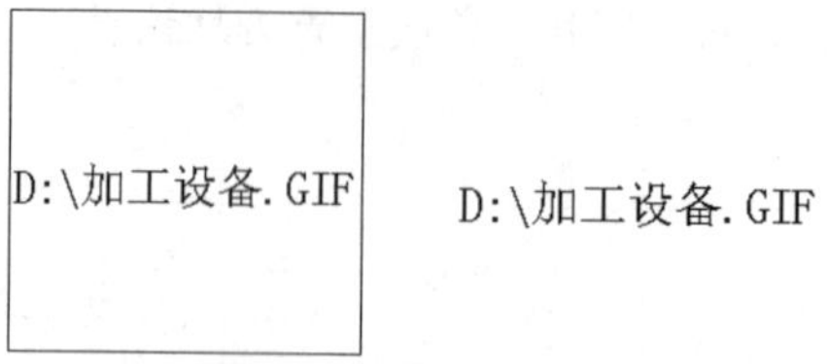

图 10-82　隐藏边框

10.8　综合案例——标注零件图表面粗糙度

本例是为零件标注粗糙度符号，主要对"定义属性""创建块""写块""插入"等命令进行综合练习和巩固。本例效果如图 10-83 所示。

操作步骤：

step 01　打开本例源文件"图形 .dwg"，如图 10-84 所示。

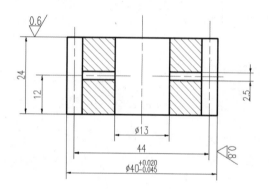

图 10-83　本例效果

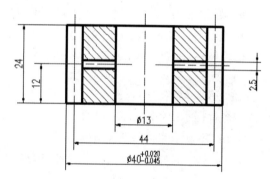

图 10-84　打开结果

step 02　启动"极轴追踪"功能，并设置"增量角"为 30°。

step 03　在命令行输入 PL，激活"多段线"命令，然后绘制如图 10-85 所示的粗糙度符号。

step 04　选择"绘图"|"块"|"定义属性"菜单命令，打开"定义属性"对话框，然后设置属性参数，如图 10-86 所示。

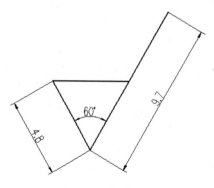

图 10-85　绘制结果

图 10-86　设置属性参数

step 05 单击"确定"按钮,捕捉图10-87所示的端点作为属性插入点,插入结果如图10-88所示。

step 06 按M键激活"移动"命令,将属性垂直下移0.5个绘图单位,结果如图10-89所示。

图 10-87 指定插入点　　　图 10-88 插入结果　　　图 10-89 移动属性

step 07 单击"块"面板中的"创建"按钮 ,激活"创建块"命令,以如图10-90所示的点作为块的基点,将粗糙度符号和属性一起定义为内部块,块参数设置如图10-91所示。

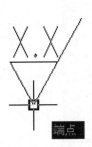 

图 10-90 定义块基点　　　　　　　图 10-91 设置图块参数

step 08 单击"插入"按钮 ,激活"插入块"命令,在打开的"插入"对话框中设置参数,如图10-92所示。

图 10-92 设置插入参数

step 09 单击"确定"按钮返回绘图区,在插入粗糙度属性块的同时,为其输入粗糙度值。命令行操作提示如下:

```
命令: insert
指定插入点或 [基点(B)//比例(S)//旋转(R)]:
//捕捉如图10-93所示中点作为插入点。
```

输入属性值
输入粗糙度值：<0.6>： // 按 Enter 键，结果如图 10-94 所示

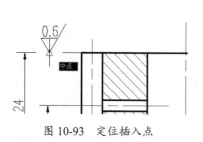

图 10-93　定位插入点

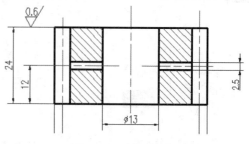

图 10-94　插入结果

step 10 按 I 键激活"插入块"命令，在弹出的"插入"对话框中，设置块参数，如图 10-95 所示。

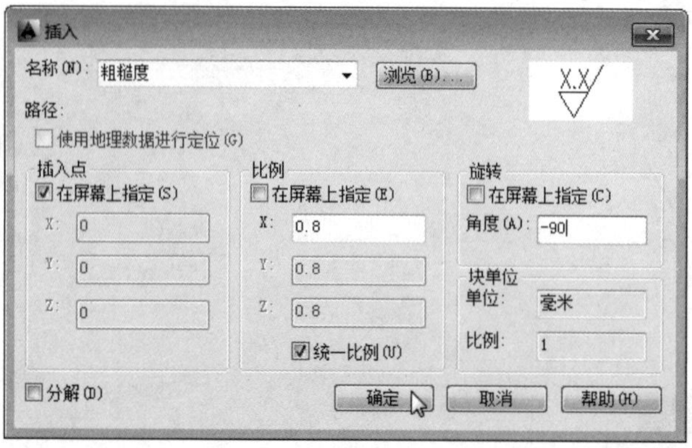

图 10-95　设置块参数

step 11 单击"确定"按钮返回绘图区，根据命令行的操作提示，在插入粗糙度属性块的同时，为其输入粗糙度值。命令行操作提示如下：

命令：_insert
指定插入点或 [基点 (B)// 比例 (S)// 旋转 (R)]：
// 捕捉如图 10-96 所示中点作为插入点。
输入属性值
输入粗糙度值：<0.6>： // 按 Enter 键，结果如图 10-97 所示

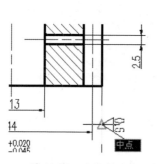

图 10-96　定位插入点

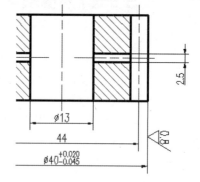

图 10-97　插入结果

step 12 调整视图，使图形全部显示，最终效果如图 10-98 所示。

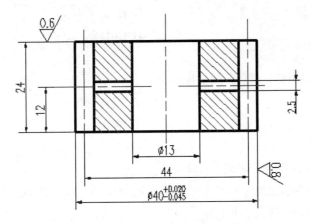

图 10-98　粗糙度符号最终标注效果

10.9　AutoCAD 认证考试习题集

一、单选题

（1）下面（　）命令可以将所选对象用给定的距离放置点或图块。

A. SPLIT　　　　　　　　　　　　B. DIVIDE

C. MEASURE　　　　　　　　　　D. POINT

正确答案（　　）

（2）在创建块时，在块定义对话框中必须确定的要素为（　）。

A. 块名、基点、对象　　　　　　　B. 块名、基点、属性

C. 基点、对象、属性　　　　　　　D. 块名、基点、对象、属性

正确答案（　　）

（3）下面（　）不可以被分解。

A. 关联尺寸　　　　　　　　　　　B. 多线段

C. 块参照　　　　　　　　　　　　D. 用 MINSERT 命令插入的块参照

正确答案（　　）

（4）如果要删除一个无用块，使用下面的（　）命令。

A. PURGE　　　　　　　　　　　　B. Delete

C. Esc　　　　　　　　　　　　　D. UPDATE

正确答案（　　）

（5）在定义块属性时，要使属性为定值，可选择（　）模式。

A. 不可见　　　　　　　　　　　　B. 固定

C. 验证　　　　　　　　　　　　　D. 预置

正确答案（　　）

（6）在 AutoCAD 中写块（存储块）命令的快捷键是（　）。
A. W   B. I
C. L   D. Ctrl+W

正确答案（　　）

（7）带属性的图块被分解后，属性显示（　）。
A. 提示   B. 没有变化
C. 不显示   D. 标记

正确答案（　　）

（8）下列关于块的描述正确的是（　）。
A. 利用 Block 命令创建块时，名称可以不定义，默认名称为"新块"
B. 插入的块不可以改变大小和方向
C. 定义块时如果不定义基点，则默认的基点是坐标原点
D. 块被分解后，组成块的对象颜色不会变化

正确答案（　　）

二、多选题

（1）块的属性的定义为（　）。
A. 块必须定义属性   B. 一个块中最多只能定义一个属性
C. 多个块可以共用一个属性   D. 一个块中可以定义多个属性

正确答案（　　）

（2）AutoCAD 中的图块可以是下面（　）和（　）两种类型。
A. 模型空间块   B. 外部块
C. 内部块   D. 图纸空间块

正确答案（　　）

（3）编辑块属性的途径有（　）。
A. 双击包含属性的块进行属性编辑   B. 使用"块属性管理器"编辑属性
C. 单击属性定义进行属性编辑   D. 只可以用命令编辑属性

正确答案（　　）

（4）使用块的优点有（　）。
A. 节约绘图时间   B. 建立图形库
C. 方便修改   D. 节约存储空间

正确答案（　　）

（5）外部参照错误包括（　）。
A. 丢失参照文件   B. 格式错误
C. 路径错误   D. 循环参照

正确答案（　　）

（6）图形属性一般含有（ ）选项。

A. 基本 B. 普通

C. 概要 D. 视图

正确答案（　　）

（7）在创建块和定义属性及外部参照过程中，定义属性（ ）。

A. 能独立存在 B. 能独立使用

C. 不能独立存在 D. 不能独立使用

正确答案（　　）

（8）执行"清理"（Purge）命令后，可以（ ）。

A. 查看不能清理的项目

B. 删除图形中多余的块

C. 删除图形中多余的图层

D. 删除图形中多余的文字样式和线型等项目

正确答案（　　）

10.10　课后习题

1．标注粗糙度符号

用 WBLOCK 命令将如图 10-99 所示的两个表面粗糙度符号分别创建成带属性的图块，块名分别为 *Ra+* 和 *Ra−*，并将创建的两个图块插入到如图 10-100 所示的轴套图形中。

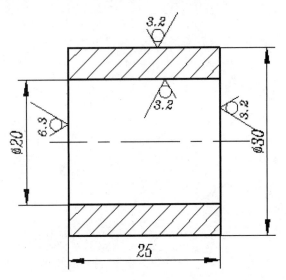

图 10-99　表面粗糙度符号　　　　　图 10-100　轴套零件图

2. 创建电路图中的块

绘制如图 10-101 所示的电路图，要求将电阻和电容创建成带属性的图块，块名分别为 R 和 C。

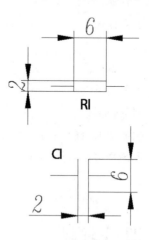

电子元件参考尺寸

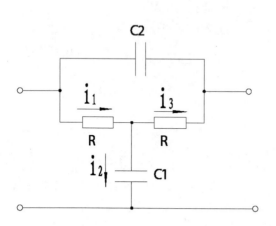

图 10-101　电路图

第 11 章

几何图形标注

本章内容

图形尺寸标注是 AutoCAD 绘图设计工作中的一项重要内容，因为标注显示出了对象的几何测量值、对象之间的距离或角度、部件的位置。AutoCAD 包含一套完整的尺寸标注命令和实用程序，可以轻松完成图纸中要求的尺寸标注。本章将详细地介绍 AutoCAD 2018 注释功能和尺寸标注的基本知识、尺寸标注的基本应用。

知识要点

- ☑ 图纸尺寸标注常识
- ☑ 标注样式创建与修改
- ☑ AutoCAD 2018 基本尺寸标注
- ☑ 快速标注
- ☑ AutoCAD 其他标注
- ☑ 编辑标注

11.1 图纸尺寸标注常识

标注显示出了对象的几何测量值、对象之间的距离或角度或者部件的位置，因此标注图形尺寸时要满足尺寸的合理性。除此之外，用户还要掌握尺寸标注的方法、步骤等。

11.1.1 尺寸的组成

在 AutoCAD 工程图中，一个完整的尺寸标注应由尺寸界线、尺寸线、尺寸数字、箭头及引线等元素组成，如图 11-1 所示。

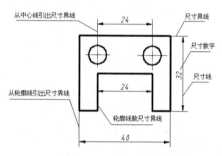

图 11-1　尺寸标注的组成

1. 尺寸界线

尺寸界线表示尺寸的界限，用细实线绘制，并应由轮廓线、轴线或对称中心线引出，也可借用图形的轮廓线、轴线或对称中心线。通常它和尺寸线垂直，必要时允许倾斜。在光滑过渡处标注尺寸时，必须用细实线将廓线延长，从它们的交点引出尺寸界线，如图 11-2 所示。

2. 尺寸线

尺寸线表明尺寸的长短，必须用细实线绘制，不能借用图形中的任何图线，一般也不得与其他图线重合或画在延长线上。

3. 尺寸数字

尺寸数字一般在尺寸线的上方，也可在尺寸线的中断处。水平尺寸的数字字头朝上，垂直尺寸数字字头朝左，倾斜方向的数字字头应保持朝上的趋势，并与尺寸线成 75°斜角。

4. 箭头

箭头指示尺寸线的端点。尺寸线终端有两种形式：箭头和斜线。箭头适用于各种类型的图样，如图 11-3（a）所示。斜线用细实线绘制，当尺寸线的终端采用斜线形式时，尺寸线与尺寸界线必须互相垂直，如图 11-3（b）所示。

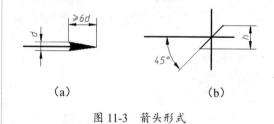

（a）　　　　　　　　（b）

图 11-3　箭头形式

5. 引线

引线形成一个从注释到参照部件的实线前导。根据标注样式，如果标注文字在延伸

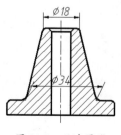

图 11-2　尺寸界线

线之间容纳不下,将会自动创建引线。也可以创建引线将文字或块与部件连接起来。

11.1.2 尺寸标注类型

工程图纸中的尺寸标注类型大致分为 3 类:线性尺寸标注、直径或半径尺寸标注、角度标注。其中线性标注又分为水平标注、垂直标注和对齐标注。接下来对这 3 类尺寸标注类型做大致介绍。

1. 线性尺寸标注

线性尺寸标注包括水平标注、垂直标注和对齐标注,如图 11-4 所示。

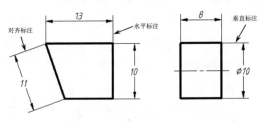

图 11-4 线性尺寸标注

2. 直径或半径尺寸标注

一般情况下,整圆或大于半圆的圆弧应标注直径尺寸,并在数字前面加注符号 φ;小于或等于半圆的圆弧应标注为半径尺寸,并在数字前面加上 R,如图 11-5 所示。

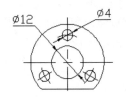 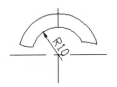

(a) 标注直径尺寸   (b) 标注半径尺寸

图 11-5 直径、半径尺寸标注

3. 角度尺寸标注

标注角度尺寸时,延伸线应沿径向引出,尺寸线是以该角度顶点为圆心的一段圆弧。角度的数字一律字头朝上水平书写,并配置在尺寸线的中断处。必要时也可以引出标注或把数字写在尺寸线旁,如图 11-6 所示。

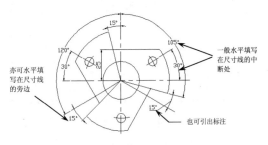

图 11-6 角度尺寸标注

11.1.3 标注样式管理器

在 AutoCAD 中,使用标注样式可以控制标注的格式和外观,建立强制执行的绘图标准,并有利于对标注格式及用途进行修改。标注样式管理包括新建标注样式、设置线样式、设置符号和箭头样式、设置文字样式、设置调整样式、设置主单位样式、设置单位换算样式、设置公差样式等内容。

标注样式是标注设置的命名集合,可用来控制标注的外观,如箭头样式、文字位置和尺寸公差等。用户可以创建标注样式,以快速指定标注的格式,并确保标注符合行业或项目标准。

在创建标注时,标注将使用当前标注样式中的设置。如果要修改标注样式中的设置,则图形中的所有标注将自动使用更新后的样式。用户可以创建与当前标注样式不同的指定标注类型的标准子样式,如果需要,可以临时替代标注样式。

在"注释"选项卡的"标注"面板中单击"标注样式"按钮,弹出"标注样式管理器"

对话框，如图 11-7 所示。

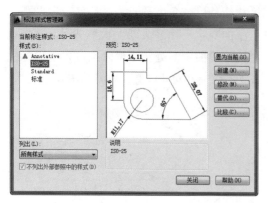

图 11-7 "标注样式管理器"对话框

该对话框中各选项的含义如下：

- 当前标注样式：显示当前标注样式的名称。默认标注样式为国际标准 ISO-25。当前样式将应用于所创建的标注。
- 样式（S）：列出图形中的标注样式，当前样式被亮显。在列表框中单击鼠标右键可显示快捷菜单，利用其中的命令可以设置当前标注样式、重命名样式和删除样式。不能删除当前样式或当前图形使用的样式。样式名前的 图标表示样式是注释性。

注意：

除非选中"不列出外部参照中的样式"复选框，否则，将使用外部参照命名对象的语法显示外部参照图形中的标注样式。

- 列出（L）：在"列出"下拉列表中选择相应选项来控制样式显示。如果要查看图形中所有的标注样式，需选择"所有样式"。

技术要点：

如果要查看图形中所有的标注样式，需选择"所有样式"选项。如果只希望查看图形中标注当前使用的标注样式，则选择"正在使用的样式"选项。

- 不列出外部参照中的样式：如果选中此复选框，在"列出"下拉列表中将不显示"外部参照图形的标注样式"选项。
- 说明：主要说明"样式"列表框中与当前样式相关的选定样式。如果说明超出给定的空间，可以单击窗格并使用箭头键向下滚动。
- 置为当前（U）：将"样式"列表框中选定的标注样式设置为当前标注样式。当前样式将应用于用户所创建的标注中。
- 新建（N）：单击此按钮，可在弹出的"新建标注样式"对话框中创建新的标注样式。
- 修改（M）：单击此按钮，可在弹出的"修改标注样式"对话框中修改当前标注样式。
- 替代（O）：单击此按钮，可在弹出的"替代标注样式"对话框中设置标注样式的临时替代值。替代样式将作为未保存的更改结果显示在"样式"列表框中。
- 比较（C）：单击此按钮，可在弹出的"比较标注样式"对话框中比较两个标注样式的所有特性。

11.2 标注样式的创建与修改

在多数情况下,用户完成图形的绘制后需要创建新的标注样式来标注图形尺寸,以满足各种各样的设计需要。在"标注样式管理器"对话框中单击"新建(N)"按钮,弹出"创建新标注样式"对话框,如图 11-8 所示。

图 11-8 "创建新标注样式"对话框

此对话框中各选项的含义如下:
- 新样式名:用于指定新的样式名。
- 基础样式:设置作为新样式的基础样式。对于新样式,仅修改那些与基础特性不同的特性。
- 注释性:通常用于注释图形的对象有一个特性,称为注释性。使用此特性,用户可以自动完成缩放注释的过程,从而使注释能够以正确的大小在图纸上打印或显示。
- 用于:创建一种仅适用于特定标注类型的标注子样式。例如,可以创建一个 Standard 标注样式的版本,该样式仅用于直径标注。

在"创建新标注样式"对话框中完成系列选项的设置后,单击"继续"按钮,弹出"新建标注样式:副本 ISO-25"对话框,如图 11-9 所示。

在此对话框中用户可以定义新标注样式的特性,最初显示的特性是在"创建新标注样式"对话框中所选择的基础样式的特性。"新建标注样式:副本 ISO-25"对话框中包括 7 个功能选项卡:线、符号和箭头、文字、调整、主单位、换算单位和公差。

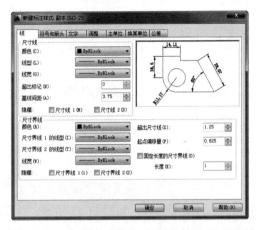

图 11-9 "新建标注样式:副本 ISO-25"对话框

1. "线"选项卡

"线"选项卡的主要功能是设置尺寸线、延伸线、箭头和圆心标记的格式和特性。该选项卡中包括两个功能选项组(尺寸线和延伸线)和一个设置预览区。

> **技术要点:**
>
> AutoCAD 中尺寸标注的"延伸线"就是机械制图中的"尺寸界线"。

2. "符号和箭头"选项卡

"符号和箭头"选项卡的主要功能是设置箭头、圆心标记、弧长符号和折弯半径标注的格式和位置。该选项卡中包括"箭头""圆心标记""折断标注""弧长符号""折弯半径标注""线性折弯标注"等选项组。

"符号和箭头"选项卡如图 11-10 所示。

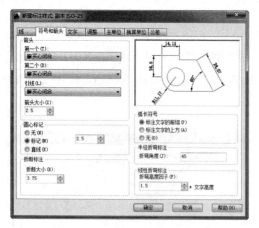

图 11-10 "符号和箭头"选项卡

图 11-12 "调整"选项卡

3．"文字"选项卡

"文字"选项卡主要用于设置标注文字的格式、放置和对齐，如图 11-11 所示。"文字"选项卡中包括"文字外观""文字位置"和"文字对齐"选项组。

5．"主单位"选项卡

"主单位"选项卡的主要功能是设置主标注单位的格式和精度，并设置标注文字的前缀和后缀。该选项卡中包括"线性标注"和"角度标注"等选项组，如图 11-13 所示。

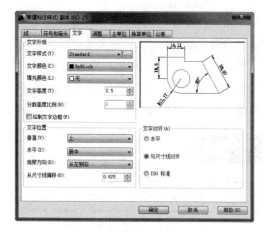

图 11-11 "文字"选项卡

图 11-13 "主单位"选项卡

4．"调整"选项卡

"调整"选项卡的主要作用是控制标注文字、箭头、引线和尺寸线的放置。"调整"选项卡中包括"调整选项""文字位置""标注特征比例"和"优化"等选项组。

"调整"选项卡如图 11-12 所示。

6．"换算单位"选项卡

"换算单位"选项卡的主要功能是设置标注测量值中换算单位的显示及其格式和精度。该选项卡中包括"换算单位""消零"和"位置"选项组，如图 11-14 所示。

技术要点：

"换算单位"选项组和"消零"选项组中选项的含义与前面介绍的"主单位"选项卡中"线性标注"选项组中选项的含义相同，这里就不重复叙述了。

7．"公差"选项卡

"公差"选项卡的主要功能是设置标注文字中公差的格式和显示。该选项卡中包括两个功能选项组："公差格式"和"换算单位公差"，如图 11-15 所示。

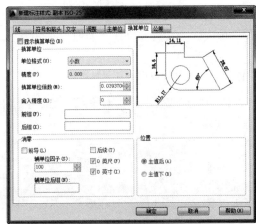
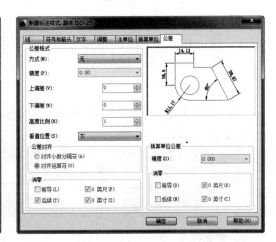

图 11-14 "换算单位"选项卡　　　　图 11-15 "公差"选项卡

11.3　AutoCAD 2018 基本尺寸标注

AutoCAD 2018 向用户提供了非常全面的基本尺寸标注工具，这些工具包括线性尺寸标注、角度尺寸标注、半径或直径标注、弧长标注、坐标标注和对齐标注等。

11.3.1　线性尺寸标注

线性尺寸标注工具包含水平和垂直标注，线性标注可以水平、垂直放置。
用户可通过以下方式来执行此操作：
- 菜单栏：选择"标注"|"线性"命令。
- 功能区：在"注释"选项卡的"标注"面板中单击"线性"按钮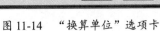。
- 命令行：输入 DIMLINEAR 并按 Enter 键。

1. 水平标注

尺寸线与标注文字始终保持水平放置的尺寸标注就是水平标注。在图形中任选两点作为延伸线的原点，程序自动以水平标注方式作为默认的尺寸标注，如图11-16所示。将延伸线沿竖直方向移动至合适位置，即确定尺寸线中心点的位置，随后即可生成水平尺寸标注，如图11-17所示。

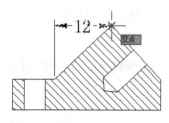

图 11-16　程序默认的水平标注

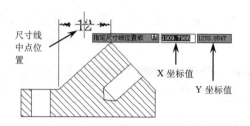

图 11-17　确定尺寸线中心点以创建标注

执行 DIMLINEAR 命令，并在图形中指定了延伸线的原点或要标注的对象后，在命令行中显示如下操作提示：

```
命令: _dimlinear
指定第一条延伸线原点或 <选择对象>:                    //指定标注原点1
指定第二条延伸线原点:                                //指定标注原点2
指定尺寸线位置或
[多行文字(M)/文字(T)/角度(A)/水平(H)/垂直(V)/旋转(R)]:  //标注选项
```

2. 垂直标注

尺寸线与标注文字始终保持竖直方向放置的尺寸标注就是垂直标注。当指定了延伸线原点或标注对象后，程序默认的标注是水平标注，将延伸线沿垂直方向进行移动，或在命令行中输入 V 命令，即可创建出垂直标注，如图 11-18 所示。

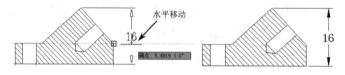

图 11-18　创建垂直标注

技术要点：

垂直标注的命令行提示与水平标注的命令行提示是相同的。

11.3.2　角度尺寸标注

角度尺寸标注用来测量选定的对象或 3 个点之间的角度。可选择的测量对象包括圆弧、圆和直线，如图 11-19 所示。

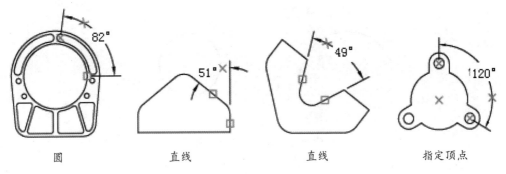

圆　　　　　　直线　　　　　　直线　　　　指定顶点

图 11-19　角度标注

用户可通过以下方式来执行此操作：

- 菜单栏：选择"标注"|"角度"命令。
- 功能区：在"注释"选项卡的"标注"面板中单击"角度"按钮△。
- 命令行：输入 DIMANGULAR 并按 Enter 键。

执行 DIMANGULAR 命令，并在图形窗口中选择标注对象，命令行显示如下操作提示：

```
命令：_dimangular
选择圆弧、圆、直线或 <指定顶点>：                                    //指定直线1
选择第二条直线：                                                    //指定直线2
指定标注弧线位置或 [多行文字(M)/文字(T)/角度(A)/象限点(Q)]：        //标注选项
```

命令行操作提示包含 4 个选项，其含义如下：

- 指定标注弧线位置：指定尺寸线的位置并确定绘制延伸线的方向。指定位置之后，DIMANGULAR 命令将结束。
- 多行文字（M）：编辑用于标注的多行文字，可添加前缀和后缀。
- 文字（T）：用户自定义文字，生成的标注测量值显示在尖括号中。
- 角度（A）：修改标注文字的角度。
- 象限点（Q）：指定标注应锁定到的象限。打开象限后，将标注文字放置在角度标注外时，尺寸线会延伸并超过延伸线。

技术要点：

可以相对于现有角度标注创建基线和连续角度标注。基线和连续角度标注小于或等于 180°。要获得大于 180°的基线和连续角度标注，请使用夹点编辑拉伸现有基线或连续标注的尺寸延伸线的位置。

11.3.3　半径或直径标注

当标注对象为圆弧或圆时，需创建半径或直径标注。一般情况下，整圆或大于半圆的圆弧应标注直径尺寸，小于或等于半圆的圆弧应标注为半径尺寸，如图 11-20 所示。

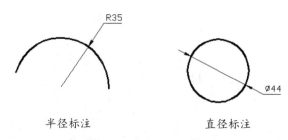

图 11-20 半径标注和直径标注

1. 半径标注

半径标注工具用来测量选定圆或圆弧的半径值，并显示前面带有字母 R 的标注文字。用户可通过以下方式来执行此操作：

- 菜单栏：选择"标注"|"半径"命令。
- 功能区：在"注释"选项卡的"标注"面板中单击"半径"按钮◎。
- 命令行：输入 DIMRADIUS 并按 Enter 键。

执行 DIMRADIUS 命令，再选择圆弧进行标注，命令行则显示如下操作提示：

```
命令: _dimradius
选择圆弧或圆：                                              // 选择标注的圆弧
标注文字 = 35
指定尺寸线位置或 [多行文字(M)/文字(T)/角度(A)]：            // 标注选项
```

2. 直径标注

直径标注工具用来测量选定圆或圆弧的直径值，并显示前面带有直径符号的标注文字。用户可通过以下方式来执行此操作：

- 菜单栏：选择"标注"|"直径"命令。
- 功能区：在"注释"选项卡的"标注"面板中单击"直径"按钮◎。
- 命令行：输入 DIMDIAMETER 并按 Enter 键。

对圆弧进行标注时，半径或直径标注不需要直接沿圆弧进行放置。如果标注位于圆弧末尾之后，则将沿进行标注的圆弧的路径绘制延伸线，或者不绘制延伸线。取消（关闭）延伸线后，半径标注或直径标注的尺寸线将通过圆弧的圆心（而不是按照延伸线）进行绘制，如图 11-21 所示。

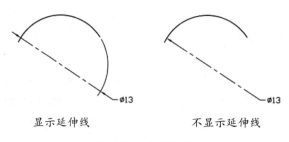

图 11-21 延伸线控制

11.3.4 弧长标注

弧长标注用于测量圆弧或多段线弧线段上的距离。默认情况下，弧长标注在标注文字的上方或前面显示圆弧符号"⌒"，如图 11-22 所示。

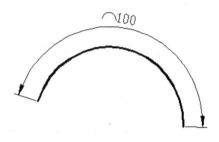

图 11-22 弧长标注

用户可通过以下方式来执行此操作：
- 菜单栏：选择"标注"|"弧长"命令。
- 功能区：在"注释"选项卡的"标注"面板中单击"弧长"按钮 。
- 命令行：输入 DIMARC 并按 Enter 键。

执行 DIMARC 命令，选择弧线段作为标注对象，命令行则显示如下操作提示：

```
命令: dimarc
选择弧线段或多段线弧线段：                    //选择弧线段
指定弧长标注位置或 [多行文字(M)/文字(T)/角度(A)/部分(P)/引线(L)]：
                                              //弧长标注选项
```

11.3.5 坐标标注

坐标标注主要用于测量从原点（基准）到要素（如部件上的一个孔）的水平或垂直距离。这种标注保持特征点与基准点的精确偏移量，从而避免增大误差。一般的坐标标注如图 11-23 所示。

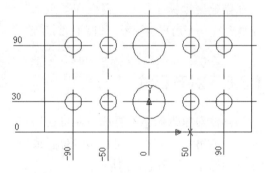

图 11-23 坐标标注

用户可通过以下方式来执行此操作：
- 菜单栏：选择"标注"|"坐标"命令。
- 功能区：在"注释"选项卡的"标注"面板中单击"坐标"按钮 。
- 命令行：输入 DIMORDINATE 并按 Enter 键。

执行 DIMORDINATE 命令，命令行则显示如下操作提示：

```
命令: _dimordinate
指定点坐标：
指定引线端点或 [X 基准(X)/Y 基准(Y)/多行文字(M)/文字(T)/角度(A)]：
```

命令行提示中各标注选项含义如下：
- 指定引线端点：使用点坐标和引线端点的坐标差可确定是 X 坐标标注还是 Y 坐标标注。如果 Y 坐标的坐标差较大，标注就测量 X 坐标，否则就测量 Y 坐标。
- X 基准（X）：测量 X 坐标并确定引线和标注文字的方向。确定时将显示"引线端点"提示，从中可以指定端点，如图 11-24 所示。

- *Y*基准（Y）：测量*Y*坐标并确定引线和标注文字的方向，如图11-25所示。

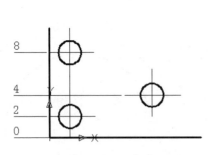
图11-24 *X*基准

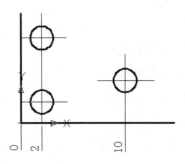
图11-25 *Y*基准

- 多行文字（M）：编辑用于标注的多行文字，可添加前缀和后缀。
- 文字（T）：用户自定义文字，生成的标注测量值显示在尖括号中。
- 角度（A）：修改标注文字的角度。
- 部分（P）：缩短弧长标注的长度。
- 引线（L）：添加引线对象。仅当圆弧（或弧线）大于90°时才会显示此选项，引线是按径向绘制的，指向所标注圆弧的圆心。

在创建坐标标注之前，需要在基点或基线上先创建一个用户坐标系，如图11-26所示。

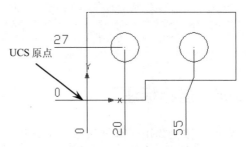
图11-26 创建用户坐标系

11.3.6 对齐标注

当标注对象为倾斜的直线时，可使用对齐标注。对齐标注可以创建与指定位置或对象平行的标注，如图11-27所示。

用户可通过以下方式来执行此操作：

- 菜单栏：选择"标注"|"对齐"命令。
- 功能区：在"注释"选项卡的"标注"面板中单击"对齐"按钮 。
- 命令行：输入DIMALIGNED并按Enter键。

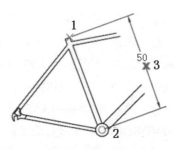
图11-27 对齐标注

执行DIMALIGNED命令后，命令行显示如下操作提示：

```
命令：_dimaligned
指定第一条延伸线原点或 <选择对象>：        // 指定标注起点
指定第二条延伸线原点：                      // 指定标注终点
指定尺寸线位置或
[多行文字(M)/文字(T)/角度(A)]：            // 指定尺寸线及文字位置或输入选项
```

11.3.7 折弯标注

当标注不能表示实际尺寸,或者圆弧或圆的圆心无法在实际位置显示时,可使用折弯标注来表达。在 AutoCAD 2018 中,折弯标注包括半径折弯标注和线性折弯标注。

1. 半径折弯标注

当圆弧或圆的中心位于布局之外并且无法在其实际位置显示时,使用 DIMJOGGED 命令可以创建半径折弯标注,半径折弯标注也称为"缩放的半径标注"。

用户可通过以下方式来执行此操作:

- 菜单栏:选择"标注"|"折弯"命令。
- 工具栏:在"注释"选项卡的"标注"面板中单击"折弯"按钮 。
- 命 令 行:输入 DIMJOGGED 并按 Enter 键。

创建半径折弯标注,需指定圆弧、图示中心位置、尺寸线位置和折弯线位置。半径折弯标注的典型图例如图 11-28 所示。执行 DIMJOGGED 命令后,命令行的操作提示如下:

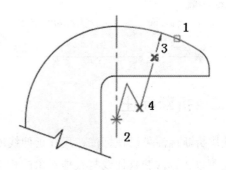

图 11-28 半径折弯标注

```
命令: _dimjogged
选择圆弧或圆:                              //选择标注对象
指定图示中心位置:                          //指定折弯标注新圆心
标注文字 = 34.62
指定尺寸线位置或 [多行文字(M)/文字(T)/角度(A)]:    //指定标注文字位置或输入选项
指定折弯位置:                              //指定折弯线中点
```

技术要点:

图 11-28 中的点 1 表示选择圆弧时的光标位置,点 2 表示新圆心位置,点 3 表示标注文字的位置,点 4 表示折弯中点位置。

2. 线性折弯标注

折弯线用于表示不显示实际测量值的标注值。将折弯线添加到线性标注,即线性折弯标注。通常,折弯标注的实际测量值小于显示的值。

用户可通过以下方式来执行此操作:

- 菜单栏:选择"标注"|"折弯线性"命令。
- 功能区:在"注释"选项卡的"标注"面板中单击"折弯线"按钮 。
- 命令行:输入 DIMJOGLINE 并按 Enter 键。

通常,在线性标注或对齐标注中可添加或删除折弯线,如图 11-29 所示,折弯线性标注中的折弯线表示所标注对象中的折断,标注值表示实际距离,而不是图形中测量的距离。

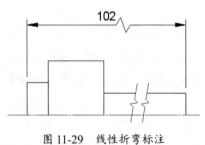

图 11-29 线性折弯标注

技术要点:

折弯由两条平行线和一条与平行线成 40°角的交叉线组成。折弯的高度由标注样式的线性折弯大小值决定。

11.3.8 折断标注

使用折断标注可以使标注、尺寸延伸线或引线不显示。还可以在标注和延伸线与其他对象的相交处打断或恢复标注和延伸线,如图 11-30 所示。

用户可通过以下方式来执行此操作:
- 菜单栏:选择"标注"|"标注打断"命令。
- 功能区:在"注释"选项卡的"标注"面板中单击"打断"按钮。
- 命令行:输入 DIMBREAK 并按 Enter 键。

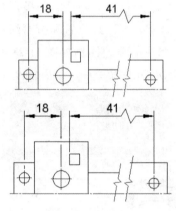

图 11-30 折断标注

11.3.9 倾斜标注

倾斜标注可使线性标注的延伸线倾斜,也可旋转、修改或恢复标注文字。用户可通过以下方式来执行此操作:

- 菜单栏:选择"标注"|"倾斜"命令。
- 功能区:在"注释"选项卡的"标注"面板中单击"倾斜"按钮。
- 命令行:输入 DIMEDIT 并按 Enter 键。
- 执行 DIMEDIT 命令后,命令行显示如下操作提示:

```
命令: _dimedit
输入标注编辑类型 [默认(H)/新建(N)/旋转(R)/倾斜(O)] <默认>:        //标注选项
```

命令行中的"倾斜"选项将创建线性标注,其延伸线与尺寸线方向垂直。当延伸线与图形的其他要素冲突时,"倾斜"选项将有很大用处,如图 11-31 所示。

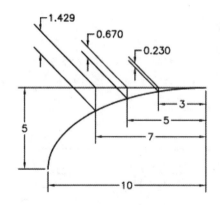

图 11-31 倾斜标注

动手操练——常规尺寸的标注

二维锁钩轮廓图形如图 11-32 所示。

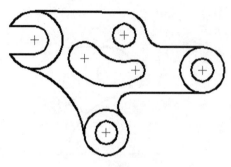

图 11-32 锁钩轮廓图形

step 01 打开本例源文件"锁钩轮廓.dwg"。

step 02 在"注释"选项卡的"标注"面板中单击"标注样式"按钮，程序弹出"标注样式管理器"对话框，并单击该对话框上的"新建"按钮，弹出"创建新标注样式"对话框，在该对话框中，在"新样式名"文本框内输入"机械标注"字样，然后单击"继续"按钮，进入下一步，如图 11-33 所示。

图 11-33 命名新标注样式

step 03 在随后弹出的"新建标注样式：机械标注"对话框中做如下选项设置：在"线"选项卡下设置"基线间距"为 7.5、"超出尺寸线"为 2.5；在"箭头和符号"选项卡中设置"箭头大小"为 3.5；在"文字"选项卡中设置"文字高度"为 5、"从尺寸线偏移"为 1、"文字对齐"采用"ISO 标准"；在"主单位"选项卡中设置"精度"为 0.0、"小数分隔符"为"．（句点）"，如图 11-34 所示。

图 11-34 设置新标注样式

step 04 在"注释"选项卡的"标注"面板中单击"线性"按钮，然后在如图 11-35 所示的图形中选择两个点作为线性标注延伸线的原点，并完成该标注。

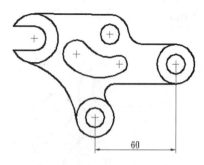

图 11-35 线性标注

step 05 同理，继续使用"线性"标注工具将其余的主要尺寸进行标注，标注完成的结果如图 11-36 所示。

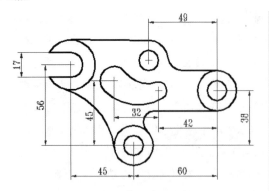

图 11-36　完成所有线性标注

step 06 在"注释"选项卡的"标注"面板中单击"半径"按钮，然后在图形中选择小于180°的圆弧进行标注，结果如图11-37所示。

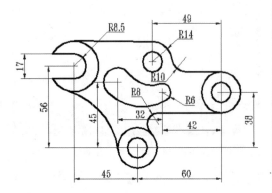

图 11-37　半径标注

step 07 在"注释"选项卡的"标注"面板中单击"折弯"按钮，然后选择如图11-38所示的圆弧进行折弯半径标注。

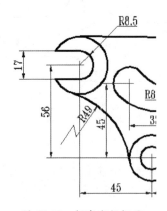

图 11-38　折弯半径标注

step 08 在"注释"选项卡的"标注"面板中单击"打断"按钮，然后按命令行的操作提示选择"手动"选项，并选择如图11-39所示的线性标注上的两点作为打断点，并最终完成该打断标注。

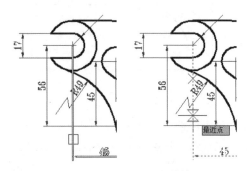

选择要打断的标注　　选择打断点

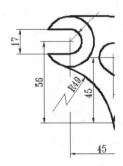

打断结果

图 11-39　打断标注

step 09 在"注释"选项卡的"标注"面板中单击"直径"按钮，然后在图形中选择大于180°的圆弧和整圆进行标注，最终本实例图形标注完成的结果如图11-40所示。

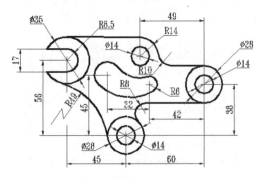

图 11-40　直径标注

11.4 快速标注

当图形中存在连续的线段、并列的线条或相似的图样时，可以使用 AutoCAD 2018 为用户提供的快速标注工具来完成标注，以此来提高标注的效率。快速标注工具包括"快速标注""基线标注""连续标注"和"等距标注"。

11.4.1 快速标注

"快速标注"就是对选择的对象创建一系列的标注。这一系列的标注可以是一系列连续标注、一系列并列标注、一系列基线标注、一系列坐标标注、一系列半径标注或者一系列直径标注，如图 11-41 所示为多段线的快速标注。

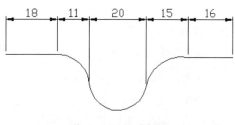

图 11-41　快速标注

用户可通过以下方式来执行此操作：

- 菜单栏：选择"标注"|"快速标注"命令。
- 功能区：在"注释"选项卡的"标注"面板中单击"快速标注"按钮 。
- 命令行：输入 QDIM 并按 Enter 键。

执行 QDIM 命令后，命令行的操作提示如下：

```
命令: _qdim
选择要标注的几何图形: 找到 1 个
选择要标注的几何图形:
指定尺寸线位置或 [连续(C)/并列(S)/基线(B)/坐标(O)/半径(R)/直径(D)/基准点(P)/
编辑(E)/设置(T)] <连续>:
```

11.4.2 基线标注

"基线标注"是从上一个标注或选定标注的基线处创建的线性标注、角度标注或坐标标注，如图 11-42 所示。

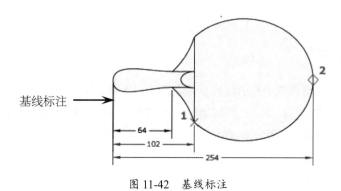

图 11-42　基线标注

> **技术要点：**
>
> 可以通过标注样式管理器、"线"选项卡和"基线间距"（DIMDLI 系统变量）设置基线标注之间的默认间距。

用户可通过以下方式来执行此操作：

- 菜单栏：选择"标注"|"基线"命令。
- 功能区：在"注释"选项卡的"标注"面板中单击"基线"按钮。
- 命令行：输入 DIMBASELINE 并按 Enter 键。

如果当前任务中未创建任何标注，将提示用户选择线性标注、坐标标注或角度标注，以用作基线标注的基准。提示如下：

```
命令: _dimbaseline
选择基准标注:
需要线性、坐标或角度关联标注。                       //选择对象提示
```

当选择的基准标注是线性标注或角度标注时，命令行将显示以下操作提示：

```
命令: _dimbaseline
指定第二条延伸线原点或 [放弃(U)/选择(S)] <选择>:    //指定标注起点或输入选项
```

11.4.3 连续标注

"连续标注"是从上一个标注或选定标注的第二条延伸线处开始创建的线性标注、角度标注或坐标标注，如图 11-43 所示。

用户可通过以下方式来执行此操作：

- 菜单栏：选择"标注"|"连续"命令。
  功能区：在"注释"选项卡的"标注"面板中单击"连续"按钮。
- 命令行：输入 DIMCONTINUE 并按 Enter 键。

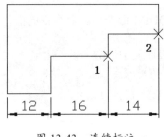

图 13-43 连续标注

连续标注将自动排列尺寸线。连续标注的标注方法与基线标注的方法相同，因此不再重复介绍了。

11.4.4 等距标注

"等距标注"可自动调整平行的线性标注之间的间距或共享一个公共顶点的角度标注之间的间距，尺寸线之间的间距相等，还可以通过使用间距值 0 来对齐线性标注或角度标注。

用户可通过以下方式来执行此操作：

- 菜单栏：选择"标注"|"标注间距"命令。
- 功能区：在"注释"选项卡的"标注"面板中单击"等距标注"按钮。

● 命令行：输入 DIMSPACE 并按 Enter 键。

执行 DIMSPACE 命令，命令行将显示如下操作提示：

```
命令：_DIMSPACE
选择基准标注：                        //选择平行线性标注或角度标注以从基准标注均
匀隔开，并按 Enter 键
选择要产生间距的标注：                //指定标注
输入值或 [自动(A)] <自动>：           //输入间距值或输入选项
```

例如，间距值为 5mm 的等距标注，如图 11-44 所示。

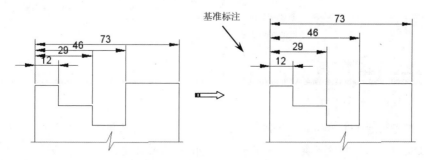

图 11-44　等距标注

动手操练——快速标注范例

标注完成的法兰零件图如图 11-45 所示。

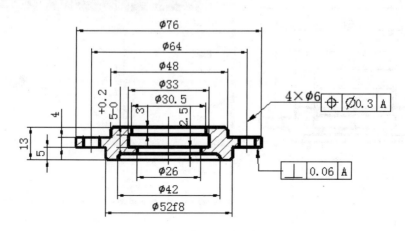

图 11-45　法兰零件图

step 01　打开本例源文件"法兰零件.dwg"。

step 02　在"注释"选项卡的"标注"面板中单击"标注样式"按钮，打开"标注样式管理器"对话框。单击该对话框中的"新建"按钮，弹出"创建新标注样式"对话框，在此对话框的"新样式名"文本框内输入新样式名"机械标注-1"，并单击"继续"按钮，如图 11-46 所示。

step 03　在随后弹出的"新建标注样式：机械标注-1"对话框中进行设置：在"文字"选项卡下设置"文字高度"为 3.5、"从尺寸线偏移"为 1、"文字对齐"采用"ISO 标准"；在"主单位"选项卡中设置"精度"为 0.0、"小数分隔符"为".（句点）"、前缀为"%%c"，如图 11-47 所示。

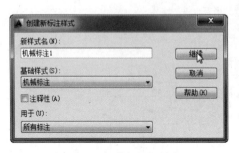

图 11-46 命名新标注样式

图 11-47 设置新标注样式

step 04 设置完成后单击"确定"按钮，退出对话框，程序自动将"机械标注-1"样式设为当前样式。使用"线性"标注工具，标注出如图 11-48 所示的尺寸。

step 05 在"注释"选项卡的"标注"面板中单击"标注样式"按钮，打开"标注样式管理器"对话框。在"样式"列表框中选择"ISO-25"样式，然后单击"修改"按钮，如图 11-49 所示。

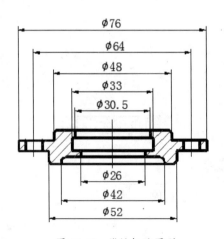

图 11-48 线性标注图形

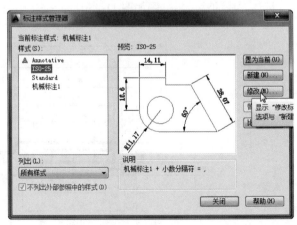

图 11-49 选择要修改的标注样式

step 06 在弹出的"修改标注样式"对话框中做如下修改：在"文字"选项卡中设置"文字高度"为 3.5、"从尺寸线偏移"为 1、"文字对齐"采用"与尺寸线对齐"；在"主单位"选项卡中设置"精度"为 0.0、"小数分隔符"为"．（句点）"。

step 07 使用"线性"标注工具，标注出如图 11-50 所示的尺寸。

step 08 在"注释"选项卡的"标注"面板中单击"标注样式"按钮，打开"标注样式管理器"对话框。在"样式"列表中选择"ISO-25"样式，然后单击"替代"按钮，打开"替代当前样式"对话框，并在对话框的"公差"选项卡中，在"公差格式"选项组中设置"方式"为"极限偏差"、"上偏差值"为 0.2。完成后单击"确定"按钮，退出替代样式设置。

step 09 使用"线性"标注工具，标注出如图 11-51 所示的尺寸。

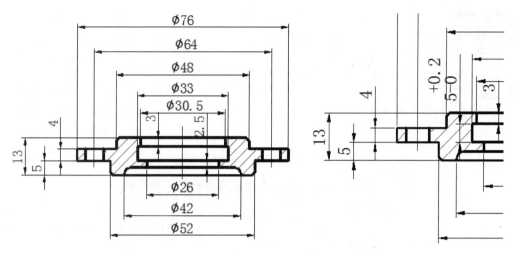

图 11-50 线性尺寸标注　　　　　　图 11-51 替代样式的标注

step 10 在"注释"选项卡的"标注"面板中单击"折断标注"按钮，然后按命令行的操作提示选择"手动"选项,选择如图 11-52 所示的线性标注上的两点作为打断点,并完成折断标注。

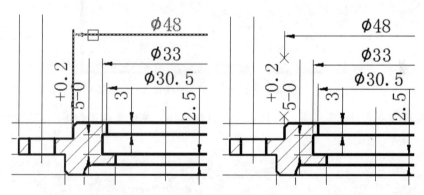

图 11-52 创建折断标注

step 11 使用"编辑标注"工具编辑 φ52 标注文字,命令行操作提示如下:

```
命令: _dimedit
输入标注编辑类型 [默认(H)/新建(N)/旋转(R)/倾斜(O)] <默认>: n↙
选择对象: 找到 1 个                    //选择要编辑文字的标注
选择对象: ↙
```

编辑文字的过程及结果,如图 11-53 所示。

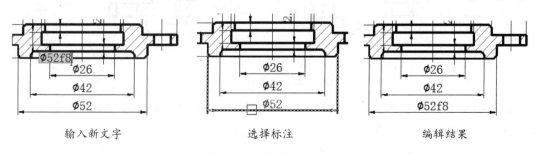

输入新文字　　　　　　选择标注　　　　　　编辑结果

图 11-53 编辑标注文字

技术要点：

直径符号 φ，可输入符号 "%%c" 替代。

step 12 在"注释"选项卡的"多重引线"面板中单击"多重引线样式管理器"按钮，打开"多重引线样式管理器"对话框，并单击该对话框中的"修改"按钮，弹出"修改多重引线样式"对话框。在"内容"选项卡下的"引线连接"选项组中，在"连接位置-左"下拉列表中，选择"最后一行加下画线"选项，完成后单击"确定"按钮，如图 11-54 所示。

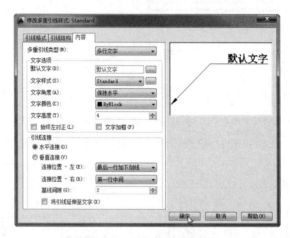

图 11-54 修改多重引线样式

step 13 使用"多重引线"工具，创建第一个引线标注，过程及结果如图 11-55 所示。命令行的操作提示如下：

```
命令：mleader
指定引线箭头的位置或 [引线基线优先(L)/内容优先(C)/选项(O)] <选项>：
指定引线基线的位置：             // 指定基线位置并单击鼠标
```

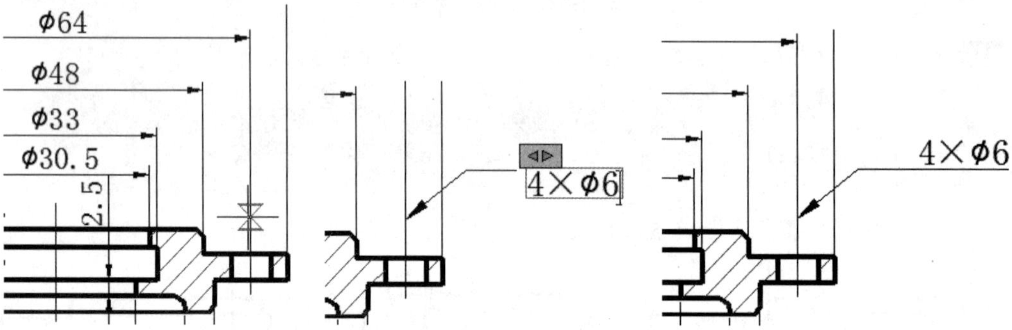

图 11-55 多重引线标注

step 14 再使用"多重引线"工具，创建第二个引线标注，但不标注文字，如图 11-56 所示。

step 15 在"标注"面板中单击"公差"按钮，然后在随后弹出的"形位公差"对话框中设置特征符号、公差值 1 及公差值 2，如图 11-57 所示。

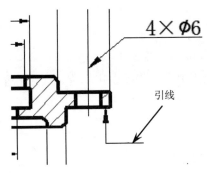

图 11-56　创建不标注文字的引线

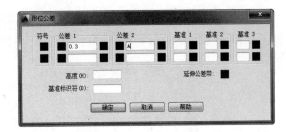

图 11-57　设置形位公差

step 16　公差设置完成后，将特征框置于第一引线标注上，如图 11-58 所示。

step 17　同理，在另一引线上也创建出如图 11-59 所示的形位公差标注。

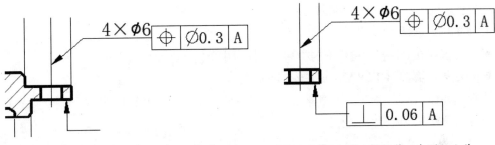

图 11-58　标注第一个形位公差　　　　图 11-59　标注第二个形位公差

step 18　至此，本例的零件图形的尺寸标注全部完成，结果如图 11-60 所示。

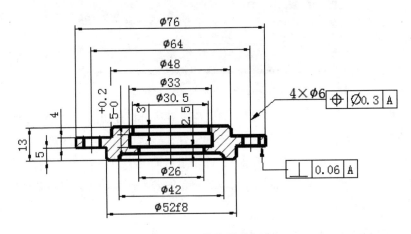

图 11-60　零件图形标注

11.5　AutoCAD 其他标注

在 AutoCAD 2018 中，除基本尺寸标注和快速标注工具外，还有用于特殊情况下的图形标注或注释。如形位公差标注、引线标注及尺寸公差标注等，下面分别介绍。

11.5.1 形位公差标注

形位公差表示特征的形状、轮廓、方向、位置和跳动的允许偏差。

形位公差一般由形位公差代号、形位公差框、形位公差值及基准代号组成,如图11-61所示。

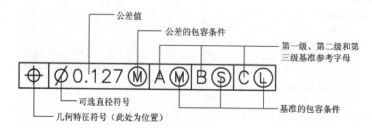

图 11-61 形位公差标注的基本组成

用户可通过以下方式来执行此操作:

- 菜单栏:选择"标注"|"公差"命令。
- 功能区:在"注释"选项卡的"标注"面板中单击"公差"按钮。
- 命令行:输入 TOLERANCE 并按 Enter 键。

执行 TOLERANCE 命令,程序弹出"形位公差"对话框,如图 11-62 所示。在该对话框中用户可以设置公差值和修改符号。

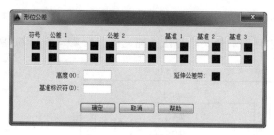

图 11-62 "形位公差"对话框

在该对话框中,单击"符号"选项组中的黑色小方格将打开如图 11-63 所示的"特征符号"对话框。在该对话框中可以选择特征符号。当确定好符号后单击该符号即可。

在"形位公差"对话框中单击"基准 1"选项组后面的黑色小方格,将打开如图 11-64 所示的"附加符号"对话框。在该对话框中可以选择包容条件。当确定好包容条件后单击该特征符号即可。

图 11-63 "特征符号"对话框

图 11-64 "附加符号"对话框

表 11-1 中列出了国家标准规定的各种形位公差符号及其含义。

表 11-1 特征符号含义

符号	含义	符号	含义
⌖	位置度	▱	平面度
◎	同轴度	○	圆度
⌰	对称度	—	直线度
∥	平行度	⌒	面轮廓度
⊥	垂直度	⌒	线轮廓度
∠	倾斜度	↗	圆跳度
⌭	圆柱度	⌰	全跳度

表 11-2 给出了与形位公差有关的材料控制符号及其含义。

表 11-2 附加符号

符号	含义
Ⓜ	材料的一般中等状况
Ⓛ	材料的最大状况
Ⓢ	材料的最小状况

11.5.2 多重引线标注

引线是连接注释和图形对象的一条带箭头的线,用户可从图形的任意点或对象上创建引线。引线可由直线段或平滑的样条曲线组成,注释文字就放在引线末端,如图 11-65 所示。

图 11-65 多重引线

多重引线对象或多重引线可先创建箭头,也可先创建尾部或内容。如果已使用多重引线样式,则可以从该样式创建多重引线。

11.6 编辑标注

当标注的尺寸界线、文字和箭头与当前图形文件中的几何对象重叠时，用户可能不想显示这些标注元素或者要进行适当的位置调整，通过更改、替换标注尺寸样式或者编辑标注的外观，可以使图纸更加清晰、美观，增强可读性。

1. 修改与替代标注样式

要对当前样式进行修改但又不想创建新的标注样式，此时可以修改当前标注样式或创建标注样式替代。在菜单栏中选择"标注"|"标注样式"命令，然后在弹出的"标注样式管理器"对话框中选择 Standard 标注样式，再单击右侧的"修改"按钮，打开如图 11-66 所示的"修改标注样式：Standard"对话框。在该对话框中可以调整、修改样式，包括尺寸界线、公差、单位及其可见性。

若用户创建标注样式的替代样式，替代标注样式后，AutoCAD 将在标注样式名下显示"＜样式替代＞"，如图 11-67 所示。

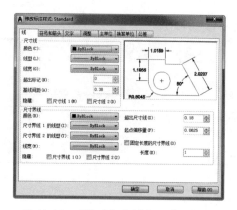 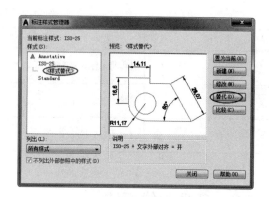

图 11-66 "修改标注样式"对话框   图 11-67 显示替代样式

2. 尺寸文字的调整

尺寸文字的位置调整可通过移动夹点来进行，也可利用快捷菜单来调整标注的位置。在利用移动夹点来调整尺寸文字的位置时，先选中要调整的标注，按住夹点直接拖动鼠标进行移动，如图 11-68 所示。

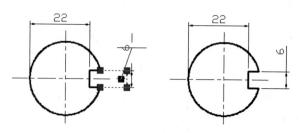

图 11-68 使用夹点移动来调整文字位置

利用右键快捷菜中的单命令来调整文字位置时，先选择要调整的标注，单击鼠标右键，在弹出的快捷菜单中选择"标注文字位置"命令，然后再从下拉菜单中选择适当的命令，如图 11-69 所示。

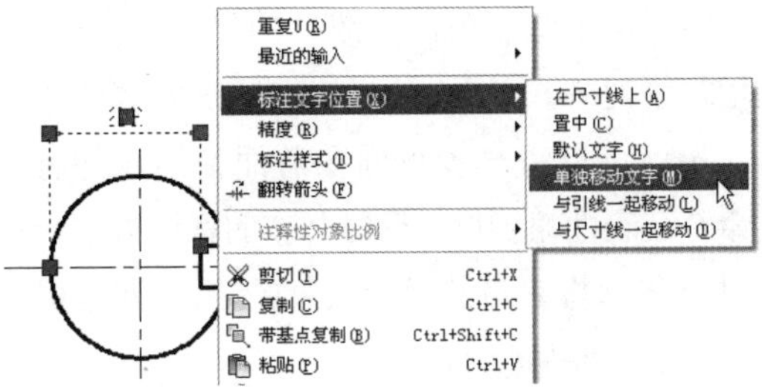

3. 编辑标注文字

图 11-69　使用右键快捷菜单命令调整文字位置

有时需要将线性标注修改为直径标注，这就需要对标注的文字进行编辑，AutoCAD 2018 提供了标注文字编辑功能。

用户可以执行以下命令方式：
- 命令行：输入 DIMEDIT 并按 Enter 键。
- 工具栏：在"标注"工具栏中单击"编辑标注"按钮。
- 菜单栏：选择"修改"|"对象"|"文字"|"编辑"命令。

执行以上命令后，可以通过在功能区弹出的"文字编辑器"选项卡，对标注文字进行编辑，如图 11-70 所示为对标注文字进行编辑的前后对比。

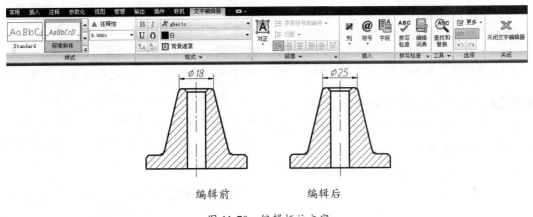

图 11-70　编辑标注文字

11.7　综合案例

为了便于读者熟练应用基本尺寸标注工具来标注零件图形，下面以两个机械零件图形的图形尺寸标注为例，来说明零件图尺寸标注的方法。

11.7.1　案例一：标注曲柄零件尺寸

本例主要讲解尺寸标注的综合应用。机械图中的尺寸标注包括线性尺寸标注、角度标注、引线标注、粗糙度标注等。

该图形中除了前面介绍过的尺寸标注外，又增加了对齐尺寸48的标注。通过本例的学习，不但可以进一步巩固在前面使用过的标注命令及表面粗糙度、形位公差的标注方法，同时还将掌握对齐标注命令的使用。标注完成的曲柄零件如图11-71所示。

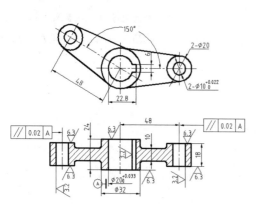

图 11-71　曲柄零件

操作步骤：

1. 创建一个新图层 bz 用于尺寸标注

step 01　单击"标准"工具栏中的"打开"按钮，在弹出的"选择文件"对话框中，选中前面保存的图形文件"曲柄零件.dwg"，单击"确定"按钮，则该图形显示在绘图窗口中，如图11-72所示。

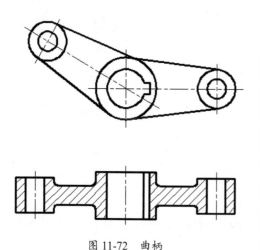

图 11-72　曲柄

step 02　单击"图层"工具栏中的"图层特性管理器"按钮，打开"图层特性管理器"对话框。

step 03　创建一个新图层bz，设置"线宽"为0.09mm，其他设置保持不变，用于标注尺寸，并将其设置为当前图层。

step 04　设置文字样式为SZ，在菜单栏中选择"格式"｜"文字样式"命令。打开"文字样式"对话框，创建一个新的文字样式SZ。

2. 设置尺寸标注样

step 01　单击"标注"工具栏中的"标注样式"按钮，设置标注样式。在打开的"标注样式管理器"对话框中，单击"新建"按钮，创建新的标注样式"机械图样"，用于标注图样中的线性尺寸。

step 02　单击"继续"按钮，对打开的"新建标注样式：机械图样"对话框中各个选项卡中的参数进行设置，如图11-73~图11-75所示。设置完成后，单击"确定"按钮。选择"机械图样"，单击"新建"按钮，分别设置直径及角度标注样式。

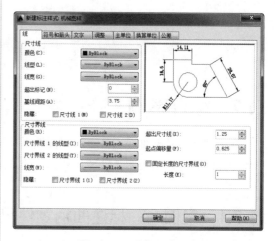

图 11-73　"线"选项卡

第 11 章 几何图形标注

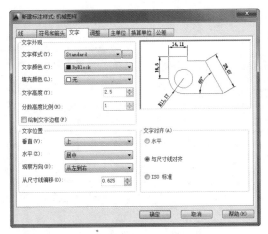

图 11-74 "文字"选项卡

图 11-75 "调整"选项卡

step 03 同理，再依次建立直径标注样式、半径标注样式、角度标注样式等标注样式。其中，在建立直径标注样式时，必须在"调整"选项卡中选中"标注时手动放置文字"复选框，在"文字"选项卡中的"文字对齐"选项组中，选中"ISO 标准"复选框；对于角度标注样式，在"文字"选项卡中的"文字对齐"选项组中，选中"水平"复选框。其他选项卡的设置均保持不变。

step 04 在"标注样式管理器"对话框中，选中"机械图样"标注样式，单击"置为当前"按钮，将其设置为当前标注样式。

3. 标注曲柄视图中的线性尺寸

step 01 单击"标注"工具栏中的"线性"按钮，方法同前，从上至下，依次标注曲柄主视图及俯视图中的线性尺寸 6、22.8、48、18、10、ϕ20 和 ϕ32。

step 02 在标注尺寸 ϕ20 时，需要输入"%%c20{\h0.7x;\s+0.033^0;}"。

step 03 单击"标注"工具栏中的"编辑标注文字"按钮，命令行操作提示如下：

```
命令：_dimtedit
选择标注：           //选中曲柄俯视图中的线性尺寸 24
为标注文字指定新位置或 [左对齐(L)/右对齐(R)/居中(C)/默认(H)/角度(A)]：
                    //拖动文字到尺寸界线外部
```

step 04 单击"标注"工具栏中的"编辑标注文字"按钮，选中俯视图中的线性尺寸 10，将其文字拖动到适当的位置。结果如图 11-76 所示。

step 05 单击"标注"工具栏中的"标注样式"按钮，在打开的"标注样式管理器"的样式列表框中选择"机械图样"，单击"替代"按钮。

step 06 系统打开"替代当前样式"对话框，在"线"选项卡的"隐藏"选项组中，选中"尺寸线 2"复选框；在"符号和箭头"选项卡的"箭头"选项组中，将"第二个"设置为"无"，如图 11-77 所示。

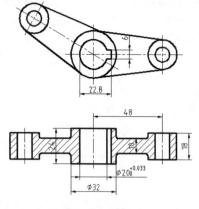

图 11-76 标注线性尺寸

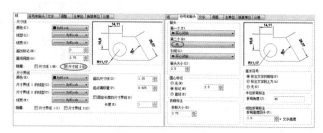

图 11-77 替代样式。

step 07 单击"标注"工具栏中的"标注更新"按钮，更新该尺寸样式，命令行操作提示如下：

```
命令：_-dimstyle
当前标注样式：                     // 机械标注样式    注释性：否
输入标注样式选项
[注释性(AN)/保存(S)/恢复(R)/状态(ST)/变量(V)/应用(A)/?] <恢复>：  // _apply
选择对象：                         // 选中俯视图中的线性尺寸 φ20
选择对象：↙
```

step 08 单击"标注"工具栏中的"标注更新"按钮，选中更新的线性尺寸，将其文字拖动到适当的位置，结果如图 11-78 所示。

step 09 单击"标注"工具栏中的"对齐"按钮，标注对齐尺寸 48，结果如图 11-79 所示。

4. 标注曲柄主视图中的角度尺寸等

step 01 单击"标注"工具栏中的"角度标注"按钮，标注角度尺寸 150°。

step 02 单击"标注"工具栏中的"直径标注"按钮，标注曲柄水平臂中的直径尺寸 2φ10 及 2φ20。在标注尺寸 2φ20 时，需要输入标注文字"2<>"；在标注尺寸 2φ10 时，需要输入标注文字 2<>。

step 03 单击"标注"工具栏中的"标注样式"按钮，在打开的"标注样式管理器"的"样式"列表框中选择"机械图样"，单击"替代"按钮。

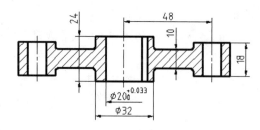

图 11-78 编辑俯视图中的线性尺寸

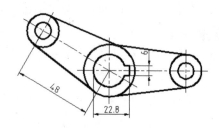

图 11-79 标注主视图对齐尺寸

step 04 系统打开"替代当前样式"对话框，单击"主单位"选项卡，将"线性标注"选项组中的"精度"值设置为 0.000；单击"公差"选项卡，在"公差格式"选项组中，将"方式"设置为"极限偏差",设置"上偏差"为 0.022、"下偏差"为 0、"高度比例"为 0.7,设置完成后单击"确定"按钮。

step 05 单击"标注"工具栏中的"标注更新"按钮,选中直径尺寸 2φ10,即可为该尺寸添加尺寸偏差。结果如图 11-80 所示。

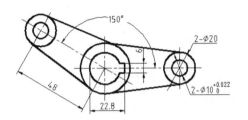

图 11-80 标注角度及直径尺寸

5. 标注曲柄俯视图中的表面粗糙度

step 01 首先绘制表面粗糙度符号,如图 11-81 所示。

图 11-81 绘制的表面粗糙度符号

step 02 在菜单栏中选择"格式"|"文字样式"命令,打开"文字样式"对话框,在其中设置标注的粗糙度值的文字样式,如图 11-82 所示。

图 11-82 "文字样式"对话框

step 03 在命令行输入 DDATTDEF 命令,执行后,打开"属性定义"对话框,如图 11-83 所示,按照图中所示进行填写和设置。

图 11-83 "属性定义"对话框

step 04 填写完毕后,然后单击"拾取点"按钮,此时返回绘图区域,用鼠标拾取图 11-81 中的点 A,即 Ra 符号的右下角,此时返回"属性定义"对话框,然后单击"确定"按钮,完成属性设置。

step 05 在"插入"选项卡中单击"创建块"按钮,AutoCAD 打开"块定义"对话框,按照图中所示进行填写和设置,如图 11-84 所示。

图 11-84 "块定义"对话框

step 06 填写完毕后,单击"拾取点"按钮,此时返回绘图区域,用鼠标拾取图 11-81 中的点 B,此时返回"块定义"对话框,然后再单击"选择对象"按钮,选择图 11-81 所示的图形,此时返回"块定义"对话框,最后单击"确定"按钮完成块定义。

step 07 在"插入"选项卡中单击"插入块"按钮,AutoCAD打开"插入"对话框,在"名称"下拉列表中选择"粗糙度"选项,如图11-85所示。

图11-85 "插入"对话框

step 08 然后单击"确定"按钮,此时命令行操作提示如下:

```
指定插入点或 [基点(B)/比例(S)/X/Y/Z/旋转(R)]:         //捕捉曲柄俯视图中的左臂上
线的最近点,作为插入点
    指定旋转角度 <0>:                                //输入要旋转的角度
    输入属性值
    请输入表面粗糙度值 <1.6>:6.3↙                    //输入表面粗糙度的值为(6.3)
```

step 09 单击"修改"工具栏中的"复制"按钮,选中标注的表面粗糙度,将其复制到俯视图右边需要标注的地方,结果如图11-86所示。

step 10 单击"修改"工具栏中的"镜像"按钮,选中插入的表面粗糙度图块,分别以水平线及竖直线为镜像线,进行镜像操作,并且镜像后不保留源对象。

step 11 单击"修改"工具栏中的"复制"按钮,选中镜像后的表面粗糙度,将其复制到俯视图下部需要标注的地方,结果如图11-87所示。

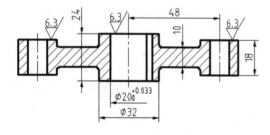

图11-86 标注表面粗糙度

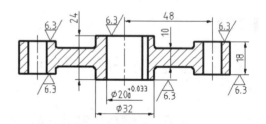

图11-87 标注表面粗糙度

step 12 单击"绘图"面板中的"插入块"按钮,打开"插入块"对话框,插入"粗糙度"图块。重复"插入块"命令,标注曲柄俯视图中的其他表面粗糙度,结果如图11-88所示。

6. 标注曲柄俯视图中的形位公差

step 01 在标注表面及形位公差之前,首先需要设置引线的样式,然后再标注表面及形位公差。在命令行中输入QLEADER命令,命令行操作提示如下:

命令:QLEADER↙
指定第一个引线点或 [设置(S)] <设置>: S↙

step 02 选择该选项后，AutoCAD 打开如图 11-89 所示的"引线设置"对话框，在其中选择"公差"单选按钮，即把引线设置为公差类型。设置完毕后，单击"确定"按钮，返回命令行，命令行操作提示如下：

指定第一个引线点或 [设置(S)] <设置>: (用鼠标指定引线的第一个点)
指定下一点：(用鼠标指定引线的第二个点)
指定下一点：(用鼠标指定引线的第三个点)

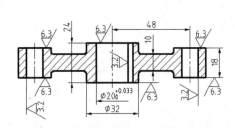 

图 11-88 标注表面粗糙度   图 11-89 "引线设置"对话框

step 03 此时，AutoCAD 自动打开"形位公差"对话框，如图 11-90 所示，单击"符号"黑框，AutoCAD 打开"符号"对话框，用户可以在其中选择需要的符号，如图 11-91 所示。

图 11-90 "形位公差"对话框   图 11-91 "符号"对话框

step 04 设置完"形位公差"对话框中的选项后，单击"确定"按钮，则返回绘图区域，完成形位公差的标注。

step 05 标注俯视图左边的形位公差。

step 06 创建基准符号号块，首先绘制基准符号，如图 11-92 所示。

step 07 在命令行输入 DDATTDEF 命令，按 Enter 键后，打开"属性定义"对话框，如图 11-93 所示，按照图中所示进行设置。

图 11-92 绘制的基准符号   图 11-93 "属性定义"对话框

step 08 填写完毕后，单击"确定"按钮，此时返回绘图区域，用鼠标拾取图中的圆心，创建基准符号块。

step 09 单击"绘图"面板中的"创建块"按钮，打开"块定义"对话框，按照图中所示进行设置，如图11-94所示。

step 10 填写完毕后，单击"拾取点"按钮，此时返回绘图区域，用鼠标拾取图中水平直线的中点，此时返回"块定义"对话框，然后再单击"选择对象"按钮，选择图形，此时返回"块定义"对话框，最后单击"确定"按钮完成块定义。

step 11 单击"绘图"面板中的"插入块"按钮，打开"插入"对话框，在"名称"下拉列表中选择"基准符号"选项，如图11-95所示。

图 11-94 "块定义"对话框

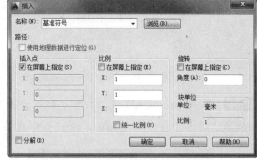
图 11-95 "插入"对话框

step 12 然后单击"确定"按钮，此时命令行操作提示如下：

指定插入点或 [基点(B)/比例(S)/X/Y/Z/旋转(R)]：（在尺寸 φ20 左边尺寸界线的左部适当位置拾取一点）

step 13 单击"修改"工具栏中的"旋转"按钮，选中插入的"基准符号"图块，将其旋转 90°。

step 14 选中旋转后的"基准符号"图块，单击鼠标右键，在打开的如图11-96所示的快捷菜单中，选择"编辑属性"命令，打开"增强属性编辑器"对话框，单击"文字选项"选项卡，如图11-97所示。

图 11-96 快捷菜单

图 11-97 "增强属性编辑器"对话框

step 15 将旋转角度修改为 0，最终的标注结果如图 11-98 所示。

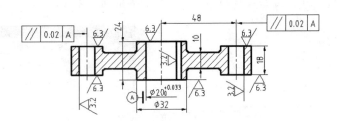

图 11-98 标注俯视图中的形位公差

11.7.2 案例二：标注泵轴尺寸

本例着重介绍编辑标注文字位置命令的使用及表面粗糙度的标注方法，同时，对尺寸偏差的标注进行进一步的巩固练习。标注完成的泵轴如图 11-99 所示。

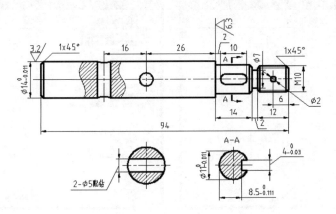

图 11-99 泵轴尺寸

操作步骤：

1. 标注设置

step 01 打开图形文件"泵轴.dwg"，如图 11-100 所示。

step 02 创建一个新图层 BZ 用于尺寸标注。单击"图层"工具栏中的"图层特性管理器"按钮，打开"图层特性管理器"对话框。设置新图层 BZ 的"线宽"为 0.09mm，其他设置保持不变，用于标注尺寸，并将其设置为当前图层。

step 03 设置文字样式 SZ。在菜单栏中选择"格式"｜"文字样式"命令，弹出"文字样式"对话框，创建一个新的文字样式 SZ。

step 04 设置尺寸标注样式，单击"标注"工具栏中的"标注样式"按钮，设置标注样式。在打开的"标注样式管理器"对话框中，单击"新建"按钮，创建新的标注样式"机械图样"，用于标注图样中的尺寸。

step 05 单击"继续"按钮,在打开的"新建标注样式:机械图样"对话框中,在各个选项卡中进行设置,如图 11-101~图 11-103 所示,不再设置其他标注样式。

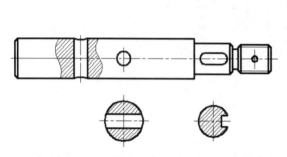

图 11-100 泵轴

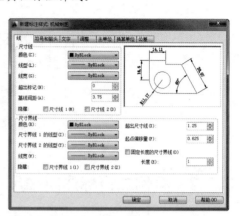

图 11-101 "线"选项卡

图 11-102 "文字"选项卡

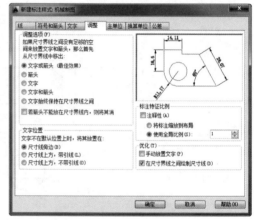

图 11-103 "调整"选项卡

2. 标注尺寸

step 01 在"标注样式管理器"对话框中,选择"机械图样"标注样式,单击"置为当前"按钮,将其设置为当前标注样式。

step 02 标注泵轴视图中的基本尺寸,单击"标注"工具栏中的"线性"标注按钮 ,方法同前,标注泵轴主视图中的线性尺寸 M10、φ7 及 6。

step 03 单击"标注"工具栏中的"基线标注"按钮 ,方法同前,以尺寸 6 的右端尺寸线为基线,进行基线标注,标注尺寸 12 及 94。

step 04 单击"标注"工具栏中的"连续标注"按钮 ,选中尺寸 12 的左端尺寸线,标注连续尺寸 2 及 14。

step 05 单击"标注"工具栏中的"线性"标注按钮 ,标注泵轴主视图中的线性尺寸 16,方法同前。

step 06 单击"标注"工具栏中的"连续"标注按钮，标注连续尺寸 26、2 及 10。

step 07 单击"标注"工具栏中的"直径"标注按钮，标注泵轴主视图中的直径尺寸 φ2。

step 08 单击"标注"工具栏中的"线性"标注按钮，标注泵轴剖面图中的线性尺寸"2φ5 配钻"，此时应输入标注文字"2φ%%c5 配钻"。

step 09 单击"标注"工具栏中的"线性"标注按钮，标注泵轴剖面图中的线性尺寸 8.5 和 4。结果如图 11-104 所示。

step 10 修改泵轴视图中的基本尺寸，命令行操作提示如下：

```
命令：dimtedit↙
选择标注：                                    //选择主视图中的尺寸 2
    指定标注文字的新位置或 [左(l)/右(r)/中心(c)/默认(h)/角度(a)]：//拖动鼠标，在适
当的位置单击鼠标，确定新的标注文字位置
```

step 11 方法同前，单击"标注"工具栏中的"标注样式"按钮，分别修改泵轴视图中的尺寸"2-φ5 配钻"及 2。结果如图 11-105 所示。

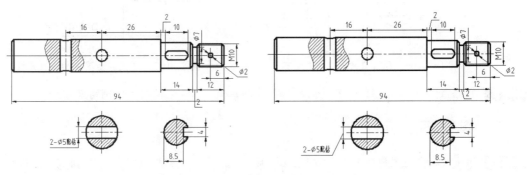

图 11-104　基本尺寸　　　　　图 11-105　修改视图中的标注文字位置

step 12 用重新输入标注文字的方法，标注泵轴视图中带尺寸偏差的线性尺寸，命令行操作提示如下：

```
命令：dimlinear↙
    指定第一条尺寸界线原点或 <选择对象>：(捕捉泵轴主视图左轴段的左上角点)
    指定第二条尺寸界线原点：//捕捉泵轴主视图左轴段的左下角点
    指定尺寸线位置或 [多行文字(M)/文字(T)/角度(A)/水平(H)/垂直(V)/旋转(R)]：t↙
    输入标注 <14>：%%c14{\h0.7x;\s0^-0.011;}↙
    指定尺寸线位置或 [多行文字(M)/文字(T)/角度(A)/水平(H)/垂直(V)/旋转(R)]：//拖
动鼠标，在适当位置单击
    标注文字 =14
```

step 13 标注泵轴剖面图中的尺寸 φ11，输入标注文字"%%c11{\h0.7x;\ s0^λ0.011;}"，结果如图 11-106 所示。

step 14 用标注替代的方法，为泵轴剖面图中的线性尺寸添加尺寸偏差。单击"标注"工具栏中的"标注样式"按钮，在打开的"标注样式管理器"的样式列表中选择"机械图样"，单击"替代"按钮。

step 15 系统打开"替代当前样式"对话框，方法同前，单击"主单位"选项卡，将"线性标注"选项组中的"精度"值设置为 0.000；单击"公差"选项卡，在"公差格式"选项组中，将"方式"设置为"极限偏差"，设置"上偏差"为 0、下偏差为 0.111、"高度比例"为 0.7，设置

完成后单击"确定"按钮。

step 16 单击"标注"工具栏中的"标注更新"按钮，选中剖面图中的线性尺寸8.5，即可为该尺寸添加尺寸偏差。

step 17 继续设置替代样式。设置"公差"选项卡中的"上偏差"为0、"下偏差"为0.030。单击"标注"工具栏中的"标注更新"按钮，选中线性尺寸4，即可为该尺寸添加尺寸偏差，结果如图11-107所示。

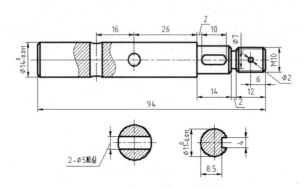

图 11-106　标注尺寸 φ14 及 φ11　　　　　　　图 11-107　替代剖面图中的线性尺寸

step 18 单击"标注"工具栏中的"标注样式"按钮，标注主视图中的倒角尺寸。

3. 标注粗糙度

step 01 标注泵轴主视图中的表面粗糙度。在"插入"选项卡中单击"插入块"按钮，打开"插入"对话框，如图11-108所示，单击"浏览"按钮，选中前面保存的块图形文件"粗糙度"；在"比例"选项组中，选中"统一比例"复选框，设置缩放比例为0.5，单击"确定"按钮。命令行操作提示如下：

```
指定插入点或 [基点(B)/比例(S)/旋转(R)]：//捕捉φ14尺寸上端尺寸界线的最近点，作为插入点
输入属性值
请输入表面粗糙度值 <1.6>：3.2↙　//输入表面粗糙度的值3.2，结果如图11-109所示
```

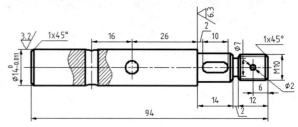

图 11-108　插入"粗糙度"图块　　　　　　　　图 11-109　标注表面粗糙度

step 02 单击"绘图"面板中的"直线"按钮，捕捉尺寸26右端尺寸界线的上端点，绘制竖直线。

step 03 单击"绘图"面板中的"插入块"按钮，插入"粗糙度"图块，设置均同前。此时，

输入属性值 6.3。

step 04 单击"修改"工具栏中的"镜像"按钮，将刚刚插入的图块，以水平线为镜像线，进行镜像操作，并且镜像后不保留源对象。

step 05 单击"修改"工具栏中的"旋转"按钮，选中镜像后的图块，将其旋转 90°。

step 06 单击"修改"工具栏中的"镜像"按钮，将旋转后的图块，以竖直线为镜像线，进行镜像操作，并且镜像后不保留源对象。

step 07 标注泵轴剖面图的剖切符号及名称，在菜单栏中选择"标注"|"多重引线"命令，使用"多重引线"标注命令，从右向左绘制剖切符号中的箭头。

step 08 将"轮廓线"图层设置为当前图层，单击"绘图"面板中的"直线"按钮，捕捉带箭头引线的左端点，向下绘制一小段竖直线。

step 09 在命令行输入 text 命令，或者在菜单栏中选择"绘图"|"文字"|"单行文字"命令，在适当位置单击一点，输入文字"A"。

step 10 单击"修改"工具栏中的"镜像"按钮，将输入的文字及绘制的剖切符号，以水平中心线为镜像线，进行镜像操作。然后在泵轴剖面图上方输入文字"A-A"。结果如图 11-110 所示。

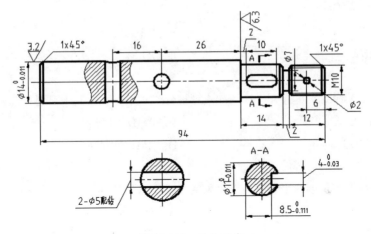

图 11-110　输入文字

11.8　AutoCAD 认证考试习题集

一、单选题

（1）如果要标注倾斜直线的长度，应该选用下面的（　）命令。

A. DIMLINEAR　　　　　　　　　B. DIMALIGNED

C. DIMORDINATE　　　　　　　　D. QDIM

正确答案（　　）

（2）如果在一个线性标注数值前面添加直径符号，则应输入（　）。

A. %%C   B. %%O
C. %%D   D. %%%

正确答案（　　）

（3）快速引线后不可以尾随的注释对象是（　　）。
A. 公差   B. 单行文字
C. 多行文字   D. 复制对象

正确答案（　　）

（4）下面（　　）命令用于测量并标注被测对象之间的夹角。
A. DIMANGULAR   B. ANGULAR
C. QUIM   D. DIMRADIUS

正确答案（　　）

（5）下面（　　）命令用于在图形中以第一尺寸线为基准标注图形尺寸。
A. DIMCONTINUS   B. QLEADER
C. DIMBASELINE   D. QDIM

正确答案（　　）

（6）快速标注的命令是（　　）。
A. DIM   B. QLEADER
C. QDIMLINE   D. QDIM

正确答案（　　）

（7）执行（　　）命令，可打开"标注样式管理器"对话框，在其中可对标注样式进行设置。
A. DIMSTYLE   B. DIMDIAMETER
C. DIMRADIUS   D. DIMLINEAR

正确答案（　　）

（8）（　　）命令用于创建平行于所选对象或平行于两尺寸界线源点连线的直线型尺寸。
A. 线性标注   B. 连续标注
C. 快速标注   D. 对齐标注

正确答案（　　）

（9）使用"快速标注"命令标注圆或圆弧时，不能自动标注（　　）选项。
A. 直径   B. 半径
C. 基线   D. 圆心

正确答案（　　）

（10）下列不属于基本标注类型的标注是（　　）。
A. 线性标注   B. 快速标注
C. 对齐标注   D. 基线标注

正确答案（　　）

（11）在"标注样式"对话框中，"文字"选项卡中的"分数高度比例"选项只有设置了（　　）

选项后方才有效。

A. 公差 B. 换算单位
C. 单位精度 D. 使用全局比例

正确答案（　　）

(12) 所有尺寸标注共用一条尺寸界线的是（　）。

A. 引线标注 B. 连续标注
C. 基线标注 D. 公差标注

正确答案（　　）

(13) 下列标注命令，（　）必须在已经进行了"线性标注"或"角度标注"的基础之上进行。

A. 快速标注 B. 连续标注
C. 形位公差标注 D. 对齐标注

正确答案（　　）

(14) 用（　）命令可以同时标注出形位公差及其引线。

A. 公差 B. 引线
C. 线性 D. 折弯

正确答案（　　）

二、多选题

(1) 设置尺寸标注样式有以下哪几种方法？

A. 选择"格式"｜"标注样式"命令
B. 在命令行中输入 DDIM 命令后按下 Enter 键
C. 单击"标注"工具栏上的"标注样式"图标按钮
D. 在命令行中输入 Style 命令后按下 Enter 键

正确答案（　　）

(2) 对于"标注"｜"坐标"命令，以下选项正确的是（　）。

A. 可以改变文字的角度 B. 可以输入多行文字
C. 可以输入单行文字 D. 可以一次性标注 X 坐标和 Y 坐标

正确答案（　　）

(3) 绘制一个线性尺寸标注，必须（　）。

A. 确定尺寸线的位置 B. 确定第二条尺寸界线的原点
C. 确定第一条尺寸界限的原点 D. 确定箭头的方向

正确答案（　　）

(4) 在"标注样式"对话框的"圆心标记类型"选项组中，所供用户选择的选项包括（　）。

A. 标记 B. 直线
C. 圆弧 D. 无

正确答案（　　）

(5) DIMLINEAR（线性标注）命令允许绘制（　）方向及（　）方向的尺寸标注。

A. 垂直　　　　　　　　　B. 对齐
C. 水平　　　　　　　　　D. 圆弧

正确答案（　　）

三、绘图题

（1）画出如图 11-111 所示的图形，求剖面线区域的面积，并完成图形标注，标注字体选用 gbeitc.shx。

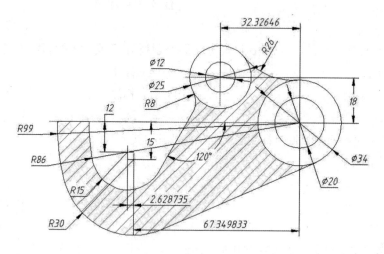

图 11-111　练习一

（2）画出如图 11-112 所示的图形，求剖面线区域的面积，并完成图形标注，标注字体选用 gbeitc.shx。

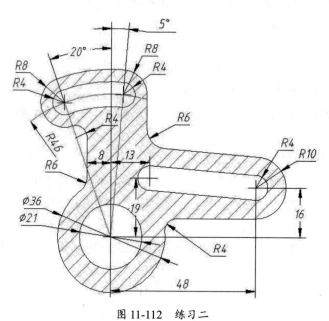

图 11-112　练习二

（3）画出如图 11-113 所示的图形，求剖面线区域的面积，并完成图形标注，标注字体选用 gbeitc.shx。

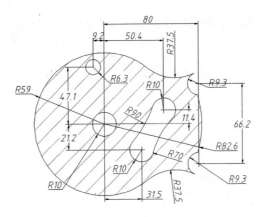

图 11-113 练习三

11.9 课后习题

1. 标注阀体底座零件图形

利用线性标注、直径标注、半径标注完成阀体底座零件图形的标注，如图 11-114 所示，标注字体选用 gbeitc.shx。

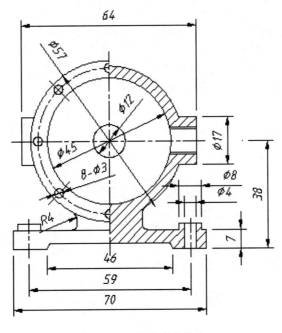

图 11-114 阀体底座零件

2. 标注螺钉固定架图形

利用半径标注、线性标注、角度标注完成螺钉固定架图形的标注，如图 11-115 所示。

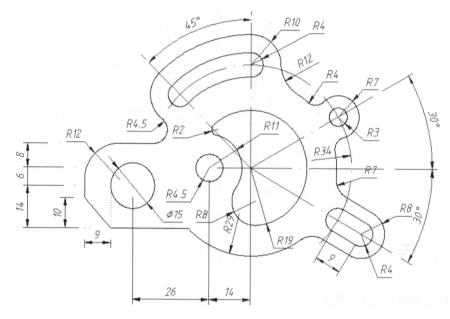

图 11-115　螺钉固定架图形

第 12 章
图纸的文字与表格注释

本章内容

标注尺寸以后,还要添加说明文字和明细表格,这样才算一幅完整的工程图。本章将着重介绍 AutoCAD 2018 文字和表格的添加与编辑,并让读者详细了解文字样式、表格样式的编辑方法。

知识要点

- ☑ 文字概述
- ☑ 使用文字样式
- ☑ 单行文字
- ☑ 多行文字
- ☑ 符号与特殊符号
- ☑ 表格的创建与编辑

12.1 文字概述

文字注释是 AutoCAD 图形中很重要的图形元素，也是机械制图、建筑工程图等制图中不可或缺的重要组成部分。在一个完整的图样中，通常都会用一些文字注释来标注图样中的一些非图形信息。例如，机械图形中的技术要求、装配说明、标题栏信息、选项卡，以及建筑工程图中的材料说明、施工要求等。

文字注释功能可通过在"文字"面板、"文字"工具栏中选择相应命令进行调用，也可以通过在菜单栏中选择"绘图"|"文字"命令，在打开的"文字"菜单中选择。"文字"面板如图 12-1 所示。"文字"工具栏如图 12-2 所示。

图 12-1 "文字"面板

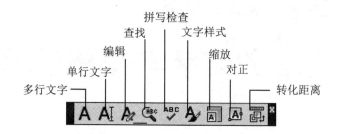

图 12-2 "文字"工具栏

图形注释文字包括单行文字或多行文字。对于不需要多种字体或多行的简短项，可以创建单行文字。对于较长、较为复杂的内容，可以创建多行或段落文字。

在创建单行或多行文字前，要指定文字样式并设置对齐方式，文字样式设置了文字对象的默认特征。

12.2 使用文字样式

在 AutoCAD 中，所有文字都有与之相关联的文字样式。文字样式包括"字体""字型""高度""宽度系数""倾斜角""反向""倒置"及"垂直"等参数。在图形中输入文字时，当前的文字样式决定了输入文字的字体、字号、角度、方向和其他文字特征。

12.2.1 创建文字样式

在创建文字注释和尺寸标注时，AutoCAD 通常使用当前的文字样式，用户也可以根据具体要求重新设置文字样式或创建新的样式。文字样式的新建、修改是通过"文字样式"对话框来进行的，如图 12-3 所示。

用户可通过以下方式来打开"文字样式"对话框：

- 菜单栏：选择"格式"|"文字样式"命令。
- 工具栏：单击"文字样式"按钮 A。
- 面板：在"常用"选项卡的"注释"面板中单击"文字样式"按钮 A。
- 命令行：输入 STYLE 并按 Enter 键。

"字体"选项组：该选项组用于设置字体名、字体格式及字体样式等属性。其中，"字体名"下拉列表中列出了 FONTS 文件夹中所有注册的 TrueType 字体和所有编译的字体的

图 12-3 "文字样式"对话框

字体族名（SHX）。"字体样式"下拉列表用于指定字体格式，如粗体、斜体等。"使用大字体"复选框用于指定亚洲语言的大字体文件，只有在"字体名"下拉列表中选择带有 SHX 后缀的字体文件，该复选框才被激活，如选择 iso.shx。

12.2.2 修改文字样式

修改多行文字对象的文字样式时，已更新的设置将应用到整个对象中，单个字符的某些格式可能不会被保留（或者会保留）。例如，颜色、堆叠和下画线等格式将继续使用原格式，而粗体、字体、高度及斜体等格式，将随着修改的格式而发生改变。

通过修改设置，可以在"文字样式"对话框中修改现有的样式；也可以更新使用该文字样式的现有文字来反映修改的效果。

> **技巧点拨：**
> 某些样式设置对多行文字和单行文字对象的影响不同。例如，修改"颠倒"和"反向"选项对多行文字对象无影响。修改"宽度因子"和"倾斜角度"对单行文字无影响。

12.3 单行文字

对于不需要多种字体或多行的简短项，可以创建单行文字。使用"单行文字"命令创建文本时，可创建单行的文字，也可创建出多行文字，但创建的多行文字的每一行都是独立的，可对齐进行单独编辑，如图 12-4 所示。

图 12-4 使用"单行文字"命令创建单行文字

12.3.1 创建单行文字

使用"单行文字"命令可输入单行文本，也可输入多行文本。在文字创建过程中，在图形区域选择一个点作为起点，并输入文本，通过按 Enter 键来结束每一行，若要停止命令，则按 Esc 键。单行文字的每行文字都是独立的对象，可以重新定位、调整格式或进行其他修改。

用户可通过以下方式来执行此操作：

- 菜单栏：选择"绘图"|"文字"|"单行文字"命令。
- 工具栏：单击"单行文字"按钮 A。
- 面板：在"注释"选项卡的"文字"面板中单击"单行文字"按钮 A。
- 命令行：输入 TEXT 并按 Enter 键。

执行 TEXT 命令，命令行将显示如下操作提示：

```
命令: text
当前文字样式:"Standard"  文字高度: 2.5000  注释性: 否        // 文字样式设置
指定文字的起点或 [对正(J)/样式(S)]:                          // 文字选项
```

上述操作提示中的选项含义下：

- 指定文字的起点：指定文字对象的起点。当指定文字起点后，命令行再显示"指定高度 <2.5000>:"，若要另行输入高度值，直接输入即可创建指定高度的文字；若使用默认高度值，按 Enter 键即可。
- 对正：控制文字的对正方式。
- 样式：指定文字样式，文字样式决定文字字符的外观。使用此选项，需要在"文字样式"对话框中新建文字样式。

在操作提示中若选择"对正"选项，接着命令行会显示如下提示：

```
输入选项
[对齐(A)/布满(F)/居中(C)/中间(M)/右对齐(R)/左上(TL)/中上(TC)/右上(TR)/左中(ML)/正中(MC)/右中(MR)/左下(BL)/中下(BC)/右下(BR)]:
```

此操作提示下的各选项含义如下：

- 对齐：通过指定基线端点来指定文字的高度和方向，如图 12-5 所示。
- 布满：指定文字按照由两点定义的方向和一个高度值布满一个区域。此选项只适用于水平方向的文字，如图 12-6 所示。

图 12-5 对齐文字   图 12-6 布满文字

技巧点拨：

对于对齐文字，字符的大小根据其高度按比例调整。文字字符串越长，字符越矮。

- 居中：从基线的水平中心对齐文字，此基线是由用户给出的点指定的，另外对居中文字还可以调整其倾斜角度，如图 12-7 所示。

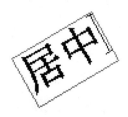

图 12-7　居中文字

- 中间：文字在基线的水平中点和指定高度的垂直中点上对齐，中间对齐的文字不保持在基线上，如图 12-8 所示（"中间"选项也可用于旋转文字）。

图 12-8　中间文字

其余选项所表示的文字对正方式如图 12-9 所示。

图 12-9　文字的对正方式

12.3.2　编辑单行文字

编辑单行文字包括编辑文字的内容、对正方式及缩放比例。用户可通过在菜单栏中选择"修改"|"对象"|"文字"命令，在弹出的子菜单中选择相应命令来编辑单行文字。编辑单行文字的命令如图 12-10 所示。

用户也可以在图形区域双击要编辑的单行文字，然后重新输入新内容。

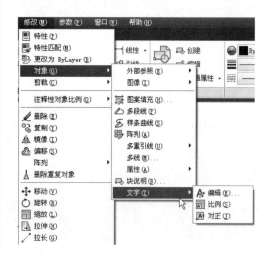

图 12-10　编辑单行文字的命令

1．"编辑"命令

"编辑"命令用于编辑文字的内容。选择"编辑"命令后，选择要编辑的单行文字，即可在激活的文本框中重新输入文字，如图 12-11 所示。

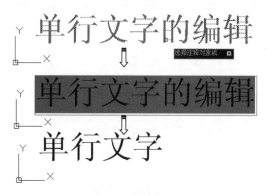

图 12-11　编辑单行文字

2．"比例"命令

"比例"命令用于重新设置文字的图纸高度、匹配对象和比例因子，如图 12-12 所示。

单行文字的编辑

图 12-12　设置单行文字的比例

命令行提示如下:

```
SCALETEXT
选择对象：找到 1 个
选择对象：找到 1 个 (1 个重复)，总计 1 个
选择对象：
输入缩放的基点选项
[现有 (E)/左对齐 (L)/居中 (C)/中间 (M)/右对齐 (R)/左上 (TL)/中上 (TC)/右上 (TR)/
左中 (ML)/正中 (MC)/右中 (MR)/左下 (BL
)/中下 (BC)/右下 (BR)] <现有>: C
指定新模型高度或 [图纸高度 (P)/匹配对象 (M)/比例因子 (S)] <1856.7662>:
1 个对象已更改
```

3．"对正"命令

"对正"命令用于更改文字的对正方式。选择"对正"命令后，选择要编辑的单行文字，图形区显示对齐菜单。命令行中的提示如下：

```
命令: _justifytext
选择对象：找到 1 个
选择对象：
输入对正选项
[左对齐 (L)/对齐 (A)/布满 (F)/居中 (C)/中间 (M)/右对齐 (R)/左上 (TL)/中上 (TC)/右
上 (TR)/左中 (ML)/正中 (MC)/右中 (MR)
/左下 (BL)/中下 (BC)/右下 (BR)] <居中>:
```

12.4　多行文字

"多行文字"又称为段落文字，是一种更易于管理的文字对象，可以由两行以上的文字组成，而且各行文字都是作为一个整体处理的。在机械制图中，经常使用多行文字功能创建较为复杂的文字说明，如图样的技术要求等。

12.4.1　创建多行文字

在 AutoCAD 2018 中，多行文字的创建与编辑功能得到了增强。用户可通过以下方式来执行此操作：

● 菜单栏：选择"绘图"|"文字"|"单行文字"命令。

● 工具栏：单击"单行文字"按钮 A。

- 面板：在"注释"选项卡的"文字"面板中单击"单行文字"按钮 。
- 命令行：输入 MTEXT 并按 Enter 键。

执行 MTEXT 命令，命令行显示操作信息，提示用户需要在图形窗口中指定两点作为多行文字的输入起点与段落对角点。指定点后，程序会自动打开"文字编辑器"选项卡和"在位文字编辑器"，"文字编辑器"选项卡如图 12-13 所示。

图 12-13 "文字编辑器"选项卡

AutoCAD 在位文字编辑器如图 12-14 所示。

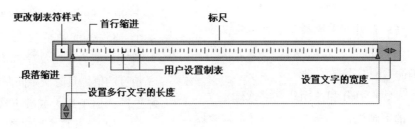

图 12-14 在位文字编辑器

"文字编辑器"选项卡包括"样式"面板、"格式"面板、"段落"面板、"插入"面板、"拼写检查"面板、"工具"面板、"选项"面板和"关闭"面板。

1. "样式"面板

"样式"面板用于设置当前多行文字样式、注释性和文字高度。面板中包含 3 个命令：选择文字样式、注释性、选择和输入文字高度，如图 12-15 所示。

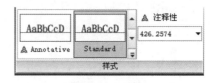

图 12-15 "样式"面板

面板中各选项含义如下：

- 文字样式：向多行文字对象应用文字样式。如果用户没有新建文字样式，单击"展开"按钮 ，在弹出的样式列表框中选择可用的文字样式。
- 注释性：单击"注释性"按钮 ，打开或关闭当前多行文字对象的注释性。
- 功能区组合框 - 文字高度：按图形单位设置新文字的字符高度或修改选定文字的高度。用户可在文本框内输入新的文字高度来替代当前文本高度。

2. "格式"面板

"格式"面板用于字体的大小、粗细、颜色、下画线、倾斜、宽度等格式设置，面板中的各选项如图 12-16 所示。

图 12-16 "格式"面板

面板中各选项的含义如下：

- 粗体：开启或关闭选定文字的粗体格式。此选项仅适用于使用 TrueType 字体的字符。
- 斜体：打开和关闭新文字或选定文字的斜体格式。此选项仅适用于使用 TrueType 字体的字符。
- 下画线：打开和关闭新文字或选定文字的下画线。
- 上画线：打开和关闭新文字或选定文字的上画线。
- 选择文字的字体：为新输入的文字指定字体或改变选定文字的字体。单击下拉按钮，即可弹出文字字体下拉列表，如图 12-17 所示。

图 12-17 选择文字字体

- 选择文字的颜色：指定新文字的颜色或更改选定文字的颜色。单击下拉按钮，即可弹出字体颜色下拉列表，如图 12-18 所示。

图 12-18 选择文字颜色

- 倾斜角度：确定文字是向前倾斜还是向后倾斜。倾斜角度表示的是相对于 90°角方向的偏移角度。输入一个 –85~85 的数值使文字倾斜。倾斜角度的值为正时文字向右倾斜，倾斜角度的值为负时文字向左倾斜。
- 追踪：用于增大或减小选定字符之间的空间。1.0 是常规间距。设置为大于 1.0 可增大间距，设置为小于 1.0 可减小间距。
- 宽度因子：扩展或收缩选定字符。设置为 1.0 代表此字体中字母的常规宽度。

3. "段落"面板

"段落"面板包含段落的对正、行距设置、段落格式设置、段落对齐设置，以及段落的分布、编号等功能。在"段落"面板右下角单击 按钮，会弹出"段落"对话框，如图 12-19 所示。"段落"对话框可以为段落和段落的第一行设置缩进、指定制表位和缩进，控制段落对齐方式、段落间距和段落行距等。

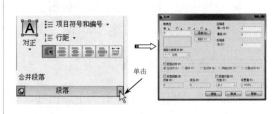

图 12-19 "段落"面板与"段落"对话框

"段落"面板中各选项的含义如下：

- 对正：单击"对正"按钮，弹出文字对正方式菜单，如图 12-20 所示。

图 12-20 "对正"菜单

- 行距：单击此按钮，显示程序提供的默认间距值菜单，如图 12-21 所示。选择菜单中的"其他"命令，则弹出"段落"对话框，在该对话框中设置段落行距。

图 12-21 "行距"菜单

技巧点拨：

行距是多行段落中文字的上一行底部和下一行顶部之间的距离。在 AutoCAD 早期版本中，并不是所有针对段落和段落行距的新选项都受支持。

- 项目符号和编号：单击此按钮，显示用于创建列表的选项菜单，如图 12-22 所示。

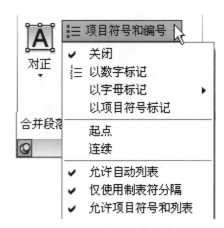

图 12-22 "项目符号和编号"菜单

- 左对齐、居中、右对齐、分布对齐：设置当前段落或选定段落的左、中或右文字边界的对正和对齐方式。包含在一行的末尾输入的空格，并且这些空格会影响行的对正。
- 合并段落：当创建有多行文字的段落时，选择要合并的段落，此命令被激活，然后选择此命令，多段落文字变成只有一个段落的文字，如图 12-23 所示。

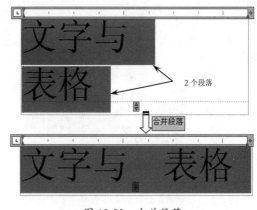

图 12-23 合并段落

4．"插入"面板

"插入"面板主要用于插入字符、列、字段。"插入"面板如图 12-24 所示。

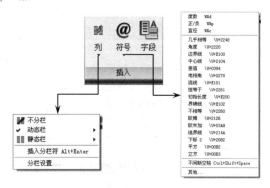

图 12-24 "插入"面板

面板中各选项的含义如下：

- 符号：在光标位置插入符号或不间断空格，也可以手动插入符号。单击此按钮，弹出"符号"菜单。
- 字段：单击此按钮，打开"字段"对话框，从中可以选择要插入到文字中的字段。
- 列：单击此按钮，显示弹出型菜单，包括"不分栏""静态栏"和"动态栏"等命令。

5. "拼写检查""工具"和"选项"面板

3 个面板主要用于字体的查找和替换、拼写检查，以及文字的编辑等，如图 12-25 所示。

图 12-25　3 个行面板

面板中各选项的含义如下：

- 查找和替换：单击此按钮，可弹出"查找和替换"对话框，如图 12-26 所示。在该对话框中输入文字以查找并替换。
- 拼写检查：打开或关闭"拼写检查"状态。在文字编辑器中输入文字时，

使用该功能可以检查拼写错误。例如，在输入有拼写错误的文字时，该段文字下将以红色虚线标记，如图 12-27 所示。

图 12-26　"查找和替换"对话框

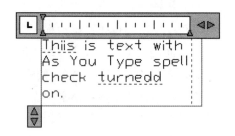

图 12-27　虚线表示有错误的拼写

- 放弃 ：放弃在"多行文字"选项卡下执行的操作，包括对文字内容或文字格式的更改。
- 重做 ：重做在"多行文字"选项卡下执行的操作，包括对文字内容或文字格式的更改。
- 标尺：在编辑器顶部显示标尺。拖动标尺末尾的箭头可更改多行文字对象的宽度。
- 选项：单击此按钮，显示其他文字选项列表。

6. "关闭"面板

"关闭"面板中只有一个命令，即"关闭文字编辑器"命令，执行该命令，将关闭在位文字编辑器。

动手操练——创建多行文字

下面通过实例来说明图纸中多行文字的创建过程。

step 01 打开本例光盘素材文件"ex-1.dwg"。

step 02 在"文字"面板中单击"多行文字"按钮 A，然后按命令行的提示进行操作：

```
命令： mtext
当前文字样式： "Standard"  文字高度： 2.5  注释性：否
指定第一角点：                    //指定多行文字的角点1
指定对角点或 [高度(H)/对正(J)/行距(L)/旋转(R)/样式(S)/宽度(W)/栏(C)]：
//指定多行文字的角点2
```

step 03 按提示指定的角点如图 12-28 所示。

step 04 打开在位文字编辑器后，输入如图 12-29 所示的文本。

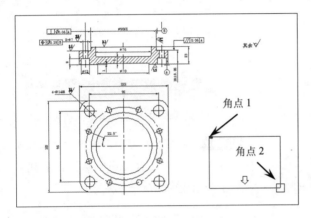

图 12-28 指定角点

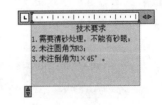

图 12-29 输入文字

step 05 在文字编辑器中选择"技术要求"4 个字，然后在"多行文字"选项卡的"样式"面板中输入新的文字高度值 4，并按 Enter 键，字体高度随之改变，如图 12-30 所示。

step 06 在"关闭"面板中单击"关闭文字编辑器"按钮，退出文字编辑器，并完成多行文字的创建，如图 12-31 所示。

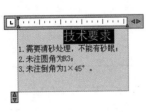

图 12-30 更改文字高度

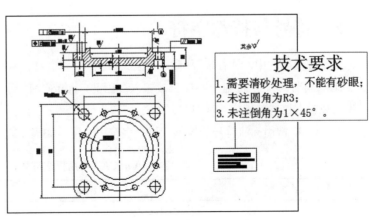

图 12-31 创建的多行文字

12.4.2 编辑多行文字

多行文字的编辑，可通过在菜单栏中选择"修改"|"对象"|"文字"|"编辑"命令，或者在命令行输入 DDEDIT，并选择创建的多行文字，打开多行文字编辑器，然后修改并编辑文字的内容、格式、颜色等特性。

用户也可以在图形窗口中双击多行文字，以此打开文字编辑器。

下面通过实例来说明多行文字的编辑。本例是在原多行文字的基础上添加文字，并改变文字高度和颜色的。

动手操练——编辑多行文字

step 01 打开源文件"多行文字.dwg"。

step 02 在图形窗口中双击多行文字，打开文字编辑器，如图 12-32 所示。

图 12-32 打开文字编辑器

step 03 选择多行文字中的"AutoCAD 2018 多行文字的输入"，将其高度设为 70、颜色设为红色，取消"粗体"字体，如图 12-33 所示。

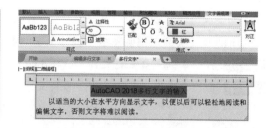

图 12-33 修改文字高度、颜色、字体

step 04 选择其余的文字，加上下画线，将字体设为斜体，如图 12-34 所示。

图 12-34 修改文字高度、颜色、字体

step 05 单击"关闭"面板中的"关闭文字编辑器"按钮，退出文字编辑器。创建的多行文字如图 12-35 所示。

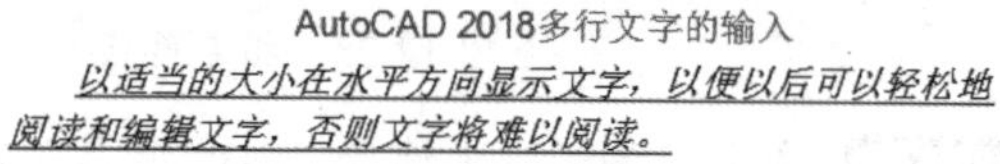

图 12-35 创建、编辑的多行文字

step 06 最后将创建的多行文字另存为"编辑多行文字"。

12.5 符号与特殊字符

在工程图标注中，往往需要标注一些特殊的符号和字符。例如度的符号"°"、公差符号 ± 或直径符号 φ，从键盘上不能直接输入。因此，AutoCAD 通过输入控制代码或 Unicode 字符串可以输入这些特殊字符或符号。

AutoCAD 常用标注符号的控制代码、字符串及符号如表 12-1 所示。

表 12-1 AutoCAD 常用标注符号

控制代码	字符串	符号
%%C	\U+2205	直径（φ）
%%D	\U+00B0	度（°）
%%P	\U+00B1	公差（±）

若要插入其他的数学、数字符号,可在展开的"插入"面板中单击"符号"按钮,或在右键快捷菜单中选择"符号"命令,或在文本编辑器中输入适当的 Unicode 字符串。如表 12-2 所示为其他常见的数学、数字符号及字符串。

表 12-2 数学、数字符号及字符串

名称	符号	Unicode 字符串	名称	符号	Unicode 字符串
约等于	≈	\U+2248	界碑线	ℳ	\U+E102
角度	∠	\U+2220	不相等	≠	\U+2260
边界线	ℬℓ	\U+E100	欧姆	Ω	\U+2126
中心线	℄	\U+2104	欧米加	Ω	\U+03A9
增量	△	\U+0394	地界线	ℙℓ	\U+214A
电相位	φ	\U+0278	下标 2	5_2	\U+2082
流线	℉ℓ	\U+E101	平方	5^2	\U+00B2
恒等于	≌	\U+2261	立方	5^3	\U+00B3
初始长度	⟲	\U+E200			

用户还可以通过利用 Windows 提供的软键盘来输入特殊字符,先将 Windows 的文字输入法设为"智能 ABC",在"定位"按钮上单击鼠标右键,然后在弹出的快捷菜单中选择相应的符号软键盘,打开软键盘后,即可输入需要的字符,如图 12-36 所示。打开的"数学符号"软键盘如图 12-37 所示。

图 12-36 右键快捷菜单命令   图 12-37 "数学符号"软键盘

12.6 表格

表格是由包含注释(以文字为主,也包含多个块)的单元构成的矩形阵列。在 AutoCAD 2018 中,可以使用"表格"命令建立表格,还可以从其他应用软件 Microsoft Excel 中直接复制表格,并将其作为 AutoCAD 表格对象粘贴到图形中。此外,还可以输出来自 AutoCAD 的表格数据，以供在 Microsoft Excel 或其他应用程序中使用。

12.6.1 新建表格样式

表格样式控制一个表格的外观，用于保证标准的字体、颜色、文本、高度和行距。可以使用默认的表格样式，也可以根据需要自定义表格样式。

创建新的表格样式时，可以指定一个起始表格。起始表格是图形中用作设置新表格样式样例的表格。一旦选定表格，用户即可指定要从此表格复制到表格样式的结构和内容。表格样式是在"表格样式"对话框中创建的，如图 12-38 所示。

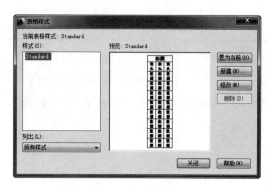

图 12-38 "表格样式"对话框

用户可通过以下方式来打开此对话框：
- 菜单栏：选择"格式"|"表格样式"命令。
- 面板：在"注释"选项卡的"表格"面板中单击"表格样式"按钮。
- 命令行：输入 TABLESTYLE 并按 Enter 键。

执行 TABLESTYLE 命令，弹出"表格样式"对话框。单击该对话框中的"新建"按钮，弹出"创建新的表格样式"对话框，如图 12-39 所示。

图 12-39 "创建新的表格样式"对话框

输入新的表格样式名后，单击"继续"按钮，即可在随后弹出的"新建表格样式"对话框中设置相关选项，以此创建新表格样式，如图 12-40 所示。

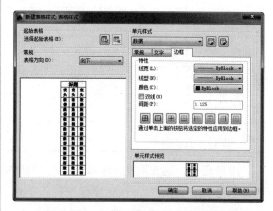

图 12-40 "新建表格样式"对话框

"新建表格样式"对话框包含 4 个选项组和一个预览区域。接下来对各选项组进行介绍。

1. "起始表格"选项组

"选择起始表格"选项使用户可以在图形中指定一个表格用作样例来设置此表格样式的格式。选择表格后，可以指定要从该表格复制到表格样式的结构和内容。

单击"选择一个表格用作此表格样式的起始表格"按钮，程序暂时关闭对话框，用户在图形窗口中选择表格后，会再次弹出"新建表格样式"对话框。单击"从此表格样式中删除起始表格"按钮，可以将表格从当前指定的表格样式中删除。

2. "常规"选项组

该选项组用于更改表格的方向。在"表格方向"下拉列表中,包括"向上"和"向下"两个方向选项,如图12-41所示。

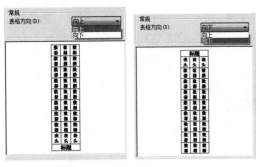

表格方向向上　　　表格方向向下

图 12-41　"常规"选项组

3. "单元样式"选项组

在该选项组中可定义新的单元样式或修改现有单元样式,也可以创建任意数量的单元样式。该选项组中包含3个小的选项卡:常规、文字、边框,如图12-42所示。

"常规"选项卡　　　"文字"选项卡

"边框"选项卡

图 12-42　"单元样式"选项组

"常规"选项卡主要用于设置表格的背景颜色、对齐方式、表格的格式、类型,以及页边距的设置等。"文字"选项卡主要用于设置表格中文字的高度、样式、颜色、角度等特性。"边框"选项卡主要用于设置表格的线宽、线型、颜色及间距等特性。

在"单元样式"下拉列表中,列出了多个表格样式,以便用户自行选择合适的表格样式,如图12-43所示。

图 12-43　"单元样式"下拉列表

单击"创建新单元样式"按钮，可在弹出的"创建新单元样式"对话框中输入新名称,以创建新样式,如图12-44所示。

图 12-44　"创建新单元样式"对话框

若单击"管理单元样式"按钮，则弹出"管理单元样式"对话框,该对话框显示当前表格样式中的所有单元样式并使用户可以创建或删除单元样式,如图12-45所示。

图 12-45　"管理单元样式"对话框

4. "单元样式预览"选项组

该选项组显示了当前表格样式设置效果的样例。

12.6.2 创建表格

表格是在行和列中包含数据的对象。创建表格对象,首先要创建一个空表格,然后在其中添加要说明的内容。

用户可通过以下方式来执行此操作:
- 菜单栏:选择"绘图"|"表格"命令。
- 面板:在"注释"选项卡的"表格"面板中单击"表格"按钮。
- 命令行:输入 TABLE 并按 Enter 键。

执行 TABLE 命令,弹出"插入表格"对话框,如图 12-46 所示。该对话框中包括"表格样式""插入选项""预览""插入方式""列和行设置"和"设置单元样式"选项组,各选项组中各选项的含义如下:

图 12-46 "插入表格"对话框

- 表格样式:在要从中创建表格的当前图形中选择表格样式。通过单击下拉按钮,用户可以创建新的表格样式。
- 插入选项:指定插入选项的方式。包括"从空表格开始""自数据链接"和"自图形中的对象数据(数据提取)"方式。
- 预览:显示当前表格样式的样例。
- 插入方式:指定表格位置。包括"指定插入点"和"指定窗口"两种方式。
- 列和行设置:设置列和行的数目和大小。
- 设置单元样式:对于那些不包含起始表格的表格样式,需要指定新表格中行的单元样式。

> **技巧点拨**:
>
> 表格样式的设置尽量按照 IOS 国际标准或国家标准。

动手操练——创建表格

step 01 新建文件。

step 02 在"注释"选项卡的"表格"面板中单击"表格样式"按钮,弹出"表格样式"对话框。再单击该对话框中的"新建"按钮,弹出"创建新的表格样式"对话框,并在该对话框输入新的表格样式名称"表格",如图 12-47 所示。

图 12-47 "创建新的表格样式"对话框

step 03 单击"继续"按钮,接着弹出"新建表格样式:表格"对话框。在该对话框中"单元样式"选项组中的"文字"选项卡下,设置"文字颜色"为红色,在"边框"选项卡下设置所有边框颜色为"蓝色",并单击"所有边框"按钮,将设置的表格特性应用到新表格样式中,如图 12-48 所示。

图 12-48 设置新表格样式的特性

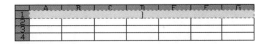

图 12-51 插入的空表格

step 07 插入空表格后，自动打开文字编辑器及"多行文字"选项卡。利用文字编辑器在空表格中输入文字，如图 12-52 所示。将标题文字高度设为 60、其余文字高度设为 40。

step 04 单击"新建表格样式：表格"对话框中的"确定"按钮，接着再单击"表格样式"对话框中的"关闭"按钮，完成新表格样式的创建，如图 12-49 所示。此时，新建的表格样式被自动设为当前样式。

技巧点拨：

在输入文字的过程中，可以使用 Tab 键或方向键在表格的单元格中进行左右上下移动，双击某个单元格，可对其进行文本编辑。

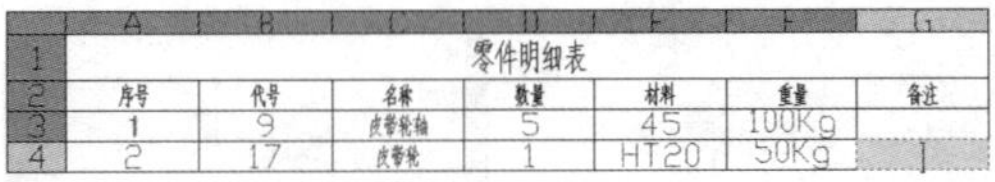

图 12-52 在空表格中输入文字

技巧点拨：

若输入的字体没有在单元格中间，可使用"段落"面板中的"正中"工具来居中文字。

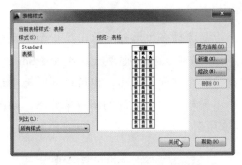

图 12-49 完成新表格样式的创建

step 08 最后按 Enter 键，完成表格对象的创建，结果如图 12-53 所示。

step 05 在"表格"面板中单击"表格"按钮，弹出"插入表格"对话框，在"列和行设置"选项组中设置"列数"为 7、"数据行数"为 4，如图 12-50 所示。

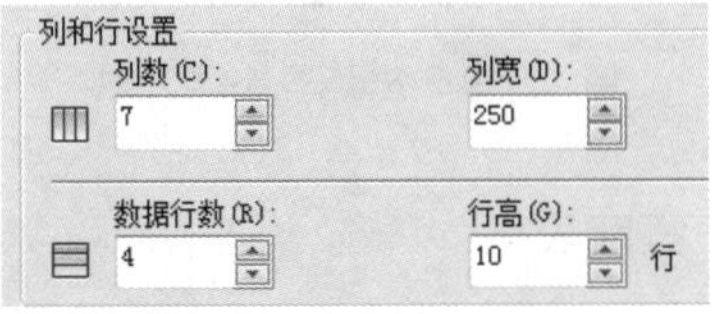

图 12-53 创建的表格对象

12.6.3 修改表格

表格创建完成后，用户可以单击或双击该表格上的任意网格线以选中该表格，然后使用"特性"选项板或夹点来修改该表格。单击表格线，显示表格夹点，如图 12-54 所示。

图 12-50 设置列数与数据行数

step 06 保留该对话框中其余选项的默认设置，单击"确定"按钮，关闭对话框。然后在图形区域指定一个点作为表格的放置位置，即可创建一个 7 列 2 行的空表格，如图 12-51 所示。

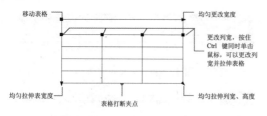

图 12-54　使用夹点修改表格

双击表格线,显示"特性"选项板和属性面板,如图 12-55 所示。

图 12-55　表格的"特性"选项板和属性面板

1. 修改表格行与列

用户在更改表格的高度或宽度时,只有与所选夹点相邻的行或列才会更改,表格的高度或宽度均保持不变,如图 12-56 所示。

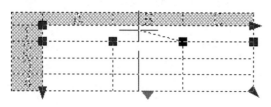

图 12-56　更改列宽,表格大小不变

使用列夹点时按住 Ctrl 键可根据行或列的大小按比例来编辑表格的大小,如图 12-57 所示。

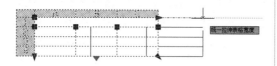

图 12-57　按住 Ctrl 键的同时拉伸表格

2. 修改单元表格

用户若要修改单元格,可在单元格内单击,单元格边框将显示夹点。拖动单元格边框上的夹点可以使单元及其列或行更宽或更窄,如图 12-58 所示。

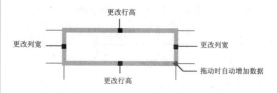

图 12-58　编辑单元格

> **技巧点拨:**
>
> 选择一个单元,再按 F2 键可以编辑该单元格内的文字。

若要选择多个单元,单击第一个单元格后,在多个单元格上拖动。或者按住 Shift 键并在另一个单元内单击,也可以同时选中这两个单元格及它们之间的所有单元格,如图 12-59 所示。

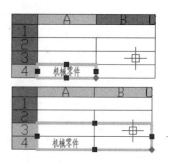

图 12-59　选择多个单元格

3. 打断表格

当表格太多时,用户可以将包含大量数据的表格打断成主要和次要的表格片断。使用表格底部的表格打断夹点,可以使表格覆盖图形中的多列或操作已创建的不同的表格部分。

动手操练——打断表格的操作

step 01 打开光盘文件"ex-2.dwg"。

step 02 单击表格线,然后拖动表格打断夹点向表格上方拖动至如图12-60所示的位置。

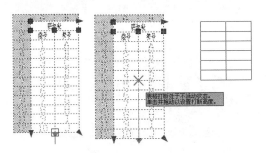

图12-60 拖动打断夹点

step 03 在合适的位置单击鼠标,原表格被分成两个表格排列,但两部分表格之间仍然有关联关系,如图12-61所示。

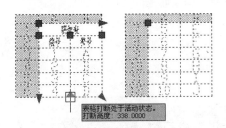

图12-61 分成两部分的表格

技巧点拨:

被分隔出去的表格,其行数为原表格总数的一半。如果将打断点移动至少于总数一半的位置时,将会自动生成3个及3个以上的表格。

step 04 此时,若移动一个表格,则另一个表格也随之移动,如图12-62所示。

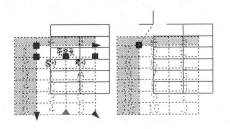

图12-62 移动表格

step 05 单击鼠标右键,并在弹出的快捷菜单中选择"特性"命令,程序弹出"特性"选项板。在"特性"选项板的"表格打断"选项组中,在"手动位置"下拉列表中选择"是"选项,如图12-63所示。

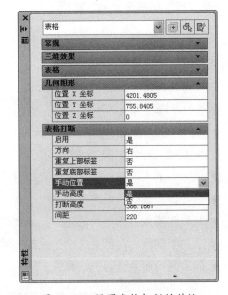

图12-63 设置表格打断的特性

step 06 关闭"特性"选项板,移动单个表格,另一个表格则不移动,如图12-64所示。

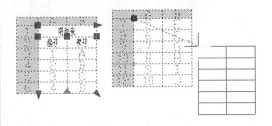

图12-64 移动表格

step 07 最后将打断的表格保存。

12.6.4 功能区"表格单元"选项卡

在功能区处于活动状态时单击某个单元格,功能区将显示"表格单元"选项卡,如图12-65所示。

图 12-65 "表格单元"选项卡

1. "行"面板与"列"面板

"行"面板与"列"面板主要用于编辑行与列，如插入行与列或删除行与列。"行"面板与"列数"面板如图 12-66 所示。

面板中各选项含义如下：

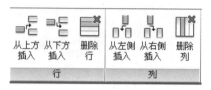

- 从上方插入：在当前选定单元或行的上方插入行，如图 12-67 所示。

图 12-66 "行"面板与"列"面板

- 从下方插入：在当前选定单元或行的下方插入行，如图 12-67 所示。
- 删除行：删除当前选定行。
- 从左侧插入：在当前选定单元或列的左侧插入列，如图 12-67 所示。
- 从右侧插入：在当前选定单元或列的右侧插入列，如图 12-67 所示。
- 删除列：删除当前选定列。

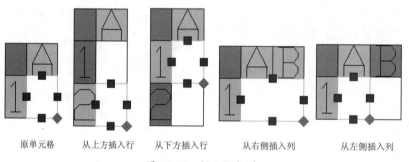

原单元格　　从上方插入行　　从下方插入行　　从右侧插入列　　从左侧插入列

图 12-67 插入行与列

2. "合并"面板、"单元样式"面板和"单元格式"面板

"合并"面板、"单元样式"面板和"单元格式"面板 3 个面板的主要功能是合并和取消合并单元、编辑数据格式和对齐、改变单元边框的外观、锁定和解锁编辑单元，以及创建和编辑单元样式。3 个面板如图 12-68 所示。

图 12-68 3 个面板

面板中各选项含义如下：

- 合并单元：当选择多个单元格后，该命令被激活。执行此命令，将选定单元合并到一个大单元中，如图12-69所示。

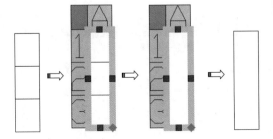

图12-69 合并单元的过程

- 取消合并单元：对之前合并的单元取消合并。
- 匹配单元：将选定单元的特性应用到其他单元。
- "单元样式"下拉列表：列出包含在当前表格样式中的所有单元样式。单元样式标题、表头和数据通常包含在任意表格样式中且无法删除或重命名。
- 背景填充：指定填充颜色。选择"无"或选择一种背景色，或者选择"选择颜色"命令，以打开"选择颜色"对话框，如图12-70所示。

图12-70 "选择颜色"对话框

- 编辑边框：设置选定表格单元的边界特性。单击此按钮，将弹出如图12-71所示的"单元边框特性"对话框。

图12-71 "单元边框特性"对话框

- "对齐方式"下拉列表：指定单元中内容的对齐方式。内容相对于单元的顶部边框和底部边框进行居中对齐、上对齐或下对齐，内容相对于单元的左侧边框和右侧边框居中对齐、左对齐或右对齐。
- 单元锁定：锁定单元内容和/或格式（无法进行编辑）或对其解锁。
- 数据格式：显示数据类型列表（"角度""日期""十进制数"等），从而可以设置表格行的格式。

3. "插入"面板和"数据"面板

"插入"面板和"数据"面板中的工具所起的主要作用是插入块、字段和公式、将表格链接至外部数据等。"插入"面板和"数据"面板如图12-72所示。

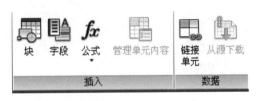

图12-72 "插入"面板和"数据"面板

面板中所包含的工具命令的含义如下：

- 块：将块插入到当前选定的表格单元中，单击此按钮，将弹出"在表格单元中插入块"对话框，如图 12-73 所示。
- 字段：将字段插入到当前选定的表格单元中。单击此按钮，将弹出"字段"对话框，如图 12-74 示。通过单击"浏览"按钮，查找创建的块，单击"确定"按钮即可将块插入到单元格中。

图 12-73　"在表格单元中插入块"对话框

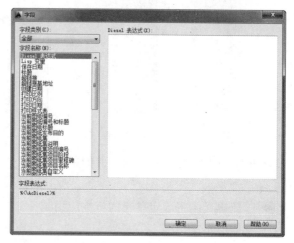

图 12-74　"字段"对话框

- 公式：将公式插入到当前选定的表格单元中。公式必须以等号（=）开始。用于求和、求平均值和计数的公式将忽略空单元及未解析为数值的单元。

技巧点拨：

如果在算术表达式中的任何单元为空，或者包含非数字数据，则其他公式将显示错误（#）。

- 管理单元内容：显示选定单元的内容。可以更改单元内容的次序及单元内容的显示方向。
- 链接单元：将数据从在 Microsoft Excel 中创建的电子表格链接至图形中的表格。
- 从源下载：更新由已建立的数据链接中已更改数据参照的表格单元中的数据。

12.7　综合案例：创建蜗杆零件图纸表格

本节将通过为一张机械零件图样添加文字及制作明细表格的过程，来温习前面几节中所涉及的文字样式、文字编辑、添加文字、表格制作等内容。本例的蜗杆零件图样如图 12-75 所示。

本例操作的过程是：首先为图样添加技术要求等说明文字，然后创建空表格，并编辑表格，最后在空表格中添加文字。

第 12 章 图纸的文字与表格注释

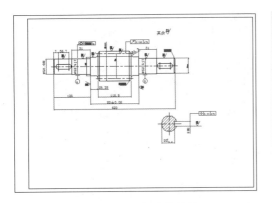

图 12-75 蜗杆零件图样

1. 添加多行文字

零件图样的技术要求是通过多行文字来输入的，在创建多行文字时，可利用默认的文字样式，最后可利用"多行文字"选项卡下的工具来编辑多行文字的样式、格式、颜色、字体等。

操作步骤：

step 01 打开光盘"动手操练\源文件\Ch12\蜗杆零件图 .dwg"文件。

step 02 在"注释"选项卡的"文字"面板中单击"多行文字"按钮 A，然后在图样中指定两个点以放置多行文字，如图 12-76 所示。

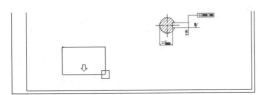

图 12-76 指定多行文字放置点

step 03 指定点后，程序打开文字编辑器。在文字编辑器中输入文字，如图 12-77 所示。

图 12-77 输入文字

step 04 在"多行文字"选项卡下，设置"技术要求"字体高度为 8、字体颜色为红色并加粗。将下面几点要求的字体高度设为 6，将字体颜色设为蓝色，如图 12-78 所示。

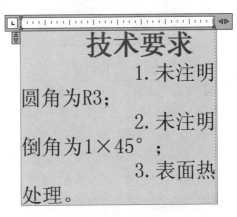

图 12-78 修改文字

step 05 单击文字编辑器中标尺上的"设置文字宽度"按钮 ◁▷（按住不放），将标尺宽度拉长到合适的位置，使文字在一行中显示，如图 12-79 所示。

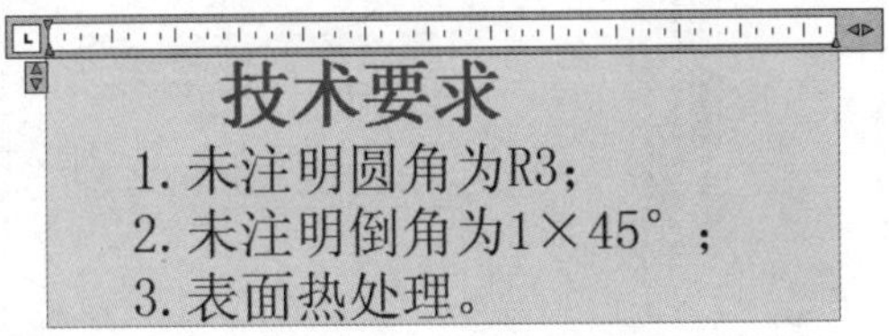

图 12-79 拉长标尺宽度

step 06 单击鼠标，完成图样中技术要求的输入。

2. 创建空表格

根据零件图样的要求，需要制作两个空表格对象，一是用作技术参数明细表，二是作为标题栏。在创建表格之前，还需创建新表格样式。

step 01 在"注释"选项卡的"表格"面板中单击"表格样式"按钮，弹出"表格样式"对话框。再单击该对话框中的"新建"按钮，弹出"创建新的表格样式"对话框,并在该对话框输入新的表格样式名称"表格 样式1",如图12-80所示。

图12-80 新建表格样式

step 02 单击"继续"按钮,接着弹出"新建表格样式:表格 样式1"对话框。在该对话框中"单元样式"选项组的"文字"选项卡下,设置文字"颜色"为蓝色,在"边框"选项卡下设置所有边框"颜色"为红色,并单击"所有边框"按钮,将设置的表格特性应用到新表格样式中,如图12-81所示。

图12-81 设置表格样式的特性

step 03 单击"新建表格样式:表格 样式1"对话框中的"确定"按钮,接着再单击"表格样式"对话框中的"关闭"按钮,完成新表格样式的创建,新建的表格样式被自动设为当前样式。

step 04 在"表格"面板中单击"表格"按钮,弹出"插入表格"对话框,在"列和行设置"选项组中设置列数(10)、数据行数(5)、列宽(30)、行高(2)。在"设置单元样式"选项组中设置所有行单元的样式为"数据",如图12-82所示。

图12-82 设置列数与行数

step 05 保留其余选项的默认设置,单击"确定"按钮,关闭对话框。然后在图纸的右下角指定一个点并放置表格,再单击"关闭"面板中的"关闭文字编辑器"按钮,退出文字编辑器。创建的空表格如图12-83所示。

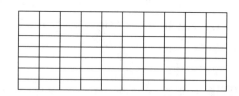

图12-83 在图纸中插入的空表格

step 06 使用夹点编辑功能,单击表格线,修改空表格的列宽,并将表格边框与图纸边框对齐,如图12-84所示。

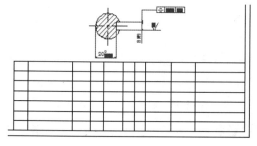

图12-84 修改表格列宽

step 07 在单元格中单击,并打开"表格"选项卡。选择多个单元格,再单击"合并"面板中的"合并全部"按钮,将选择的多个单元格合并,最终合并完成的结果如图12-85所示。

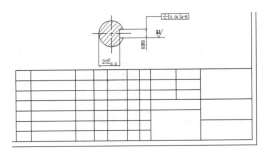

图 12-85　合并单元格

step 08 在“表格”面板中单击“表格”按钮，弹出“插入表格”对话框，在“列和行设置”选项组中设置列数（3）、数据行数（9）、列宽（30）、行高（2）。在“设置单元样式”选项组中设置所有行单元的样式为“数据”，如图 12-86 所示。

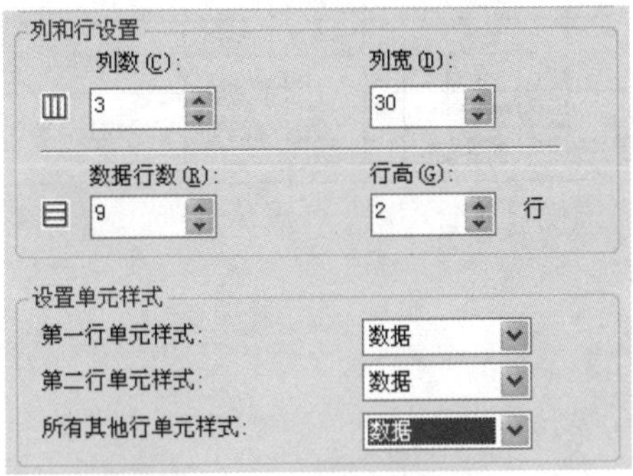

图 12-86　设置列数与行数

step 09 保留其余选项的默认设置，单击“确定”按钮，关闭对话框。然后在图纸的右上角指定一个点并放置表格，再单击“关闭”面板中的“关闭文字编辑器”按钮，退出文字编辑器。创建的空表格如图 12-87 所示。

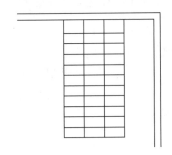

图 12-87　在图纸中插入的空表格

step 10 使用夹点编辑功能，修改空表格的列宽，如图 12-88 所示。

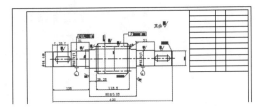

图 12-88　调整表格列宽

3. 输入字体

当空表格创建和修改完成后，即可在单元格内输入文字了。

step 01 在要输入文字的单元格内单击鼠标，即可打开文字编辑器。

step 02 利用文字编辑器在标题栏空表格中需要添加文字的单元格内输入文字，小文字的高度均为 8，大文字的高度为 12，如图 12-89 所示。在技术参数明细表的空表格内输入文字，如图 12-90 所示。

	A	B	C	D	E	F	G	H	I	J
1					设计			图样标记	S	红星机械厂
2					制图			材料	比例	
3					描图			45	1:02:00	
4					校对			共1张　第1张		蜗杆
5					工艺检查			上针刺机（QBG-421）		
6					标准化检查					QBG421-3109
7	标记	更改内容和依据	更改人	日期	审核					

图 12-89　输入标题栏文字

	A	B	C
1	蜗杆类型		阿基米德
2	蜗杆头数	Z1	1
3	轴面模数	m_a	4
4	直径系数	q	10
5	轴面齿形角	a	20°
6	螺旋线升角		5° 42′ 38″
7	螺旋线方向		右
8	轴向齿距累积公差	$\pm f_{px}$	±0.020
9	轴向齿距极限偏差	f_{pxl}	0.0340
10	齿新公差	f_{f1}	0.032
11			

图 12-90　输入参数明细表文字

step 03 添加完成文字和表格的结果如图 12-91 所示。

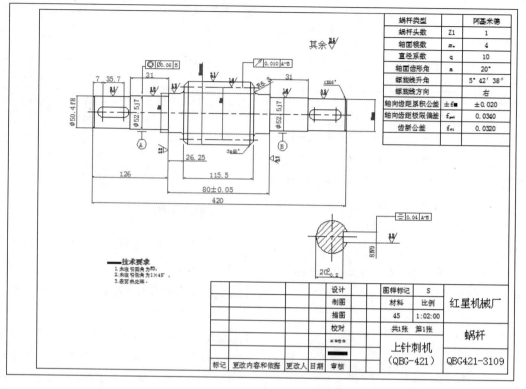

图 12-91　添加文字和表格的最终结果

step 04　最后将结果保存。

12.8　AutoCAD 认证考试习题集

单选题

（1）快速引线后不可以尾随的注释对象是（　）。

A. 公差　　　　　　　　　　　　B. 单行文字

C. 多行文字　　　　　　　　　　D. 复制对象

正确答案（　　）

（2）下面（　）命令用于为图形标注多行文本、表格文本和下画线文本等特殊文字。

A. MTEXT　　　　　　　　　　　B. TEXT

C. DTEXT　　　　　　　　　　　D. DDEDIT

正确答案（　　）

（3）下面（　）字体是中文字体。

A. gbenor.shx　　　　　　　　　B. gbeitc.shx

C. gbcbig.shx　　　　　　　　　D. txt.shx

正确答案（　　）

（4）下面（　）命令用于对 TEXT 命令标注的文本进行查找和替换。

A. SPELL B. QTEXT

C. FIND D. EDIT

正确答案（　　）

（5）多行文本标注命令是（　）。

A. WTEXT B. QTEXT

C. TEXT D. MTEXT

正确答案（　　）

（6）在 AutoCAD 中，用户可以使用（　）命令将文本设置为快速显示方式，使图形中的文本以线框的形式显示，从而提高图形的显示速度。

A. MTEXT B. WTEXT

C. TEXT D. QTEXT

正确答案（　　）

（7）下列文字特性不能在"多行文字编辑器"对话框的"特性"选项卡中设置的是（　）。

A. 高度 B. 宽度

C. 旋转角度 D. 样式

正确答案（　　）

（8）在 AutoCAD 中创建文字时，圆的直径的表示方法是（　）。

A. %%C B. %%D

C. %%P D. %%R

正确答案（　　）

（9）在文字输入过程中，输入 1/2，在 AutoCAD 中运用（　）命令的过程中可以把此分数形式改为水平分数形式。

A. 文字样式 B. 单行文字

C. 对正文字 D. 多行文字

正确答案（　　）

12.9　课后练习

利用"多行文字"命令，为主电机支架零件图创建表格并书写技术要求，如图 12-92 所示。

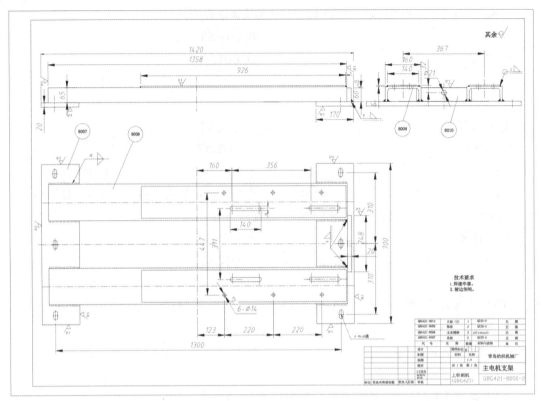

图 12-92 主电机支架零件

第 13 章
智能参数化作图

本章内容

图形的参数化设计是整个机械设计行业的一个整体趋势,其中就包括 3D 建模和二维驱动设计。在本章中,将介绍 AutoCAD 2018 带给用户的设计新理念——参数化设计功能。

知识要点

- ☑ 参数化作图概述
- ☑ 几何约束功能
- ☑ 尺寸驱动约束功能
- ☑ 约束管理

13.1 参数化作图概述

参数化图形是一项用于具有约束的设计技术。参数化约束应用于二维几何图形的关联和限制。在AutoCAD 2018中，参数化约束包括几何约束和标注约束，如图13-1所示为功能区中的"参数化"选项卡，其中包括各种约束命令。

图13-1 "参数化"选项卡

13.1.1 几何约束

在用户绘图过程中，AutoCAD 2018与旧版本最大的不同就是在于：用户不用再考虑图线的精确位置。

为了提高工作效率，先绘制几何图形的大致形状，再通过几何约束进行精确定位，以达到设计要求。

几何约束就是控制物体在空间中的6个自由度，在AutoCAD 2018的"草图与注释"空间中可以控制对象的两个自由度，即平面内的4个方向；而在三维建模空间中，则有6个自由度。

自由度

一个自由的物体，它对3个相互垂直的坐标系来说，有6个活动可能性，其中，3种是移动，3种是转动。习惯上把这种活动的可能性称为自由度，因此空间任一自由物体共有6个自由度，如图13-2所示。

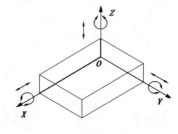

图13-2 物体的自由度

13.1.2 标注约束

"标注约束"不同于简单的尺寸标注，它不仅可以标注图形，还能靠尺寸驱动来改变图形，如图13-3所示。

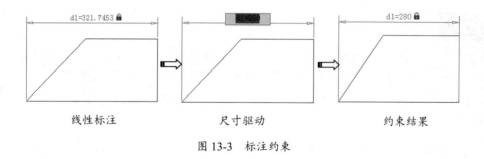

图 13-3　标注约束

13.2　几何约束功能

"几何约束"一般用于定位对象和确定对象之间的相互关系。"几何约束"一般分为"手动约束"和"自动约束"。

在 AutoCAD 2018 中,"几何约束"的类型有 12 种,如表 13-1 所示。

表 13-1　AutoCAD 2018 的几何约束类型

图标	说明	图标	说明	图标	说明	图标	说明
	重合		共线		同心		固定
	平行		垂直		水平		竖直
	相切		平滑		对称		相等

13.2.1　手动几何约束

表 13-1 中列出的"几何约束"类型为手动约束类型,也就是需要用户指定要约束的对象。下面重点介绍约束类型。

1. 重合约束

"重合约束"是约束两个点使它们重合,或者约束一个点使其在曲线上,如图 13-4 所示。对象上的点会根据对象类型而有所不同,例如直线上可以选择中点或端点。

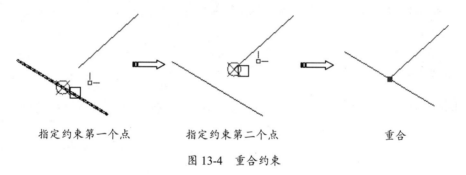

图 13-4　重合约束

> **技巧点拨：**
> 在某些情况下，应用约束时选择两个对象的顺序十分重要。通常，所选的第二个对象会根据第一个对象进行调整。例如，应用"重合约束"时，选择的第二个对象将调整为重合于第一个对象。

2．平行约束

"平行约束"是约束两个对象相互平行。即第二个对象与第一个对象平行或具有相同的角度，如图 13-5 所示。

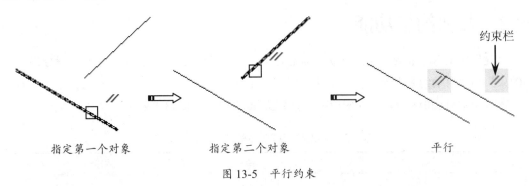

图 13-5　平行约束

3．相切约束

"相切约束"主要约束直线和圆、圆弧，或者在圆之间、圆弧之间进行相切约束，如图 13-6 所示。

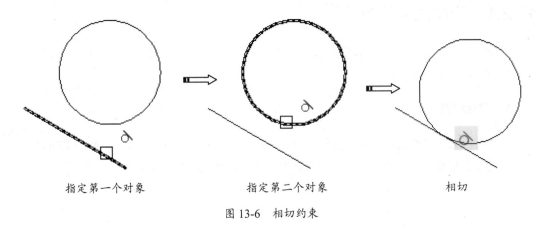

图 13-6　相切约束

4．共线约束

"共线约束"是约束两条或两条以上的直线在同一无限长的线上，如图 13-7 所示。

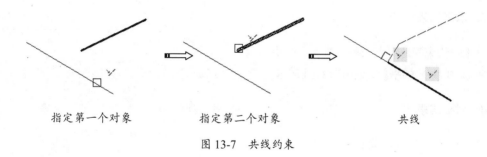

图 13-7 共线约束

5. 平滑约束

"平滑约束"是约束一条样条曲线与其他如直线、样条曲线或圆弧、多短线等对象G2连续，如图 13-8 所示。

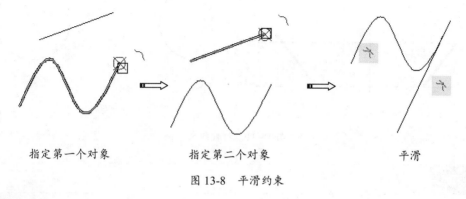

图 13-8 平滑约束

> **技巧点拨：**
>
> 所约束的对象必须是样条曲线为第一约束。

6. 同心约束

"同心约束"是约束圆、圆弧和椭圆，使其圆心在同一点上，如图 13-9 所示。

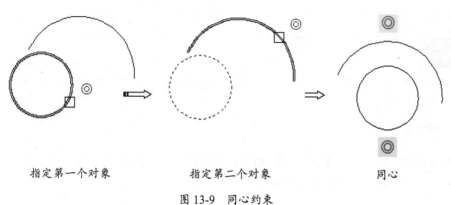

图 13-9 同心约束

7. 水平约束

"水平约束"是约束一条直线或两个点，使其与 UCS 的 X 轴平行，如图 13-10 所示。

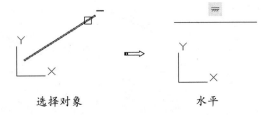

图 13-10　水平约束

8. 对称约束

"对称约束"使选定的对象以直线为轴对称。对于直线，将直线的角度设为对称（而非使其端点对称）。对于圆弧和圆，将其圆心和半径设为对称（而非使圆弧的端点对称），如图 13-11 所示。

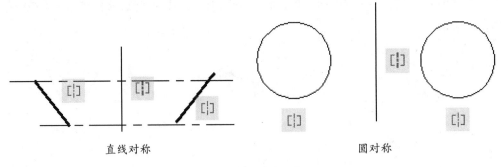

图 13-11　对称约束

> **技巧点拨：**
> 必须具有一个对称轴，从而将对象或点约束为相对于此轴对称。

9. 固定约束

此约束类型是将选定的对象固定在某位置上，从而使其不被移动。将"固定约束"应用于对象上的点时，会将节点锁定在位，如图 13-12 所示。

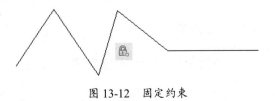

图 13-12　固定约束

> **技巧点拨：**
> 在对某图形中的元素进行约束的情况下，需要对无须改变形状或尺寸的对象进行"固定约束"。

10. 竖直约束

"竖直约束"与"水平约束"是相垂直的一对约束，它是使选定对象（直线或一对点）与当前 UCS 中的 Y 轴平行，如图 13-13 所示。

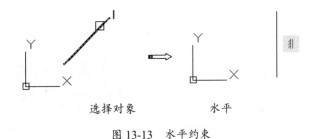

图 13-13 水平约束

> **技巧点拨：**
> 要为某直线使用"竖直约束"，注意光标在直线上选中的位置。光标选中端将是固定端，直线另一端则绕其旋转。

11. 垂直约束

"垂直约束"是使两条直线或多段线的线段相互垂直（始终保持在90°），如图13-14所示。

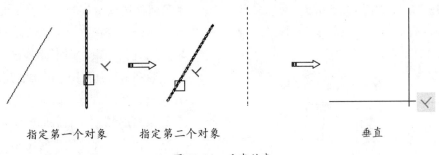

图 13-14 垂直约束

12. 相等约束

"相等约束"是约束两条直线或多段线的线段等长，约束圆、圆弧的半径相等，如图 13-15 所示。

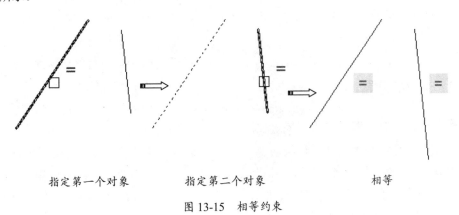

图 13-15 相等约束

> **技巧点拨：**
> 可以连续拾取多个对象以使其与第一个对象相等。

13.2.2 自动几何约束

"自动几何约束"用来对选中的对象自动添加几何约束集合。此工具有助于查看图形中各元素的约束情况，并以此做出约束修改。

例如，有两条直线看似相互垂直，但需要验证。因此在"几何"面板中单击"自动约束"按钮，然后选中两条直线，随后程序自动约束对象，如图13-15所示。可以看出，图形区中没有显示"垂直约束"的符号，表明两条直线并非两两相互垂直。

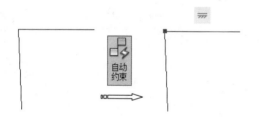

图 13-16 应用自动约束

要使两直线垂直，应使用"垂直约束"。

使用"约束设置"对话框中的"自动约束"选项卡，可在指定的公差集内将"几何约束"应用至几何图形的选择集。

13.2.3 约束设置

"约束设置"对话框是向用户提供控制"几何约束""标注约束"和"自动约束"设置的工具。在"参数化"选项卡的"几何"面板右下角单击"约束设置，几何"按钮，会弹出"约束设置"对话框，如图13-17所示。

图 13-17 "约束设置"对话框

对话框中包含3个选项卡：几何、标注和自动约束。

1. "几何"选项卡

"几何"选项卡控制约束栏上约束类型的显示。选项卡中各选项及按钮的含义如下：

- 推断几何约束：选中此复选框，可在创建和编辑几何图形时推断几何约束。
- 约束栏显示设置：此选项组用来控制约束栏的显示。取消选中相应的复选框，在应用几何约束时将不显示约束栏，反之则显示。
- "全部选择"按钮：单击此按钮，将自动全部选择所有选项。
- "全部清除"按钮：单击此按钮，将自动清除已选中选项。
- 仅为处于当前平面中的对象显示约束栏：选中此复选框，仅为当前平面上受几何约束的对象显示约束栏，此选项主要用于三维建模空间。
- 约束栏透明度：设定图形中约束栏的透明度。
- 将约束应用于选定对象后显示约束栏：选中此复选框，手动应用约束后或使用AUTOCONSTRAIN命令时显示相关约束栏。

- 选定对象时显示约束栏：临时显示选定对象的约束栏。

2. "标注"选项卡

"标注"选项卡用来控制标注约束的格式与显示设置，如图 13-18 所示。

图 13-18　"标注"选项卡

选项卡中各选项及按钮含义如下：

- 标注名称格式：为应用"标注约束"时显示的文字指定格式。标注名称格式包括"名称""值"和"名称和表达式"3 种，如图 13-19 所示。

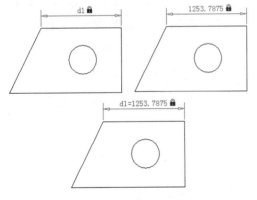

图 13-19　名称、值及名称和表达式

- 为注释性约束显示锁定图标：针对已应用注释性约束的对象显示锁定图标。
- 为选定对象显示隐藏的动态约束：显示选定时已设定为隐藏的动态约束。

3. "自动约束"选项卡

此选项卡主要控制应用于选择集的约束，以及使用 AUTOCONSTRAIN 命令时约束的应用顺序，如图 13-20 所示。

图 13-20　"自动约束"选项卡

此选项卡中各选项及按钮的含义如下：

- 上移：将所选的约束类型向列表框的上面移动。
- 下移：将所选的约束类型向列表框的下面移动。
- 全部选择：选择所有几何约束类型以进行自动约束。
- 全部清除：全部清除所选几何约束类型。
- 重置：单击此按钮，将返回到默认设置。
- 相切对象必须共用同一交点：指定两条曲线必须共用一个点（在距离公差内指定）以便应用相切约束。
- 垂直对象必须共用同一交点：指定直线必须相交或者一条直线的端点必须与另一条直线或直线的端点重合（在距离公差内指定）。
- 公差：设定可接受的公差值以确定是否可以应用约束。"距离"公差应用于重合、同心、相切和共线约束。"角度"公差应用于水平、竖直、平行、垂直、相切和共线约束。

13.2.4 几何约束的显示与隐藏

绘制图形后，为了不影响后续的设计工作，用户还可以使用 AutoCAD 2018 的"几何约束"的显示与隐藏功能，将约束栏显示或隐藏。

1. 显示 / 隐藏

此功能用于手动选择可显示或隐藏的"几何约束"。例如将图形中某一直线的"几何约束"隐藏，其命令行操作提示如下：

```
命令：ConstraintBar
选择对象：找到 1 个
选择对象：✓
输入选项 [显示(S)/隐藏(H)/重置(R)]<显示>:h
```

隐藏"几何约束"的过程及结果如图 13-21 所示。

同理，需要将图形中隐藏的"几何约束"单独显示，可在命令行中输入 S 选项。

2. 全部显示

"全部显示"功能将使隐藏的所有"几何约束"同时显示。

3. 全部隐藏

"全部隐藏"功能将使图形中的所有"几何约束"同时隐藏。

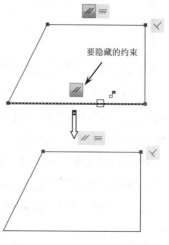

图 13-21　显示 / 隐藏几何约束

13.3　尺寸驱动约束功能

"标注约束"功能用来控制图形的大小与比例，也就是驱动尺寸来改变图形。它们可以约束以下内容：

- 对象之间或对象上的点之间的距离。
- 对象之间或对象上的点之间的角度。
- 圆弧和圆的大小。

AutoCAD 2018 的标注约束类型与图形注释功能中的尺寸标注类型类似，它们之间有以下几个不同之处：

- 标注约束用于图形的设计阶段，而尺寸标注通常在文档阶段进行创建。
- 标注约束驱动对象的大小或角度，而尺寸标注由对象驱动。
- 默认情况下，标注约束并不是对象，仅以一种标注样式显示，在缩放操作过程中保持相同大小，且不能输出到设备。

> **技巧点拨**：
> 如果需要输出具有标注约束的图形或使用标注样式，可以将标注约束的形式从动态更改为注释性。

13.3.1 标注约束类型

"标注约束"会使几何对象之间或对象上的点之间保持指定的距离和角度。AutoCAD 2018 的"标注约束"类型共有 8 种，如表 13-2 所示。

表 13-2 AutoCAD 2018 的标注约束类型

图标	说明	图标	说明
线性	根据尺寸界线原点和尺寸线的位置创建水平、垂直或旋转约束	角度	约束直线段或多段线之间的角度、由圆弧或多段线圆弧扫掠得到的角度或对象上 3 个点之间的角度
水平	约束对象上的点或不同对象上两个点之间的 X 距离	半径	约束圆或圆弧的半径
竖直	约束对象上的点或不同对象上两个点之间的 Y 距离	直径	约束圆或圆弧的直径
对齐	约束对象上的点或不同对象上两个点之间的 Y 距离	转换	将关联标注转换为标注约束

各标注约束的图解如图 13-22 所示。

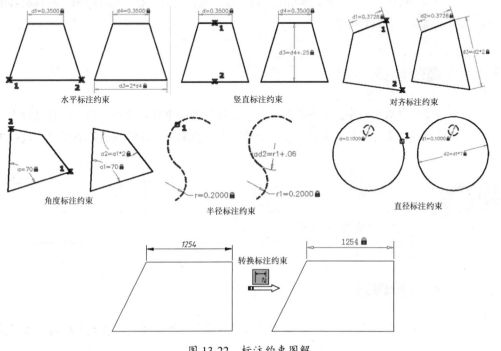

图 13-22 标注约束图解

13.3.2 约束模式

使用"标注约束"功能，有两种模式：动态约束模式和注释性约束模式。

1. 动态约束模式

此模式允许用户编辑尺寸。默认情况下，标注约束是动态的。它们对于常规参数化图形和设计任务来说非常理想。

动态约束具有以下特征：
- 缩小或放大时保持大小相同。
- 可以在图形中将全局打开或关闭。
- 使用固定的预定义标注样式进行显示。
- 自动放置文字信息，并提供三角形夹点，可以使用这些夹点更改标注约束的值。
- 打印图形时不显示。

2. 注释性约束模式

希望标注约束具有以下特征时，注释性约束会非常有用：
- 缩小或放大时大小发生变化。
- 随图层单独显示。
- 使用当前标注样式显示。
- 提供与标注上的夹点具有类似功能的夹点功能。
- 打印图形时显示。

13.3.3 标注约束的显示与隐藏

"标注约束"的显示与隐藏，与前面介绍的几何约束的显示与隐藏操作是相同的，这里不再赘述。

13.4 约束管理

AutoCAD 2018 还提供了约束管理功能，这也是"几何约束"和"标注约束"的辅助功能，包括删除约束功能和参数管理器。

13.4.1 删除约束

当用户需要对参数化约束做出更改时，就会使用此功能来删除约束。例如，对已经进行垂直约束的两条直线再进行平行约束，这是不允许的，因此只能先删除垂直约束再对其进行平行约束。

技巧点拨：
删除约束跟隐藏约束在本质上是有区别的。

13.4.2 参数管理器

参数管理器控制图形中使用的关联参数。在"管理"面板中单击"参数管理器"按钮 fx，弹出"参数管理器"选项板，如图 13-23 所示。

在选项板的"过滤器"选项区域中列出了图形的所有参数组。单击"创建新参数组"按钮 ，可以添加参数组列。

在选项板右边的用户参数列表中则列出了当前图形中用户创建的"标注约束"。单击"创建新的用户参数"按钮 ，可以创建新的用户参数组。

在用户参数列表中可以创建、编辑、重命名、编组和删除关联变量。要编辑某一参数变量，双击该参数变量即可。

选择"参数管理器"选项板中的"标注约束"时，图形中将亮显关联的对象，如图 13-24 所示。

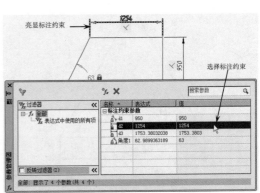

图 13-23　"参数管理器"选项板　　　　　　图 13-24　亮显标注约束

> **技巧点拨：**
> 如果参数为处于隐藏状态的动态约束，则选中单元时将临时显示并亮显动态约束。亮显时并未选中对象；亮显只是直观地标识受标注约束的对象。

13.5　综合案例

13.5.1　案例一：绘制正三角形内的圆

本节将完全利用参数化工具（完全依赖尺寸约束和几何约束）绘制出如图 13-25 所示的图形。

操作步骤：

step 01 新建图形文件。

step 02 首先在绘图区中利用"多边形"工具，绘制边长为 95 的正三角形。命令行操作提示如下：

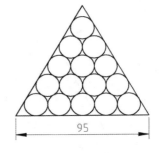

图 13-25　图形

```
命令：                                  //选择"多边形"命令
命令：_polygon 输入侧面数 <4>: 3          //输入边数
指定正多边形的中心点或 [边(E)]: E        //选择 E 选项
指定边的第一个端点：                     //指定第一点，如图 13-26 所示。
```

指定边的第二个端点：95　　　　　　　　// 光标水平移动，并输入值指定第二点，如图 13-26 所示。按 Enter 键即可创建正三角形，如图 13-27 所示。

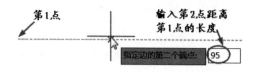

图 13-26　确定正三角形底边长度与位置

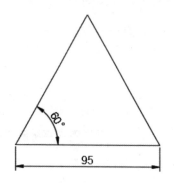

图 13-27　正三角形

提醒一下：

如果没有绘制正三角形，仅用"直线"命令绘制三角形，那么需要添加尺寸约束和重合约束（直线的各端点之间）。

step 03 绘制的三角形不能让其有任何自由，所以框选 3 条边，然后在"参数化"选项卡的"几何"面板中单击"自动约束"按钮，自动添加水平几何约束。再单击"固定"按钮，把三角形完全固定，如图 13-28 所示。

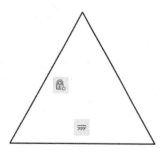

图 13-28　添加自动约束和固定约束

step 04 选择"圆"命令，在正三角形内绘制 15 个小圆，位置和大小随意，尽量不要超出正三角形，避免约束时增加难度，如图 13-29 所示。

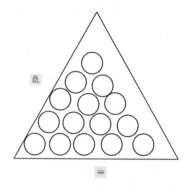

图 13-29　绘制 15 个小圆

step 05 先单击"相等"约束按钮，将 15 个小圆一一约束为等圆，如图 13-30 所示。

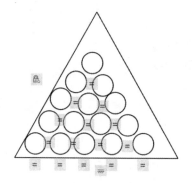

图 13-30　将小圆约束为相等

step 06 单击"相切"按钮，先将靠近三角形边的小圆进行相切约束，如图 13-31 所示。

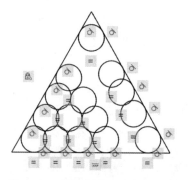

图 13-31　将圆与边添加相切约束

step 07 最后再在小圆与小圆之间添加相切约束，最终结果如图 13-32 所示。

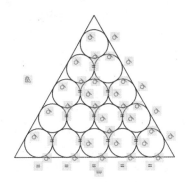

图 13-32　圆与圆之间添加相切约束

step 08 在"几何"面板和"标注"面板中单击"全部隐藏"按钮，可以将约束符号全部隐藏，不影响后续绘图。

13.5.2　案例二：绘制正多边形中的圆

本例继续利用参数化工具来完成如图 13-33 所示的图形。这个图形与上一个图形其实绘制方法是差不多的，只是内部的 5 个圆需要进行定位。

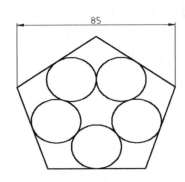

图 13-33　图形

操作步骤：

step 01 新建图形文件。

step 02 利用"多段线"命令绘制如图 13-34 所示的五边形（无尺寸绘制）。

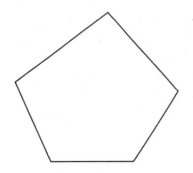

图 13-35　绘制多边形

step 03 在"参数化"选项卡的"几何"面板中先利用"自动约束"工具添加自动约束，如图 13-35 所示。自动约束后图形中包括一个水平约束和一个重合约束。

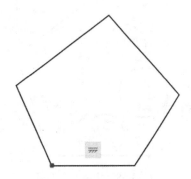

图 13-35　添加自动约束

step 04 为五边形的边添加"相等"约束，结果如图 13-36 所示。

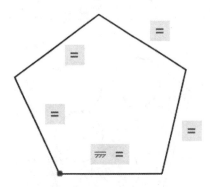

图 13-36　为边添加相等约束

step 05 在"参数化"选项卡的"标注"面板中使用"线性"工具和"角度"工具，尺寸约束图形，结果如图 13-37 所示。

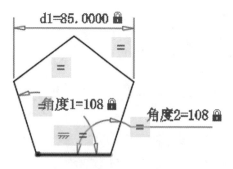

图 13-37 尺寸约束

step 06 利用"圆"命令在五边形内绘制任意尺寸的 5 个小圆,如图 13-38 所示。

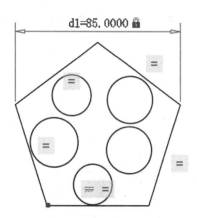

图 13-38 绘制 5 个小圆

step 07 为 5 个小圆先添加相等约束 =,如图 13-39 所示。

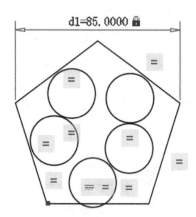

图 13-39 为 5 个小圆添加相等约束

step 08 分别对 5 个小圆和相邻的边添加相切约束,如图 13-40 所示。

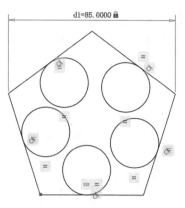

图 13-40 小圆与边的相切约束

step 09 再为小圆与小圆之间添加相切约束,如图 13-41 所示。

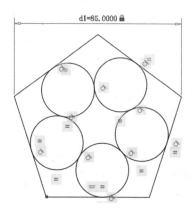

图 13-41 小圆与小圆的相切约束

step 10 最后要进行定位。每个圆与边的切点其实也是边的中点,先绘制经过一条边的中垂线,如图 13-42 所示。

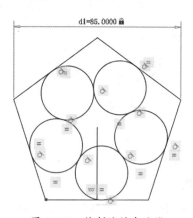

图 13-42 绘制边的中垂线

step 11 然后选中圆并显示圆上的节点,如图 13-43 所示。

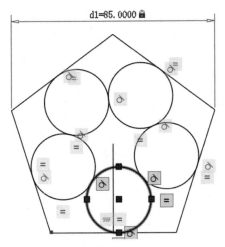

图 13-43　选中圆显示节点

step 12 将圆的圆心节点拖动到直线上即可,最终结果如图 13-44 所示。

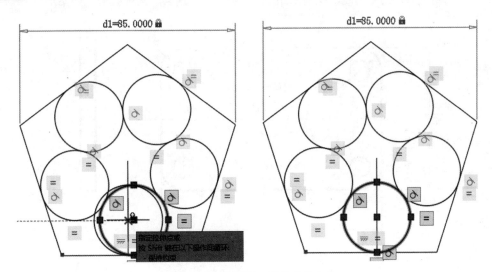

图 13-44　拖动圆心节点完成定位

13.6　AutoCAD 认证考试习题集

一、绘图题

（1）利用参数化约束功能,绘制如图 11-45 所示的零件图形。

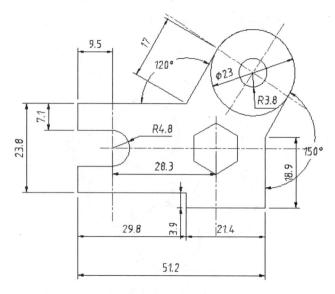

图 11-45 零件图

（2）利用参数化约束功能，绘制如图 11-46 所示的减速器上透视孔盖零件图形。

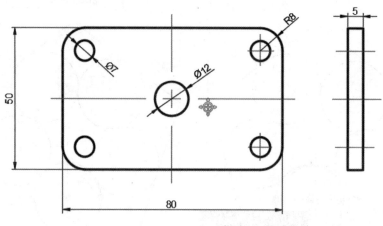

图 13-46 减速器上透视孔盖

第 14 章
机械零件视图的基本画法

本章内容

在机械工程图中,通常用二维图形表达三维实体的结构和形状信息。显而易见,单个二维图形一般很难完整表达三维形体信息,为此,工程中常采用各种表达方法,以达到利用二维平面图形完整表达三维形体信息的目的。

本章将系统地介绍各种机械图形的二维形体表达方法,帮助读者掌握各种形体的表达方法和技巧,达到灵活应用各种形体表达方法正确、快速地表达机械零部件结构形状的目的。

知识要点

- ☑ 机件的表达
- ☑ 视图的基本画法
- ☑ 简化画法

14.1 机件的表达

在太阳光和灯光照射下，物体会在地面或墙上留下影子，这种用投影线在给定投影平面上做出物体投影的方法称为投影法。通过以上方式得到图形的方法称为机械制图。

14.1.1 工程常用的投影法知识

投影是光线（投射线）通过物体，向选定的面（投影面）投射，并在该面上得到图形的方法。投影可以分为中心投影和平行投影两类，如图 14-1 所示为物体投影原理图。

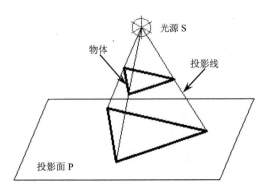

图 14-1 物体投影原理图

投影的三个基本概念如下：

- 投影线：在投影法中，向物体投射的光线称为投影线。
- 投影面：在投影法中，出现影像的平面称为投影面。
- 投影：在投影法中，所得影像的集合轮廓则称为投影或投影图。

1. 中心投影

投影线由投影中心的一点射出，通过物体与投影面相交所得的图形，称为中心投影（图 14-1 中的投影为中心投影）。

投影线的出发点称为投影中心。这种投影方法，称为中心投影法，所得的单面投影图称为中心投影图。由于投影线互不平行，所得图形不能反映物体的真实大小，因此，中心投影不能作为绘制工程图样的基本方法。但中心投影后的图形与原图形相比虽然改变较多，但直观性强，看起来与人的视觉效果一致，最像原来的物体，所以在绘画时经常使用这种方法。

2. 平行投影

投影中心在无限远处，投射线按一定的方向投射下来，用这些互相平行的投射线作出的形体的投影，称为平行投影。

正投影、斜投影与轴测投影同属于平行投影法。

投射方向倾斜于投影面，所得到的平行投影称为斜投影；投射方向垂直于投影面，所得到的平行投影称为正投影，如图 14-2 所示。

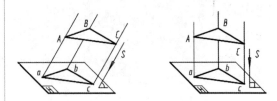

图 14-2 斜投影与正投影

物体正投影的形状、大小与它相对于投影面的位置有关。

轴测投影是用平行投影法在单一投影面上取得物体立体投影的一种方法。用这种方法获得的轴测图直观性强，可在图形上度量物体的尺寸，虽然度量性较差，绘图也较困难，但仍然是工程绘图中一种较好的辅助手段。

14.1.2 实体的图形表达

工程图形经常用到如图 14-3 所示的 3 种图形表示方法，即透视图、轴测图和多面正投影图。

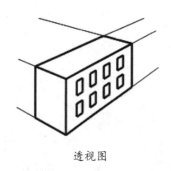

透视图

轴测图   多面正投影图

图 14-3 常用图形表示法

1. 透视图

透视图是用中心投影法绘制的。这种投影图与人的视觉相符，具有形象逼真的立体感，其缺点是度量性差，手工作图较费时，适用于房屋、桥梁等外观效果的设计及计算机仿真技术。

2. 轴测图

轴测图是用平行投影法绘制的。这种投影图有一定的立体感，但度量性仍不理想，适合用于产品说明书中的机器外观图等。

其中斜二轴测图的画法方法为：

- 在空间图形中取互相垂直的 x 轴和 y 轴，两轴交于 O 点，再取 z 轴，使 $\angle xOz = 90°$，且 $\angle yOz = 90°$。
- 画直观图时，把它们画成对应的 x' 轴、y' 轴和 z' 轴，它们相交于 O'，并使 $\angle x'O'y' = 45°$（或 135°），且 $\angle x'O'z' = 90°$，x' 轴和 y' 轴所确定的平面表示水平平面。
- 已知图形中平行于 x 轴、y 轴或 z 轴的线段、在直观图中分别画成平行于 x' 轴、y' 轴或 z' 轴的线段。
- 已知图形中平行于 x 轴和 z 轴的线段，在直观图中保持原长度不变；平行于 y 轴的线段，长度为原来的一半。

3. 多面正投影图

多面正投影图是用正投影法从物体的多个方向分别进行投射所画出的图，称为多面正投影图。这种图虽然立体感差，但能完整地表达物体各个方位的形状，度量性好，便于指导加工，因此多面正投影图被广泛应用于工程的设计及生产制造中。

确定物体的空间形状，常需 3 个投影，为方便采用 3 个互相垂直的投影面，称为三面投影体系。

在图 14-4 中：正立投影面，称为正立面，记为 V；侧立投影面，简称侧立面，记为 W；水平投影面，简称水平面，记为 H。

将物体放在三面投影体系中，并尽可能使物体的各主要表面平行或垂直于其中的一个投影面，保持物体不动，将物体分别向三个投影面作投影，即得到物体的三视图，从前向后看，即得 V 面上的投影，称为正视图；从左向右看，即得在 W 面上的投影，称为侧视图或左视图；从下向上看，即得在 H 面上的投影，称为俯视图。

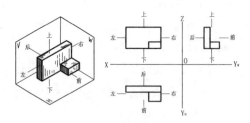

图 14-4　三面投影关系

正视图反映物体的左右、上下关系，即反映它的长和高；左视图反映物体的上下、前后关系，即反映它的宽和高；俯视图反映物体的左右、前后关系，即反映物体的长和宽，因此物体的三视图之间具有如下对应关系：正视图与俯视图的长度相等，且相互对正，即"长对正"；正视图与左视图的高度相等，且相互平齐，即"高平齐"；俯视图与左视图的宽度相等，即"宽相等"。

14.1.3　组合体的形体表示

组合体按如图 3-5 所示组成的形状不同可分为：叠加式（堆积）、切割式和综合式。

- 叠加式（a）：由两个或两个以上的基本几何体叠加而成的组合体，简称叠加体。
- 切割式（b）：由一个或多个截平面对简单的基本几何体进行切割，使之变为较复杂的形体，是组合体的另一种组合形式。
- 综合式（c）：叠加和切割是形成组合体的两种基本形式，在许多情况下，叠加式与切割式并无严格的界限，往往是同一物体既有叠加又有切割。

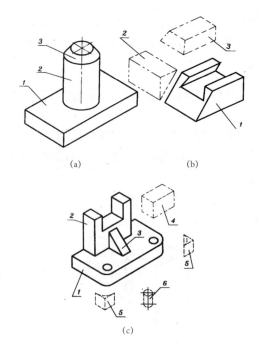

图 14-5　组合体的组合方式

14.1.4　组合体的表面连接关系

由基本几何形体组成组合体时，常见下列几种表面之间的结合关系：

- 平齐：两基本几何体上的两个平面互相平齐地连接成一个平面，则它们在连接处(是共面关系)不再存在分界线。因此在画出它的主视图时不应该再画它们的分界线。
- 相切：如果两基本几何体的表面相切，则称其有相切关系。在相切处两表面似乎是光滑过渡的，故该处的投影不应该画出分界线。
- 提示：只有平面与曲线相切的平面之间才会出现相切的情况。在画图时，当曲面相切的平面，或两曲面的公切面垂直于投影面时，在该投影面上投影要画出相切处的转向投影轮廓线，否则不应该画出公切面的投影。

- 相交：如果两基本几何体的表面彼此相交，则称其为相交关系。表面交线是它们的表面分界线，图上必须画出它们交线的投影。

14.2 视图的基本画法

机件的形状是多种多样的，为了完整、清晰地表达出机件各个方向上的形状，在机械制图设计中常使用视图来表达机件的外部结构形状。常见的视图包括6个基本视图（上、下、左、右、前、后）、向视图、局部视图和斜视图等。

14.2.1 基本视图

机件在基本投影面上的投影称为基本视图，即将机件置于正六面体内，如图14-6（a）所示，正六面体的六面构成基本投影面，向该六面投影所得的视图为基本视图。

该6个视图分别是由前向后、由上向下、由左向右投影所得的主视图、俯视图和左视图，以及由右向左、由下向上、由后向前投影所得的右视图、仰视图和后视图。各基本投影面的展开方式如图14-6b所示。

基本视图具有"长对正、高平齐、宽相等"的投影规律，即主视图、俯视图和仰视图长对正（后视图同样反映零件的长度尺寸，但不与上述三视图对正），主视图、左、右视图和后视图高平齐，左、右视图与俯、仰视图宽相等。另外，主视图与后视图、左视图与右视图、俯视图与仰视图还具有轮廓对称的特点。展开后各视图的配置如图14-7所示。

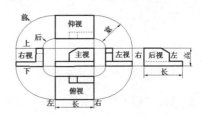

图14-7 基本视图的配置

动手操练——绘制轴承座三视图

本例将采用坐标输入的方法来绘制轴承座基本视图。轴承座基本视图如图14-8所示。

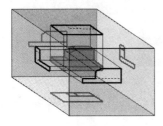

（a）基本视图的六面投影箱

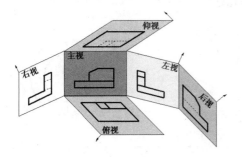

（b）基本视图的展开

图14-6 基本视图的形成

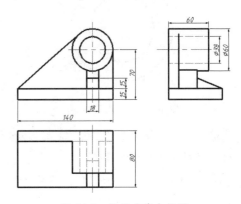

图14-8 轴承座基本视图

坐标输入法即通过给定视图中各点的准确坐标值来绘制多视图的方法，通过具体的坐标值来保证视图之间的相对位置关系。

1．绘制主视图

step 01 调用用户自定义的图纸样板文件。

step 02 打开"图层特性管理器"选项板，新建3个图层。

step 03 首先绘制轴承座主视图。调用"点画线"图层，然后使用"直线"命令绘制如图14-9所示的尺寸基准线（中心线）。

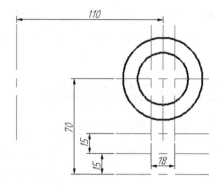

图14-11　创建偏移直线

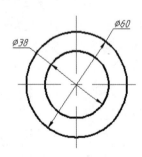

图14-9　绘制尺寸基准线

step 04 调用"粗实线"图层，使用"圆心，半径"命令，在中心线交点位置绘制两个同心圆，如图14-10所示。

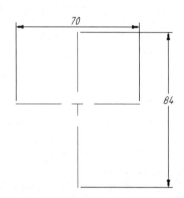

图14-10　绘制同心圆

step 05 使用"偏移"命令，绘制出如图14-11所示的多条偏移线段。

step 06 选择要拉长的偏移线段，然后使用夹点模式进行拉长，如图14-12所示。

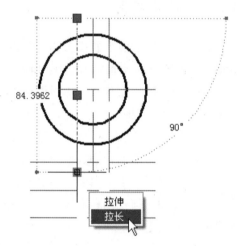

图14-12　拉长偏移的直线

技巧点拨：

要拉长某一直线，先选中该直线，然后在该直线要拉长的一端停留光标，在显示弹出菜单后选择"拉长"命令即可。

step 07 拉长的结果如图14-13所示。

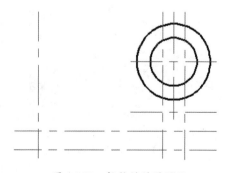

图14-13　拉长的结果显示

step 08 使用"修剪"命令,将多余曲线修剪,结果如图 14-14 所示。

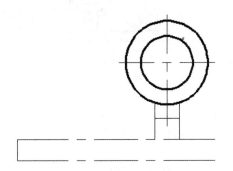

图 14-14 修剪多余直线

step 09 使用"特性匹配"命令,将部分中心线型匹配成粗实线,结果如图 14-15 所示。

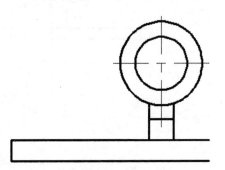

图 14-15 匹配线型

step 10 使用"直线"命令,画出与大圆相切的两条直线,如图 14-16 所示。

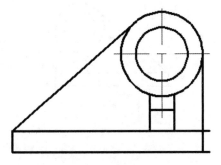

图 14-16 绘制相切直线

step 11 使用"修剪"命令,修剪多余直线。完成的主视图如图 14-17 所示。

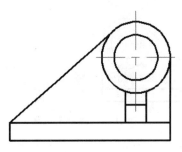

图 14-17 修剪多余直线

2. 绘制侧视图

侧视图的绘制方法是:在主视图中将所有能表达外形轮廓的边作出水平切线或延伸线,以形成侧视图的主要轮廓。

step 01 调用"虚线"图层,然后使用"直线"命令,画出如图 14-18 所示的水平线。

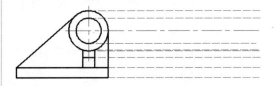

图 14-18 绘制水平线

step 02 再使用"直线""偏移"命令绘制竖直线,结果如图 14-19 所示。

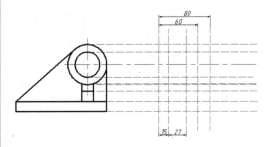

图 14-19 绘制竖直线

> **技巧点拨:**
> 所有竖直线的绘制也是先绘制一条直线,其余直线通过偏移得到。

step 03 使用"修剪"命令对多余图线进行修剪,其结果如图 14-20 所示。

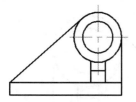

图 14-20 修剪多余图线

step 04 使用"直线"命令，补画两条直线，然后再进行修剪，结果如图 14-21 所示。

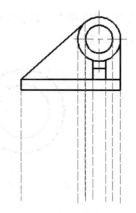

图 14-23 绘制竖直线

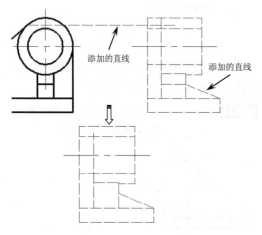

图 14-21 添加直线并修剪直线

step 05 使用"特性匹配"命令，将部分虚线匹配成粗实线，结果如图 14-22 所示。

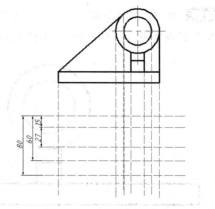

图 14-24 绘制水平线

step 03 使用"修剪"命令对图线进行修剪，修剪结果如图 14-25 所示。

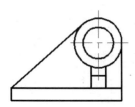 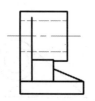

图 14-22 匹配线型

3. 绘制俯视图

俯视图的绘制方法与侧视图相同，皆采用投影原理进行绘制。

step 01 调用"虚线"图层，然后使用"直线"命令，画出如图 14-23 所示的竖直线。

step 02 使用"直线"命令画水平线，结果如图 14-24 所示。

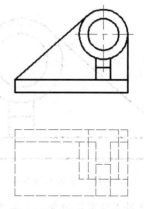

图 14-25 修剪多余图线

step 04 使用"打断于点"工具将如图 14-26 所示的图线打断。

第 14 章 机械零件视图的基本画法

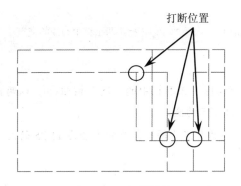

图 14-26 打断图线

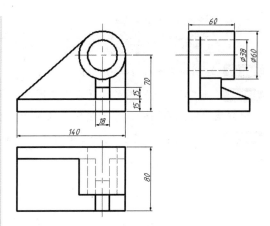

图 14-27 绘制完成的轴承三视图

step 05 使用"特性匹配"命令将表达轮廓的虚线匹配成粗实线。然后对图形进行标注，轴承三视图的创建结果如图 14-27 所示。

step 06 最后将结果保存。

动手操练——绘制法兰盘三视图

本实例绘制结果如图 14-28 所示。因为该图形用到了不同的线型，所以必须先设置图层。先利用"直线""圆"和"阵列"等命令绘制左视图，然后利用"构造线""偏移""修剪"等命令绘制主视图。

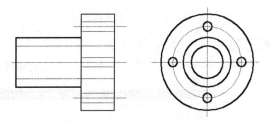

图 14-28 法兰盘

step 01 新建文件。

step 02 在菜单栏中选择"格式"|"图层"命令，打开"图层特性管理器"选项板。新建并设置每一个图层，如图 14-29 所示。

图 14-29 "图层特性管理器"选项板

step 03 将"中心线"图层设置为当图前图层。单击"绘图"工具栏中的"直线"按钮，绘制中心线。命令行操作提示如下：

```
命令：LINE ↙
指定第一点:143,171 ↙
指定下一点或 [放弃(U)]:143,-95 ↙
指定下一点或 [放弃(U)]: ↙
```

step 04 重复"直线"命令，绘制另一条线段，端点分别为（4,40）和（278,40）。

step 05 单击"绘图"工具栏中的"圆"按钮，以中心线的交点为圆心绘制圆。命令行操作提示如下：

411

```
命令: CIRCLE↙
指定圆的圆心或 [三点(3P)/两点(2P)/相切、相切、半径(T)]://指定两正交中心线的交点
指定圆的半径或 [直径(D)]:86.25↙
```

step 06 绘制结果如图 14-30 所示。

step 07 将"轮廓线"图层设置为当前图层。单击"绘图"工具栏中的"圆"按钮⊙，以两正交中心线的交点为圆心，分别绘制半径为 40、60、116.25 的圆。

step 08 重复"圆"命令，以竖直中心线与圆形中心线的交点为圆心，绘制半径为 11.25 的圆，结果如图 14-31 所示。

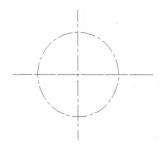
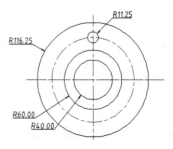

图 14-30 绘制中心线   图 14-31 绘制左视图轮廓线

step 09 单击"阵列"按钮，选择要阵列的圆和阵列中心点，弹出"阵列创建"选项卡，然后按如图 14-32 所示设置阵列参数，并完成圆的阵列。

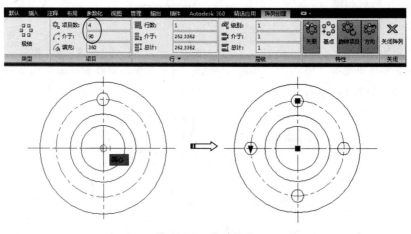

图 14-32 阵列结果

step 10 将"中心线"图层为当图前图层。单击"绘图"工具栏中的"构造线"按钮，绘制辅助线。命令行操作提示如下：

```
命令: XLINE↙
指定点或 [水平(H)/垂直(V)/角度(A)/二等分(B)/偏移(O)]:H↙
指定通过点://捕捉左视图水平中心线上一点
指定通过点://捕捉左视图中心线交点
……
```

step 11 重复"构造线"命令，分别将"轮廓线"图层和"虚线"图层设置为当前图层，捕捉相关点为通过点，绘制辅助线，结果如图 14-33 所示。

step 12 单击"绘图"工具栏中的"直线"按钮 /，捕捉左视图左边最上方辅助线上的一点作为起点和最下方辅助线上的垂足作为端点绘制直线。

step 13 单击"修改"工具栏中的"偏移"按钮，将上步绘制的直线进行偏移。命令行操作提示如下：

```
命令：OFFSET ✓
当前设置：删除源=否  图层=源  OFFSETGAPTYPE=0
指定偏移距离或 [通过(T)/删除(E)/图层(L)] <1.0000>: 83 ✓
选择要偏移的对象，或 [退出(E)/放弃(U)] <退出>://选择刚绘制的竖直线
指定要偏移的那一侧上的点，或 [退出(E)/多个(M)/放弃(U)] <退出>://选择左边一点
选择要偏移的对象，或 [退出(E)/放弃(U)] <退出>:✓
```

step 14 重复"偏移"命令，将该直线再往左偏移234，结果如图14-34所示。

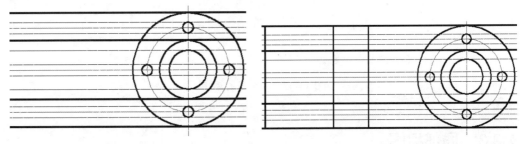

图 14-33　绘制辅助线　　　　　　图 14-34　绘制初步轮廓线

step 15 单击"修改"工具栏中的"修剪"按钮 /，修剪竖直轮廓线。命令行操作提示如下：

```
命令:TRIM ✓
当前设置：投影=UCS,边=无
选择剪切边…
选择对象或<全部选择>://选择绘制的竖直轮廓线
……
找到 1 个，总计 2 个
选择对象：✓
选择要修剪的对象，按住 Shift 键选择要延伸的对象，或[栏选(F)/窗交(C)/投影(P)/边(E)/
删除(R)/放弃(U)]://选择适当的水平辅助线
```

step 16 采用同样的方法修剪其他图线，结果如图14-35所示。

step 17 单击"修改"工具栏中的"打断"按钮，打断中心线。命令行操作提示如下：

命令：BREAK ✓

```
选择对象：(选择中心线上适当一点)
指定第二个打断点 或 [第一点(F)]：(选择另一点)
```

step 18 用相同的方法打断其余中心线，并将残余的图线删除，结果如图14-36所示。

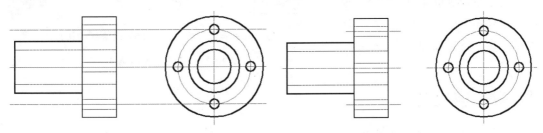

图 14-35　修剪图线　　　　　　图 14-36　绘制结果

14.2.2 向视图

向视图是可自由配置的视图。如果视图不能按图 14-37（a）所示配置，则应在向视图的上方标注"×"（"×"为大写的拉丁字母），在相应的视图附近用箭头指明投影方向，并注上相同的字母，如图 14-37（b）所示。

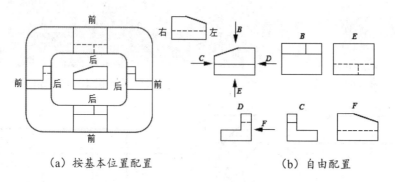

（a）按基本位置配置　　　　（b）自由配置

图 14-37　向视图的画法

14.2.3 局部视图

当机件的某一部分形状未表达清楚，又没有必要画出整个基本视图时，可以只将机件的该部分向基本投影面投射，这种将物体的某一部分向基本投影面投射所得到的视图称为局部视图。

如图 14-38（a）所示，机件左侧凸台在主、俯视图中均不反映实形，但没有必要画出完整的左视图，可用局部视图表示凸台形状。局部视图的断裂边界用波浪线或双折线表示。当局部视图表示的局部结构完整，且外轮廓线又呈封闭的独立结构形状时，波浪线可省略不画，如图中的局部视图 B。

用波浪线作为断裂分界线时，波浪线不应超过机件的轮廓线，应画在机件的实体上，不可画在机件的中空处，如图 14-38（b）所示。

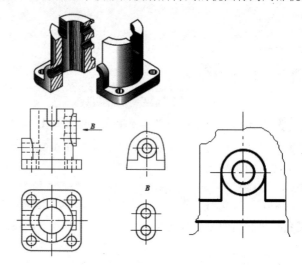

（a）机件和局部视图　　（b）波浪线错误画法

图 14-38　局部视图的画法

14.2.4 斜视图

机件向不平行于任何基本投影面的平面投射所得的视图称斜视图。斜视图主要用于表达机件上倾斜部分的实形,如图14-39所示的连接弯板,其倾斜部分在基本视图上不能反映实形,为此,可选用一个新的投影面,使它与机件的倾斜部分表面平行,然后将倾斜部分向新投影面投影,这样便可在新投影面上反映实形。

斜视图一般按向视图的形式配置并标注,必要时也可配置在其他适当位置,在不引起误解时,允许将视图旋转配置,表示该视图名称的大写拉丁字母应靠近旋转符号的箭头端,也允许将旋转角度标注在字母之后。

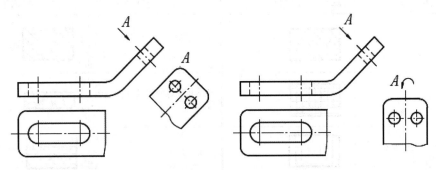

图14-39　斜视图及其标注

14.2.5　剖视图

机件上不可见的结构形状规定用虚线表示,不可见的结构形状越复杂,虚线就越多,这样对读图和标注尺寸都不方便。为此,对机件不可见的内部结构形状经常采用剖视图来表达,如图14-40所示。

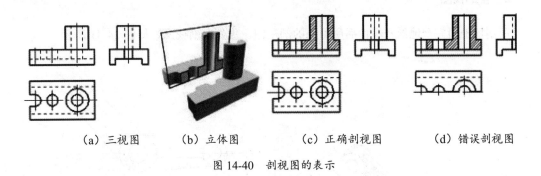

（a）三视图　　　（b）立体图　　　（c）正确剖视图　　　（d）错误剖视图

图14-40　剖视图的表示

1. 剖视图的形成

图14-40中,图(a)是机件的三视图,主视图上有多条虚线。图(b)表示进行剖视图的过程,假想用剖切平面R把机件切开,移去观察者与剖切平面之间的部分,将留下的部分向投影面投影,这样得到的图形就称为剖视图,简称剖视。

剖切平面与机件接触的部分,称为剖面。剖面是剖切平面R和物体相交所得的交线围成的图形。为了区别剖到和未剖到的部分,要在剖到的实体部分上画上剖面符号,如图(c)所示。

因为剖切是假想的,实际上机件仍是完整的,所以在画其他视图时,仍应按完整的机件画出。因此,图 d 中的左视图与俯视图的画法是不正确的。

为了区别被剖到的机件的材料,国家标准 GB 4457.5—84 规定了各种材料剖面符号的画法,如表 14-1 所示。

表 14-1 剖面符号

材料名称	剖面符号	材料名称	剖面符号
金属材料（已有规定剖面符号者除外）		砖	
线圈绕组元件		玻璃及供观察用的其他透明材料	
转子、电枢、变压器和电抗器等的叠钢片		液体	
型砂、填砂、粉末冶金、砂轮、陶瓷刀片、硬质合金刀片等		非金属材料（已有规定剖面符号者除外）	

注：1. 剖面符号仅表示材料的类别,材料的名称和代号必须另行注明。
2. 叠钢片的剖面线方向,应与束装中叠钢片的方向一致。
3. 液面用细实线绘制。

根据机件被剖切范围的大小,剖视图可分为全剖视图、半剖视图和局部剖视图。

2．全剖视图

用剖切平面完全地剖开机件后所得到的剖视图,称为全剖视图,如图 14-41 所示。

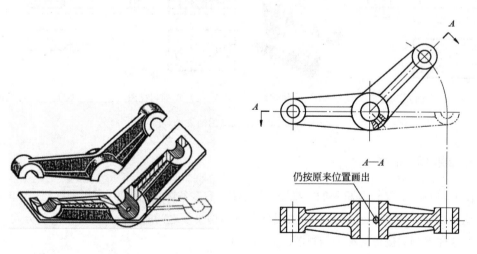

图 14-41　全剖视图

全剖视图主要应用于内部结构复杂的不对称的机件或外形简单的回转体等。

动手操练——绘制轴承端盖

本实例绘制的轴承端盖如图 14-42 所示。从图中可以看出该图形的绘制主要应用了"直线"命令（LINE）、"圆"命令（CIRCLR）、"图案填充"命令（BHATCH）等。

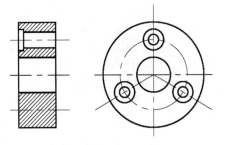

step 01 新建文件。

step 02 在菜单栏中选择"格式"|"图层"命令，打开"图层特性管理器"选项板，新建3个图层：

图 14-42　轴承端盖

将第一个图层命名为"粗实线"，设置"线宽"为 0.30mm，其余属性保持默认；将第二图层命名为"细实线"，所有属性保持默认；将第三个图层命名为"中心线"；设置"颜色"为红色、"线型"为 CENTER，其余属性保持默认。

step 03 将线宽显示打开。

step 04 在菜单栏中选择"视图"|"缩放"|"中心"命令，命令行操作提示如下：

```
命令：ZOOM↙
    指定窗口角点，输入比例因子 (nX 或 nXP)，或 [全部(A)/中心(C)/动态(D)/范围(E)/上一
个(P)/比例(S)/窗口(W)/对象(O)] <实时>：_c↙
    指定中心点：165,200↙
    输入比例或高度 <76.0494>：80↙
```

step 05 将"中心线"图层设置为当前图层。单击"绘图"工具栏中的"直线"按钮，分别以 {（165,200）和（@70,0）}{（200,165）和（@0,70）}{（200,200）和（@40<-30）}{（200,200）和（@40<210）} 为坐标点，绘制中心线。

step 06 单击"绘图"工具栏中的"圆"按钮，以中心线的交点为圆心，绘制半径为 20 的圆。结果如图 14-43 所示。

step 07 将"粗实线"图层设置为当前图层。单击"绘图"工具栏中的"圆"按钮，以（200,200）为圆心，分别以 30 和 10 为半径绘制两个同心圆；重复"圆"命令，以（200,220）为圆心，分别以 3 和 6 为半径绘制另外两个同心圆。绘制结果如图 14-44 所示。

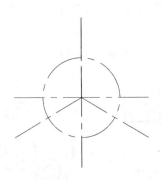

图 14-43　轴承端盖左视图中心线

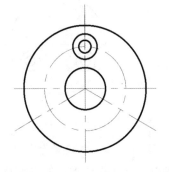

图 14-44　绘制左视图轮廓线

step 08 单击"修改"工具栏中的"复制"按钮，将半径为 3 与半径为 6 的两个圆，以 A 点为基点复制到图 14-45 所示到 B 和 C 点。复制结果如图 14-46 所示。

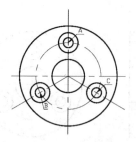

图 14-45　轴承端盖的左视图

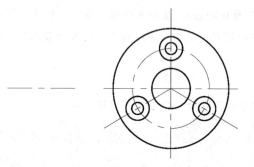

图 14-46　左视图及主视图中心线

step 09 将"中心线"图层设置为当前图层。单击"绘图"工具栏中的"直线"按钮，绘制执行，坐标点为（115,200）和（@35,0）。

step 10 单击"修改"工具栏中的"复制"按钮，将上步绘制的直线以（120,200）为基点，复制到（@0,20）和（@0,-20），结果如图14-47所示。

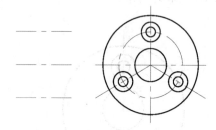

图 14-47　复制中心线

step 11 将"粗实线"图层设置为当前图层。单击"绘图"工具栏中的"矩形"按钮，以（120,170）和（@22,60）为角点绘制矩形。

step 12 单击"绘图"工具栏中的"直线"按钮，绘制坐标点为{（120,190）（@22,0）}的直线，绘制结果如图14-48所示。

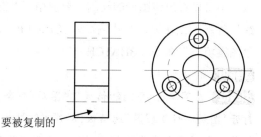

图 14-48　准备复制直线

step 13 单击"修改"工具栏中的"复制"按钮，将图14-48中的直线，分别复制到（@0,20）、（@0,25.5）和（@0,34.5）位置，结果如图14-49所示。

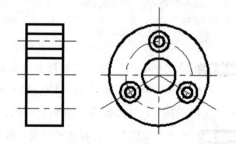

图 14-49　复制图形

step 14 单击"绘图"工具栏中的"矩形"按钮，以（120,214）和（@3,12）为角点绘制矩形。

step 15 单击"修改"工具栏中的"修剪"按钮，对上面复制的两条平行线进行修剪，修剪后的结果如图14-50所示。

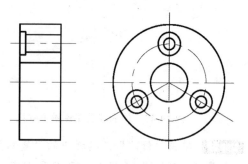

图 14-50　修剪图线

step 16 单击"绘图"面板中的"图案填充"按钮，弹出"图案填充创建"选项卡。在"图案"面板中选择其中的 ANSI31 图案，再选择轴承端盖图形中的 4 个填充区域，选择完毕之后按 Enter 键，完成图案填充，如图 14-51 所示。

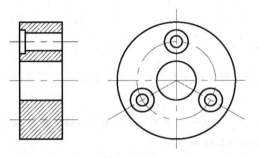

图 14-51 轴承端盖完成图

step 17 单击"确定"按钮，则图形填充完毕。

3. 半剖视图

当机件具有对称平面，向垂直于对称平面的投影面上投影时，以对称中心线（细点画线）为界，一半画成视图用于表达外部结构形状，另一半画成剖视图用于表达内部结构形状，这样组合的图形称为半剖视图，如图 14-52 所示。

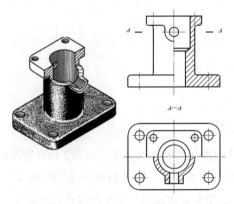

图 14-52 半剖视图

动手操练——绘制油杯

本例绘制油杯，如图 14-53 所示。主要利用"直线""偏移"（offset）命令等将各部分定位，再进行倒角（chamfer）、圆角（fillet）、修剪（trim）和图案填充（bhatch），即完成此图。

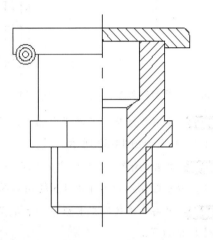

图 14-53 油杯

step 01 新建文件。

step 02 在菜单栏中选择"格式"|"图层"命令，打开"图层特性管理器"选项板。新建以下 3 个图层：第一个图层为"轮廓线"，设置"线宽"为 0.3，其余属性保持默认；第二个图层为"中心线"，将"颜色"设为红色、"线型"为 CENTER，其余属性保持默认；第三个图层为"细实线"，将"颜色"设为蓝色，其余属性保持默认。

step 03 将"中心线"图层设置为当前图层。单击"绘图"工具栏中的"直线"按钮，绘制竖直中心线。将"轮廓线"图层设置为当前图层。重复"直线"命令，绘制水平辅助直线，结果如图 14-54 所示。

step 04 单击"修改"工具栏中的"偏移"按钮，分别将竖直辅助直线向左偏移 14、12、10 和 8，向右偏移 14、10、8、6 和 4；重复"偏移"命令，将水平辅助直线向上偏移 2、10、11、12、13 和 14，向下偏移 4 和 14，结果如图 14-55 所示。

step 05 单击"修改"工具栏中的按钮 ⊬,修剪相关图线,结果如图 14-56 所示。

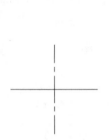
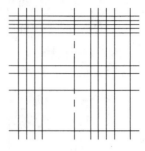
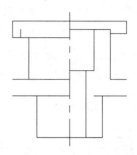

图 14-54　绘制辅助直线　　　　图 14-55　偏移处理　　　　图 14-56　修剪处理

step 06 单击"修改"工具栏中的"圆角"按钮 ⌒,将线段 1 和线段 2 进行倒圆角,圆角半径为 1.2。结果如图 14-57 所示。

step 07 单击"绘图"工具栏中的"圆"按钮 ⊙,以点 3 为圆心,绘制半径为 0.5 的圆。重复"圆"命令,分别绘制半径为 1 和 1.5 的同心圆,结果如图 14-58 所示。

step 08 单击"修改"工具栏中的"倒角"按钮 ⌒,将线段 4 和线段 5 进行倒角处理,命令行操作提示如下:

```
命令: chamfer
("修剪"模式) 当前倒角距离 1 = 0.0000,距离 2 = 0.0000
选择第一条直线或 [放弃(U)/多段线(P)/距离(D)/角度(A)/修剪(T)/方式(E)/多个(M)]:
D✓
指定第一个倒角距离 <0.0000>: 1✓
指定第二个倒角距离 <1.0000>: ✓
选择第一条直线或 [放弃(U)/多段线(P)/距离(D)/角度(A)/修剪(T)/方式(E)/多个(M)]:
                                                          //选择线段 4
选择第二条直线,或按住 Shift 键选择要应用角点的直线:       //选择线段 5
```

step 09 重复"倒角"命令,选择线段 5 和线段 6 进行倒角处理,结果如图 14-59 所示。

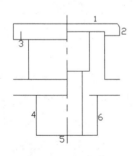
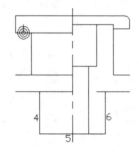
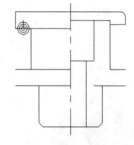

图 14-57　倒圆角　　　　图 14-58　绘制圆　　　　图 14-59　倒角处理

step 10 单击"绘图"工具栏中的"直线"按钮 ╱,在倒角处绘制直线,结果如图 14-60 所示。

step 11 单击"修改"工具栏中的"修剪"按钮 ⊬,修剪相关图线,结果如图 14-61 所示。

step 12 单击"绘图"工具栏中的"正多边形"按钮 ⬠,绘制正六边形。命令行操作提示如下:

```
命令: polygon✓
输入边的数目 <4>: 6✓
指定正多边形的中心点或 [边(E)]:                    //选择点 7
输入选项 [内接于圆(I)/外切于圆(C)] <I>: ✓
指定圆的半径: 11.2✓
```

结果如图 14-62 所示。

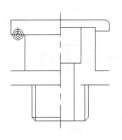

图 14-60 绘制直线

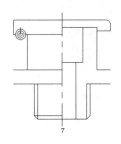

图 14-61 修剪处理

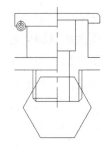

图 14-62 绘制正多边形

step 13 单击"绘图"工具栏中的"直线"按钮，在正六边形定点绘制直线，结果如图 14-63 所示。

step 14 单击"修改"工具栏中的"修剪"按钮，修剪相关图线，结果如图 14-64 所示。

step 15 单击"修改"工具栏中的"删除"按钮，删除多余直线。结果如图 14-65 所示。

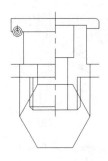

图 14-63 绘制直线

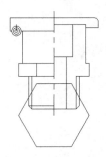

图 14-64 修剪处理

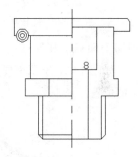

图 14-65 删除结果

step 16 单击"绘图"工具栏中的"直线"按钮，绘制直线，起点为点8，终点坐标为(@5<30)。再绘制过其与相临竖直线交点的水平直线。结果如图 14-66 所示。

step 17 单击"修改"工具栏中的"修剪"按钮，修剪相关图线，结果如图 14-67 所示。

step 18 将"细实线"图层设置为当前图层。单击"绘图"工具栏中的"图案填充"按钮，打开"图案填充和创建"选项卡，选择"用户定义"类型，分别选择角度45°和135°，设置间距为3，选择相应的填充区域。两次填充后，结果如图 14-68 所示。

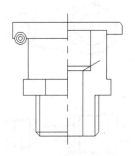

图 14-66 绘制直线

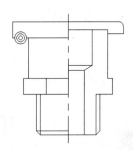

图 14-67 修剪处理

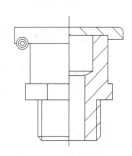

图 14-68 图案填充

4. 旋转剖视图

绘制旋转剖视图时应注意以下事项：

应先假想按剖切位置剖开机件，然后将其中被倾斜剖切平面剖开的结构及其有关部分旋转到与选定的基本投影面平行后再进行投射。这里强调的是先剖开，后旋转，再投射，如图 14-69 所示。

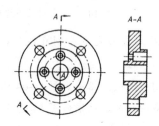

图 14-69　旋转剖

在剖切平面后，其他结构一般仍按原来位置投射，如图 14-70 所示主视图上的小孔在俯视图上的位置。

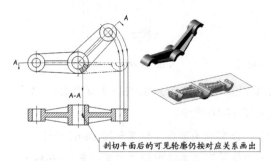

图 14-70　剖切平面后的其他结构表达方法

当剖切后产生不完整要素时，应将此部分按不剖绘制，如图 14-71 所示。

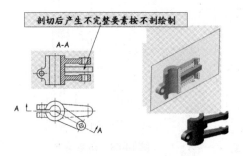

图 14-71　不完整要素表达方法

采用旋转剖时必须按规定进行标注，如图 14-72 和图 14-73 所示。

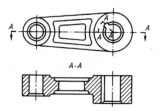

图 14-72　连杆的旋转剖

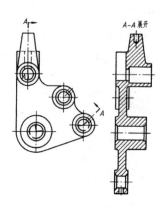

图 14-73　旋转剖的展开画法

动手操练——绘制曲柄旋转剖视图

前面介绍了一些旋转剖视图的绘制方法与技巧。下面以曲柄的旋转剖视图的绘制实例来讲解其详细的操作过程。曲柄旋转剖视图如图 14-74 所示。

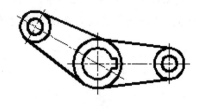

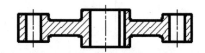

图 14-74　曲柄旋转剖视图

第 14 章 机械零件视图的基本画法

step 01 打开用户自定义的工程制图样板文件。

step 02 打开"图层特性管理器"选项板,新建图层。

step 03 将"点画线"图层设置为当前图层。然后使用"直线"命令,绘制出如图 14-75 所示的尺寸基准线。

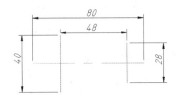

图 14-75 绘制尺寸基准线

step 04 将"粗实线"图层设置为当前图层。使用"圆心,半径"命令,在尺寸基准线的两个交点位置绘制 4 个圆,结果如图 14-76 所示。

step 05 使用"直线"命令,利用对"对象捕捉"功能绘制公切线,结果如图 14-77 所示。

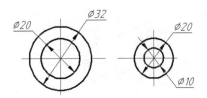

图 14-76 绘制 4 个圆

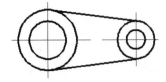

图 14-77 绘制公切线

技巧点拨:

绘制切线时,需要在"草图设置"对话框中启用"切点"捕捉模式。然后执行 LINE 命令,在命令行输入 tan,捕捉到圆(或圆弧)上的切点后再绘制。

step 06 使用"旋转"命令,将两个小同心圆、公切线及尺寸基准线等图线进行旋转复制(旋转角度为 150°),结果如图 14-78 所示。

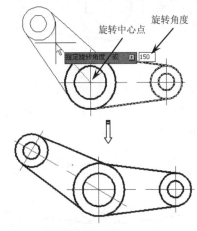

图 14-78 旋转复制图形

step 07 使用"偏移"命令,绘制如图 14-79 所示的偏移直线。

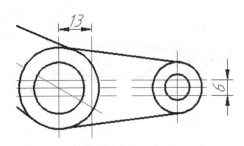

图 14-79 绘制偏移直线

step 08 使用"修剪"命令,将图形进行修剪,结果如图 14-80 所示。

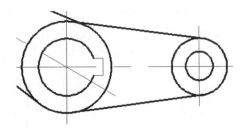

图 14-80 修剪图形

step 09 使用"特性匹配"命令,将修剪的图线匹配成粗实线,如图 14-81 所示。

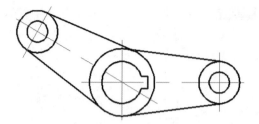

图 14-81 特性匹配线型

step 10 使用"旋转"命令,将左边的图形绕大圆中心点旋转30°,使其与右边图形对称,如图14-82所示。

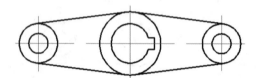

图 14-82 旋转图形

step 11 将"虚线"图层设置为当前图层。然后使用"直线"命令绘制如图14-83所示的竖直线。

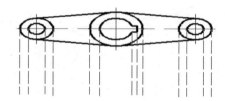

图 14-83 绘制竖直线

step 12 使用"直线"命令,绘制如图14-84所示的水平线。

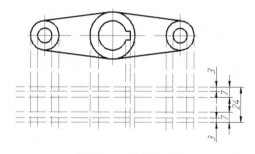

图 14-84 绘制水平线

step 13 使用"修剪"命令,对图形进行修剪,结果如图14-85所示。

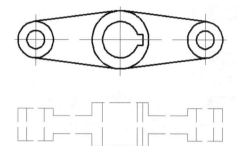

图 14-85 修剪图形

step 14 使用"圆角"工具,创建半径为2的圆角,如图14-86所示。

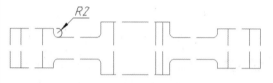

图 14-86 绘制圆角

step 15 使用"特性匹配"命令,将外形轮廓线匹配成粗实线。

step 16 然后使用"旋转"命令将左边的图形旋转 –30°,如图14-87所示。

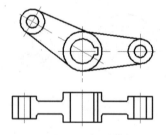

图 14-87 旋转左边图形

step 17 最后使用"图案填充"命令,选择ANSI31图案进行填充,结果如图14-88所示。

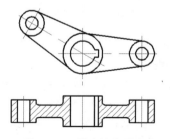

图 14-88 创建填充图案

5. 局部剖视图

当机件上的部分内部结构形状未表达清楚，但又没有必要做全剖视图或不适合作半剖视图时，可用剖切平面局部地剖开机件，所得的剖视图称为局部剖视图，如图 14-89 所示。

局部剖切后，机件断裂处的轮廓线用波浪线表示。为了不引起读图时造成误解，波浪线不要与图形中的其他图线重合，也不要画在其他图线的延长线上，如图 14-90 所示为波浪线的错误画法。

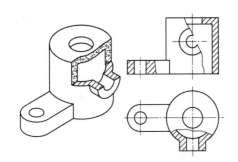

图 14-89　局部剖视图

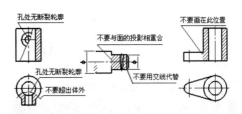

图 14-90　波浪线的错误画法

动手操练——绘制底座

以底座的绘制为例讲述局部剖视图的绘制方法，如图 14-91 所示。本例主要利用"直线""偏移"（offset）等命令将各部分定位，再进行"倒角"（chamfer）、"圆角"（fillet）、"修剪"（trim），并用"样条曲线"（spline）和"图案填充"（bhatch）命令完成此图。

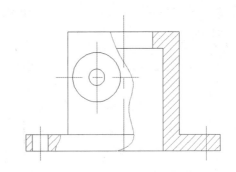

图 14-91　底座

step 01　新建文件。

step 02　在菜单栏中选择"格式"|"图层"命令，打开"图层特性管理器"选项板，新建 3 个图层：第一个图层为"轮廓线"，其"线宽"为 0.3mm，其余属性保持默认；第二个图层为"细实线"，其"颜色"设为灰色，其余属性保持默认；第三个图层为"中心线"，将其"颜色"设为红色、"线型"设为 CENTER，其余属性保持默认。

step 03　将"中心线"图层设置为当前图层。单击"绘图"工具栏中的"直线"按钮，绘制一条竖直的中心线。将"轮廓线"图层设置为当前图层。重复"直线"命令，绘制一条水平的轮廓线，结果如图 14-92 所示。

step 04　单击"修改"工具栏中的"偏移"按钮，将水平轮廓线向上偏移，偏移距离分别为 10、40、62、72。重复"偏移"命令，将竖直中心线分别向两侧偏移 17、34、52、62。再将竖直中心线向右偏移 24。选中偏移后的直线，将其所在图层修改为"轮廓线"，得到的结果如图 14-93 所示。

step 05　单击"绘图"工具栏中的"样条曲线"按钮，绘制中部的剖切线，命令行操作提示如下：

命令：_spline

```
指定第一个点或 [对象(O)]:
指定下一点:
指定下一点或 [闭合(C)/拟合公差(F)] <起点切向>:
指定下一点或 [闭合(C)/拟合公差(F)] <起点切向>:
指定下一点或 [闭合(C)/拟合公差(F)] <起点切向>:
指定起点切向:
指定端点切向:
```

结果如图 14-94 所示。

图 14-92 绘制直线

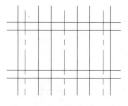
图 14-93 偏移处理

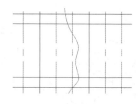
图 14-94 绘制样条

step 06 单击"修改"工具栏中的"修剪"按钮 ,修剪相关图线,修剪后的结果如图 14-95 所示。

step 07 单击"修改"工具栏中的"偏移"按钮 ,将线段1向两侧分别偏移5,并修剪。转换图层,将图线线型进行转换,结果如图 14-96 所示。

step 08 单击"绘图"工具栏中的"样条曲线"按钮 ,绘制中部的剖切线,并进行修剪。结果如图 14-97 所示。

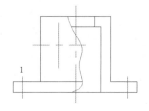
图 14-95 修剪处理

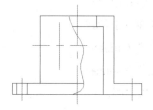
图 14-96 偏移处理

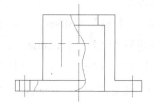
图 14-97 绘制样条曲线

step 09 单击"绘图"工具栏中的"圆"按钮 ,以中心线交点为圆心,分别绘制半径为15和5的同心圆。结果如图 14-98 所示。

step 10 将"细实线"图层设置为当前图层。单击"绘图"工具栏中的"图案填充"按钮 ,打开"图案填充创建"选项卡,选择"用户定义"类型,设置角度为45°,设置间距为3,分别打开和关闭"双向"复选框,选择相应的填充区域。确认后进行填充,结果如图 14-99 所示。

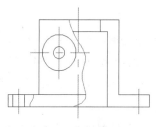
图 14-98 绘制圆

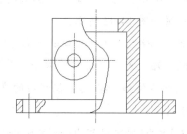
图 14-99 图案填充

14.2.6 断面图

假想用剖切面将物体的某处切断，只画出该剖切面与物体接触部分（剖面区域）的图形，称为端面图，如图 14-100 所示的吊钩，只画了一个主视图，并在几处画出了断面形状，就把整个吊钩的结构形状表达清楚了，比用多个视图或剖视图显得更为简便、明了。

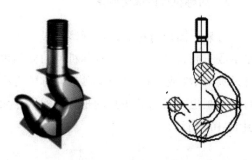

图 14-100　吊钩的断面图

断面图与剖视图的区别在于：断面图只画出剖切平面和机件相交部分的断面形状，而剖视图则须把断面和断面后可见的轮廓线都画出来，如图 14-101 所示。

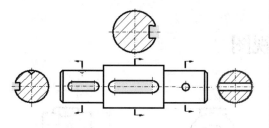

图 14-101　断面图和剖视图

14.2.7 简化画法

在《机械制图国家标准》的"图样画法"中，对机械制图的画法规定了一些简化画法、规定画法和其他表示方法，这在绘图和读图时经常会遇到，所以必须掌握。

在机械零件图中，除了上述几种标准画法外，还有其他几种简化画法，如断开画法、相同结构要素的省略画法、筋和轮辐的规定画法、均匀分布的孔和对称图形的规定画法及其他简化画法等。

1. 断开画法

对于较长的机件（如轴、连杆、筒、管、型材等），若沿长度方向的形状一致或按一定规律变化时，为节省图纸和画图方便，可将其断开后缩短绘制，但要标注机件的实际尺寸。

画图时，可用图 14-102 所示的方法表示。折断处的表示方法一般有两种，一是用波浪线断开，如图（a）所示，另一种是用双点画线断开，如图（b）所示。

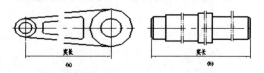

(a) 拉杆轴套断裂画法　　(b) 阶梯轴断裂画法

图 14-102　断开画法

2. 相同结构要素的省略画法

当机件具有若干相同结构（齿、槽等），并按一定规律分布时，只需要画出几个完整的结构，其余用细实线连接，在零件图中则必须注明该结构的总数，如图 14-103 所示。

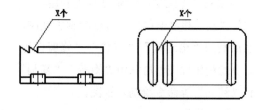

图 14-103　成规律分布的若干相同结构的简化画法

3. 筋和轮辐的规定画法

对于机件的肋、轮辐及薄壁等，如按纵

向剖切，这些结构都不画剖面符号，而是用粗实线将它与其邻接的部分分开。当零件回转体上均匀分布的肋、轮辐、孔等结构不处于剖切平面上时，可将这些结构旋转到剖切平面上画出，如图14-104所示。

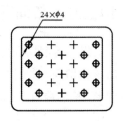

图 14-105 均匀分布孔的简化画法

5. 对称机件的简化画法

当某一图形对称时，可画略大于一半，在不致引起误解时，对于对称机件的视图也可只画出 1/2 或 1/4，此时必须在对称中心线的两端画出两条与其垂直的平行细实线，如图 14-106 所示。

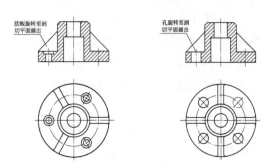

图 14-104 筋、轮辐的画法

4. 均匀分布的孔和对称图形的规定画法

若干直径相同且成规律分布的孔（圆孔、螺孔、沉孔等），可以仅画出一个或几个。其余只需用点画线表示其中心位置，在零件图中应注明孔的总数，如图14-105所示。

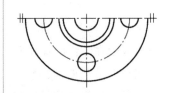

图 14-106 对称机件的简化画法

14.3 综合案例：支架零件三视图

本节利用支架零件图的绘制实例帮助读者进一步加深理解，如图14-107所示。在实例中，因为用到了不同的线型，所以必须先设置图层。绘制时首先利用"直线""圆"和"偏移"等命令绘制主视图，然后利用"构造线""偏移""修剪"等命令绘制俯视图，再利用"旋转""复制"和"移动"等命令绘制左视图。

操作步骤：

1. 在图层中绘制图形

step 01 新建文件。

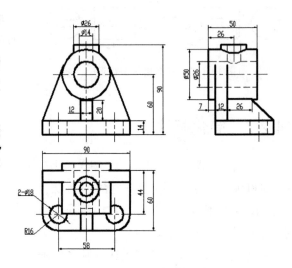

图 14-107 支架零件图

step 02 在菜单栏中选择"格式"|"图层"命令,打开"图层特性管理器"选项板。新建以下3个图层:第一个图层为LKX,"线宽"为0.3mm,其余属性保持默认;第二个图层为DHX,将"颜色"设为红色,将"线型"设为CENTER,其余属性保持默认;第三个图层为XX,将"颜色"设为蓝色,将"线型"设为dashed,其余属性保持默认。

step 03 将LKX图层设置为当前图层。单击"绘图"工具栏中的"直线"按钮,以任一点为起点绘制端点为(@0,-14)、(@90,0)、(@0,14)的直线。

step 04 将DHX图层设置为当前图层。单击"绘图"工具栏中的"直线"按钮,绘制主视图竖直中心线,如图14-108所示。

step 05 将LKX图层设置为当前图层。单击"绘图"工具栏中的"圆"按钮,绘制圆。命令行操作提示如下:

```
命令:_circle
指定圆的圆心或 [三点(3P)/两点(2P)/相切、相切、半径(T)]:_from 基点://打开"捕捉自"
功能,捕捉竖直中心线与底板底边的交点作为基点
<偏移>:@0,60↙
指定圆的半径或 [直径(D)]:D↙
指定圆的直径:50↙
```

step 06 重复"圆"命令,捕捉 Φ50 圆的圆心,绘制直径为26的圆,结果如图14-109所示。

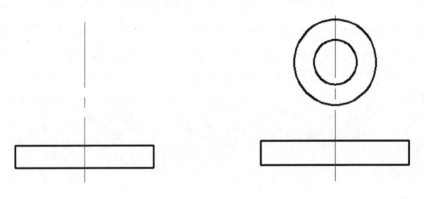

图14-108 绘制中心线　　　　　　图14-109 绘制圆

step 07 将DHX图层设置为当前图层。单击"绘图"工具栏中的"直线"按钮,绘制 Φ50 圆的水平中心线。

step 08 将LKX图层设置为当前图层。单击"绘图"工具栏中的"直线"按钮,捕捉底板左上角点和 Φ50 圆的切点,绘制直线。重复"直线"命令,绘制另一边的切线,结果如图14-110所示。

step 09 单击"修改"工具栏中的"偏移"按钮,将底板底边向上偏移,偏移距离为90。重复"偏移"命令,将竖直中心线向左边偏移,偏移距离分别为13和7。

step 10 单击"绘图"工具栏中的"直线"按钮,捕捉左边竖直中心线与上边水平线的交点和左边竖直中心线与 Φ50 圆的交点。将XX图层设置为当前图层,重复"直线"命令,绘制凸台 Φ14 孔的左边。

step 11 单击"修改"工具栏中的"删除"按钮,删除偏移的中心线,结果如图14-111所示。

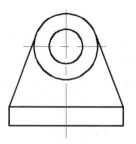
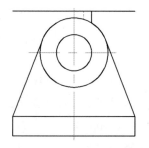

图 14-110　绘制切线　　　　　图 14-111　删除多余线段

step 12 单击"修改"工具栏中的"镜像"按钮，将绘制的凸台轮廓线沿竖直中心线进行镜像。命令行操作提示如下：

```
命令：_mirror
选择对象：（选择绘制的凸台轮廓线）
指定镜像线的第一点：         //捕捉竖直中心线的上端点
指定镜像线的第二点：         //捕捉竖直中心线的下端点
要删除源对象吗？[是(Y)/否(N)]<N>：✓
```

step 13 单击"修改"工具栏中的"修剪"按钮，修剪多余的线段，结果如图 14-112 所示。

step 14 单击"修改"工具栏中的"偏移"按钮，将竖直中心线向左偏移，偏移距离分别为 29 和 38。

step 15 将 XX 图层设置为当前图层。单击"绘图"工具栏中的"直线"按钮，捕捉左边竖直中心线与底板上边的交点和左边竖直中心线与底板下边的交点，绘制直线。

step 16 单击"修改"工具栏中的"删除"按钮，删除偏移距离为 38 的直线。

step 17 在菜单栏中选择"修改"|"拉长"命令，调整底板左边孔的中心线。命令行操作提示如下：

```
命令：_lengthen
选择对象或 [增量(DE)/百分数(P)/全部(T)/动态(DY)]：dy
选择要修改的对象或 [放弃(U)]：    //选择偏移的中心线
指定新端点：                      //调整中心线到适当位置
选择要修改的对象或 [放弃(U)]：
```

结果如图 14-113 所示。

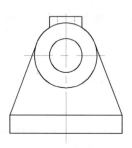
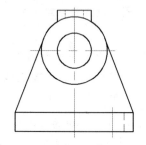

图 14-112　修剪图形　　　　　图 14-113　调整中心线长度

step 18 单击"修改"工具栏中的"镜像"按钮，将绘制的孔轮廓线沿调整后的中心线进行镜像。

step 19 重复"镜像"命令，将左边的孔和中心线沿竖直中心线进行镜像处理，结果如图 14-114 所示。

2. 设置对象追踪功能

step 01 单击"修改"工具栏中的"偏移"按钮，将竖直中心线向左边偏移，偏移距离为6。重复"偏移"命令，将底板上边向上偏移，偏移距离为20。

step 02 将LKX图层设置为当前图层。单击"绘图"工具栏中的"直线"按钮，捕捉偏移中心线与底部上边的交点和偏移后的直线与偏移中心线的交点，绘制直线。重复"直线"命令，绘制肋板的另一边。

step 03 单击"修改"工具栏中的"修剪"按钮，删除多余的线段，结果如图14-115所示。

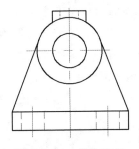
图14-114 镜像处理

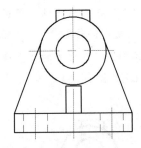
图14-115 绘制肋板

step 04 在状态栏上的"对象捕捉追踪"按钮上单击鼠标右键，打开右键快捷菜单，如图14-116所示。选择"设置"命令，打开"草图设置"对话框，在"对象捕捉"选项卡中选中"启用对象捕捉"和"启用对象捕捉追踪"复选框，单击"全部选择"按钮，选中所有的对象捕捉模式，如图14-117所示。

step 05 选择"极轴追踪"选项卡，在该选项卡中选中"启用极轴追踪"复选框，设置"增量角"为90°，其他选项保持默认设置，如图14-118所示。

图14-116 右键快捷菜单

图14-117 "对象捕捉"选项卡

图14-118 "极轴追踪"选项卡

3. 绘制俯视图

step 01 单击"绘图"工具栏中的"直线"按钮，绘制俯视图中底板轮廓线，命令行操作提示如下：

```
命令：_line
指定第一点：   //利用对象捕捉追踪功能，捕捉主视图中底板左下角点，向下拖动鼠标，在适当位置
处单击鼠标左键，确定底板左上角点
指定下一点或 [放弃(U)]:   //向右拖动鼠标，到主视图中底板右下角点处，在该点出现小叉，向
下拖动鼠标，当小叉出现在两条闪动虚线的交点处时，如图14-119所示，单击鼠标左键，即可绘制出一
条与主视图底板长对正的直线
指定下一点或 [放弃(U)]: @0,60↙
指定下一点或 [放弃(U)]:   //方法同前，向右拖动鼠标，指定底板左下角
指定下一点或 [放弃(U)]: C↙
```

step 02 将DHN图层设置为当前图层。单击"绘图"工具栏中的"直线"按钮，同步骤01，绘制俯视图的竖直中心线。

step 03 单击"修改"工具栏中的"偏移"按钮，将底板后边向下进行偏移，偏移距离分别为12、44、60。重复"偏移"命令，将底板后边向上进行偏移，偏移距离为7。

step 04 单击"绘图"工具栏中的"直线"按钮，利用对象捕捉追踪功能，绘制俯视图中圆柱的轮廓线。将DHX图层设置为当前图层，绘制俯视图中圆柱的孔。结果如图14-120所示。

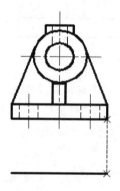
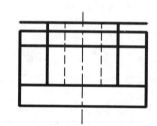

图14-119 用对象追踪功能绘制底板   图14-120 绘制的圆柱及支撑板

step 05 单击"修改"工具栏中的"修剪"按钮，修剪多余的线段，结果如图14-121所示。

step 06 单击"修改"工具栏中的"圆角"按钮，进行圆角处理。命令行操作提示如下：

```
命令：_fillet
当前设置：模式 = 修剪，半径 = 4.0000
选择第一个对象或 [多段线(P)/半径(R)/修剪(T)]:R↙
指定圆角半径 <4.0000>:16↙
选择第一个对象或 [多段线(P)/半径(R)/修剪(T)]:    //选择底板左边
选择第二个对象：  //选择底板下边
```

step 07 同理，创建右边的圆角，圆角半径为16，结果如图14-122所示。

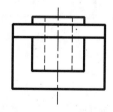
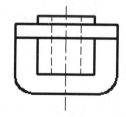

图14-121 修剪圆柱结果   图14-122 倒圆角

step 08 单击"绘图"工具栏中的"圆"按钮⊙，分别以上步创建的圆角圆心为圆心，绘制半径为 9 的圆。

step 09 单击"绘图"工具栏中的"构造线"按钮✎，在主视图切点处绘制竖直构造线。

step 10 单击"修改"工具栏中的"修剪"按钮✂，修剪支撑板在辅助线中间的部分。结果如图 14-123 所示。

step 11 将 XX 图层设置为当前图层。单击"绘图"工具栏中的"直线"按钮╱，绘制支撑板中的虚线。重复"直线"命令，利用对象捕捉追踪功能，绘制俯视图中加强筋的虚线。将 LKX 设置为当前图层，绘制俯视图中加强筋的粗实线。结果如图 14-124 所示。

step 12 单击"修改"工具栏中的"打断"按钮▭，将支撑板前边虚线在加强筋左边与支撑板前边的交点处打断。同理，将支撑板前边虚线在右边打断。

step 13 单击"修改"工具栏中的"移动"按钮✥，将中间打断的虚线向下移动，距离为 26。

step 14 单击"绘图"工具栏中的"圆"按钮⊙，绘制 Φ26 圆。命令行操作提示如下：

```
命令：_circle
指定圆的圆心或 [三点(3P)/两点(2P)/相切、相切、半径(T)]：_from 基点：//打开"捕捉自"
功能，捕捉圆柱后边与中心线的交点
    <偏移>: @0,-26↙
指定圆的半径或 [直径(D)] <9.0000>: D↙
指定圆的直径 <18.0000>: 26↙
```

step 15 重复"圆"命令，捕捉 Φ26 圆的圆心，绘制 Φ14 圆。

step 16 将 DHX 图层设置为当前图层。利用对象捕捉追踪功能，绘制俯视图中圆的中心线。结果如图 14-125 所示。

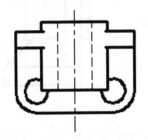
图 14-123 修剪支撑板结果

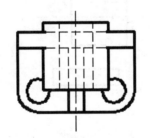
图 14-124 俯视图中加强筋

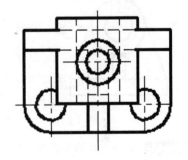
图 14-125 轴支架俯视图

4. 绘制左视图

step 01 将"轮廓线"图层设置为当前图层。单击"修改"工具栏中的"复制"按钮▧，将俯视图复制到适当位置。

step 02 单击"修改"工具栏中的"旋转"按钮⟲，将复制的俯视图旋转 90°。结果如图 14-126 所示。

step 03 单击"绘图"工具栏中的"直线"按钮╱，利用对象追踪功能，如图 14-127 所示，先将光标移动到主视图中的 1 点处，然后移动到复制并旋转的俯视图中 2 点处，向上移动光标到两条闪动的虚线的交点 3 处,单击鼠标左键,即确定左视图中底板的位置,同理,接着绘制完成底板的其他图线。

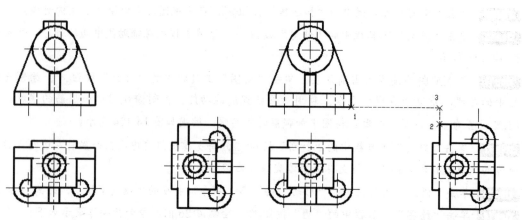

图 14-126　复制并旋转俯视图　　　　图 14-127　利用对象追踪功能绘制左视图

step 04　单击"修改"工具栏中的"移动"按钮，将 Φ50 圆柱及 Φ26 圆柱的内外轮廓线和中心线进行移动,如图 14-128 所示,捕捉圆柱左边与中心线的交点 1 为基点,首先拖动鼠标向上移动,利用对象追踪功能,如图 14-129 所示,将光标移动到主视图中水平中心线的右端点 2,拖动鼠标向右移动,在交点处单击鼠标左键。

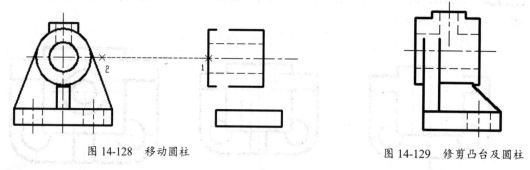

图 14-128　移动圆柱　　　　　　　　图 14-129　修剪凸台及圆柱

step 05　单击"绘图"工具栏中的"直线"按钮，利用对象捕捉和对象追踪功能,绘制左视图中支撑板及加强筋,并补全 Φ50 圆柱上边。

step 06　单击"修改"工具栏中的"修剪"按钮，修剪 Φ50 圆柱在支撑板中间的部分。

step 07　单击"修改"工具栏中的"复制"按钮，利用对象追踪功能,复制主视图中底板上的圆柱孔到左视图中。重复"复制"命令,利用对象追踪功能,复制主视图中的凸台到左视图中。

step 08　单击"修改"工具栏中的"修剪"按钮，修剪多余的线段,结果如图 14-130 所示。

step 09　单击"绘图"工具栏中的"圆弧"按钮，绘制左视图中的相贯线,命令行操作提示如下:

```
命令：_arc
指定圆弧的起点或 [圆心(C)]: //捕捉凸台 Φ26 圆柱左边与 Φ50 圆柱上边的交点
指定圆弧的第二个点或 [圆心(C)/端点(E)]: E↙
指定圆弧的端点: //捕捉凸台 Φ26 圆柱右边与 Φ50 圆柱上边的交点
指定圆弧的圆心或 [角度(A)/方向(D)/半径(R)]: R↙
指定圆弧的半径: 25↙
```

step 10 将 XX 图层设置为当前图层。重复"圆弧"命令,绘制剩余的相贯线。

step 11 单击"修改"工具栏中的"删除"按钮 ✎,删除复制的俯视图。

step 12 至此,支架三视图绘制完毕,如果 3 个视图的位置不理想,可以用移动命令对其进行移动,但仍要保证它们之间的投影关系。

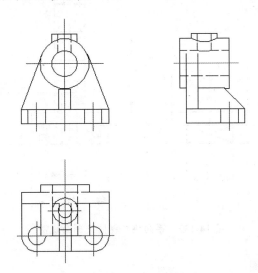

图 14-130 修改后的图形

14.4 课后习题

1. 绘制螺母三视图

绘制如图 14-131 所示的螺母三视图。

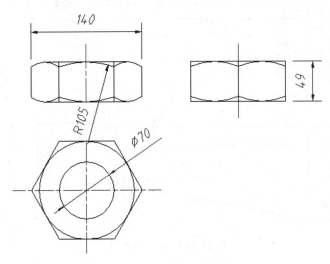

图 14-131 螺母三视图

2. 绘制导向块二视图、剖面视图

绘制如图 14-132 所示的导向块二视图及剖面视图。

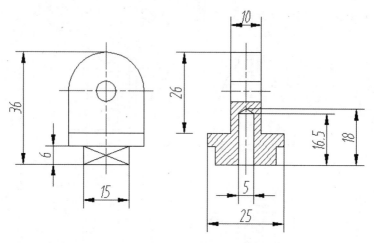

图 14-132　导向块二视图及剖面视图

3. 绘制某铸件多视图

绘制如图 14-133 所示的铸件多视图，包括剖面图、向视图、局部视图、斜视图等。

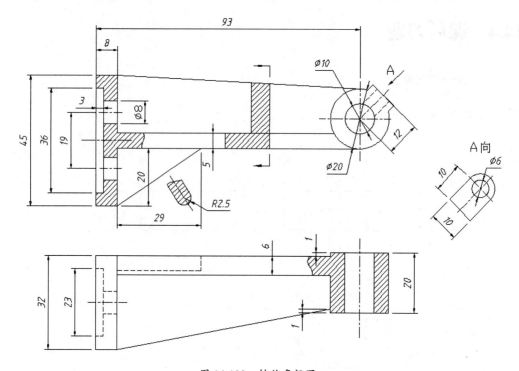

图 14-133　铸件多视图

第 15 章
绘制机械标准件、常用件

本章内容

螺栓、螺钉、螺母、键、销、垫圈和轴承等都是应用范围广、需求量大的机件。本章将以 AutoCAD 2018 为基础，详细讲解机械标准零件的设计方法与操作过程。

知识要点

- ☑ 绘制螺纹紧坚固件
- ☑ 绘制连接件
- ☑ 绘制轴承
- ☑ 绘制常用件

15.1 绘制螺纹紧固件

螺纹紧固件的种类很多，常见的有螺栓、双头螺柱、螺钉、螺母、垫圈等，其形状如图15-1所示。这类零件的结构形式和尺寸都已标准化，由标准件厂大量生产。在工程设计中，可以从相应的标准中查到所需的尺寸，一般无须绘制其零件图。

图 15-1　螺纹紧固件

15.1.1 绘制六角头螺栓

六角头螺栓由头部和杆部组成。常用头部形状为六棱柱的六角头螺栓，根据螺纹的作用和用途，分为"全螺纹""部分螺纹""粗牙"和"细牙"等多种规格。螺栓的规格尺寸指螺纹的大径 d 和公称长度 L。

下面以螺纹规格 $M20$ 为例，在 AutoCAD 2018 中绘制六角头螺栓。规格详细参数为：k=12.5、l=60、b=46、d=20、e=32.95、s=30，绘制的六角头螺栓如图15-2所示。

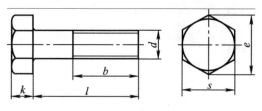

图 15-2　六角头螺栓

动手操练——绘制六角头螺栓

step 01　新建文字样式和标注样式，并创建图层。

step 02　在状态栏中打开"捕捉"模式和"正交"模式。

step 03　将"点画线"图层设置为当前图层，然后使用"直线"命令在图形区中首先绘制3条长度分别为115、42和39的中心线，如图15-3所示。

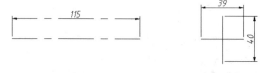

图 15-3　绘制中心线

step 04　使用"直线"命令和"偏移"命令，按螺栓的标准规格参数，来绘制图形中所有的直线，如图15-4所示。

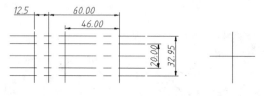

图 15-4　绘制直线和偏移对象

> **提示：**
> 在 AutoCAD 中快速制图的过程中，会经常使用"偏移"命令来绘制图形，这有助于提高工作效率。

step 05　测量水平方向最外面一条直线与相邻直线的距离，然后使用"偏移"命令创建一条偏移距离为测量距离一半的直线。

step 06 再使用"直线"命令,在偏移直线与最左边垂直直线的交点上创建角度为60°的直线,如图15-5所示。

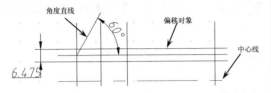

图15-5 绘制有角度的直线和偏移对象

step 07 使用"直线"命令,绘制斜线与中心线的垂线,然后将垂线和斜线使用"镜像"工具,镜像到中心线的另一侧,如图15-6所示。

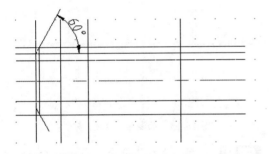

图15-6 绘制垂线并镜像斜线

step 08 使用圆弧的"三点"命令,绘制出如图15-7所示的3段圆弧。

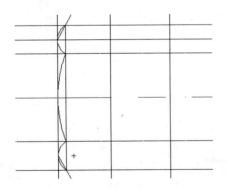

图15-7 绘制3段圆弧

step 09 使用"修剪"命令,修剪多余图线,结果如图15-8所示。

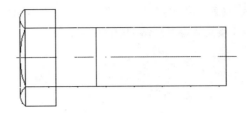

图15-8 修剪多余图线

step 10 使用"倒角"命令,在螺栓尾端创建距离为1的倒角,创建的倒角特征如图15-9所示。

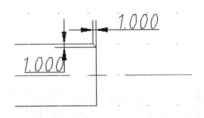

图15-9 创建倒角

step 11 在另一侧也创建出相同的倒角,然后使用"直线"命令绘制3条直线,如图15-10所示。

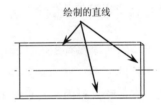

图15-10 绘制直线

step 12 使用"圆心,半径"命令,在垂直相交的中心线交点上绘制一个半径为15的圆,如图15-11所示。

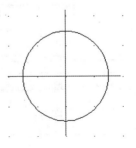

图15-11 绘制圆

step 13 然后使用"正多边形"命令,绘制圆的外接正六边形,结果如图 15-12 所示。

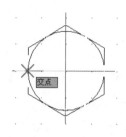

图 15-12　绘制正六边形

step 14 将图形中的图线按作用的不同,分别指定图层、线型,并加以标注。完成结果如图 15-13 所示。

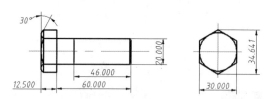

图 15-13　六角头螺栓视图

15.1.2　绘制双头螺栓

双头螺柱的两端都有螺纹。其中用来旋入被连接零件的一端,称为旋入端;用来旋紧螺母的一端,称为紧固端。根据双头螺柱的结构分为 A 型和 B 型两种,如图 15-14 所示。

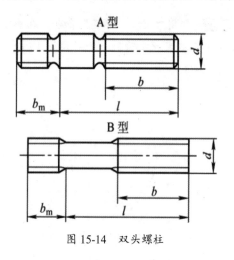

图 15-14　双头螺柱

下面以 B 型双头螺柱为例,来说明其绘制过程与方法。B 型双头螺柱各规格参数如下: $d=20$、$l=70$、$b=46$、$b_m=25$。

动手操练——绘制双头螺栓

step 01 加载用户自定义的 CAD 工程图样板文件。

step 02 设置绘图图限,并打开"捕捉"模式、"栅格显示"和"正交"模式。

step 03 使用"直线"命令和"偏移"命令,在图形区中绘制中心线及偏移对象,结果如图 15-15 所示。

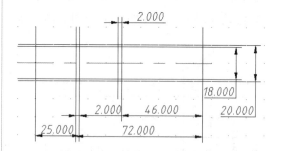

图 15-15　绘制直线和偏移对象

step 04 使用"直线"命令,在如图 15-15 所示的直线交点处绘制 4 条斜线,如图 15-16 所示。

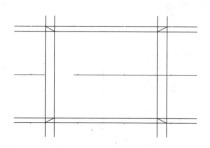

图 15-16　绘制斜线

step 05 使用"修剪"命令,将图形中多余的图线修剪掉,结果如图 15-17 所示。

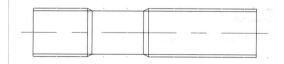

图 15-17　修剪多余图线

step 06 再使用"直线"命令,在斜线处补画两条长度为 22 的直线,如图 15-18 所示。

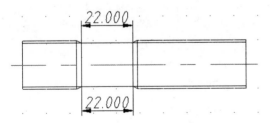

图 15-18 绘制直线

技巧点拨:

补画的直线,是表达螺栓的粗实线。如果不补画,则可以使用"打断于点"工具,将两条直线打断,最后加粗也可。

step 07 为图线选择图层,并完成标注,结果如图 15-19 所示。

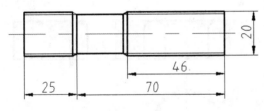

图 15-19 双头螺栓

15.1.3 绘制六角螺母

螺母与螺栓等外螺纹零件配合使用,起连接作用,其中六角螺母应用最为广泛。六角螺母根据高度 m 不同,可分为薄型、1 型和 2 型。根据螺距不同,可分为粗牙和细牙。根据产品等级,可分为 A、B、C 级。螺母的规格尺寸为螺纹大径 D,如图 15-20 所示。

下面以六角螺母的绘制来说明其创建过程与绘制方法,螺母规格为 $D30$,其余参数如图 15-20 所示。

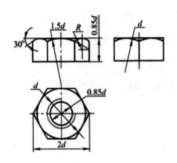

图 15-20 六角螺母

动手操练——绘制六角螺母

step 01 打开用户自定义的 CAD 制图样板文件。

step 02 使用"直线"命令和"偏移"命令,在图形区中绘制中心线、直线和其余的偏移对象,如图 15-21 所示。

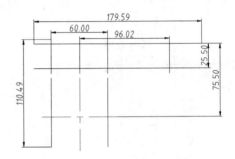

图 15-21 绘制直线和偏移对象

step 03 使用"圆心,半径"命令,在垂直相交中心线的交点上分别绘制直径为 60、30 和 25.5 的 3 个圆。然后再使用"正多边形"命令,在相同的交点上绘制一个内接于直径为 60 的圆的正六边形,如图 15-22 所示。

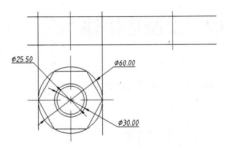

图 15-22 绘制圆和内接正六边形

step 04 使用"圆心,半径"命令,并选择"3P"选项来绘制一个内切于正六边形的圆,再标注。得到该圆半径尺寸后,再使用"偏移"命令,绘制两条偏移的直线,如图 15-23 所示。

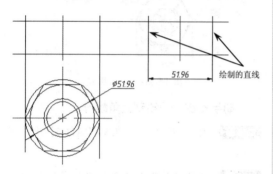

图 15-23　绘制内切圆和偏移对象

step 05 使用"直线"命令,绘制如图 15-24 所示的直线和斜线。

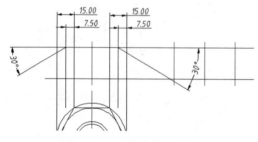

图 15-24　绘制直线和斜线

step 06 再使用"直线"命令绘制一条水平直线,使用圆弧的"3点"方式来绘制如图 15-25 所示的 5 段圆弧。

step 07 使用"修剪"命令将图形中的多余图线修剪掉,修剪结果如图 15-26 所示。

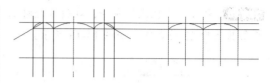

图 15-25　绘制直线和圆弧

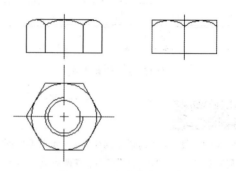

图 15-26　修剪多余图线

step 08 设置图层并完成标注,六角螺母绘制完成的结果如图 15-27 所示。

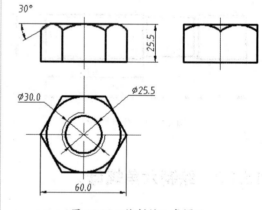

图 15-27　绘制的六角螺母

15.2　绘制连接件

标准件中的键、销都是用来连接其他零件的,同时也起定位作用。键、销的结构、形式和尺寸都可以从国家标准中查询选用。

15.2.1　绘制键

键通常用于连接轴和装在轴上的齿轮、带轮等传动零件,起传递转矩的作用,如图 15-28 所示。

15.2.2 绘制销

销主要用于零件之间的定位，也可用于零件之间的连接，但只能传递不大的扭矩。常见的有圆柱销、圆锥销和开口销等，它们都是标准件。圆柱销和圆锥销可以连接零件，也可以起定位作用（限定两零件间的相对位置），如图 15-30 所示。开口销常用在螺纹连接的装置中，以防止螺母的松动，如图 15-30（c）所示。

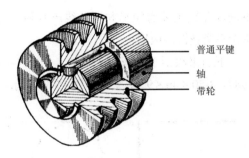

图 15-28 键连接

键是标准件，常用的键有普通平键、半圆键和钩头楔键等。键的绘制方法如下：

- 普通平键：普通平键的两侧面为工作面，因此连接时，平键的两侧面与轴和轮毂键槽侧面之间相互接触，没有间隙，只画一条线。而键与轮毂的键槽顶面之间是非工作面，不接触，应留有间隙，画两条线。
- 半圆键：半圆键一般用在载荷不大的传动轴上，它的连接情况与普通平键相似。
- 楔键：楔键顶面是 1:100 的斜度装配是沿轴向将键打入键槽内，直至打紧为止，因此，它的上、下面为工作面，两侧面为非工作面，但画图时侧面不留间隙。

键连接的画法及尺寸标注如图 15-29 所示。

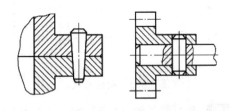

（a）圆锥销连接的画法　（b）圆柱销连接的画法

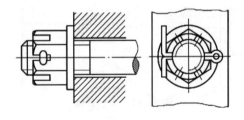

（c）开口销连接的画法

图 15-30 销连接

下面通过实例来说明圆锥销的绘制方法与过程，如图 15-31 所示。具体的规格参数如下：$d=10$、$l=80$、$a=4$。

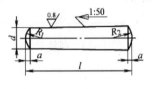

图 15-31 圆锥销

动手操练——绘制圆锥销

step 01 打开 AutoCAD 工程图样板文件。

step 02 使用"直线"命令和"偏移"命令，

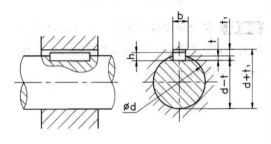

图 15-29 键连接的画法

绘制如图 15-32 所示的中心线和其他直线。

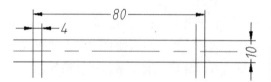

图 15-32　绘制中心线和偏移对象直线

step 03 使用"旋转"命令,将中心线两侧的直线分别旋转 1.5°和 –1.5°。旋转直线的结果如图 15-33 所示。

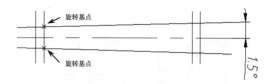

图 15-33　旋转直线

step 04 使用圆弧的"3 点"方式,在图形中绘制两段圆弧,如图 15-34 所示。

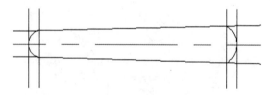

图 15-34　绘制圆弧

step 05 使用"修剪"命令,修剪多余图线,然后为图线指定图层,并加以标注。最终完成的结果如图 15-35 所示。

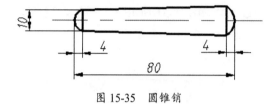

图 15-35　圆锥销

15.2.3　绘制花键

花键是机械领域经常需要应用的元素,它的结构和尺寸都是标准化的。根据齿形的不同,花键主要有矩形和渐开线形两种,其中矩形类花键的应用十分广泛。

下面来绘制一款矩形外花键(GB1144—1987,8-50×46×9),效果如图 15-36 所示。

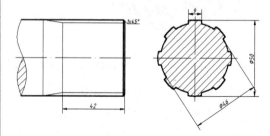

图 15-36　矩形花键效果

动手操练——绘制花键

1. 绘制花键视图

step 01 创建一个图形文件,设置好绘图环境,如单位、界限、捕捉功能等,并设置文本样式"数字与字母"及标注样式"直线"。

step 02 根据图形,创建好需要使用的图层,如图 15-37 所示。

图 15-37　创建图层

step 03 将"中心线"图层设置为当前图层,使用"直线"命令,绘制出外花键的中心线,如图 15-38 所示。

图 15-38　绘制外花键中心线

step 04 将"粗实线"图层设置为当前图层,选择"圆"命令,绘制出尺寸为Φ50、Φ46的圆,如图15-39所示。

step 05 选择"偏移"命令,把垂直中心线左右偏移,得到键齿的作图基准线,如图15-40所示。

step 06 选择"直线"命令,绘制出键齿的轮廓线,如图15-41所示。

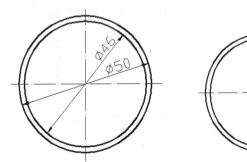 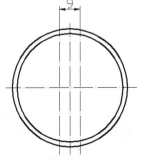 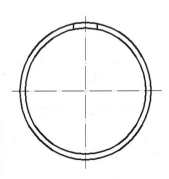

图15-39 绘制Φ50、Φ46的圆   图15-40 偏移中心线   图15-41 绘制键齿轮廓线

step 07 单击"阵列"按钮,选择要阵列的直线,弹出"阵列创建"选项卡,然后按如图15-42所示设置阵列参数。

图15-42 "阵列创建"选项卡

step 08 结束对象选择后,关闭"阵列创建"选项卡,完成直线的阵列,如图15-43所示。

step 09 选择"修剪"命令,修剪掉图线的多余部分,效果如图15-44所示。

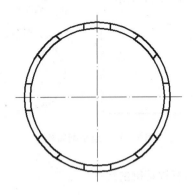 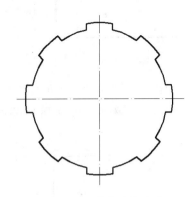

图15-43 完成键齿的阵列   图15-44 修剪后的效果

step 10 将"中心线"图层设置为当前图层,选择"直线"命令,绘制作图辅助线a,如图15-45所示。

step 11 将"粗实线"图层设置为当前图层,选择"直线"命令,绘制出外花键大径,如图15-46所示。

图 15-45　绘制作图辅助线

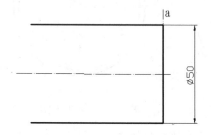

图 15-46　绘制外花健大径

step 12 将"细实线"图层设置为当前图层，选择"直线"命令，绘制出外花键小径，如图 15-47 所示。

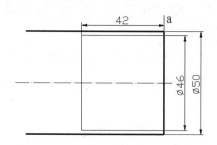

图 15-47　绘制外花健小径

step 13 选择"直线"命令，用细实线绘制外花键键齿终止线和尾部末端线，如图 15-48 所示。

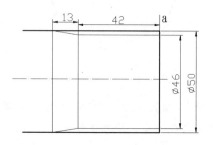

图 15-48　绘制键齿终止线和尾部末端线

step 14 选择"倒角"命令，对外花健前端进行 1×45° 的倒角，然后选择"修剪"命令，修剪多余的图线，选择"直线"命令，补画缺线，效果如图 15-49 所示。

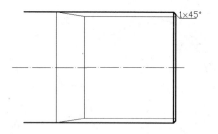

图 15-49　绘制倒角

step 15 选择"样条曲线"命令，绘制断裂线，如图 15-50 所示。

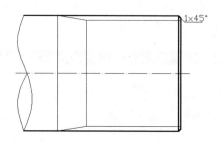

图 15-50　绘制断裂线

step 16 选择"图案填充"命令，绘制剖面线，效果如图 15-51 所示。

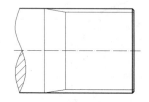 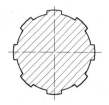

图 15-51　绘制剖面线

2. 标注花键的尺寸

step 01 将"尺寸"图层设置为当前图层，设置当前标注样式为"直线"。

step 02 单击"标注"工具栏上的"线性"工具按钮，标注花健的线性尺寸。

step 03 单击"直径"工具按钮 ⌀，标注出 $\phi 50$、$\phi 46$ 的外花键大径和小径尺寸。

step 04 选择"标注"菜单中的"多重引线"命令，与"多行文字"命令相结合，完成 $1×45°$ 的尺寸标注。

step 05 尺寸标注完成后，效果如图 15-52 所示。

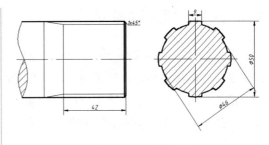

图 15-52　完成标注

15.3　绘制轴承

滚动轴承是用来支撑轴的组件，由于它具有摩擦阻力小、结构紧凑等优点，在机器中被广泛应用。滚动轴承的结构形式、尺寸均已标准化，由专门的工厂生产，使用时可根据设计要求进行选择。

15.3.1　滚动轴承的一般画法

滚动轴承一般由外圈、内圈、滚动体和保持架组成。按承受载荷的方向，滚动轴承可分为3类：深沟球轴承、推力球轴承和圆锥滚子轴承。

- 深沟球轴承：主要承受径向载荷。
- 推力球轴承：主要承受轴向载荷。
- 圆锥滚子轴承：同时承受径向载荷和轴向载荷。

在装配图中滚动轴承的轮廓按外径 D、内径 D、宽度 B 等实际尺寸绘制，其余部分用简化画法或用示意画法绘制。在同一图样中，一般只采用其中的一种画法。滚动轴承的画法如图 15-53 所示。

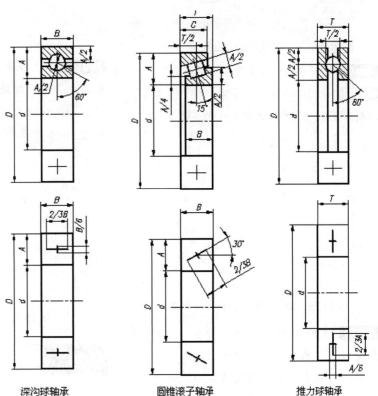

图 15-53　滚动轴承的画法

15.3.2 绘制滚动轴承

滚动轴承剖视图轮廓应按外径 D、内径 d、宽度 B 等实际尺寸绘制，轮廓内可用简化画法或示意画法绘制。下面通过一个绘制实例来说明在 AutoCAD 中绘制深沟球轴承的方法与操作过程。

深沟球轴承参数示意图如图 15-54 所示。

具体的规格参数如下：$D=95$、$d=45$、$A=25$、$B=25$。

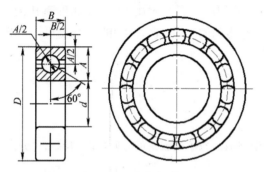

图 15-54 深沟球轴承

动手操练——绘制滚动轴承

step 01 打开 AutoCAD 工程图样板文件。

step 02 使用"直线"命令和"偏移"命令，绘制如图 15-55 所示的中心线和主要直线。

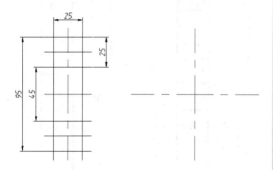

图 15-55 绘制中心线和偏移对象直线

step 03 使用"圆心，半径"命令，绘制一个直径为 12.5 的圆。然后使用"直线"命令，以圆心为起点，绘制角度为 $-30°$ 的斜线，如图 15-56 所示。

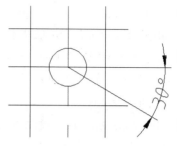

图 15-56 绘制圆和斜线

step 04 使用"直线"命令，绘制一条通过斜线与圆的交点的水平直线，然后使用"镜像"工具，以圆中心线为镜像线，创建出镜像对象直线，如图 15-57 所示。

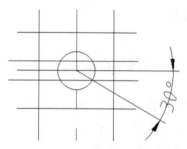

图 15-57 绘制直线并创建镜像对象

step 05 将上步骤绘制的直线和镜像对象，以及其余 3 条直线延伸，足以与右边的中心线相交。然后使用"圆心，半径"命令，绘制如图 15-58 所示的 4 个圆。

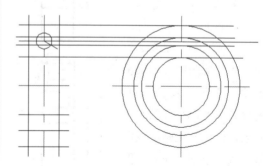

图 15-58 延伸直线并绘制圆

> **提示：**
> 在绘制 4 个圆指定圆半径时，只需指定直线与中心线的交点即可。

第 15 章 绘制机械标准件、常用件

step 06 使用"复制"命令,将小圆复制到其中心线的延伸线与右边大圆中心线的交点上。

step 07 在菜单栏中选择"修改"|"阵列"|"环形阵列"命令,以小圆的圆心为基点,以大圆的圆心为阵列中心点,阵列出15个小圆,如图 15-59 所示。

step 09 使用"圆角"命令,在左边视图中创建半径为2的圆角。然后使用"图案填充"命令,选择 ANSI31 图案进行填充,如图 15-61 所示。

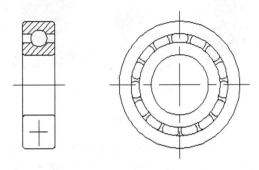

图 15-61 创建圆角并填充图案

step 10 为图线指定图层,并加以标注,最终轴承视图绘制完成的结果如图 15-62 所示。

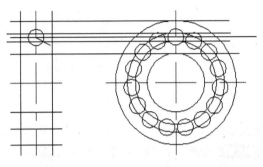

图 15-59 创建的阵列对象

step 08 使用"修剪"命令,将图形中的多余图线修剪掉,修剪后的结果如图 15-60 所示。

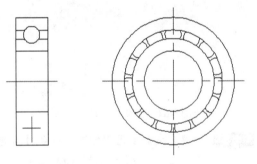

图 15-60 修剪多余图线

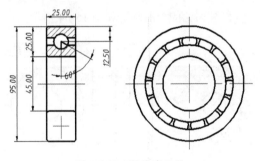

图 15-62 深沟球轴承

15.4 绘制常用件

常用件如同标准件一样,它们虽然结构和尺寸没有完全标准化,但它们用量大、结构典型,并有标准参数,如:齿轮、弹簧及蜗杆等。

15.4.1 绘制圆柱直齿轮

齿轮是机器中用于传递动力、改变旋向和改变转速的传动件。根据两啮合齿轮轴线在空间的相对位置不同,常见的齿轮传动可分为3种形式,如图 15-63 所示。其中,图(a)所示的圆柱齿轮用于两平行轴之间的传动;图(b)所示的圆锥齿轮用于垂直相交两轴之间的传动;

图（c）所示的蜗杆蜗轮则用于交叉两轴之间的传动。

a. 圆柱齿轮　　b. 圆锥齿轮　　c. 蜗杆、蜗轮

图 15-63　常见齿轮的传动形式

下面通过实例来说明在 AutoCAD 中的绘制圆柱直齿轮的过程与方法。具体参数如下：分度圆 $d=160$、$d_a=180$、$d_f=135$、齿轮的厚度为 30，齿轮中心孔直径为 44，键槽宽为 10，键槽与孔总高为 47.3。

圆柱齿轮的一般画法如图 15-64 所示。

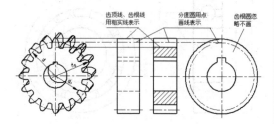

图 15-64　圆柱齿轮的一般画法

动手操练——绘制圆柱直齿轮

step 01　打开用户自定义制图样板文件。

step 02　使用"直线"命令和"偏移"命令，绘制如图 15-65 所示的中心线和其他直线。

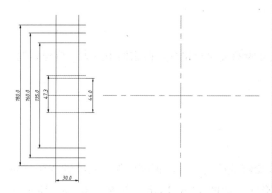

图 15-65　绘制中心线及偏移对象直线

step 03　使用"圆心，半径"命令，绘制如图 15-66 所示的圆。

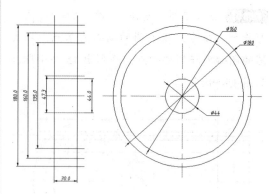

图 15-66　绘制圆

step 04　使用"修剪"命令，修剪多余的图线。

step 05　使用"偏移"命令，创建大圆中心线的偏移对象，如图 15-67 所示。

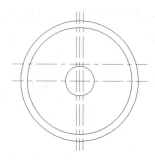

图 15-67　绘制偏移对象直线

step 06　创建完成后使用"修剪"命令对其进行修剪，修剪完成的结果如图 15-68 所示。

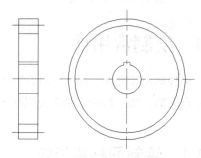

图 15-68　修剪多余图线

step 07　使用"图案填充"命令，以 ANSI31 图案对图形进行填充。最后为图线指定图层，并加以标注。最终齿轮视图绘制完成的结果

如图 15-69 所示。

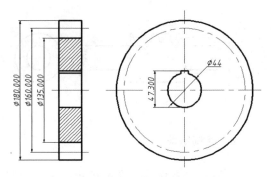

图 15-69　绘制完成的圆柱直齿轮

15.4.2　绘制蜗杆、蜗轮

蜗杆和蜗轮传动主要用在两轴线垂直交叉的场合，蜗杆为主动，用于减速，蜗杆的齿数，就是其杆上螺旋线的头数，常用的为单线或双线，此时，蜗杆转一圈，蜗轮只转一个齿轮或两个齿轮。因此可以得到较大的传动比，如图 15-70 所示。

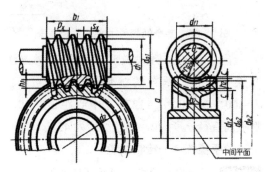

图 15-70　蜗杆和蜗轮传动

1. 绘制蜗杆

下面通过实例来说明蜗杆的绘制方法及操作过程。蜗杆的参数如下：$d_{f1}=38$、$d_1=50$、$d_{a1}=60$、$p_x=15.7$，蜗杆的齿宽 b_1 为 70，轴直径为 30。

单个蜗杆的主要尺寸及画法如图 15-71 所示。

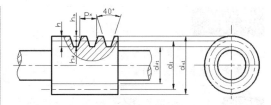

图 15-71　单个蜗杆的主要尺寸和画法

动手操练——绘制蜗杆

step 01　打开用户自定义制图样板文件。

step 02　使用"直线"命令和"偏移"命令，绘制如图 15-72 所示的中心线和其他直线。

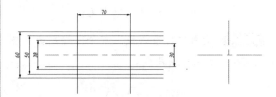

图 15-72　绘制中心线、直线并偏移直线

step 03　使用"圆心，直径"命令，在右边中心线上绘制 4 个圆，如图 15-73 所示。

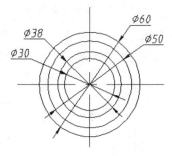

图 15-73　绘制圆

step 04　使用"直线"命令，在左边视图上绘制如图 15-74 所示的斜线。

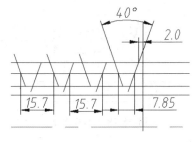

图 15-74　绘制斜线

技巧点拨：

绘制斜线时，先绘制出垂直的线，然后使用"旋转"命令旋转直线即可。

step 05 使用"修剪"命令，修剪多余的图线，修剪的结果如图15-75所示。

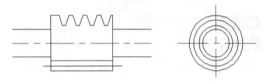

图 15-75　修剪多余图线

step 06 使用"样条曲线"命令，绘制出如图15-76所示的样条曲线。

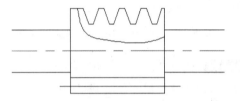

图 15-76　绘制样条曲线

step 07 使用"起点，端点，半径"命令，在两端绘制如图15-77所示半径为15的圆弧。

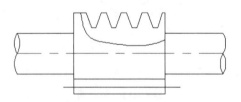

图 15-77　绘制圆弧

step 08 使用"图案填充"命令，选择ANSI31图案进行图案填充，如图15-78所示。

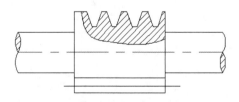

图 15-78　填充图案

step 09 对图形中的图线指定图层，并加以标

注。蜗杆绘制完成的结果如图15-79所示。

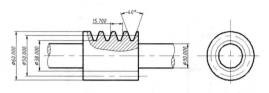

图 15-79　蜗杆

2．绘制蜗轮

蜗轮可以看作是一个斜齿轮，为了增加与蜗杆的接触面积，蜗轮的齿顶常加工成凹弧形。单个蜗轮的尺寸及画法如图15-80所示。

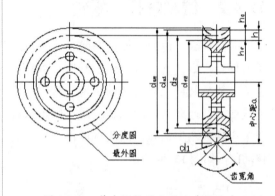

图 15-80　单个蜗轮的主要尺寸和画法

下面通过实例来说明蜗轮的绘制方法及操作过程。蜗轮的参数如下：d_{e2}=110、d_2=100、d_{f2}=88、d_{ae}=127.5，中心距 a 为80，咽喉面直径 d_1 为40，蜗轮厚度为45。

动手操练——绘制蜗轮

step 01 打开用户自定义制图样板文件。

step 02 使用"直线"命令和"偏移"命令，绘制如图15-81所示的中心线和其他直线。

图 15-81　绘制中心线和偏移对象

step 03 使用"圆心,直径"命令,绘制如图15-82所示的圆。

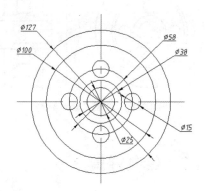

图 15-82 绘制圆

step 04 使用"直线"命令,创建相切于圆的直线,如图15-83所示。

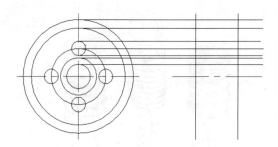

图 15-83 绘制直线

step 05 使用"偏移"命令,绘制偏移对象,如图15-84所示。

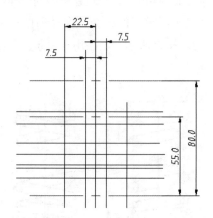

图 15-84 绘制偏移对象

step 06 使用"圆心,半径"命令,绘制如图15-85所示的圆。

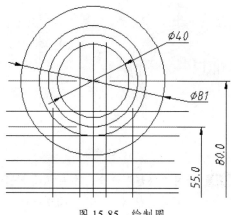

图 15-85 绘制圆

step 07 使用"修剪"命令,将图形中多余的图线修剪掉,修剪的结果如图15-86所示。

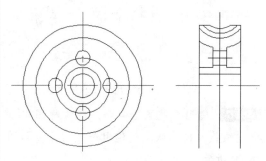

图 15-86 修剪多余图线

step 08 使用"圆角"命令创建4个圆角。再使用"圆心,半径"命令绘制两个圆,两个圆均与直线相切,如图15-87所示。

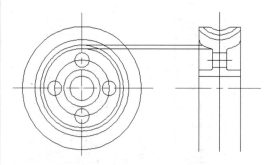

图 15-87 创建圆角、直线和圆

step 09 使用"修剪"命令修剪多余线段,如同16-88所示。

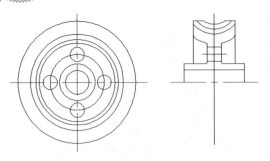

图 15-88　修剪直线

step 10 使用"偏移"命令，在左视图中创建偏移直线，并进行修剪，如图 15-89 所示。

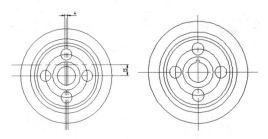

图 15-89　偏移并修剪直线

step 11 使用"镜像"命令，在右视图中以中心线作为镜像线，创建出镜像对象，如图 15-90 所示。

step 12 使用"图案填充"命令，选择 ANSI31 图案在右视图中进行图案填充，如图 15-91 所示。

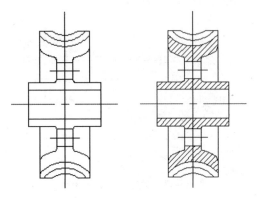

图 15-90　创建镜像对象　　图 15-91　图案填充

step 13 为图形中的图线指定图层并标注，绘制完成的蜗轮如图 15-92 所示。

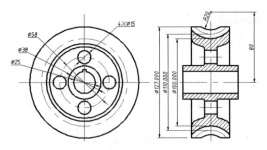

图 15-92　绘制完成的蜗轮

15.4.3　绘制弹簧

弹簧是在机械中广泛用于减震、夹紧、储存能量和测力的零件。常用的弹簧如图 15-93 所示。

（a）压缩弹簧　（b）拉力弹簧　（c）扭力弹簧

图 15-93　弹簧

如图 15-94 所示，制造弹簧用的金属丝直径用 d 表示；弹簧的外径、内径和中径分别用 D_2、D_1 和 D 表示；节距用 p 表示；高度用 H_0 表示。

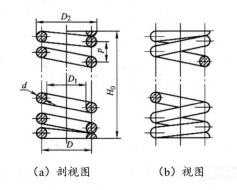

（a）剖视图　　　　（b）视图

图 15-94　弹簧的尺寸

下面通过实例来说明弹簧的绘制方法与操作过程。绘制弹簧所取的参数如下：弹簧丝直径 $d=6$、中径 $D=40$、节距 $p=15$、自由长度 $H_0=80$。

动手操练——绘制弹簧

step 01 打开用户自定义制图样板文件。

step 02 使用"直线"命令和"偏移"命令，绘制如图 15-95 所示的中心线和其他直线并偏移。

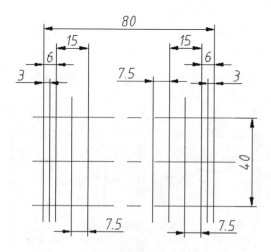

图 15-95 绘制中心线和其他直线并偏移

step 03 使用"圆心，半径"命令，绘制直径为 6 的小圆，如图 15-96 所示。

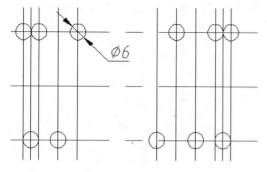

图 15-96 绘制小圆

step 04 使用"修剪"命令，将多余图线修剪掉，修剪的结果如图 15-97 所示。

step 05 使用"直线"命令，绘制如图 15-98 所示的直线。

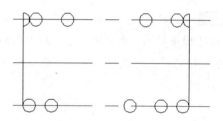

图 15-97 修剪多余图线

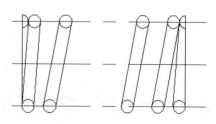

图 15-98 绘制直线

> **技巧点拨：**
> 在绘制直线时，可在命令行输入 tan，使创建的直线与圆相切。

step 06 再使用"直线"命令，绘制出如图 15-99 所示的直线。

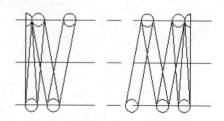

图 15-99 绘制直线

step 07 使用"修剪"命令，将多余的图线修剪掉，然后使用"直线"命令，为小圆添加中心线，如图 15-100 所示。

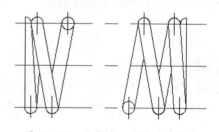

图 15-100 绘制中心线并修剪图线

step 08 使用"图案填充"命令,选择 ANSI31 图案对图形进行填充。然后为图形中的图线指定图层,并加以标注,完成结果如图 15-101 所示。

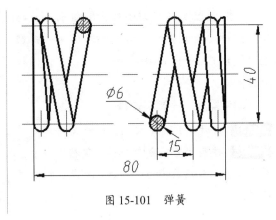

图 15-101 弹簧

15.5 综合案例:绘制旋扭

旋扭是机械领域非经常见的机件之一,下面来绘制一个典型的旋扭图形,其效果如图 15-102 所示。

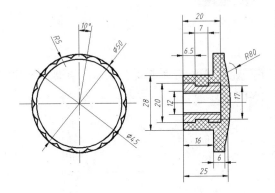

图 15-102 旋扭

绘制时采用了主视图和左视图的方式,其中左视图中为了表达旋扭内部的结果,采用了全剖。

15.5.1 绘制旋扭的视图

操作步骤:

step 01 打开样板文件。

step 02 创建好图形并设置好绘图的环境,设置绘制图形时需要创建的图层,如图 15-103 所示。

图 15-103 创建图层

step 03 首先绘制中心线。选择"直线"命令,绘制长度大约为 120 的水平中心线和长度大约为 60 的垂直中心线,如图 15-104 所示。

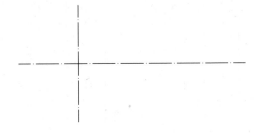

图 15-104 绘制中心线

step 04 选择"圆"命令,以中心线的交点为圆心,绘制 3 个圆,半径分别为 20、22.5 和 25,如图 15-105 所示。

step 05 选择"圆"命令,绘制直径为 10 的小圆,圆心为已绘最小圆与垂直中心线的交点,如图 15-106 所示。

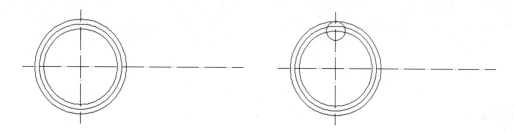

图 15-105　绘制出 3 个圆　　　　　　　图 15-106　绘制小圆

step 06 选择"直线"命令,绘制出辅助线,绘图结果如图 15-107 所示。

step 07 选择"修剪"命令,对圆弧进行修剪,如图 15-108 所示。

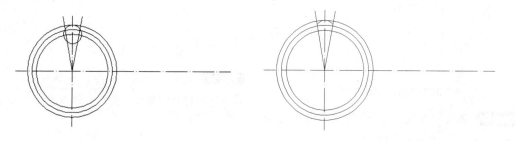

图 15-107　绘制直线　　　　　　　　　图 15-108　修剪结果

step 08 删除多余的直线,结果如图 15-109 所示。

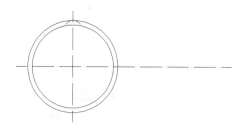

图 15-109　删除直线

step 09 在"修改"选项卡中单击"阵列"按钮,选择要阵列的圆弧和阵列中心点,弹出"阵列创建"选项卡,然后按如图 15-110 所示设置阵列参数,并完成圆弧的阵列,如图 15-117 所示。

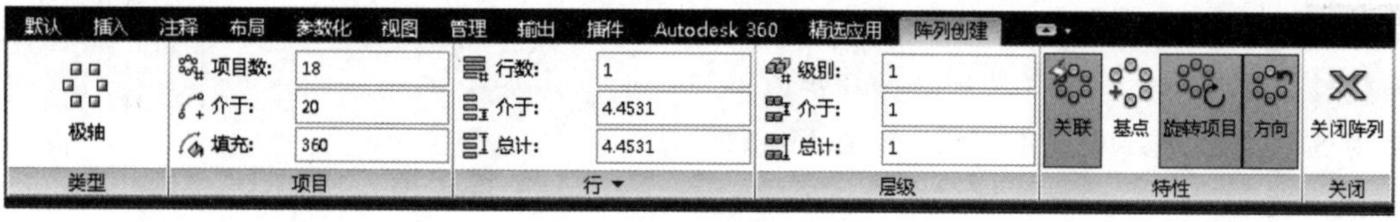

图 15-110　阵列设置

技巧点拨：

从图中可以看出，此时是通过"环形阵列"方式来进行阵列设置的。同时，通过"选择对象"按钮选择经过修剪后得到的圆弧作为阵列对象；通过与"中心点"对应的按钮捕捉两条中心线的交点作为阵列中心；将阵列"项目数"设为18、"填充"角度设为360°。

step 10 单击"确定"按钮，完成阵列操作，结果如图15-111所示。

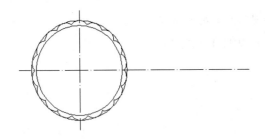

图15-111 完成阵列

step 11 选择"直线"命令，在左视图位置绘制出位于最左侧的垂直线，如图15-112所示。

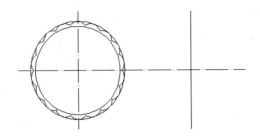

图15-112 绘制出位于最左侧的垂直线

step 12 选择"偏移"命令，对所绘直线进行偏移复制，偏移距离分别为6.5、13.5、16、20、22、25，如图15-113所示。

step 13 选择"偏移"命令，以水平中心线为偏移对象，对其进行偏移复制，偏移距离依次为5、6、8.5、10、14、25，如图15-114所示。

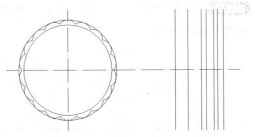

图15-113 偏移垂直平行线

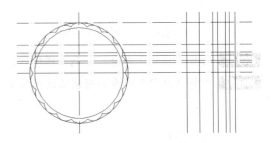

图15-114 偏移水平平行线

step 14 选择"修剪"命令，拾取对应的剪切边，如图15-115所示，虚线图形为被选中对象。

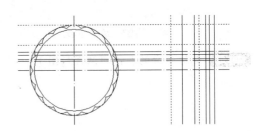

图15-115 拾取对应的剪切边

step 15 在要修剪掉的部位拾取被修剪对象，如图15-116所示。

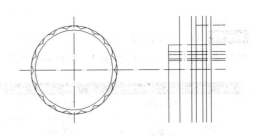

图15-116 拾取被剪对象

> **提示：**
> 因左视图中的线条较多，所以下面分两步进行修剪。

step 16 再选择"修剪"命令，拾取对应的剪切边，如图 15-117 所示，虚线图形为被选中对象。

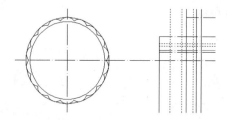

图 15-117 拾取对应的剪切边

step 17 在要修剪掉的部位拾取被剪对象，如图 15-118 所示。

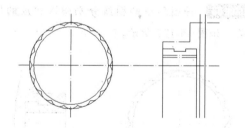

图 15-118 拾取被剪对象

step 18 选择"圆"命令，绘制出一个圆，按下 Shift 键后单击鼠标右键，打开对象捕捉快捷菜单，选择"自"命令，绘制结果如图 15-119 所示。

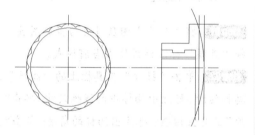

图 15-119 绘制圆

step 19 选择"修剪"命令，选择剪切边，如图 15-120 中的虚线所示，参照如图 15-121 所示，在需要修剪掉的部位拾取对应对象。

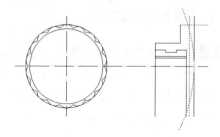

图 15-120 选择剪切边

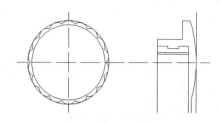

图 15-121 修剪后的效果

step 20 选择"镜像"命令，以水平轴为镜像线对图形进行镜像复制，如图 15-122 所示。

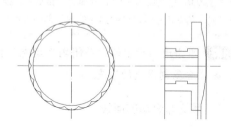

图 15-122 镜像结果

step 21 选择"修剪"命令，对图形进行修剪，选择"删除"命令，删除多余的图线，如图 15-123 所示。

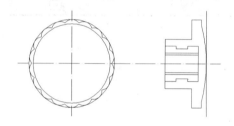

图 15-123 修剪和删除结果

15.5.2 剖面填充和标注尺寸

1. 填充金属剖面线

step 01 在"绘图"选项卡中单击"图案填充"命令，打开"图案填充创建"选项卡，在该对选项卡中进行填充设置，然后对指定区域进行填充，如图 15-124 所示。

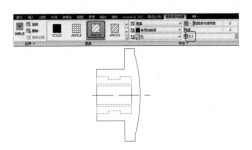

图 15-124　填充设置

技巧点拨：

从图中可以看出，选择的填充图案为 ANSI31、填充角度为 0、填充比例为 0.5，并通过"拾取点"按钮确定了填充边界（如图 15-124 中的虚线部分所示）。

step 02 单击选项卡中的"关闭图案填充"按钮，完成金属剖面线的填充。

2. 填充非金属剖面线

step 01 在"绘图"选项卡中单击"图案填充"按钮，打开"图案填充创建"选项卡，在该选项卡中进行填充设置，如图 15-125 所示。

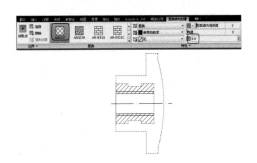

图 15-125　填充设置

技巧点拨：

从图 15-125 中可以看出，选择的填充图案为 ANSI37、填充角度为 0、填充比例为 0.6，并通过"拾取点"按钮确定了填充边界（如图 15-125 中的虚线部分所示）。

step 02 单击选项卡中的"关闭图案填充"按钮，完成金属剖面线的填充，结果如图 15-126 所示。

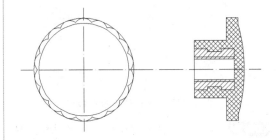

图 15-126　填充结果

step 03 将图形中的图线分别归入相应的图层，如图 15-127 所示。

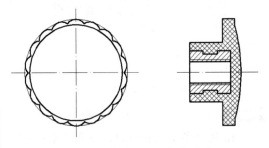

图 15-127　将图线归入相应的图层

3. 尺寸标注

step 01 将"尺寸"图层设置为当前图层，选择"直线"标注样式作为当前样式。

step 02 单击"标注"工具栏上的"线性"工具按钮，标注出油杯中的线性尺寸；单击"角度"工具按钮，标注出油杯的角度；单击"直径"工具按钮，标注出油杯的直径。

step 03 标注完成的结果如图 15-128 所示。

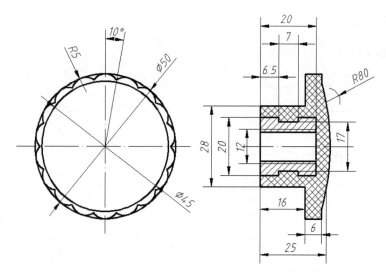

图 15-128　完成标注

15.6　课后习题

1. 绘制泵盖

绘制如图 15-129 所示的泵盖常用件。

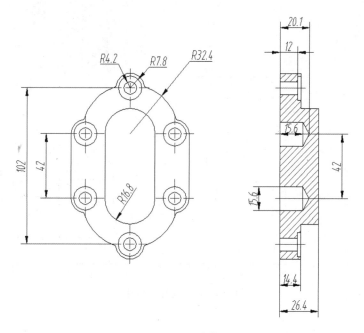

图 15-129　泵盖常用件

2. 绘制法兰

绘制如图 15-130 所示的法兰常用件。

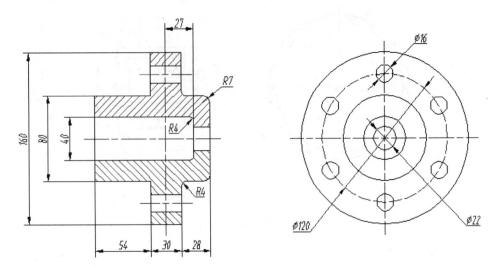

图 15-130 法兰常用件

3. 绘制阀杆

绘制如图 15-131 所示的阀杆常用件。

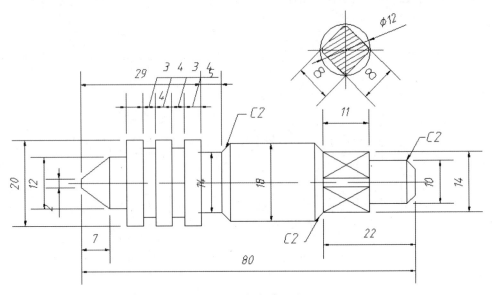

图 15-131 阀杆常用件

第 16 章
绘制机械轴测图

本章内容

轴测图是一种单面投影图,在一个投影面上能同时反映出物体3个坐标面的形状,并接近于人们的视觉习惯,形象、逼真,富有立体感。但是轴测图一般不能反映出物体各表面的实形,因而度量性差,同时作图较复杂。因此,在工程上常把轴测图作为辅助图样,来说明机器的结构、安装、使用等情况,在设计中,常用轴测图帮助构思、想象物体的形状,以弥补正投影图的不足。

本章将详细讲解在 AutoCAD 2018 中绘制各种机械零件轴测图的方法。

知识要点

- ☑ 轴测图概述
- ☑ 在 AutoCAD 中绘制轴测图
- ☑ 正等轴测图及其画法
- ☑ 斜二轴测图
- ☑ 轴测剖视图

16.1 轴测图概述

轴测图是将物体连同其参考直角坐标系，沿不平行于任一坐标面的方向，用平行投影法将其投射在单一投影面上所得到的具有立体感的三维图形。该投影面称为轴测投影面，物体的长、宽、高 3 个方向的坐标轴 OX、OY、OZ 在轴测图中的投影 O_1X_1、O_1Y_1、O_1Z_1 称为轴测轴。

轴测图根据投射线方向与轴测投影面的不同位置，可分为正轴测图（如图 16-1 所示）和斜轴测图（如图 16-2 所示）两大类，每类按轴向变形系数又分为 3 种，即正等轴测图、正二轴测图、正三轴测图、斜等轴测图、斜二轴测图和斜三轴测图。

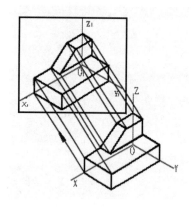 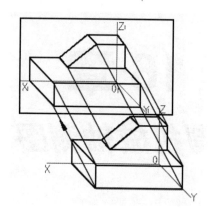

图 16-1　正轴测图　　　　　　图 16-2　斜轴测图

绘制轴测图一般可采用坐标法、切割法和组合法 3 种常用方法，具体如下：

- 坐标法：对于完整的立体，可采用沿坐标轴方向测量，按坐标轴画出各顶点位置之后，再连线绘图的方法，这种绘制测绘图的方法称为坐标法。
- 切割法：对于不完整的立体，可先画出完整形体的轴测图，再利用切割的方法画出不完整的部分。
- 组合法：对于复杂的形体，可将其分成若干个基本形状，在相应位置逐个画出之后，再将各部分形体组合起来

16.2 在 AutoCAD 中绘制轴测图

虽然正投影图能够完整地、准确地表示实体的形状和大小，是实际工程中的主要表达图，但由于其缺乏立体感，从而使读图有一定的难度。而轴测图正好弥补了正投影图的不足，能够反应实体的立体形状。轴测图不能对实体进行完全表达，也不能反应实体各个面的实形。在 AutoCAD 中所绘制的轴测图并非真正意义上的三维立体图形，不能在三维空间中进行观察，它只是在二维空间中绘制的立体图形。

16.2.1 设置绘图环境

在 AutoCAD 2018 中绘制轴测图，需要对制图环境进行设置，以便能更好地绘图。绘图环境的设置主要是轴测捕捉设置、极轴追踪设置和轴测平面的设置。

1．轴测捕捉设置

在 AutoCAD 2018 的"草图与注释"空间中，在菜单栏中选择"工具"|"绘图设置"命令，弹出"草图设置"对话框。

在该对话框的"捕捉和栅格"选项卡中选择捕捉类型为"等轴测捕捉"，然后设置"栅格的 Y 轴间距"为 10，并打开光标捕捉，如图 16-3 所示。

单击"草图设置"对话框中的"确定"按钮，完成轴测捕捉设置。设置后光标的形状也发生了变化，如图 16-4 所示。

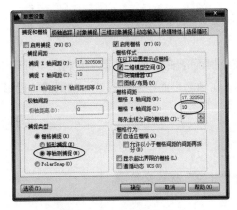

图 16-3 轴测捕捉设置

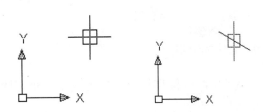

图 16-4 启动轴测捕捉的光标

2．极轴追踪设置

在"草图设置"对话框中的"极轴追踪"选项卡下，选中"启用极轴追踪"复选框，在"增量角"下拉列表中选择 30 选项，完成后单击"确定"按钮，如图 16-5 所示。

3．轴测平面的切换

在实际的轴测图绘制过程中，经常会在轴测图的不同轴测平面上绘制所需要的图线，因此就需要在轴测图的不同轴测平面中进行切换。例如，执行 ISOPLANE 命令或按 F5 键就可以切换设置如图 16-6 所示的轴测平面。

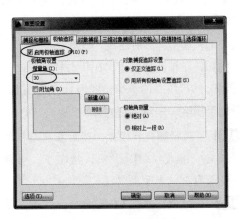

图 16-5 启用极轴追踪

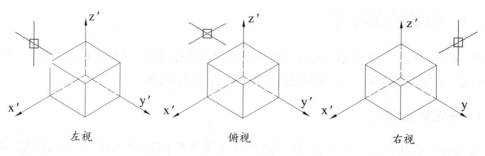

图 16-6　正等轴测图的轴测平面变换

> **提示：**
> 在绘制轴测图时，还可以打开"正交"模式来控制绘图精度。

16.2.2　轴测图的绘制方法

在 AutoCAD 中，用户可以使用多种绘制方法来绘制正等轴测图的图元。如利用坐标输入或打开"正交"模式绘制直线、定位轴测图中的实体、在轴测平面内画平行线、轴测圆的投影、文本的书写、尺寸的标注等。

1. 直线的绘制

直线的绘制可利用输入标注点的方式，也可打开"正交"模式来绘制。
输入标注点的方式：

- 绘制与 X 轴平行且长 50 的直线，极坐标角度应为 30°，如 @50<30。
- 与 Y 轴平行且长 50 的直线，极坐标角度应为 150°，如 @50<150。
- 与 Z 轴平行且长 50 的直线，极坐标角度应为 90°，如 @50<90。

所有不与轴测轴平行的线，必须先找出直线上的两个点，然后连线，如图 16-7 所示。

例如，在轴测模式下，在状态栏打开"正交"模式，然后绘制的一个长度为 10 的正方体。

动手操练——绘制正方体

step 01 启用轴测捕捉模式，然后在状态栏单击"正交"模式按钮，默认情况下，当前轴测平面为左视平面。

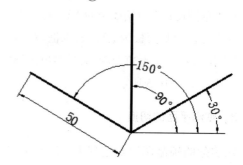

图 16-7　输入标注点的方式

step 02 在命令行执行 LINE 命令，接着在图形区中指定直线起点，然后按命令行提示进行操作（如下），绘制的矩形如图 16-8 所示。

```
命令_line 指定第一点：                    //指定直线起点
指定下一点或 [放弃(U)]：<正交 开> <等轴测平面 左视>：10↙   //输入第 1 条直线长度
```

```
指定下一点或 [放弃(U)]: 10↙              // 输入第 2 条直线长度
指定下一点或 [闭合(C)//放弃(U)]: 10↙     // 输入第 3 条直线长度
指定下一点或 [闭合(C)//放弃(U)]: c↙
```

> **技巧点拨：**
>
> 在直接输入直线长度时，需要先指定直线方向。例如绘制水平方向的直线，光标先在水平方向上移动，并确定好直线延伸方向，然后输入直线长度。

step 03 按 F5 键切换到俯视平面，执行 LINE 命令，指定矩形右上角的顶点作为起点，并按命令行的提示来操作，绘制的矩形如图 16-9 所示。

```
命令: _line 指定第一点: <等轴测平面 俯视>    // 指定起点
指定下一点或 [放弃(U)]: 10↙                 // 输入第 1 条直线长度
指定下一点或 [放弃(U)]: 10↙                 // 输入第 2 条直线长度
指定下一点或 [闭合(C)//放弃(U)]: 10↙        // 输入第 3 条直线长度
指定下一点或 [闭合(C)//放弃(U)]: c
```

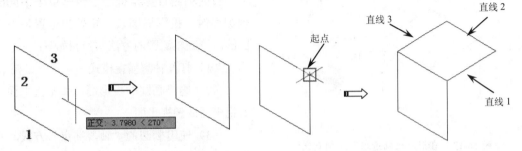

图 16-8　在左平面中绘制矩形　　　　图 16-9　在俯视平面中绘制矩形

step 04 再按 F5 键切换到右视平面，执行 LINE 命令，指定上平面矩形右下角的顶点作为起点，并按命令行的提示来操作，绘制完成的正方体如图 16-10 所示。

```
命令: _line 指定第一点: <等轴测平面 右视>    // 指定起点
指定下一点或 [放弃(U)]: 10↙                 // 输入第 1 条直线长度
指定下一点或 [放弃(U)]: 10↙                 // 输入第 2 条直线长度
指定下一点或 [闭合(C)//放弃(U)]: 10↙        // 输入第 3 条直线长度
指定下一点或 [闭合(C)//放弃(U)]: c
```

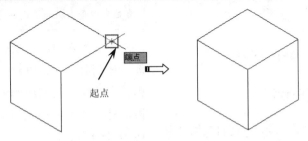

图 16-10　在右视平面中绘制正方形

2. 定位轴测图中的实体

如果在轴测图中定位其他已知图元，必须启用"极轴追踪"功能，并将角度增量设定为 30°，这样才能从已知对象开始沿 30°、90° 或 150° 方向追踪。

动手操练——定位轴测图中的实体

step 01 首先执行 L 命令，在正方体轴测图底边选中一点作为矩形起点，如图 16-11 所示。

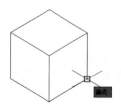

图 16-11 选中点

step 02 启用"极轴追踪"功能，然后绘制长度为 5 的直线，如图 16-12 所示。

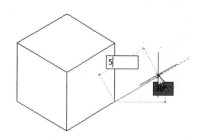

图 16-12 启用"极轴追踪"绘制直线

step 03 然后依次创建 3 条直线，完成矩形的绘制，如图 16-13 所示。

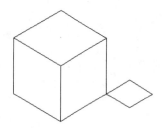

图 16-13 绘制完的矩形

3. 轴测面内的平行线

在轴测面内绘制平行线，不能直接用"偏移"命令，因为偏移的距离是两线之间的垂直距离，而沿 30°方向的距离不等于垂直距离。

为了避免错误，在轴测面内画平行线，一般采用"复制"（COPY）命令或"偏移"命令中的 T 选项（通过）；也可以结合"自动捕捉""自动追踪"及"正交"模式来作图，这样可以保证所画直线与轴测轴的方向一致，如图 16-14 所示。

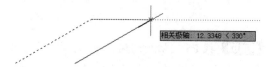

图 16-14 在轴测面内绘制平行线

4. 轴测圆的投影

圆的轴测投影是椭圆，当圆位于不同的轴测面时，投影椭圆长、短轴的位置是不相同的。绘制轴测圆的方法与步骤如下：

（1）打开轴测捕捉模式。

（2）选择画圆的投影面，如左视平面、右视平面或俯视平面。

（3）使用椭圆的"轴，端点"方式，并选择"等轴测图"选项来绘制。

（4）指定圆心或半径，完成轴测圆的创建。

> **提示：**
>
> 画圆之前一定要利用轴测面转换工具，切换到与圆所在平面对应的轴测面，这样才能使椭圆看起来像是在轴测面内，否则显示不正确。

在轴测图中经常要画线与线间的圆滑过渡，如倒圆角，此时过渡圆弧也得变为椭圆弧。方法是：在相应的位置画一个完整的椭圆，然后使用修剪工具剪除多余的部分，如图 16-15 所示。

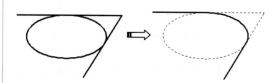

图 16-15 圆角画法

5．轴测图的文本书写

为了使用某个轴测面中的文本看起来像是在该轴测面内，必须根据各轴测面的位置特点将文字倾斜某个角度值，以使它们的外观与轴测图协调起来，否则立体感不强。

在新建文字样式中，将文字的角度设为30°或 –30°。

在轴测面上各文本的倾斜规律是：

- 在左轴测面上，文本需采用 –30° 倾斜角，同时旋转 –30° 角。
- 在右轴测面上，文本需采用 30° 倾斜角，同时旋转 30° 角。
- 在顶轴测面上，平行于 X 轴时，文本需采用 –30° 倾斜角，旋转角为 30°；平行于 Y 轴时需采用 30° 倾斜角，旋转角为 –30°。

> **技巧点拨：**
>
> 文字的倾斜角与文字的旋转角是两个不同的概念，前者在水平方向左倾（0°～ –90°间）或右倾（0°～90°间），后者是绕以文字起点为原点进行 0°～360°的旋转，也就是在文字所在的轴测面内旋转。

16.2.3 轴测图的尺寸标注

为了让某个轴测面内的尺寸标注看起来像是在这个轴测面中，就需要将尺寸线、尺寸界线倾斜某一个角度，以使它们与相应的轴测面平行。同时，标注文本也必须设置成倾斜某一角度的形式，才能使文本的外观具有立体感。

下面介绍几种轴测图尺寸标注的方法。

1．倾斜 30°的文字样式设置方法

打开"文字样式"对话框，然后按如图 16-16 所示的步骤来设置文字样式。

图 16-16 设置倾斜 30°的文字样式

单击"新建"按钮，创建名为"工程图文字"的新样式。

然后在"字体"选项组的下拉列表中选择 gbeitc.shx 字体，选中"使用大字体"复选框后再选择 gbcbig.shx 大字体，在下方的"倾斜角度"文本框中输入 30。

最后单击"应用"按钮即可创建倾斜 30°的文字样式。同理，倾斜 –30°的文字样式设置方法与此相同。

2．调整尺寸界线与尺寸线的夹角

一般轴测图的标注需要调整文字与标注的倾斜角度。标注轴测图时，首先使用"对齐"标注工具来标注。标注时：

- 当尺寸界线与 X 轴平行时，倾斜角度为 30°。
- 当尺寸界线与 Y 轴平行时，倾斜角度为 –30°。
- 当尺寸界线与 Z 轴平行时，倾斜角度为 90°。

如图 16-17 所示，首先使用"对齐"标注工具来标注 30°和 –30°的轴侧尺寸（垂直角度则使用"线性"标注工具标注即可）；然后再使用"编辑标注"工具设置标注的倾斜角度。将标注尺寸 30 倾斜 30°，将标注尺寸 40 倾斜 –30°，即可得如图 16-18 所示的结果。

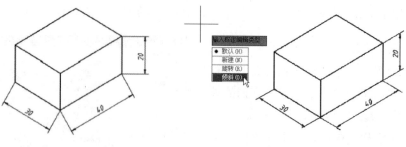

图 16-17　对齐标注　　　　　　图 16-18　编辑标注

3. 圆和圆弧的正等轴测图尺寸标注

圆和圆弧的正等轴测图为椭圆和椭圆弧，不能直接用半径或直径标注命令完成标注，可以采用先画圆，然后标注圆的直径或半径，再修改尺寸数值的方式，以此达到标注椭圆的直径或椭圆弧半径的目的，如图 16-19 所示。

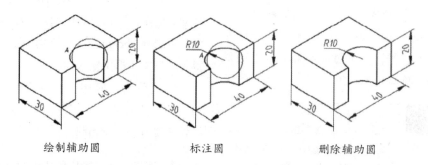

绘制辅助圆　　　　　　　标注圆　　　　　　　删除辅助圆

图 16-19　标注圆或圆弧的轴测图尺寸

16.3　正等轴测图及其画法

轴测投影方向垂直于轴测投影面的轴测图，称为正等轴测图，如图 16-20 所示。本节将对正等轴测图的轴间角与轴向伸缩系数、平行于坐标面的圆的正等轴测图、立体的正等轴测作图等内容进行介绍。

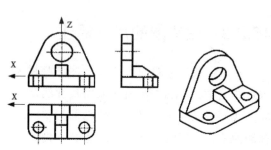

图 16-20　正等轴测图

16.3.1　平行于坐标面的圆的正等轴测图

在正等轴测图中，由于空间各坐标面对轴测投影面的位置都是倾斜的，其倾斜角均相等，所以在各坐标面直径相同的圆，其轴测投影为长、短轴大小相等的椭圆，如图 16-21 所示。

为画出各椭圆，需要掌握长、短轴的大小、方向和椭圆的画法。

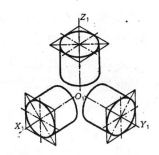

图 16-21　轴线平行于坐标轴

1．椭圆长、短轴方向

平行于坐标面的圆的正等轴测图中椭圆长、短轴方向关系如下：

- 平行于 $X_1O_1Y_1$ 坐标面的圆（水平圆）：等测为水平椭圆。长轴垂直于 O_1Z_1 轴，短轴平行于 O_1Z_1 轴。
- 平行于 $X_1O_1Z_1$ 坐标面的圆（水平圆）：等测为水平椭圆。长轴垂直于 O_1Y_1 轴，短轴平行于 O_1Y_1 轴。
- 平行于 $Y_1O_1Z_1$ 坐标面的圆（水平圆）：等测为水平椭圆。长轴垂直于 O_1X_1 轴，短轴平行于 O_1X_1 轴。

综上所述，椭圆的长轴垂直于圆所平行的坐标面垂直的那个轴，短轴则平行于该轴测轴。例如：水平圆的正等测水平椭圆，长轴垂直于圆所平行的水平面垂直的轴测轴 Z_1 轴，短轴则平行于 Z_1 轴，如图 16-22 所示。

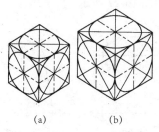

图 16-22　平行于坐标面

2．椭圆长、短轴大小

长轴是圆内平行于轴测投影面直径的轴测投影，因此：

- 在采用变形系数 0.82 作图时，椭圆长轴大小为 d，短轴大小为 $0.58d$。
- 采用简化法作图时，因整个轴测图放大了约 1.22 倍，所以椭圆长轴、短轴也相应放大 1.22 倍，即长轴 $=1.22d$，短轴 $=0.71d$。

3．椭圆长、短轴的求解

在正等轴测图中，椭圆长、短轴端点的连线与长轴约成 30°角，因此已知长轴的大小，即可求出短轴的大小，反之亦然，如图 16-23 所示。

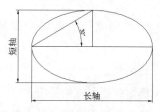

图 16-23　求解长短轴

4．圆角画法

从如图 16-24 所示的椭圆的近似画法可以看出，菱形的钝角与大圆相对应，锐角与小圆弧对应，菱形相邻两边中垂线的交点是圆心。由此可以得出平板上圆角的近似画法。

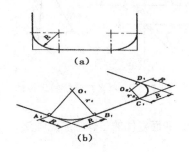

图 16-24　圆角的画法

16.3.2 立体的正等轴测作图

立体的正等轴测作图方法包括平面立体的正等轴测图画法、曲面立体的正等轴测图画法及组合立体正等轴测图画法。

1. 平面立体的正等轴测图画法——坐标法

根据物体在正投影图上的坐标，画出物体的轴测图，称为用坐标法画轴测图。这种方法是画轴测图的基本方法，因各物体的形状不同。除基本方法外，还有切割法、堆积法、综合法等。

用坐标法绘制平面立体的正等轴测图，步骤如下：

（1）在平面立体上选定坐标轴和坐标原点。

（2）画轴测轴。

（3）确定底面各点的投影。

（4）根据高度确定其他各点的投影。

（5）将同面相邻各点依次连接，加深图线完成图形的绘制。

绘制的三棱锥如图 16-25 所示。

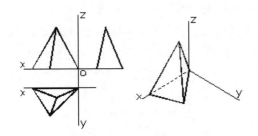

图 16-25　以坐标法绘制三棱锥

2. 曲面立体的正等轴测图画法

曲面立体的正等轴测图画法包括圆的画法、圆柱和圆台的画法、圆角的画法。

- 圆的画法：圆的正等轴测图的画法可以使用类似四心法。即过圆心作坐标轴，再作四边平行于坐标轴的圆的外切正方形；画出轴测轴，从 O 点沿轴向直接量取半径，过轴上 4 个交点分别作轴测轴的平行线，即得圆的外切正方形的轴测图——菱形；作菱形的对角线，将短对角线的两个端点（O_1、O_2）和刚才的 4 个交点连接，得长对角线上两交点 O_3、O_4；最后分别以 O_1、O_2、O_3、O_4 为圆心画弧，得近似椭圆，如图 16-26 所示。

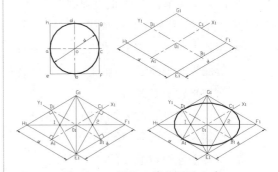

图 16-26　圆的正等轴测图画法

- 圆柱和圆台的画法：其画法步骤是选择坐标轴和坐标原点（一般选择底圆的圆心为原点）；画轴测轴，确定底圆中心；根据高度确定出顶圆中心，画顶圆的轴测投影——椭圆；画底圆轴测投影可见部分，作出两边轮廓线；擦去多余线条，加深图线，完成图形，如图 16-27 所示。

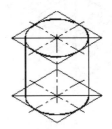 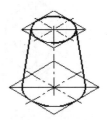

图 16-27　圆柱、圆台的正等轴测图画法

- 圆角的画法：圆角正等轴测图的画法是作出长方体的正等轴测图；再作圆

角的边上量取圆角半径 R，自量取点作边线的垂线，得其交点；以所得交点为圆心，以交点至垂足的距离为半径画弧。即得圆角的正等轴测图；用移心法（按高度关系），画另一面的圆弧；擦去多余线条，加深图线，完成图形，如图 16-28 所示。

上两种方法的综合使用，如图 16-31 所示。

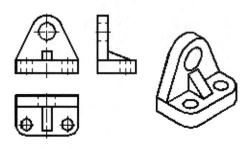

图 16-31　综合法

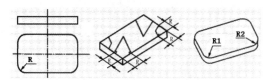

图 16-28　圆角的正等轴测图画法

3. 组合体的正等轴测图画法

组合体的正等轴测图画法包括堆叠法、切割法和综合法。

- **堆叠法**：适用于堆积型组合体。按各基本形体的堆叠关系，逐一叠加画出其轴测图，如图 16-29 所示。

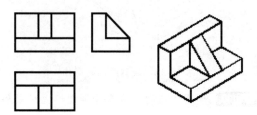

图 16-29　堆叠法

- **切割法**：适用于切割型组合体。先画完整形体，再逐个切去不要的部分，如图 16-30 所示。

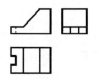

图 16-30　切割法

- **综合法**：适用于综合型组合体，为以

动手操练——绘制轴承盖的正等轴测图

轴承盖的中间部分为空心圆柱；左右两侧是带圆柱孔的台面；在中央处的后侧有一个向上延伸的带圆柱孔的形体。

绘制完成后的轴承盖正等轴测图如图 16-32 所示。

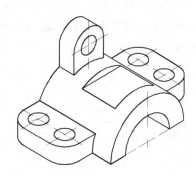

图 16-32　轴承盖等轴测图效果

step 01 打开用户自定义的工程图样板文件。

step 02 设置轴测图的绘图环境。

step 03 使用"直线"命令，设置当前图层为"点画线"，然后绘制出等轴测圆的中心线。

step 04 按 F5 键切换视图为"等轴侧平面 右视"，然后设置"粗实线"图层为当前图层。使用"椭圆"的"轴，端点"方式，捕捉点画线的交点，绘制半径分别为 12 和 20 的同心等轴测椭圆，结果如图 16-33 所示。

step 05 使用"修剪"命令，修剪中心线下面的半圆；然后使用"直线"命令，画出两圆弧之间的连线,如图 16-34 所示。

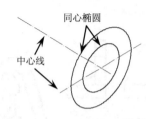

图 16-33　绘制直线和等轴测圆

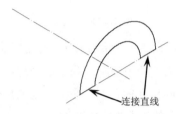

图 16-34　修剪椭圆并绘制连接线

step 06　使用"复制"命令,利用"极轴追踪"功能,使鼠标沿轴线向后导向,将半径为 20 的等轴测圆复制到距前面圆形 40 的位置处,如图 16-35 所示。

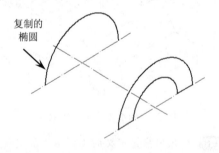

图 16-35　复制等轴测圆

step 07　使用"直线"或"多段线"命令,绘制出可见轮廓线。然后再使用"修剪"命令,修剪掉不可见的轮廓线,完成圆柱的绘制,如图 16-36 所示。

step 08　使用"复制"命令,利用"极轴追踪"功能,使鼠标沿轴线向后导向,将半径为 20 的等轴测圆复制到距前面圆形 10(40−30)的位置处,如图 16-37 所示。

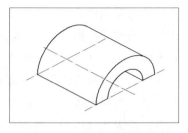

图 16-36　完成圆柱的绘制

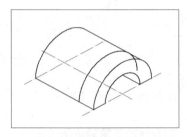

图 16-37　复制圆弧

step 09　使用"直线"或"多段线"命令,绘制出两侧的形体,如图 16-38 所示。

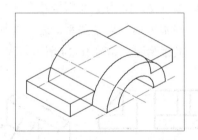

图 16-38　绘制两侧的形体

step 10　使用"修剪"命令修剪图形,结果如图 16-39 所示。

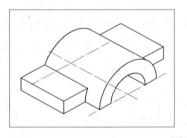

图 16-39　修剪图形

step 11　将"点画线"图层设置为当前图层。使用"直线"命令,绘制出安装孔的中心线,如图 16-40 所示。

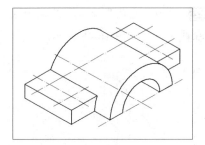

图 16-40 绘制安装孔的中心线

step 12 按F5键，将视图界面切换到"等轴测平面 俯视"。

step 13 将"粗实线"图层设置为当前图层，使用"椭圆"命令，捕捉中心线的交点，绘制出直径分别为8和16的等轴测圆，如图16-41所示。

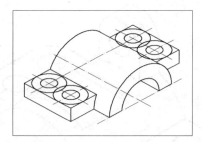

图 16-41 绘制安装孔的等轴测圆

step 14 使用"复制"命令，利用"极轴追踪"功能，使鼠标向下导向，将直径为16的等轴测圆复制到底面上，如图16-42所示。

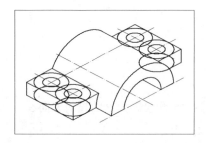

图 16-42 将等轴测圆复制到底面上

step 15 使用"直线"命令，绘制出直径为16的等轴测圆的公切线。

step 16 使用"修剪"命令，修剪多余的图线，完成两侧结构的绘制，如图16-43所示。

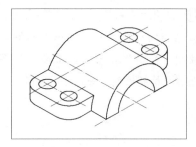

图 16-43 完成两侧结构的绘制

step 17 按F5键，切换到"等轴测平面 右视"。

step 18 将"中心线"图层设置为当前图层，使用"直线"命令，绘制出中心线，确定上端圆孔的位置，圆孔的中心距底平面的距离为28。再使用"椭圆"命令，绘制出直径为16的等轴测圆，使用"直线"命令，绘制出切线，效果如图16-44所示。

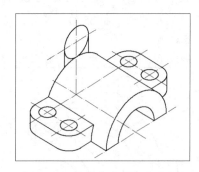

图 16-44 绘制上端结构的后平面

step 19 使用"复制"命令，利用"极轴追踪"功能，使鼠标沿轴线向前导向，将直径为16和半径为20的等轴测圆复制到距后平面8的位置上，如图16-45所示。

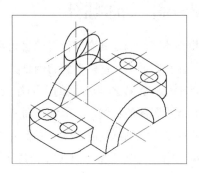

图 16-45 绘制上端结构的前平面

step 20 使用"直线"命令,绘制出前、后两面等轴测圆的公切线和上端结构与圆柱的交线。使用"修剪"命令,修剪多余的图线,完成上端结构的绘制,如图 16-46 所示。

step 22 使用"直线"命令,绘制出深度为 3 的圆柱截交线,如图 16-48 所示。

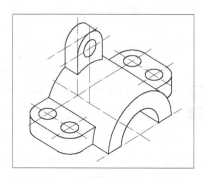

图 16-46　完成上端结构的绘制

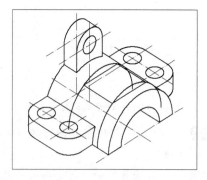

图 16-48　画截交线

step 21 使用"复制"命令,利用"极轴追踪"功能,使鼠标向后导向,将半径为 20 的椭圆复制到距圆柱前面 7 和 25 的位置处,结果如图 16-47 所示。

step 23 修剪多余的图线,完成绘制。结果如图 16-49 所示。最后将结果保存。

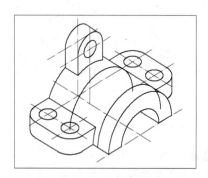

图 16-47　复制半径为 20 的等轴测圆

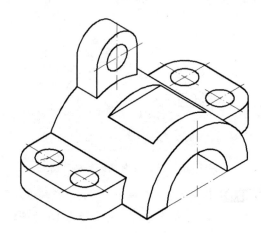

图 16-49　绘制完成的轴测图

16.4　斜二轴测图

将物体连同确定其空间位置的直角坐标系,按倾斜于轴测投影面 P 的投射方向 S,一起投射到轴测投影面上,这样得到的轴测图,称为斜轴测投影图。

以平行于 $X_1O_1Z_1$ 坐标面的平面作为轴测投影面的轴测图称为斜二轴测图。斜二等轴测图是斜轴到投影图的特例,又称为正面斜二等轴测图,如图 16-50 所示。

正面斜二等轴测图的特性主要表现如下:

● 物体上平行于坐标面 XOZ 的表面,其斜二等轴测图反映实形。

● 在斜二等轴测图上,物体的厚度压缩一半。

- 当物体在两个方向上有圆时,一般不用斜二轴测图,而采用正等轴测图。

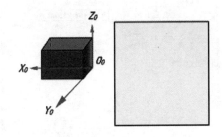

图 16-50　斜二轴测图

16.4.1　斜二轴测图的轴间角和轴向伸缩系数

《机械制图》的国标中规定了斜二等轴测图的变形系数为 $p=r=1$,$q=0.5$(O_1Y_1 轴的轴向变形系数),轴间角为 $\angle X_1O_1Z_1=90°$,且 $\angle X_1O_1Y_1=\angle Y_1O_1Z_1=135°$,如图 16-51 所示。

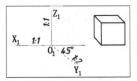 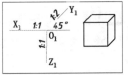

图 16-51　斜二测的轴间角和轴向

16.4.2　圆的斜二轴测投影

因为轴侧投影面平行于 $X_1O_1Z_1$ 坐标面,所以平行于 $X_1O_1Z_1$ 坐标面的圆其轴测投影仍为原来大小的图。若所画物体仅在一个方向上有圆,画它的斜二轴测图时,把圆放在平行于 $X_1O_1Z_1$ 坐标面的位置,可避免画椭圆,这是斜二轴测图的一个优点。

平行于 $X_1O_1Y_1$ 和 $Y_1O_1Z_1$ 坐标面的圆,其斜二轴测投影为长、短轴大小分别相同的椭圆。长轴方向与相应坐标轴夹角约为 7°,

偏向于椭圆外切平行四边形的长对角线一边。长 =1.06d,短轴垂直于长轴,大小 =d/3,如图 16-52 所示。

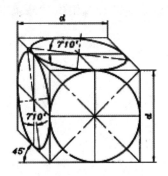

图 16-52　斜二轴测图的轴间角和轴向

斜二轴测图的最大优点就是物体上凡平行于 V 面的平面都反映实形。

16.4.3　斜二轴测图的作图方法

斜二轴测图主要应用于形体在某一方向上圆的情况,绘制过程如图 16-53 所示。斜二轴测图的作图方法与步骤如下:

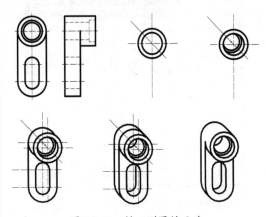

图 16-53　斜二测图的画法

(1)在视图中确定直角坐标系。

(2)画出前面的形状——将主视图原形抄画出来。

(3)在该图形中的所有转折点处,沿 OY 轴画平行线,在其上截取 1/2 物体厚度,画出后面的可见轮廓线。

（4）擦去多余线条，加深图线，完成图形。

动手操练——绘制斜二轴测图

下面来绘制斜二轴测图，效果如图 16-54 所示。

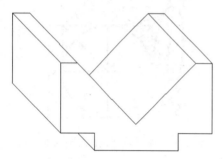

图 16-54　斜二轴测图

step 01 新建文件。

step 02 在菜单栏中选择"工具"|"绘图设置"命令，打开"草图设置"对话框。

step 03 切换到"捕捉和栅格"选项卡，在"捕捉类型"选项组中，选中"等轴测捕捉"单选按钮，如图 16-55 所示。

图 16-55　选中"等轴测捕捉"单选按钮

step 04 切换到"极轴追踪"选项卡，选中"启用极轴追踪"复选框，在"极轴角设置"选项组中，设置"增量角"为 15，如图 16-56 所示。在"对象捕捉追踪设置"选项组中，选中"用所有极轴角设置追踪"单选按钮。

图 16-56　设置斜二侧轴测图环境

step 05 选择"直线"命令，绘制形体的前表面，如图 16-57 所示。

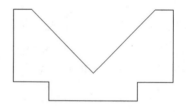

图 16-57　绘制形体的前表面

step 06 绘制各侧棱，角度为 135°，如图 16-58 所示。

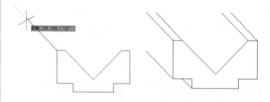

图 16-58　绘制各侧棱

step 07 绘制后表面，再通过修剪，完成形体斜二侧轴测图的绘制，如图 16-59 所示。

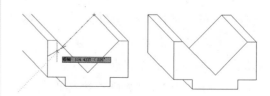

图 16-59　完成斜二侧轴测图的绘制

16.5 轴测剖视图

为表达物体的内部形状,在画轴测图时,可假想用剖切面将物体的一部分剖去,再画出它的轴测图。常用的剖切方法是切去一角或一半。这种剖切的画法,通常称为轴测剖视图,如图 16-60 所示。

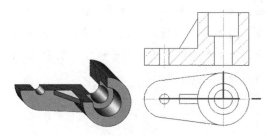

图 16-60 轴测剖视图

16.5.1 轴测剖视图的剖切位置

在轴测图中剖切,一般不采用切去一半的方法,而是采用切去 1/4 的方法。即用两个与直角坐标面平行的相互垂直的剖切平面来剖切物体。这样,能够完整地显示出物体的内外形状,如图 16-61 所示。

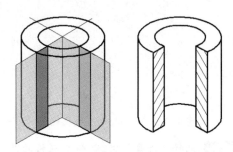

图 16-61 轴测剖视图的剖切位置

轴测剖视图剖面线方向的确定原则是:轴测图中大剖面线一律采用等距平行的细实线表示,但相邻剖面方向不同。

16.5.2 轴测剖视图的画法

轴测剖视图的画法有两种:"先画外形,再画剖面"和"先画剖面,再画外形"。对于初学者来说,适合使用"先画外形,再画剖面"这种方法,熟练绘图的人员可采用"先画剖面,再画外形"的方法来绘制。

1. 先画外形,再画剖面

"先画外形,再画剖面"这种方法的操作步骤如下:

(1)先画出组合体的完整外形。
(2)按所选剖切位置画出剖面轮廓。
(3)画出剖切后的可见内部形状。
(4)擦掉被切去的部分。
(5)画出剖面线。
(6)加深图线。

例如,以此方法来绘制的零件的轴测剖视图,如图 16-62 所示。

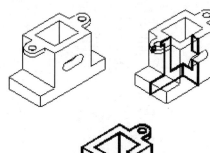

图 16-62 先画外形,再画剖面

2. 先画剖面,后画外形

"先画剖面,再画外形"方法的操作步骤如下:

（1）先画出剖面形状。
（2）再按与剖面的联系，画出其他部分形状。
（3）画出剖面线。
（4）加深所有剖切后可见的内外部轮廓线。

以此方法来绘制零件的轴测剖视图，如图16-63所示。

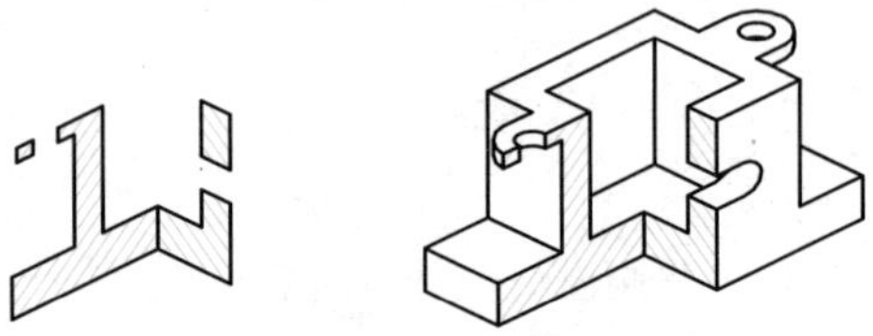

> **提示：**
> 在设置图层时，可以创建"粗实线""中心线""剖面线"3个图层。

step 02 设置当前图层为"中心线"图层，绘制出两条垂直中心线。设置"粗实线"图层为当前图层，选择"直线"命令，根据尺寸绘制出4条直线，底板的长和宽分别为70和25，如图16-65所示。

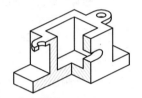

图16-63 先画剖面，再画外形

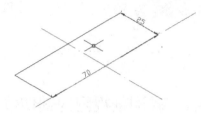

图16-65 绘制泵体底座底板

动手操练——绘制泵体轴测剖视图

在轴测图中，当需要表达机件内部结构的时候，可以采用轴测图剖视的方法。下面绘制一个泵体的轴测剖视图，完成后的效果如图16-64所示。

step 03 选择"复制"命令，向矩形内复制出4条直线，用于定位底板上的圆弧圆心位置，复制的距离为2。选择"椭圆"命令，绘制直径为4的4个等轴测圆，如图16-66所示。

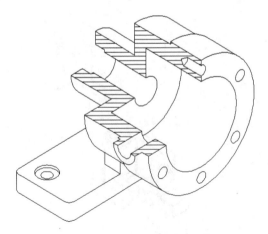

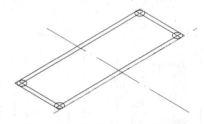

图16-66 绘制辅助直线及椭圆

step 04 选择"修剪"命令，修剪底板的圆角。选择"删除"命令，删除内侧的4条辅助直线，如图16-67所示。

图16-64 泵体轴测剖视图的效果

首先绘制底座。

step 01 新建一个图形文件，创建好等轴测图的绘图环境。

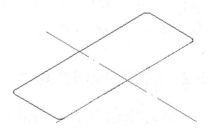

图16-67 绘制圆弧、删除复制线

step 05 选择"复制"命令,复制出 3 条辅助直线,其中长条辅助线离底板长边距离为 8,短条辅助线离底板短边距离为 7,用来确定底座圆孔的位置。

step 06 选择"椭圆"命令,以辅助线交点为圆心,绘制出直径为 4 的等轴测圆。选择"复制"命令,复制出两个椭圆,在复制的时候,按 F5 键切换到"等轴测平面 右视"视图,复制的相对距离都为(@0,6),如图 16-68 所示。

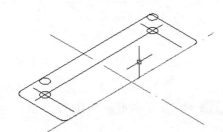

图 16-68 绘制圆弧、删除复制线

step 07 按 F5 键,切换到"等轴测平面 俯视"视图,选择"椭圆"命令,绘制并复制与等轴测圆同心的等轴测圆,直径为 8,如图 16-69 所示。

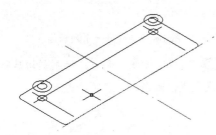

图 16-69 绘制 φ8 的等轴测圆

step 08 选择"复制"命令,复制直径为 8 的两椭圆,相对距离为(@0,1)。再向上复制底板,相对距离为(@0,7)。选择"删除"命令,删除绘制圆的辅助线。

step 09 选择"直线"命令,通过捕捉上下底板圆弧的切点,绘制两条切线,如图 16-70 所示。

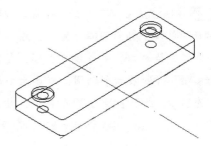

图 16-70 复制等轴测圆和底板,并画切线

step 10 选择"删除"和"修剪"命令,删除、修剪视图中不可见的图线,如图 16-71 所示。

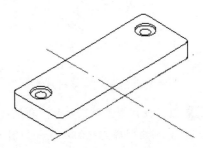

图 16-71 删除和修剪不可见的图线

下面绘制泵主体图。

step 01 选择"移动"命令,移动底板上的两条中心线,移动距离为(@0,32)。

step 02 选择"椭圆"命令,以中心线的交点为圆心,绘制直径为 32 的等轴测圆,标记为第一个椭圆。复制该椭圆,得到第二个椭圆,复制距离为 25。选择"椭圆"命令,以第二个椭圆中心为圆心,绘制直径为 48 的椭圆,记为第三个椭圆。复制第三个椭圆,复制距离为 −14,得到第四个椭圆,如图 16-72 所示。

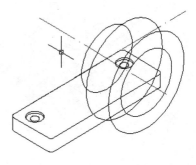

图 16-72 移动中心线后绘制 4 个椭圆

step 03 删除底座上不可见的一个孔。以刚刚绘制好的第四个椭圆圆心为圆心，绘制第五个椭圆，直径为 46，并复制该椭圆，复制距离为 –16，得到第六个椭圆。以第六个椭圆圆心为圆心，绘制直径为 22 的椭圆，复制该椭圆，距离为 –18。各个椭圆如图 16-73 所示。

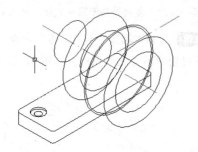

图 16-73　绘制一系列椭圆

step 04 反复使用"直线"命令，利用切点捕捉功能，分别绘制椭圆间的切线，如图 16-74 所示。

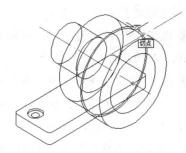

图 16-74　绘制切线

step 05 如图 16-75 所示，绘制两个垂直平面，用来完成对轴测图上各圆柱体的剖视操作。

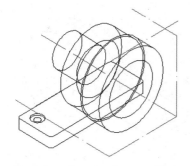

图 16-75　绘制两个垂直平面

step 06 移动两条辅助直线至第一个同心椭圆的圆心，选择"修剪"命令，修剪 1/4 椭圆，如图 16-76 所示，其余同心椭圆的修剪方法相同，注意每次移动剪切平面时，要保证移动时捕捉到同心椭圆的圆心。

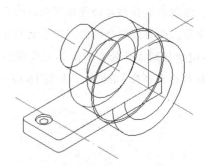

图 16-76　修剪 1/4 椭圆

step 07 修剪后的图形如图 16-77 所示。

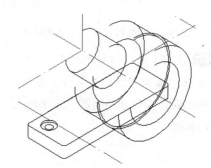

图 16-77　修剪一系列椭圆

step 08 选择"直线"命令，绘制剖切后断面的各段直线，如图 16-78 所示。

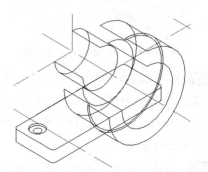

图 16-78　绘制断面间的直线

step 09 利用删除和修剪操作，删除和修剪不可见图线，并在断面处绘制直线，如图 16-79 所示。

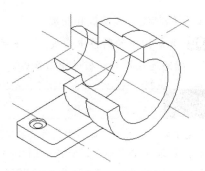

图 16-79　删除修剪直线,并绘制断面其余直线

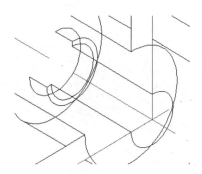

图 16-81　绘制断面直线

技巧点拨:

如上面所讲述的,要表示同心圆,必须绘制一个中心相同的椭圆,而不是偏移原来的椭圆。因为偏移可以产生椭圆形的样条曲线,但不能表示所期望的缩放距离。所以绘制同心圆时必须使用"对象捕捉"功能,保证绘制椭圆时的中心相同。

step 10　下面绘制圆柱形内腔。选择"椭圆"命令,以最后一个椭圆圆心为圆心,绘制直径为 12 的椭圆,复制该椭圆,得到一个新的椭圆,复制距离为 4。再次以新的椭圆圆心为圆心,绘制直径为 10 的椭圆,复制该椭圆,复制位移为 19。

step 11　选择"修剪"命令,以剖切平面上的两条直线为修剪直线,修剪刚刚绘制的一组椭圆,如图 16-80 所示。

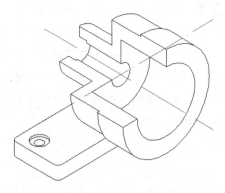

图 16-82　完善圆柱形内腔

step 13　绘制侧凸台的圆柱孔。复制直线,复制距离为 8,确定圆柱孔的中心线。选择"椭圆"命令,绘制出两个同心椭圆,直径分别为 10 和 6。复制两个同心椭圆,复制位移为 11,如图 16-83 所示。

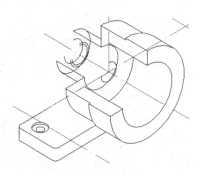

图 16-80　绘制并修剪椭圆

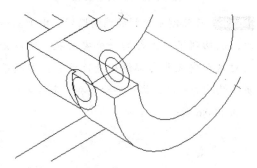

图 16-83　绘制侧凸台圆柱孔

step 12　选择"直线"命令,绘制断面的各条直线,如图 16-81 所示,删除和修剪图线,如图 16-82 所示。

step 14　剪切两组同心椭圆的上半椭圆,绘制多条直线,并配合使用"删除""剪切""延伸"等基本操作,完善侧凸台圆柱孔与其他组成部件连接处的绘制,如图 16-84 所示。

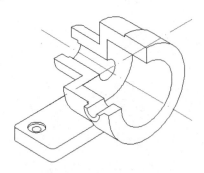

图 16-84 侧凸台圆柱孔绘制完成

step 15 绘制安装孔，安装孔的直径均为 4。选择"椭圆"命令，以最大椭圆的圆心为圆心，绘制一个直径为 40 的辅助椭圆，用以确定安装孔的圆心。首先绘制出上下两个椭圆，根据正等轴测图的特性确定另外 3 个椭圆的圆心，如图 16-85 所示。

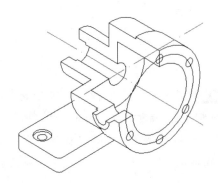

图 16-85 绘制安装孔

step 16 删除刚刚绘制的辅助椭圆。由于剖切时，剖切到了最上部的一个安装孔，所以必须对这个安装孔内部结构进行绘制。首先修剪安装孔的一半，然后再绘制孔，孔深为 8，如图 16-86 所示。

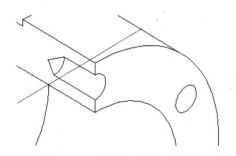

图 16-86 绘制安装孔内部结构

最后绘制绘制连接板和肋板。

step 01 复制图中的两条中心线，向下的距离为 25，确定连接板和肋板的中心线。

> **提示：**
> 由于连接板和肋板的大部分都已经被泵体的主体部分遮挡，所以只需对部分结构进行绘制。

step 02 复制两条中心线，长、宽分别为 12 和 7，选择"修剪"命令，修剪多余图线，得到连接板底面。选择"直线"命令，绘制连接板与泵体主体部分的连接，如图 16-87 所示。

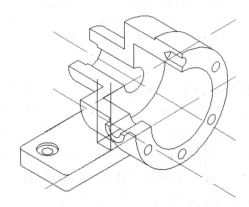

图 16-87 绘制连接板

step 03 最后剪去不可见图线，删除辅助线，并填充轴测图的断面，结果如图 16-88 所示。

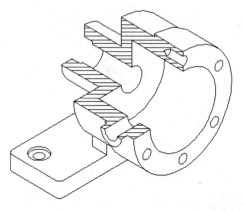

图 16-88 泵体轴测图

16.6 综合案例

本节将通过几个典型的零件轴测图绘制实例,来说明在轴测捕捉模式下直线和圆的画法与技巧,以及所使用的相关命令。

16.6.1 案例一:绘制固定座零件轴测图

固定座零件的零件视图与轴测图如图 16-89 所示。轴测图的图形尺寸将由零件视图来参考画出。

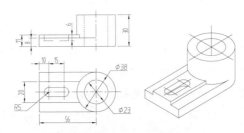

图 16-89 零件视图与轴测图

固定座零件是一个组合体,绘制轴测图可以采用堆叠法,即从下往上叠加绘制。因此,绘制的步骤是首先绘制下面的长方体,接着绘制有槽的小长方体,最后绘制中空的圆柱体部分。

操作步骤:

step 01 从光盘打开"固定座零件图.dwg"实例文件。

step 02 启用轴测捕捉模式。然后在状态栏单击"正交"模式按钮,默认情况下,当前轴测平面为左视平面。

step 03 切换轴测平面至俯视平面,在状态栏打开"正交"模式。然后使用"直线"命令在图形窗口中绘制长 56、宽 38 的矩形,命令行操作提示如下:

```
命令: _line 指定第一点:                        // 指定直线起点,即第 1 点
指定下一点或 [放弃(U)]: 56↙               // 输入第 2 点,在第 1 点的 X 正方向
指定下一点或 [放弃(U)]: 38↙               // 输入第 3 点,在第 2 点的 Y 正方向
指定下一点或 [闭合(C)//放弃(U)]: 56↙      // 输入第 4 点,在第 3 点的 X 负方向
指定下一点或 [闭合(C)//放弃(U)]: c↙       // 输入 C,闭合直线
```

step 04 绘制的矩形如图 16-90 所示。

step 05 切换轴测平面至左视或右视平面。使用"复制"命令,将矩形复制并向 Z 轴正方向移动距离为 8,命令行操作提示如下:

```
命令: _copy
选择对象: 指定对角点: 找到 4 个↙                              // 框选矩形
选择对象:
当前设置: 复制模式 = 单个
指定基点或 [位移(D)//模式(O)//多个(M)] <位移>: ↙              // 指定移动基点
指定第二个点或 <使用第一个点作为位移>: 8↙                     // 输入移动距离
```

step 06 复制的对象如图 16-91 所示。

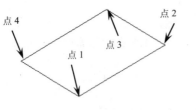
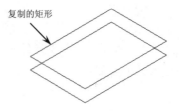

图 16-90　绘制矩形　　　　　　　　　图 16-91　复制矩形

技巧点拨：

在绘制直线时，一定要让光标在极轴追踪的捕捉线上，并确定好直线延伸的方向，然后输入直线长度值，才能得到想要的直线。

step 07 使用"直线"命令，绘制 3 条直线将两个矩形连接，如图 16-92 所示。

step 08 切换轴测平面至俯视平面。使用"直线"命令在复制的矩形上绘制一条中心线，长为 50。然后使用"复制"命令，在中心线两侧复制出移动距离为 10 的直线，如图 16-93 所示。

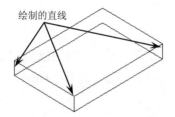
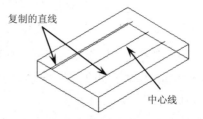

图 16-92　创建直线以连接矩形　　　　　图 16-93　复制并移动中心线

step 09 继续使用"复制"命令，将上矩形的左边向右复制出两条直线，移动距离分别为 10 和 25。此两直线为槽的圆弧中心线，如图 16-94 所示。

step 10 使用"椭圆"工具的"轴，端点"方式，在中心线的交点上绘制半径为 5 的等轴侧圆（仍然在俯视平面内），命令行操作提示如下：

```
命令：_ellipse
指定椭圆轴的端点或 [圆弧(A)//中心点(C)//等轴测圆(I)]：I↙        //输入 I 选项
指定等轴测圆的圆心：                                          //指定圆心
指定等轴测圆的半径或 [直径(D)]：5↙                            //输入等轴侧圆半径值
```

绘制的椭圆如图 16-95 所示。

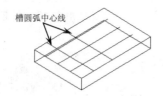
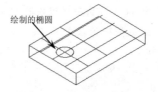

图 16-94　绘制两条中心线　　　　　　　图 16-95　创建等轴侧圆

step 11 同理，在另一个交点上创建相同半径的等轴侧圆，如图 16-96 所示。

step 12 使用"修剪"命令，将多余的图线剪掉，修剪结果如图 16-97 所示。

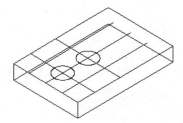

图 16-96　绘制第 2 个等轴侧圆

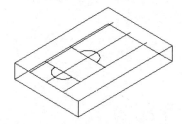

图 16-97　修剪多余图线

step 13 使用"直线"命令，将椭圆弧连接，如图 16-98 所示。

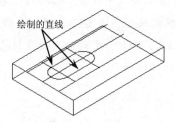

图 16-98　连接椭圆弧

step 14 切换轴测平面至左视平面。使用"移动"命令，将连接起来的椭圆弧、复制线及中心线向 Z 轴的正方向移动 3mm。再使用"复制"命令，仅将连接的椭圆弧向 Z 轴负方向移动 6mm，并使用"修剪"命令将多余图线修剪掉，结果如图 16-99 所示。

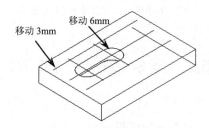

图 16-99　复制椭圆弧并修剪图线

step 15 切换轴测平面至俯视平面。使用"直线"命令，在左侧绘制 4 条直线段以连接复制的直线，并修剪多余的图线，如图 16-100 所示。

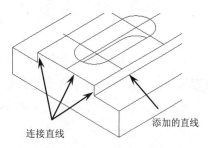

图 16-100　绘制连接线并修剪

step 16 使用"直线"命令，在下矩形的右边中点绘制长度为 50 的直线，此直线为大椭圆的中心线，如图 16-101 所示。

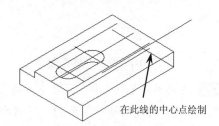

图 16-101　绘制中心线

step 17 使用"椭圆"工具的"轴，端点"方式，并选择 I（等轴测圆）选项，在如图 16-102 所示的中心线与边线交点上绘制半径为 19 的椭圆。

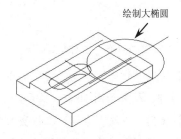

图 16-102　绘制大椭圆

step 18 切换轴测平面至左视平面。使用"复制"命令，将大椭圆和中心线向 Z 轴正方向移动 30，如图 16-103 所示。

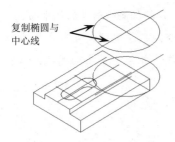

图 16-103　复制大椭圆与中心线

step 19 使用"直线"命令,在椭圆的象限点上绘制两条直线以连接大椭圆,如图 16-104 所示。

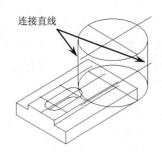

图 16-104　绘制连接直线

step 20 再使用"复制"命令,将下方的大椭圆向 Z 轴正方向分别移动 8 和 11,并得到两个复制的大椭圆,如图 16-105 所示。

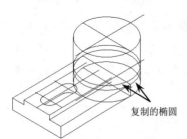

图 16-105　复制大椭圆

step 21 使用"修剪"命令,将图形中多余的图线修剪掉,结果如图 16-106 所示。

step 22 使用"直线"命令,在修剪后的椭圆弧上绘制一直线垂直连接两椭圆弧。切换轴测平面至俯视平面,然后使用"椭圆"工具的"轴,端点"方式,在最上方的中心线交点上绘制半径为 11.5 的椭圆,如图 16-107 所示。

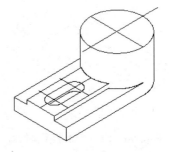

图 16-106　修剪多余图线

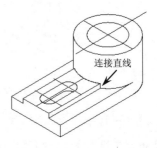

图 16-107　绘制直线和椭圆

step 23 使用夹点来调整中心线的长度,然后将中心线的线型设为 CENTER,再将其余实线加粗(0.3mm),至此轴测图绘制完成,结果如图 16-108 所示。

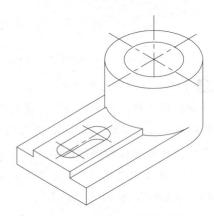

图 16-108　固定座零件轴测图

16.6.2　案例二:绘制支架轴测图

支架的结构可以划分为 3 部分:顶部的圆柱体、底部的底座和中间的连接部分。在绘制等轴测图时，可以从底座开始画起。

绘制完成后的效果如图16-109所示。

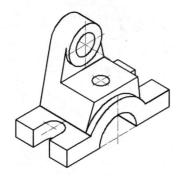

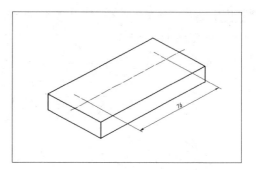

图16-111 确定U形槽的位置

图16-109 支架的等轴测图效果

1．绘制底座

step 01 新建一个图形文件，创建好等轴测图的绘图环境。

step 02 设置当前图层为"粗实线"图层，选择"直线"命令，绘出一个棱柱的等轴测图，如图16-110所示。

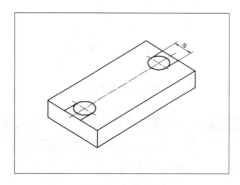

图16-112 绘制等轴测圆和切线

step 05 选择"复制"命令，向下移动鼠标，将等轴测圆和切线复制到四棱柱的底平面，如图16-113所示。

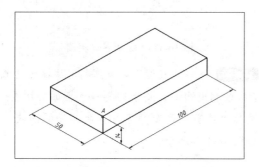

图16-110 绘制出一个棱柱的等轴测图

step 03 设置当前图层为"中心线"图层，通过捕捉中点绘制出横向的中心线，再根据尺寸绘制出另外两条中心线，以确定U形槽的位置，如图16-111所示。

step 04 按F5键，将视图界面切换到"等轴测平面 俯视"。选择"椭圆"命令，捕捉点画线的交点，绘制出直径为16的等轴测圆。选择"直线"命令，绘制出等轴测圆的切线，如图16-112所示。

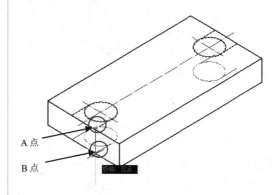

图16-113 选择"复制"命令

> **技巧点拨：**
>
> 在复制操作过程中，为了方便，选择复制的基点为图16-113中的A点，目标点为与底面的交点B点。

489

step 06 选择"修剪"命令，剪去多余部分的图线，如图16-114所示。

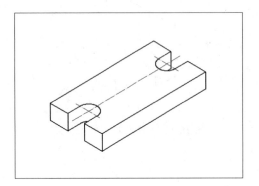

图16-114 修剪后的U形槽

2. 绘制上部主体结构

step 01 设置当前图层为"中心线"图层，根据尺寸绘制出中心线，确定顶部圆柱的圆心位置，如图16-115所示。

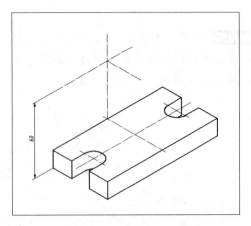

图16-115 确定圆柱圆心位置

step 02 按F5键，切换到"等轴测平面 右视"视图，选择"椭圆"命令，捕捉中心线的交点为圆心，绘制出直径为18和32的等轴测圆，如图16-116所示。

step 03 选择"复制"命令，利用"极轴追踪"功能向前复制出刚绘制的圆形，距离为18，如图16-117所示。

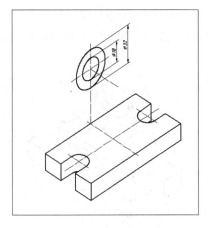

图16-116 绘制等轴测圆

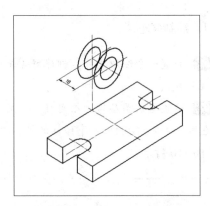

图16-117 复制等轴测圆

step 04 选择"直线"命令，利用捕捉切点工具，绘制出两个直径为32等轴测圆的公切线；选择"修剪"命令，剪去多余部分的图线，如图16-118所示。

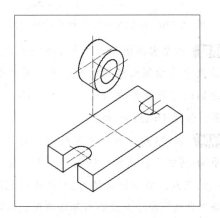

图16-118 修剪后的圆柱

3. 绘制中间部分结构

step 01 选择"椭圆"命令,绘制出支架前面半径为18和30的等轴测圆,如图16-119所示。

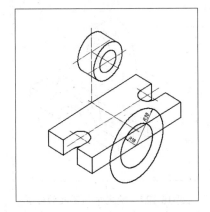

图 16-119　绘制支架前面的等轴测圆

step 02 选择"修剪"命令,剪去多余的图线,如图16-120所示。

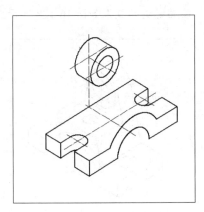

图 16-120　修剪后的效果

step 03 选择"复制"命令,向后复制半径为30的圆弧,复制距离为5,如图16-121所示。

step 04 选择"直线"命令,利用"对象捕捉"功能,绘制出交线和两个圆的切线,如图16-122所示。

step 05 选择"复制"命令,向后复制直径为32的等轴测圆,复制距离为3;选择"直线"命令,绘制出刚复制出的圆的切线,如图16-123所示。

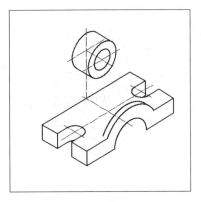

图 16-121　复制圆弧

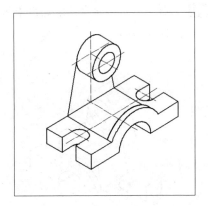

图 16-122　画交线和切线

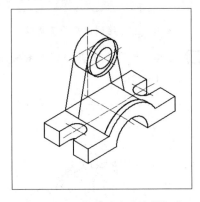

图 16-123　复制圆弧并绘制切线

step 06 选择"修剪"命令,修剪多余的图线。选择"直线"命令,利用"对象追踪""极轴""对象捕捉"功能,通过绘制直线确定中间部分平面的位置,如图16-124所示。

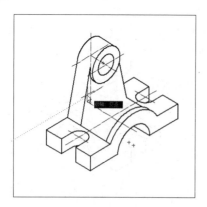

图 16-124 确定平面的位置

step 07 选择"直线"命令,绘制出平面及交线,如图 16-125 所示。

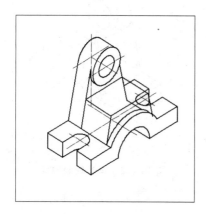

图 16-125 绘制出平面及交线

step 08 选择"修剪"工具,剪去多余部分的图线,如图 16-126 所示。

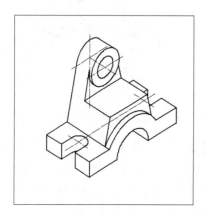

图 16-126 修剪后的图形效果

step 09 设置当前图层为"中心线"图层,选择"直线"命令,绘制出圆孔的中心线,如图 16-127 所示。

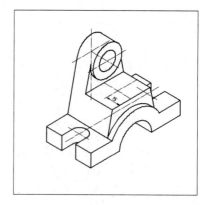

图 16-127 确定中间圆孔的位置

step 10 按 F5 键,切换到"等轴测平面 俯视"视图,选择"椭圆"命令,捕捉刚绘制的中心线的交点作为圆心,绘制直径为 12 的等轴测圆。绘制完成的效果如图 16-128 所示。

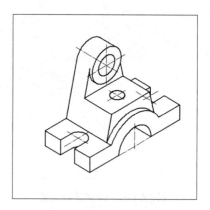

图 16-128 完成后的支架等轴测图效果

16.7 课后习题

1. 绘制正等轴测视图一

利用正等轴测图的绘制方法，绘制如图 16-129 所示的正等轴测视图一。

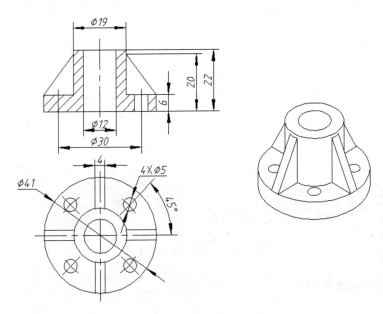

图 16-129　正等轴测视图一

2. 绘制正等轴测视图二

绘制如图 16-130 所示的正等轴测视图二。

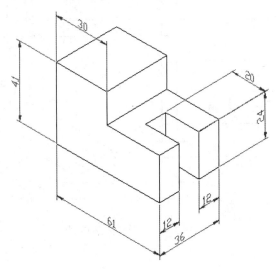

图 16-130　正等轴测视图二

3．绘制正等轴测视图三

绘制如图 16-131 所示的正等轴测视图三。

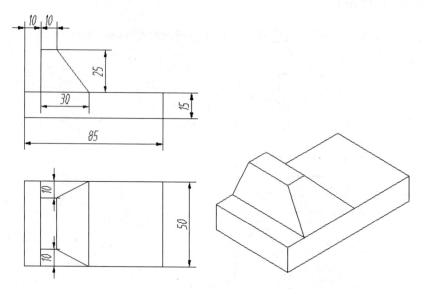

图 16-131　正等轴测视图三

4．绘制正等轴测视图四

绘制如图 16-132 所示的正等轴测视图四。

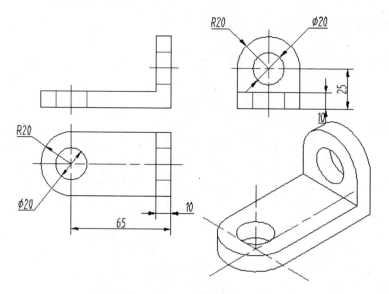

图 16-132　正等轴测视图四

第 17 章
绘制机械零件工程图

本章内容

在机械设计领域中,零件图反映了设计者的意图,是设计者提交给生产部门的技术文件,它表达了加工时对零件的要求,这些要求包括对零件的结构要求和制造工艺的可能性、合理性要求等,零件图是制造和检验零件的依据。
本章将介绍机械图样中常用的表达方法、视图选择的原则,并通过几个典型案例进一步介绍绘制零件图的方法和步骤。

知识要点

- ☑ 零件与零件图基础
- ☑ 零件图读图与识图
- ☑ 零件工程图绘制实例

17.1 零件与零件图基础

表达零件的图样称为零件工作图，简称零件图，它是制造和检验零件的重要技术文件。在机械设计、制造过程中，人们经常使用机械零件的零件工程图来辅助制造、检验生产流程，并作为测量零件尺寸的参考。

17.1.1 零件图的作用与内容

作为生产基本技术文件的零件图，引导提供生产零件所需的全部技术资料，如结构形式、尺寸大小、质量要求、材料及热处理等，以便生产、管理部门据以组织生产和检验成品质量。

一张完整的零件图应包括下列基本内容：

- 一组图形：用视图、剖视、断面及其他规定画法来正确、完整、清晰地表达零件的各部分形状和结构。
- 尺寸：正确、完整、清晰、合理地标注零件的全部尺寸。
- 技术要求：用符号或文字来说明零件在制造、检验等过程中应达到的一些技术要求，如表面粗糙度、尺寸公差、形状和位置公差、热处理要求等。技术要求的文字一般注写在标题栏上方图纸空白处。
- 标题栏：标题栏位于图纸的右下角，应填写零件的名称、材料、数量、图的比例，以及设计、描图、审核人的签字、日期等各项内容。

完整的零件图如图17-1所示。

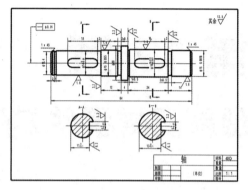

图17-1 轴的零件图

17.1.2 零件图的视图选择

为满足生产的需要，零件图的一组视图应视零件的功用及结构形状的不同而采用不同的视图及表达方法。例如轴套零件，选择一个视图就能表达其结构，如图17-2所示。

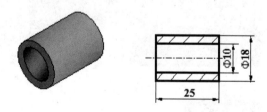

图17-2 轴套零件的视图选择

1．视图选择的要求

零件视图的表达需要完全、正确和清楚。详细要求如下：

- 完全：零件各部分的结构、形状及其相对位置表达完全且唯一确定、正确；视图之间的投影关系及表达方法要正确、清楚；所画的图形要清晰、易懂。

2．视图选择方法及步骤

选择视图时，要结合零件的工作位置和加工位置，选择最能反映零件形状特征的视图作为主视图，包括运用各种表达方法，如剖视、断面等，并选好其他视图。选择视图的原则是：在完整、清晰地表达零件内外形状和结构的前提下，尽量减少视图数量。

视图的选择首先要分析零件，分析完成后选择一个主视图，接着选择其他视图，最后从多个视图方案中进行比较，得到最理想的零件表达效果。

3．分析零件

分析零件按如图17-3所示的层次来进行。

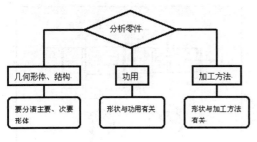

图17-3　分析零件

4．选择主视图

选择主视图首先确定零件的安放位置，包括加工位置（轴类、盘类）和工作位置（支架、壳体类），然后再确定其投射的方向，投射的方向需要保证能清楚地表达主要的形体特征。

5．选择其他视图

选择其他视图时，首先考虑表达主要形体的其他视图，再补全次要形体的视图，如图17-4所示。

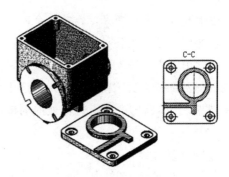

图17-4　选择其他视图

17.1.3　各类零件的分析与表达

本节将结合若干具体零件，讨论零件视图的表达方法（包括视图的选择和尺寸标注）。零件的种类繁多，不能一一介绍，这里仅就以下有代表性的零件进行分析。

1．箱体类零件

如图17-5所示的阀体及减速器箱体、泵体、阀座等属于箱体类零件，且大多为铸件，一般起支撑、容纳、定位和密封等作用，内外形状较为复杂。

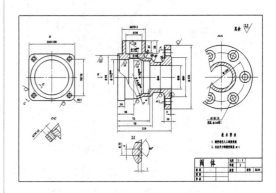

图17-5　箱体零件图

(1)视图选择。

这类零件一般经多种工序加工而成,因而主视图主要根据形状特征和工作位置确定,如图17-5所示的主视图就是根据工作位置选定的。

由于零件结构较复杂,常需3个以上的图形,并广泛地应用各种方法来表达。在图17-5中,由于主视图上无对称面,采用了大范围的局部剖视来表达内外形状,并选用了A-A剖视、C-C局部剖和密封槽处的局部放大图。

(2)尺寸分析

在图17-5所示的图纸中,零件的长、宽、高方向的主要基准是大孔的轴线、中心线、对称平面或较大的加工面。较复杂的零件定位尺寸较多,各孔轴线或中心线间的距离要直接注出。定形尺寸仍用形体分析法注出。

2. 叉架类零件

如图17-6所示的支架,以及各种杠杆、连杆、支架等属于叉架类零件。叉架类零件的结构比较复杂,且往往带有倾斜结构,所以加工位置多变。

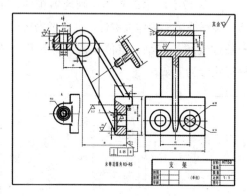

图17-6 支架零件图

一般在选择主视图时,主要考虑工作位置和形状特征。叉架类零件一般需要两个基本视图和一些局部视图、斜视图及剖视图。

(1)视图选择。

这类零件结构较复杂,需经多种加工,主视图主要由形状特征和工作位置来确定。一般需要两个以上基本视图,并用斜视图、局部视图,以及剖视、断面等表达内外形状和细部结构。

(2)尺寸分析。

它们的长、宽、高方向的主要基准一般为加工的大底面、对称平面或大孔的轴线。定位尺寸较多,一般注出孔的轴线(中心)间的距离,或孔轴线到平面间的距离,或平面到平面间的距离。定形尺寸多按形体分析法标注,内外结构形状要保持一致。

3. 轴套类零件

如图17-7所示的齿轮轴,以及柱塞阀、电动机转轴等即属于轴套类零件。为了加工时看图方便,主视图应将轴套类零件的轴线按水平放置。

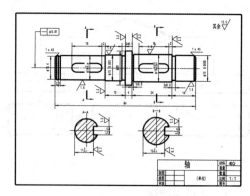

图17-7 轴零件图

对于轴类零件的一些局部结构,常采用剖视、断面、局部放大和局部剖视来表达。

(1)视图选择。

轴套类零件一般在车床上加工,要按形状和加工位置确定主视图,轴线水平放置,大头在左、小头在右,键槽和孔结构可以朝前。轴套类零件主要结构形状是回转体,一般只画一个主视图。对于零件上的键槽、孔等,可作出移出断面。砂轮越程槽、退刀槽、中心孔等可用局部放大图表达。

(2)尺寸分析。

这类零件的尺寸主要是轴向和径向尺寸,径向尺寸的主要基准是轴线,轴向尺寸的主要基准是端面。如果形体是同轴的,可省去定位尺寸。重要尺寸必须直接标注出,其余尺寸多按加工顺序标注出。为了保证清晰和便于测量,在剖视图上,内外结构形状尺寸应分开标注。零件上的标准结构,应按该结构标准尺寸标注出。

4.盘盖类零件

如图17-8所示的端盖,以及各种轮子、法兰盘、端盖等属于此盘盖零件。其主要形体是回转体,径向尺寸一般大于轴向尺寸。

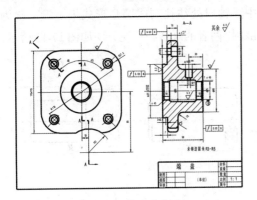

图17-8 端盖零件图

(1)视图选择。

这类零件的毛坯有铸件或锻件,机械加工以车削为主,主视图一般按加工位置水平放置,但有些较复杂的盘盖,因加工工序较多,主视图也可按工作位置画出。一般需要两个以上基本视图。

根据结构特点,视图具有对称面时,可作半剖视;无对称面时,可作全剖或局部剖视。其他结构形状如轮辐和肋板等可用移出断面

或重合断面,也可用简化画法。

(2)尺寸分析。

此类零件的尺寸一般为两大类:轴向及径向尺寸,径向尺寸的主要基准是回转轴线,轴向尺寸的主要基准是重要的端面。

定形和定位尺寸都较明显,尤其是在圆周上分布的小孔的定位圆直径是这类零件的典型定位尺寸,多个小孔一般采"3×φ5均布"形式标注,均布即等分圆周,角度定位尺寸就不必标注了。内外结构形状尺寸应分开标注。

轮盘类零件的主要加工方法是车削。因此,一般也将这类零件的轴线水平放置,并作全剖、半剖或旋转剖视,以表达其内部结构。

17.1.4 零件的机械加工要求

零件结构形状的设计既要根据它的机器(或部件)中的作用,又要考虑加工制造的可能及是否方便。因此,在画零件图时,应该使零件的结构既能满足使用上的要求,又要使其制造加工方便合理,即满足工艺要求。

机器上的绝大部分零件,是通过铸造和机械加工来制造的,下面介绍一些铸造和机械加工对零件结构的工艺要求。

1.零件的铸造工艺要求

铸造工艺对零件结构的要求主要体现在以下几个方面:

(1)铸造圆角。

在铸件毛坯各表面的相交处,都有铸造圆角。这样既便于起模,又能防止在浇铸时铁水将砂型转角处冲坏,还可避免铸件在冷却时产生裂纹或缩孔。铸造圆角半径在图上一般不标注,而是写在技术要求中。

如图17-9所示的铸件毛坯底面(作为安

装面）常需经切削加工，这时铸造圆角被削平。

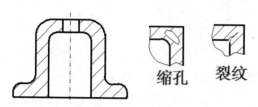

图 17-9　铸造圆角

由于铸造圆角的存在，使得铸件表面的相贯线变得不明显，为了区分不同表面，以过渡线的形式画出，如图 17-10 所示。

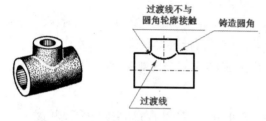

图 17-10　铸造圆角

（2）拔模斜度。

铸件在内外壁沿起模方向应有斜度，称为拔模斜度。当斜度较大时，应在图中表示出来，否则不予表示，如图 17-11 所示。

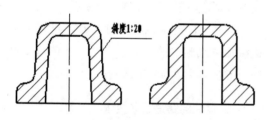

图 17-11　拔模斜度

（3）均匀壁厚。

在浇铸零件时，为了避免各部分因冷却速度不同而产生缩孔或裂纹，铸件的壁厚应保持大致均匀，或采用渐变的方法，并尽量保持壁厚均匀，如图 17-12 所示。

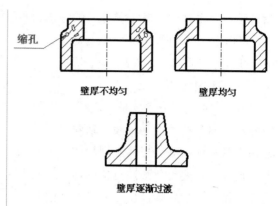

图 17-12　均匀壁厚

2．零件的加工工艺要求

机械加工工艺对零件的要求主要体现在以下几个方面：

（1）圆角与倒角。

为了便于零件的装配并消除毛刺或锐边，在轴和孔的端部都作出倒角。为减少应力集中，轴肩处往往制成圆角形式来过渡，称为倒圆。两者的画法和标注方法如图 17-13 所示。

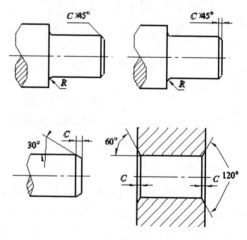

图 17-13　倒角与倒圆

（2）退刀槽和砂轮越程槽。

在切削加工，特别是在车螺纹和磨削时，为便于退出刀具或使砂轮可稍微越过加工面，常在待加工面的末端先车出退刀槽或砂轮越程槽，如图17-14所示。

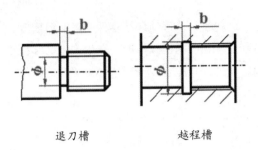

退刀槽　　　　　越程槽

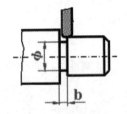

ϕ：槽的直径　b：槽宽

图17-14　退刀槽与砂轮越程槽

（3）钻孔结构。

用钻头钻出的盲孔，底部有一个120°的锥顶角。圆柱部分的深度称为钻孔深度，如图17-15（a）所示。在阶梯形钻孔中，有锥顶角为120°的圆锥台，如图17-15（b）所示。

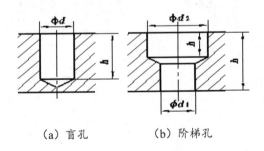

（a）盲孔　　　　（b）阶梯孔

图17-15　钻孔结构

用钻头钻孔时，要求钻头轴线尽量垂直于被钻孔的端面，以保证钻孔时避免钻头折断，如图17-16所示为3种钻孔端面的正确结构。

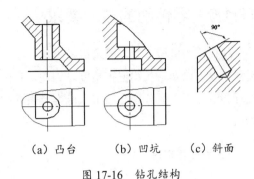

（a）凸台　　（b）凹坑　　（c）斜面

图17-16　钻孔结构

（4）凸台和凹坑。

零件上与其他零件的接触面，一般都要进行加工。为减少加工面积并保证零件表面之间有良好的接触，常在铸件上设计出凸台和凹坑，如图17-17（a）、图17-17（b）所示为螺栓连接的支撑面做成的凸台和凹坑形式，图17-17（c）、图17-17（d）表示为减少加工面积而做成的凹槽和凹腔结构。

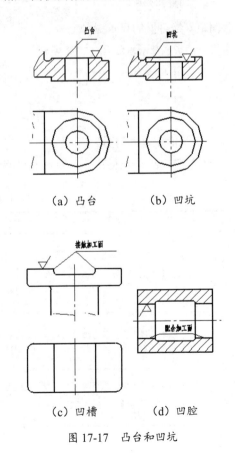

（a）凸台　　　　（b）凹坑

（c）凹槽　　　　（d）凹腔

图17-17　凸台和凹坑

17.1.5 零件图的技术要求

现代化的机械工业,要求机械零件具有互换性,这就必须合理地保证零件的表面粗糙度、尺寸精度,以及形状和位置精度。为此,我国已经制定了相应的国家标准,在生产中必须严格执行和遵守。下面分别介绍国家标准《表面粗糙度》《公差与配合》《形状和位置公差》的基本内容。

1. 表面粗糙度

表面具有较小间距和峰谷所组成的微观几何形状的特征,称为表面粗糙度。评定零件表面粗糙度的主要参数是轮廓算术平均偏差,用 Ra 来表示。

(1) 表面粗糙度的评定参数。

表面粗糙度是衡量零件质量的标志之一,它对零件的配合、耐磨性、抗腐蚀性、接触刚度、抗疲劳强度、密封性和外观都有影响。目前在生产中评定零件表面质量的主要参数是轮廓算术平均偏差。它是在取样长度 l 内,轮廓偏距 y 绝对值的算术平均值,用 Ra 表示,如图 17-18 所示。

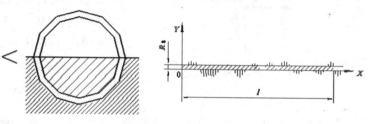

图 17-18 表面粗糙度

用公式可表示为:

$$Ra = \frac{1}{l}\int_0^l |y(x)|\,dx \cdots 或 \cdots Ra \approx \frac{1}{n}\sum_{i=1}^n |y_i| \tag{17-1}$$

(2) 表面粗糙度符号。

表面粗糙度的符号及其意义如表 17-1 所示。

表 17-1 表面粗糙度符号

符号	意义	符号尺寸
∨	基本符号,单独使用这一符号是没有意义的	
∇	基本符号上加一条短画线,表示用去除材料的方法获得表面粗糙度 例如:车、铣、钻、磨、剪切、抛光腐蚀、电火花加工等	
∇ (带圆)	基本符号上加一个小圆,表示表面粗糙度是用不去除材料的方法获得的 例如:锻、铸、冲压、变形、热扎、冷扎、粉末冶金等或是用于保持原供应状态的表面	

(3) 表面粗糙度的标注。

在图样上每一表面一般只标注一次；符号的尖端必须从材料外指向表面，其位置一般注在可见轮廓线、尺寸界线、引出线或它们的延长线上；代号中数字方向应与国标规定的尺寸数字方向相同。当位置狭小或不便标注时，代号可以引出标注，如图17-19所示。

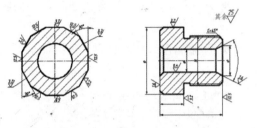

图 17-19 表面粗糙度代号的标注方法

特殊情况下，键槽工作面、倒角、圆角的表面粗糙度代号，可以简化标注，如图17-20所示。

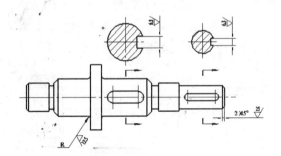

图 17-20 键槽、倒角、圆角粗糙度的标注

2. 极限与配合

极限与配合是尺寸标注中一项重要的内容。基于加工制造的需要，要给尺寸一个允许变动的范围，这是需要极限与配合的原因之一。

(1) 零件的互换性概念。

在同一批规格大小相同的零件中，任取其中一件，而无须加工就能装配到机器上去，并能保证使用要求，这种性质称为互换性。

(2) 极限与配合。

每个零件在制造时都会产生误差，为了使零件具有互换性，对零件的实际尺寸规定一个允许的变动范围，这个范围要保证相互配合的零件之间形成一定的关系，以满足不同的使用要求，这就形成了"极限与配合"的概念。

(3) 极限与配合的术语及定义。

在加工过程中，不可能把零件的尺寸做得绝对准确。为了保证互换性，必须将零件尺寸的加工误差限制在一定的范围内，规定出加工尺寸的可变动量。公差的有关术语如图 17-21 所示。

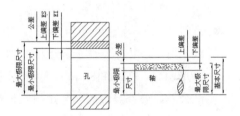

图 17-21 公差的相关术语

图中公差的各相关术语的定义如下：

- 基本尺寸：根据零件强度、结构和工艺性要求，设计确定的尺寸。
- 实际尺寸：通过测量所得到的尺寸。
- 极限尺寸：允许尺寸变化的两个界限值。它以基本尺寸为基数来确定。两个界限值中较大的一个称为最大极限尺寸，较小的一个称为最小极限尺寸。
- 尺寸偏差（简称偏差）：某一尺寸减去其相应的基本尺寸所得的代数差。
- 尺寸公差（简称公差）：允许实际尺寸的变动量。

技巧点拨：

尺寸公差 = 最大极限尺寸 − 最小极限尺寸 = 上偏差 − 下偏差。

- 公差带和公差带图：公差带表示公差大小和相对于零线位置的一个区域。零线是确定偏差的一条基准线，通常以零线表示基本尺寸。为了便于分析，一般将尺寸公差与基本尺寸的关系，按放大比例画成简图，称为公差带图。公差带图可以直观地表示出公差的大小及公差带相对于零线的位置，如图17-22所示。

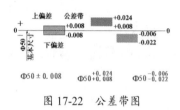

图 17-22 公差带图

- 公差等级：确定尺寸精确程度的等级。国家标准将公差等级分为20级：IT01、IT0、IT1~IT18。"IT"表示标准公差，公差等级的代号用阿拉伯数字表示。IT01~IT18，精度等级依次降低。
- 标准公差：用于确定公差带大小的任一公差。标准公差是基本尺寸的函数。对于一定的基本尺寸，公差等级越高，标准公差值越小，尺寸的精确程度越高。基本尺寸和公差等级相同的孔与轴，它们的标准公差值相等。
- 基本偏差：用于确定公差带相对于零线位置的上偏差或下偏差。一般是指靠近零线的那个偏差，如图17-23所示。

图 17-23 基本公差图

- 孔、轴的公差带代号：由基本偏差与公差等级代号组成，并且要用同一号字母书写。

（4）配合制。

基本尺寸相同、相互结合的孔和轴公差带之间的关系，称为配合。配合分以下3种类型：

- 间隙配合：具有间隙（包括最小间隙为0）的配合。
- 过盈配合：具有间隙（包括最小过盈为0）的配合。
- 过渡配合：可能具有间隙或过盈的配合。

国家标准规定了两种配合制：基孔制和基轴制。

基孔制配合是基本偏差为一定的孔的公差带与不同基本偏差的轴的公差带形成各种配合的一种制度。基孔制配合中的孔为基准孔，代号为H。基准孔的下偏差为零，只有上偏差，如图17-24所示。

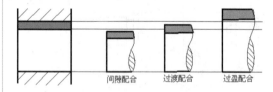

图 17-24 基准孔的配合

基轴制配合是基本偏差为一定的轴的公差带与不同基本偏差孔的公差带形成各种配合的一种制度。基轴制配合中的轴为基准轴，代号为h。基准轴的上偏差为零，只有下偏差，如图17-25所示。

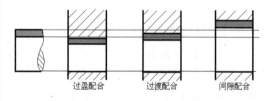

图 17-25 基准轴的配合

(5)极限与配合的标注。

在零件图中,极限与配合的标注方法如图 17-26 所示。

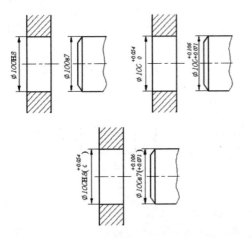

图 17-26 零件图中极限与配合的标注方法

在装配图中,极限与配合的标注方法如图 17-27 所示。

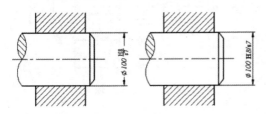

图 17-27 装配图中极限与配合的标注方法

3．形位公差

在进行零件加工时,不仅会产生尺寸误差,还会产生形状和位置误差。零件表面的实际形状对其理想形状所允许的变动量,称为形状误差。零件表面的实际位置对其理想位置所允许的变动量,称为位置误差。形状和位置公差简称形位公差。

(1)形位公差代号。

形位公差代号和基准代号如图 17-28 所示。若无法用代号标注,允许在技术要求中用文字说明。

图 17-28 形位公差代号和基准代号

(2)形位公差的标注。

标注形状公差和位置公差时,标准中规定应用框格标注。公差框格用细实线画出,可画成水平的或垂直的,框格高度是图样中尺寸数字高度的两倍,它的长度视需要而定。框格中的数字、字母、符号与图样中的数字等高,如图 17-29 所示给出了形状公差和位置公差的框格形式。

①形状公差符号;②公差值;③位置公差符号;
④位置公差带的形状及公差值;⑤基准

图 17-29 形状公差和位置公差的框格形式

当基准或被测要素为轴线、球心或中心平面时,基准符号、箭头应与相应要素的尺寸线对齐,如图 17-30 所示。

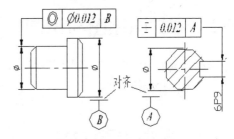

图 17-30 形位公差的标注形式

用带基准符号的指引线将基准要素与公差框格的另一端相连,如图 17-31(a)所示。当标注不方便时,基准代号也可由基准符号、圆圈、连线和字母组成。基准符号用加粗的短画线表示;圆圈和连线用细实线绘制,连线必须与基准要素垂直。基准符号所靠近的部位,可有:

- 当基准要素为素线或表面时，基准符号应靠近该要素的轮廓线或引出线标注，并应明显地与尺寸线箭头错开，如图 17-31（a）所示。
- 当基准要素为轴线、球心或中心平面时，基准符号应与该要素的尺寸线箭头对齐，如图 17-31（b）所示。
- 当基准要素为整体轴线或公共中心面时，基准符号可直接靠近公共轴线（或公共中心线）标注，如图 17-31（c）所示

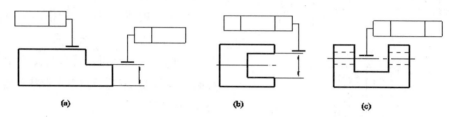

图 17-31　形位公差的标注

（3）形位公差的标注实例。

如图 17-32 所示是在一张零件图上标注形位公差和位置公差的实例。

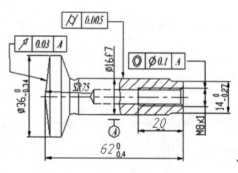

图 17-32　形位公差标注实例

17.2　零件图读图与识图

零件图上标注的尺寸是加工和检验的重要依据。因此，零件图上的标注尺寸应满足正确、完整、清晰、合理的要求。

17.2.1　零件图标注要求

零件图中的图形，表达出了零件的形状和结构。而零件各部分的大小及相对位置，由图中所标注的尺寸来确定。因此，标注尺寸时应做到以下几点要求：

- 正确：图中所有尺寸数字及公差数值都必须正确无误，而且必须符合国家标准。
- 完整：零件结构形状的定形和定位尺寸必须标注完整，而且不重复，这需要应用形体分析的方法来进行。
- 清晰：尺寸布局要层次分明，尺寸线要整齐，数字、代号要清晰。
- 合理：尺寸的标注既要满足设计要求，又要考虑方便制造和测量。

1. 零件图尺寸组成

零件图尺寸主要由定位尺寸、定形尺寸和总体尺寸组成。

（1）定位尺寸。

所谓定位尺寸，即确定零件中各基本体之间相对位置的尺寸，如图 17-33 所示的尺寸都是定位尺寸。

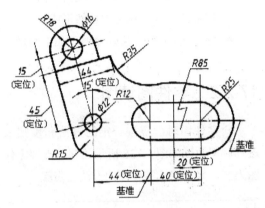

图 17-33 定位尺寸标注

（2）定形尺寸。

所谓定形尺寸，即确定零件中各基本体的形状和大小的尺寸，如图 17-34 所示的尺寸都是定形尺寸。

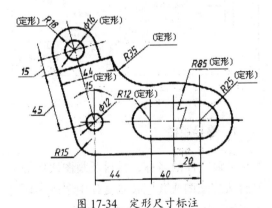

图 17-34 定形尺寸标注

（3）总体尺寸。

最后还应标出总体尺寸。所谓总体尺寸，即表示零件在长、宽、高 3 个方向的总的尺寸，如图 17-35 所示。图中，同心圆柱的定位尺寸 48、28 和定形尺寸 $\phi24$、$\phi44$ 都标注在同一视图上，便于看图时查找。同心圆柱的尺寸 $\phi24$、$\phi44$ 注在非圆的视图上，而俯视图中半径尺寸 R22、R16 则应注在反映实形的视图上。

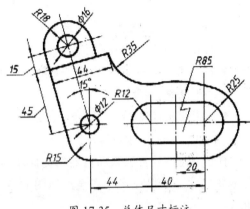

图 17-35 总体尺寸标注

2. 尺寸基准的选择

尺寸基准按其来源、重要性、用途和几何形式的不同，可分为两类。

（1）设计基准和工艺基准。

设计基准是在设计过程中，根据零件在机器中的工作位置、作用，为保证其使用性能而确定的基准（可以是点线、面）。工艺基准是根据零件的加工过程，为方便装夹和定位、测量而确定的基准（可以是点线、面），如图 17-36 所示。

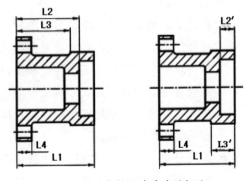

图 17-36 分析尺寸基准的标注

(2) 主要基准和辅助基准。

主要基准是决定零件主要尺寸的基准。辅助基准是为方便加工和测量而附加的基准。

由于各种零件的结构形状不同，尺寸的起点不同，因此尺寸基准可能有以下三种情况：

- 面基准：有时是零件上的某个平面（如底面、端面、对称平面等）。
- 线基准：有时是零件上的一条线（如回转轴线、刻线）。
- 点基准：有时是零件上的一个点，（如球心、圆心、顶点等）。

有时，需按结构要素和自然结构标注出非主要尺寸，以保证尺寸齐全，如图17-37所示。

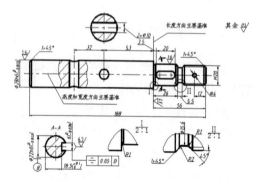

图 17-37　标注出非主要尺寸，保证尺寸齐全

3. 零件图中尺寸标注注意事项

零件图中尺寸标注需注意以下事项：

- 设计中的重要尺寸：要从基准单独直接标出。零件的重要尺寸主要指影响零件在整个机器中的工作性能和位置的尺寸（如配合面的尺寸、重要的定位尺寸）等。重要尺寸的精度将直接影响零件的使用性能。
- 标注尺寸：当同一方向尺寸出现多个基准时，为了突出主要基准，明确辅助基准，保证尺寸标注不致脱节，必须在辅助基准和主要基准之间标注出联系尺寸。
- 标注尺寸时不允许出现封闭尺寸链：封闭尺寸链就是指头尾相接形成一封闭环（链）的一组尺寸。为了避免封闭尺寸链，可以选择一个不重要的尺寸不予标注，使尺寸链留有开口（开口环的尺寸在加工中自然形成）。
- 便于测量：标注尺寸要便于加工测量。

17.2.2　零件图读图

读零件图时，应按一定的方法和步骤来进行。下面以如图17-38所示的刹车支架零件图为例，来说明读零件图的方法与步骤。

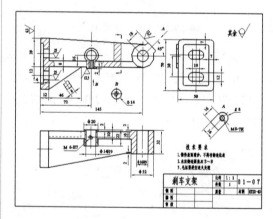

图 17-38　读零件图

1. 看标题栏

了解零件的名称、材料及画图比例等。然后从装配图或其他技术文件中了解零件的主要作用和与其他零件的装配关系。

2. 分析视图

找出主视图，分析各视图之间的投影关系及所采用的表达方法。主视图是全剖视图，俯视图取了局部剖，左视图是外形图。

该支架零件图由主视图、俯视图、左视图、一个局部视图、一个斜视图、一个移出断面组成。主视图上用了两个局部剖视和一个重合断面，俯视图上也用了两个局部剖视，左视图只画外形图，用以补充表示某些形体的相关位置。

3．进行形体分析和线面分析

先看大致轮廓，再分几个较大的独立部分进行形体分析，逐一看懂；接着对外部结构逐个分析；然后对内部结构逐个分析；最后对不便于形体分析的部分进行线面分析。

4．尺寸分析

这个零件各部分的形体尺寸，按形体分析法确定。标注尺寸的基准是：长度方向以左端面为基准，从它标注出的定位尺寸有72和145；宽度方向以经加工的右圆筒端面和中间圆筒端面为基准，从它标注出的定位尺寸有2和10；高度方向的基准是右圆筒与左端底板相连的水平板的底面，从它标注出的定位尺寸有12和16。

把零件的结构形状、尺寸标注、工艺和技术要求等内容综合起来，就能了解零件的全貌，也就看懂了零件图。

17.3 综合案例

17.3.1 案例一：绘制阀体零件图

阀体零件在零件分类中属于箱体类零件，其结构形状比较复杂。如图17-39所示阀体零件图中选用主视图、俯视图、左视图3个视图来表达该零件。主视图按工作位置放置，为了反映内部孔及阀门的结构，采用了单一全剖视图，俯视图和左视图为基本视图，反映了阀体零件的结构特征；为了表达安装销钉孔的结构，在左视图上采用了局部剖视图。

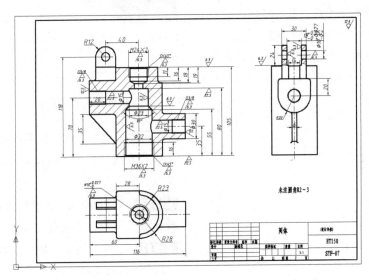

图 17-39 阀体零件图

操作步骤：

1. 创建图层

step 01 设置图纸幅面为 A3（420×297），比例为 1:1。

step 02 根据需要绘制的图线，创建好图层，如图 17-40 所示。

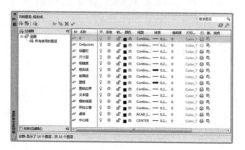

图 17-40　创建图层

step 03 创建"汉字"和"数字和字母"文字样式。

step 04 创建"直线"标注样式和"圆和圆弧引出"标注样式。

2. 绘制图框和标题栏

step 01 将"图纸边界"图层设置为当前图层，选择"矩形"命令，绘制 420×297 的图纸边界。

step 02 将"图框"图层设置为当前图层，选择"矩形"命令，绘制 390×287 图框。

step 03 将"标题栏"图层设置为当前图层，选择"直线"命令，绘制标题栏，如图 17-41 所示。

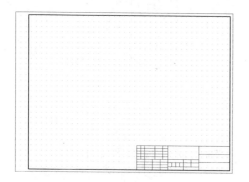

图 17-41　绘制图框和标题栏

> **提示：**
> 在绘制图框和标题栏时，为了方便，可以打开栅格功能。

step 04 将"文本层"图层设置为当前图层，选中"文字"工具栏上的"多行文字"或"单行文字"工具，填写标题栏，如图 17-42 所示。

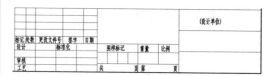

图 17-42　填写标题栏

step 05 选择"创建块"命令，创建"A3 图纸"块，具体设置如图 17-43 所示。

图 17-43　创建"A3 图纸"块

> **提示：**
> 块的插入点为图纸边界的左下角的点，也就是原点。

3. 阀体零件的绘制

step 01 将"中心线"图层设置为当前图层，选择"直线"命令，画出基准线，如图 17-44 所示。

step 02 单击"标准"工具栏上的"窗口缩放"按钮，局部放大主视图部分。

step 03 选择"偏移"命令，偏移复制出如图 17-45 所示的直线。

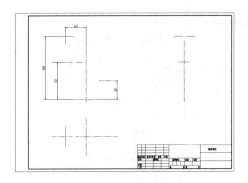

图 17-44 绘制基准线

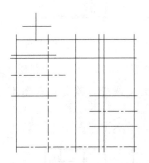

图 17-45 绘制偏移线

step 04 选中刚刚偏移的直线,在"图层"工具栏中选择图层为"粗实线",按 Esc 键,取消对直线的选择,将该部分直线置于"粗实线"图层中。

step 05 选择"修剪"命令,修剪多余直线,同时删除偏移线,效果如图 17-46 所示。

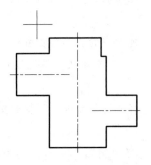

图 17-46 修剪图线及转换图层

step 06 选择"偏移"和"修剪"命令,绘制出如图 17-47 所示的轮廓线,同时删除偏移线。

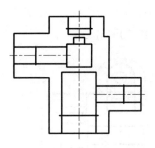

图 17-47 绘制内部轮廓线

step 07 使用"直线"命令绘制出肋、退刀槽线和螺纹线,将肋和退刀槽线置于"粗实线"图层,将螺纹线置于"细实线"图层,效果如图 17-48 所示。

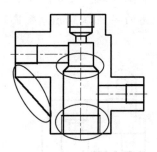

图 17-48 绘制肋、退刀槽线和螺纹线

提示:

螺纹线也可以通过偏移的方法来完成。

step 08 设置当前图层为"粗实线",选择"圆"命令,绘制圆。

step 09 选择"直线"命令,捕捉到切点,作垂线与直线相交,如图 17-49 所示。

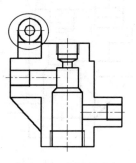

图 17-49 绘制凸耳线

step 10 单击"修剪"按钮，修剪多余线条，效果如图 17-50 所示。

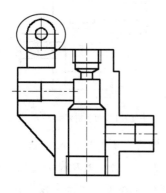

图 17-50 修剪凸耳线

step 11 选择"圆角"命令，对图形进行圆角处理，圆角的半径为 3mm，效果如图 17-51 所示。

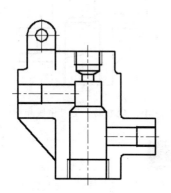

图 17-51 绘制圆角

step 12 选择"延伸"命令，对图线进行延伸，如图 17-52 所示。

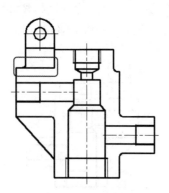

图 17-52 延伸图线

step 13 选择"倒角"命令，对图形进行倒角，倒角距离为 1，如图 17-53 所示。

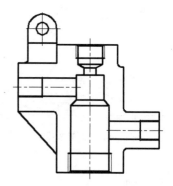

图 17-53 绘制倒角

step 14 选择"圆弧"命令，绘制图中的相贯线，并对多余的直线进行修剪，如图 17-54 所示。

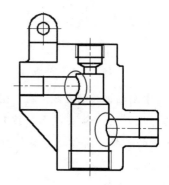

图 17-54 绘制相贯线

step 15 同理绘制出另一条相贯线，近似圆弧半径为 23/2。

step 16 左视图中的图形为左右对称，因此可以先绘制出一半轮廓线，再通过镜像完成图形的绘制。

step 17 选择"圆"命令，捕捉到交点，绘制出圆。

step 18 选择"圆弧"命令，绘制半圆弧和 3/4 圆弧（螺纹线），并将 3/4 圆弧置于"细实线"图层，如图 17-55 所示。

step 19 选择"偏移"命令，偏移复制出如图 17-56 所示的直线。

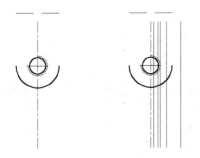

图 17-55　绘制圆和圆弧　　图 17-56　绘制偏移线

step 20 选择"直线"命令，启动极轴追踪和对象追踪，启动对象捕捉功能，捕捉最近点和交点，用高平齐的方式绘出左视图半边轮廓线，绘制过程如图 17-57 所示。

> **技巧点拨：**
> 根据机械图样绘制标准，绘制肋时，水平和垂直两条线不相交，如图 17-57 所示。

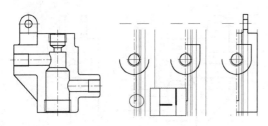

图 17-57　绘制轮廓线

step 21 删除偏移线，选择"倒角"和"圆角"命令，完成左视图中倒角和圆角的绘制，如图 17-58 所示。

step 22 选择"样条曲线"命令，绘制零件剖切面边界线，如图 17-59 所示。

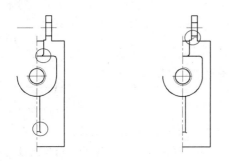

图 17-58　绘制倒角和圆角　图 17-59　绘制样条曲线

step 23 选择"镜像"命令，镜像轮廓线，如图 17-60 所示。

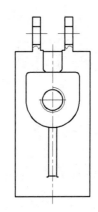

图 17-60　镜像轮廓线

step 24 选择"圆"命令，捕捉到交点，绘制出圆。

step 25 选择"圆弧"命令，绘制半圆弧和 3/4 圆弧（螺纹线），并将 3/4 圆弧置于细实线图层，如图 17-61 所示。

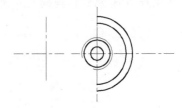

图 17-61　绘制圆弧

step 26 选择"偏移"命令，偏移复制出如图 17-62 所示的直线。

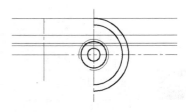

图 17-62　偏移图线

step 27 选择"直线"命令，启动极轴跟踪和对象追踪，以及对象捕捉功能，捕捉最近点和交点，用高平齐的方式绘出绘制如图 17-63 所示的半边轮廓线，并删除偏移线。

step 28 选择"镜像"命令，镜像出轮廓线，如图 17-64 所示。

step 29 选择"圆角"命令，完成俯视图上的圆角，如图 17-65 所示。

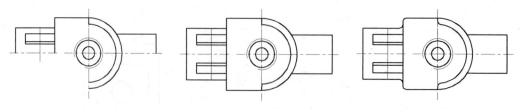

图 17-63　绘制轮廓线　　　图 17-64　镜像轮廓线　　　图 17-65　绘制圆角

step 30 将"剖面线"图层设置为当前图层，选择"图案填充"命令，弹出"图案填充创建"选项卡，如图 17-66 所示。在对话框中选择填充图案类型为"用户定义"，设置角度为 45°，设置间距为 3。

图 17-66　"图案填充创建"对话框

step 31 指定需要填充的区域，绘制出剖面线，完成阀体零件表达方案的绘制，如图 17-67 所示

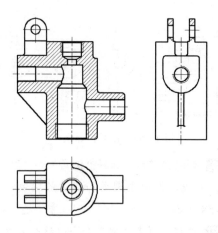

图 17-67　完成阀体零件的图形绘制

> 提示：
>
> 根据机械制图标准，带有螺纹的剖面线，应该将剖面线绘制在粗实线处。

4. 标注尺寸

step 01 将"尺寸层"图层置为当前图层，将"直线"标注样式置为当前样式，标注线性尺寸，如图 17-68 所示。

差的尺寸，如图 17-71 所示。

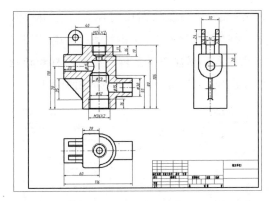

图 17-68 用"直线"标注样式标注线性尺寸

step 02 将"圆和圆弧引出"标注样式置为当前样式，标注圆弧尺寸，如图 17-69 所示。

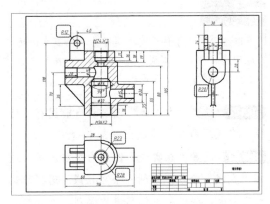

图 17-69 用"圆和圆弧引出"样式标注圆弧和角度尺寸

step 03 用"多重引线标注"标注螺纹尺寸和倒角尺寸，如图 17-70 所示。

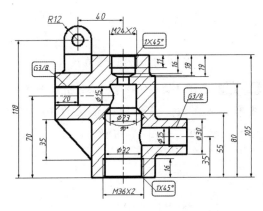

图 17-70 应用引线标注螺纹和倒角

step 04 应用"样式替代"方式，标注带有公

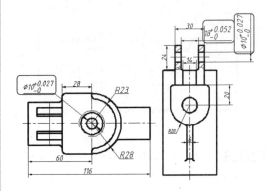

图 17-71 标注公差

step 05 绘制表面粗糙度符号，如图 17-72 所示。

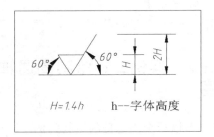

图 17-72 表面粗糙度符号

step 06 从菜单栏中选择"绘图"｜"块"｜"定义属性"命令，定义块的文字属性，如图 17-73 所示。

图 17-73 定义块的文字属性

step 07 选择"创建块"命令，弹出"块定义"对话框，拾取"表面粗糙度"符号顶点作为基点，如图 17-74 所示，将符号定义成块。

图 17-74 块定义

step 08 选择"插入块"命令,在视图上标注表面粗糙度。

> **提示:**
> 由于定义了属性,因此在插入块的时候,会提示输入粗糙度值。

17.3.2 案例二:绘制高速轴零件图

本节以一个高速轴的绘制为例,讲解机械零件中零件轴的绘制,高速轴采用齿轮轴设计,如图 17-75 所示。高速轴呈现上下对称特征,通过 AutoCAD 的镜像操作,可使绘图变得更为简单。

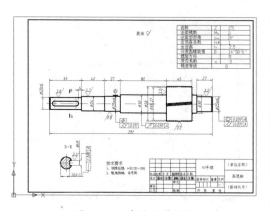

图 17-75 高速轴零件图

1. 绘制轴轮廓

step 01 设置好绘图的环境,包括将图幅设置为 A3 图纸、设置绘图比例为 1:1、创建"汉字"和"数字与字母"文本样式,创建"直线"标注样式、创建图层,以及绘制图框和标题栏等,如图 17-76 所示为创建的图层效果。

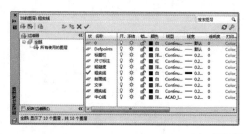

图 17-76 创建的图层

> **提示:**
> 可以将"阀体零件"文件另存为一个副本,然后删除其中的阀体图形进行绘制,这样就省去了绘图环境的重复设置。

step 02 设置"中心线"图层为当前图层,选择"直线"命令,绘制出一条中心线。

step 03 设置"粗实线"图层为当前图层,选择"直线"命令,绘制一条竖直线,选择"偏移"命令,经过多次偏移操作得到各条直线,如图 17-77 所示。

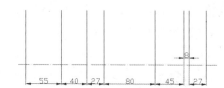

图 17-77 绘制竖直直线

step 04 选择"偏移"命令,偏移出水平直线,共有 5 条直线,偏移距离依次为 10、12、12.5、15、29,如图 17-78 所示。

图 17-78 绘制水平直线

第 17 章 绘制机械零件工程图

step 05 选中 5 条水平直线,更换它们的图层为"粗实线"图层,选择"修剪"命令,先选择所有的竖直直线,然后修剪竖直直线之间的多余直线,如图 17-79 所示。

图 17-79 修剪竖直直线之间的多余线

step 06 选择"删除"和"修剪"命令,删除和修剪其余的多余线条,得到如图 17-80 所示的图形。

图 17-80 修剪多余线条

step 07 选择"圆角"命令,绘制出圆角,选择"倒角"命令,绘制出倒角,如图 17-81 所示。

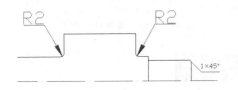

图 17-81 绘制圆角和倒角

step 08 选择"直线"命令,绘制出齿轮的分度圆线,如图 17-82 所示,选择"倒角"命令,绘制出倒角。

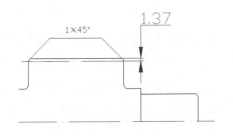

图 17-82 倒角并绘制齿轮分度圆线

step 09 选择"倒角"命令,绘制出轴左端的倒角,选择"直线"命令,添补直线,如图 17-83 所示。

图 17-83 绘制轴左端倒角并添补绘制直线

step 10 选择"镜像"命令,对上半轴进行镜像,得到整根轴的轮廓,如图 17-84 所示。

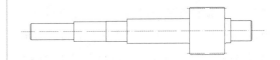

图 17-84 镜像图形

> **技巧点拨:**
> 绘制机械图形时,利用很简单的绘图命令即可将图形的大体轮廓绘制出来。然后再利用局部缩放对一些细节部分进行补充绘制,这样利于对图形的整体设计,也能较容易判断一些细节尺寸的分部位置,如前面实例中圆弧的绘制与两端倒角的绘制。

2. 绘制轴细部

step 01 局部放大高速轴左端,选择"偏移"命令,进行偏移操作,绘制高速轴左端的 8×45 键槽,偏移尺寸如图 17-85 所示。

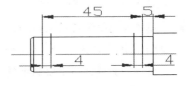

图 17-85 绘制键槽

step 02 选择"圆"命令,绘制出两个半径为 4 的圆。使用"直线"命令,绘制连接两圆的两条水平切线,如图 17-86 所示。

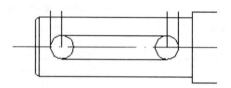

图 17-86　绘制圆和水平切线

step 03 选择"删除"命令，删除偏移操作绘制的辅助绘制键槽的直线。选择"修剪"命令，修剪圆中多余的半个圆弧。设置"中心线"图层为当前图层，选择"直线"命令，绘制出键槽的中心线，键槽完成图如图 17-87 所示。

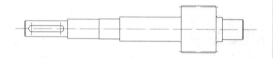

图 17-87　键槽完成图

step 04 如图 17-88 所示，绘制出两条中心线，确定绘制高速轴键槽剖面的中心。

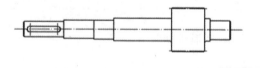

图 17-88　绘制中心线

step 05 局部放大以绘制键槽剖面的区域。选择"圆"命令，绘制 Φ20 的圆。选择"偏移"命令，偏移出辅助直线，用于绘制键槽部分，如图 17-89 所示。

step 06 选择"修剪"命令，修剪多余线条和圆弧。

step 07 设置"剖面线"图层为当前图层，选择"图案填充"命令，对键槽剖视图进行填充，如图 17-90 所示。

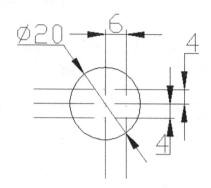

图 17-89　绘圆和复制直线

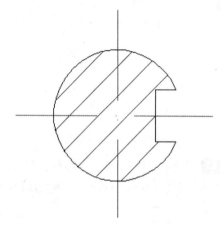

图 17-90　填充键槽剖面

> **技巧点拨：**
>
> 填充的具体操作和设置可以参见"阀体零件"的绘制，或者可以查看第 2 章中的相关内容。

17.3.3　案例三：绘制齿轮零件图

齿轮类零件主要包括圆柱和圆锥型齿轮，其中直齿圆柱齿轮是应用非常广泛的齿轮，它常用于传递动力、改变转速和运动方向，如图 17-91 所示为直齿圆柱齿轮的零件图，图纸幅面为 A3（420×297），按比例 1:1 进行绘制。

第 17 章 绘制机械零件工程图

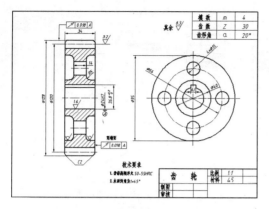

图 17-91 直齿圆柱齿轮零件图

对于标准的直齿圆柱齿轮的画法，按照国家标准规定：在剖视图中，齿顶线、齿根线用粗实线绘制，分度线用点画线绘制。下面来具体绘制。

操作步骤

1. 齿轮零件图的绘制

step 01 与前面的实例一样，首先设置绘图环境。将前面案例的文件另存为"齿轮零件图.dwg"后删除图形，修改绘制图框和标题栏。

step 02 将"中心线"图层设置为当前图层，选择"直线"命令，绘制出中心线。选择"偏移"命令，指定偏移距离为60，画出分度线。选择"圆"命令，画出4个Φ15圆孔的定位圆，即Φ66的圆，如图17-92所示。

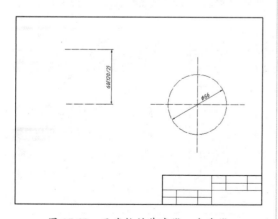

图 17-92 画齿轮的基准线、分度线

step 03 将"粗实线"图层设置为当前图层，选择"圆"命令，绘制出齿轮的结构圆，如图 17-93 所示。

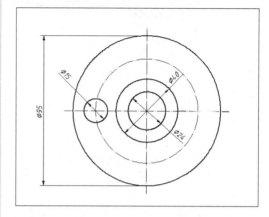

图 17-93 画齿轮的结构圆

step 04 选择"直线"命令，画出键槽结构，选择"修剪"命令，修剪多余的图线，效果如图 17-94 所示。

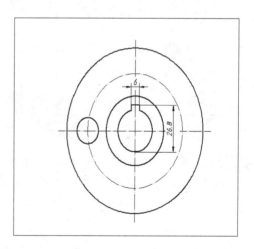

图 17-94 画键槽结构

step 05 选择"复制"命令，利用"对象捕捉"中捕捉"交点"，即捕捉圆孔的位置（中心线与定位圆的交点），画出另外3个尺寸为Φ15的圆孔，如图17-95所示。

step 06 选择"直线"命令，在轴线上指定起画点，按尺寸画出齿轮轮齿部分图形的上半部分，如图17-96所示。

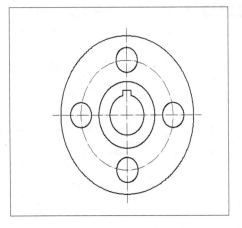

图 17-95　完成 $\Phi15$ 圆孔的绘制

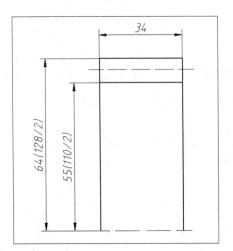

图 17-96　齿轮轮齿部分的图形

step 07 利用"对象捕捉"和"极轴"功能，在主视图上按尺寸画结构圆的投影，如图17-96所示，完成后的效果如图17-97所示。

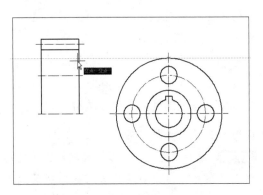

图 17-96　画主视图上结构圆的投影

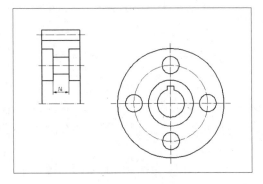

图 17-97　完成结构圆的投影

step 08 选择"圆角"命令，绘制 $R5$ 的圆角；选择"倒角"命令，绘制 $2\times45°$ 的角，如图17-98所示。

step 09 重复选择"圆角"和"倒角"命令，完成圆角和倒角的绘制。

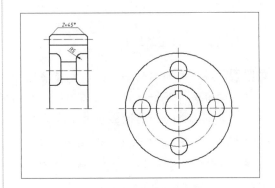

图 17-98　画倒角和圆角

step 10 选择"镜像"命令，通过镜像操作，得到对称的下半部分图形，如图17-99所示。

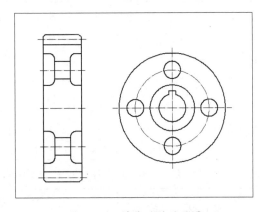

图 17-99　镜像后的效果图

第 17 章 绘制机械零件工程图

step 11 选择"直线"命令,利用"对象捕捉"功能,绘制出轴孔和键槽在主视图上的投影,如图 17-100 所示。

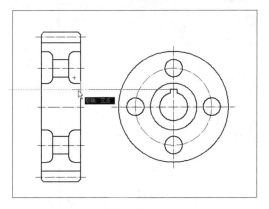

图 17-100 画轴孔和键槽的投影

step 12 选择"图案填充"命令,弹出"图案填充创建"选项卡,选择填充图案 ANSI31,绘制出主视图的剖面线,如图 17-101 所示。

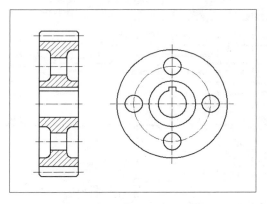

图 17-101 填充剖面线

2. 标注尺寸和文本注写

step 01 在"标柱"工具栏的"样式名"下拉列表中,将"直线"标柱样式置为当前样式,单击"标注"工具栏上的"直径"工具,标注尺寸 $\Phi 95$、$\Phi 66$、$\Phi 40$、$\Phi 15$;单击"标注"工具栏上的"半径"工具,标注尺寸 $R15$。

step 02 单击"标注"工具栏上的"线性"按钮,标注出线性尺寸。

step 03 使用替代标注样式的方法,标注带公差的尺寸。

step 04 使用定义属性并创建块的方法,标注粗糙度,不去除材料方法的表面粗糙度代号可单独画出。

step 05 标注倒角尺寸。根据国家标准规定:45°倒角用字母 C 表示,标注形式如 $C2$。

step 06 使用"快速引线"命令(qleader),标注形位公差的尺寸。

step 07 齿轮的零件图,不仅要用图形来表达,而且要把有关齿轮的一些参数用列表的形式注写在图纸的右上角,用"汉字"文本样式进行注写。

> 提示:
>
> 零件图中的齿轮参数只是需要注写的一部分,用户可根据国家标准规定进行绘制。

step 08 用"汉字"文本样式注写技术要求,并填写标题栏,完成齿轮零件图的绘制。

17.4 课后习题

1. 绘制齿轮泵泵体零件图

利用零件图读图与识图知识,绘制如图 17-102 所示的齿轮泵泵体零件图。

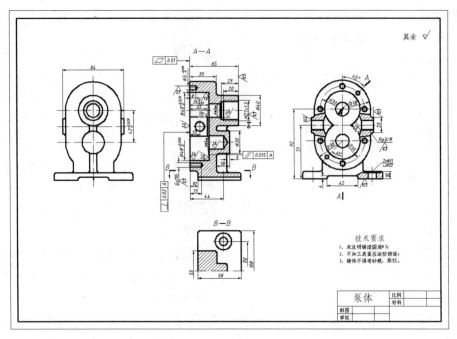

图 17-102 齿轮泵泵体零件图

2．绘制减速器上箱体零件图

利用零件图读图与识图知识，绘制如图 17-103 所示的减速器上箱体零件图。

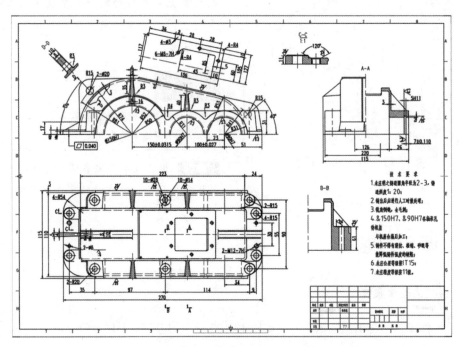

图 17-103 减速器上箱体零件图

第 18 章
绘制机械装配工程图

本章内容

装配图是将机器所有零件组合安装到一起，表达机器工作原理和装配关系的图样，是生产中的重要技术文件之一。与零件图不同的是，装配图画法中增加了一些规定画法、简化画法和特殊画法。而且装配图的尺寸标注与零件图也有很大的不同，由于它表达的是机器或部件，因此不必标注出各零件的尺寸，一般只要求标注性能尺寸、装配尺寸、安装尺寸、总体尺寸和其他一些重要的尺寸。

知识要点

- ☑ 装配图概述
- ☑ 装配图的尺寸标注
- ☑ 装配图的标注与绘制方法
- ☑ 装配图上的技术要求

18.1　装配图概述

表示机器或部件的图样称为装配图。表示一台完整机器的装配图称为总装配图，表示机器某个部件的装配图称为部件装配图。总装配图一般只表示各部件之间的相对关系，以及机器（设备）的整体情况。装配图可以用投影图或轴测图表示。

18.1.1　装配图的作用

如图 18-1 所示为铣刀头的装配图。装配图是机器设计中设计意图的反映，是机器设计、制造过程中的重要技术依据。装配图的作用有以下几方面：

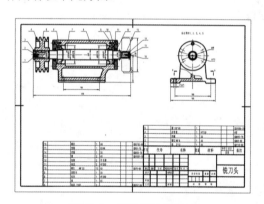

图 18-1　球阀装配结构图

- 进行机器或部件设计时，首先要根据设计要求画出装配图，表示机器或部件的结构和工作原理。
- 生产、检验产品时，依据装配图将零件装成产品，并按照图样的技术要求检验产品。
- 使用、维修时，要根据装配图了解产品的结构、性能、传动路线、工作原理等，从而决定操作、保养和维修的方法。
- 在技术交流时，装配图也是不可缺少的资料。因此，装配图是设计、制造和使用机器或部件的重要技术文件。

18.1.2　装配图的内容

从球阀的装配图中可知装配图应包括以下内容：

- 一组视图：表达各组成零件的相互位置、装配关系和连接方式，以及部件（或机器）的工作原理和结构特点等。
- 必要的尺寸：包括部件或机器的规格（性能）尺寸、零件之间的配合尺寸、外形尺寸、部件或机器的安装尺寸和其他重要尺寸等。
- 技术要求：说明部件或机器的性能、装配、安装、检验、调整或运转的技术要求，一般用文字写出。
- 标题栏、零部件序号和明细栏：同零件图一样，无法用图形或不便用图形表示的内容需要用技术要求加以说明。如有关零件或部件在装配、安装、检验、调试，以及正常工作中应当达到的技术要求，常用符号或文字进行标注。

例如，在球阀装配结构中，在各密封件装配前必须浸透油；装配滚动轴承允许采用机油加热进行组装，油的温度不得超过 100℃；零件在装配前必须清洗干净；装配后应按设计和工艺规定进行空载试验。试验时不应有冲击、噪声，温升和渗漏不得超过有关标准规定；齿轮装配后，齿面的接触斑点和侧隙应符合 GB10095 和 GB11365 的规定等。球阀的装配图如图 18-2 所示。

如主要尺寸、中心线等，常用来为销售提供相应零部件的目录及明细表，如图 18-4 所示为外形装配图。

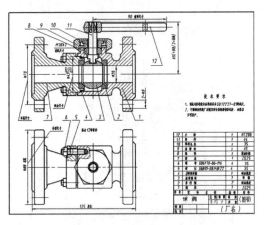

图 18-2 球阀装配图

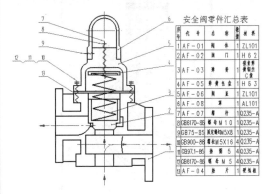

图 18-4 外形装配图

18.1.3 装配图的种类

根据表达目的不同，可将装配图分为设计装配图、外形装配图、常规装配图、局部装配图和剖视装配图。

1．设计装配图

设计装配图是将主要部件画在一起，以便确定其距离及尺寸关系等，常用来评定该设计的可行性，如图 18-3 所示为滑动轴承轴测装配图。

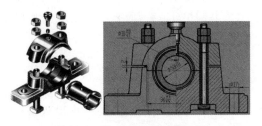

图 18-3 滑动轴承轴测装配图

2．外形装配图

外形装配图概括画出了各个部件的结构，

3．常规装配图

常规装配图要清楚地表达各个部件的装配关系及其作用，包括外形及剖视图、必要的尺寸及零件序号等，并列有明细栏，如图 18-5 所示。

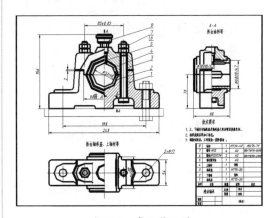

图 18-5 常规装配图

4．局部装配图

局部装配图仅将最复杂的装配部分画成局部剖视图以便于建立主要装配结构，如图 18-6 所示。

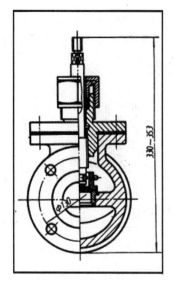

图 18-6　局部装配图

5. 剖视装配图

复杂的装配关系应画成剖视装配图，以便将不易辨认的隐藏装配结构一目了然地表达清楚，如图 18-7 所示。

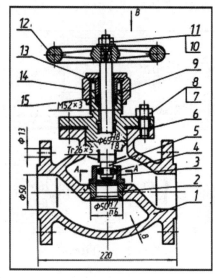

图 18-7　剖视装配图

18.2　装配图的标注与绘制方法

装配图的作用与零件图不同，因此，在图上标注尺寸的要求也不同。在装配图上应该按照对装配体的设计或生产的要求来标注某些必要的尺寸。除尺寸标注外，装配图中还应包括技术要求、零件编号、零件明细栏等要素。

18.3　装配图的尺寸标注

装配图上的尺寸应标注清晰、合理，零件上的尺寸不一定全部标出，只要求标注与装配有关的几种尺寸。一般经常标注的有性能（规格）尺寸、装配尺寸、安装尺寸、外形尺寸，以及其他重要尺寸等。

1. 性能（规格）尺寸

规格尺寸或性能尺寸是机器或部件设计时要求的尺寸，如图 18-2 中的尺寸 $\phi 20$ 关系到阀体的流量、压力和流速。

2. 装配尺寸

装配尺寸包括保证有关零件间配合性质的尺寸、保证零件间相对位置的尺寸、装配时进行加工的尺寸，如图18-8所示的装配剖视图中，$\phi 13F8/h6$表明转子与轴的配合为间隙配合，采用的是基轴制。

3．安装尺寸

安装尺寸是指机器或部件安装到基础或其他设备上时所必需的尺寸，如图18-2所示的尺寸$M36\times 2$是阀与其他零件的连接尺寸。

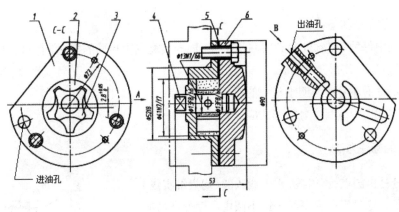

图 18-8　装配剖视图

4．外形尺寸

外形尺寸包括机器或部件整体的总长、总高、总宽。它是运输、包装和安装必须提供的尺寸，如厂房建设、包装箱的设计制造、运输车辆的选用都涉及机器的外形尺寸。外形尺寸也是用户选购的重要数据之一。

5．其他重要尺寸

其他重要尺寸主要指在设计中经过计算而确定的尺寸，如运动零件的极限位置尺寸、主要零件的重要尺寸等。

上述5种尺寸在一张装配图上不一定同时都有，有时一个尺寸也可能包含几种含义。应根据机器或部件的具体情况和装配图的作用具体分析，从而合理地标注出装配图的尺寸。

18.4　装配图上的技术要求

技术要求是指在设计中，对机器或部件的性能、装配、安装、检验和工作所必需达到的技术指标，以及某些质量和外观上的要求。如一台发动机在指定工作环境（如温度）下，能达到的额定转速、功率，以及装配时的注意事项、检验所依据的标准等。

技术要求一般标注在装配图的空白处，对于具体的设备，其涉及的专业知识较多，可以参照同类或相近设备，结合具体的情况进行编制。

18.4.1 装配图上的零件编号

装配图的图形一般较复杂，包含的零件种类和数目也较多，为了便于在设计和生产过程中查阅有关零件，在装配图中必须对每个零件进行编号。下面介绍零件编号的一般规定及序号的标注方法。

1．零件编号的一般规定

零件编号的原则如下：
- 装配图中每种零、部件都必须编写序号。同一装配图中相同的零、部件只编写一个序号，且一般只注一次。
- 零、部件的序号应与明细栏中的序号一致。
- 同一装配图中编写序号的形式应一致。

2．序号的标注方法

零件编号是由圆点、指引线、水平线或圆（均为细实线）及数字组成的。序号写在水平线上或小圆内。序号字高应比该图中尺寸数字大一号或二号，如图 18-9 所示。

指引线应自所指零件的可见轮廓内引出，并在其末端画一圆点；若所指的部分不宜画圆点，如很薄的零件或涂黑的剖面等，可在指引线的末端画一箭头，并指向该部分的轮廓。

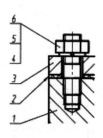

图 18-9　零件编号

如果是一组紧固件，以及装配关系清楚的零件组，可以采用公共指引线，如图 18-10（b）所示。

指引线应尽可能分布均匀且不要彼此相交，也不要过长。指引线通过有剖面线的区域时，要尽量不与剖面线平行，必要时可画成折线，但只允许折一次，如图 18-10（c）所示。

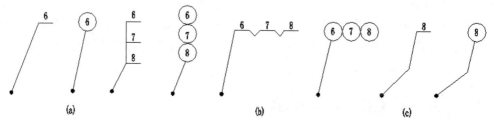

图 18-10　序号的画法

序号的字号应比尺寸数字的大一号，序号应按顺时针或逆时针方向整齐地排列在水平线或垂直线上，间距尽可能相等。

标准件也可以单独成一个系统进行编号，明细表单独画出，也可以在图中指引线末端的水平线上直接标注名称、规格、国标号。

18.4.2 零件明细栏

零件明细栏是说明装配图中每一个零件、部件的序号、图号、名称、数量、材料、重量等资料的表格，是看图时根据图中零件序号查找零件名称、零件图图号等内容的重要资料，也是采购外购件、标准件的重要依据。

国标 GB/T10609.2—1989 推荐了明细栏的格式、尺寸，企业也可以根据自己的需要制定自己的明细栏格式，但一般应参照国标的格式执行，如图 18-11 所示为国标中推荐的格式之一。有关明细栏的规定如下：

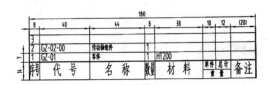

图 18-11　零件明细栏

- 明细栏一般配置在装配图标题栏的上方，按照由下向上的顺序填写，格数根据需要来定。位置不够时，可以紧靠在标题栏的左侧自下而上延续。
- 如果标题栏的上方无法配置标题栏，可以作为装配图的续页按照 A4 幅面单独画出，其顺序为自上而下延伸，还可以续页。在每一页明细栏的下方配置标题栏，在标题栏中填写与装配图一样的名称和代号。
- 当将装配图画在两张以上的图纸上时，明细栏应该放在第一张装配图上。
- 明细栏中的代号项填写图样相应部分的图样代号（图号）或标准件的标准号。部件装配图图号一般以 00 结束，如 GZ-02-00 表示序号为 2 的部件的装配图图号，GZ-02-01 则表示该部件的第一个零件或子部件的图号。

18.4.3　装配图的绘制方法

应用 AutoCAD 绘制装配图通常采用两种方法。一种是直接利用绘图及图形编辑工具，按手工绘图的步骤，结合对象捕捉、极轴追踪等辅助绘图工具绘制装配图。第二种绘制装配图的方法是先绘出各零件的零件图，然后将各零件以图块的形式"拼装"在一起，构成装配图。第一种方法叫直接画法，第二种叫拼装画法。

1. 直接画法

直接画法是按照手工画装配图的作图顺序，依次绘制各组成零件在装配图中的投影。画图时，为了方便作图，一般将不同的零件画在不同的图层上，以便关闭或冻结某些图层，使图面简化。由于关闭或冻结的图层上的图线不能编辑，所以在进行"移动"等编辑操作以前，要先打开、解冻相应的图层。

装配图的直接画法与前面所介绍的零件图的画法相同。这种方法不但作图过程繁杂，而且容易出错，只能绘制一些比较简单的装配图，所以在 AutoCAD 中一般不采用此方法，如图 18-12 所示。

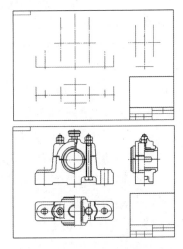

图 18-12　装配图的直接画法

2. 拼装画法

拼装画法是先画出各个零件的零件图，再将零件图定义为图块文件或附属图块，用拼装图块的方法拼装成装配图，如图 18-13 所示。

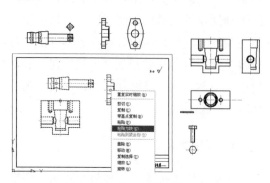

图 18-13　装配图的拼装画法

一般情况下，在 AutoCAD 中用已绘制好的零件图拼画装配图的方法与步骤如下：

（1）选择视图。

装配图一般比较复杂，与手工画图一样，画图前要先熟悉机器或部件的工作原理、零件的形状、连接关系等，以便确定装配图的表达方案，选择合适的各个视图。

（2）确定图幅。

根据视图数量和大小确定图幅。用"复制""粘贴"方式，或使用设计中心将图形文件以"插入为块"的方式，将已经绘制好的所有零件图（最好关闭尺寸标注、剖面线图层）的信息传递到当前文件中来。

（3）确定拼装顺序。

在装配图中，将一条轴线称为一条装配干线。画装配图要以装配干线为单元进行拼装，当装配图中有多条装配干线时，先拼装主要装配干线，再拼装其他装配干线，相关视图同时进行。同一装配干线上的零件，按定位关系确定拼装顺序。

（4）定义块。

根据装配图中各个视图的需要，将零件图中的相应视图分别定义为图块文件或附属图块，或通过右键快捷菜单中的"带基点复制"和"粘贴为块"命令，将它们转换为带基点的图块，以便拼装。

> 提示：
> 定义图块时必须要选择合适的定位基准，以便插入时辅助定位。

（5）分析零件的遮挡关系。

对要拼装的图块进行细化、修改，或边拼装边修改。如果拼装的图形不太复杂，可以在拼装之后，不再移动各个图块的位置时，把图块分解，统一进行修剪、整理。

> 提示：
> 由于在装配图中一般不画虚线，画图以前要尽量分析详尽，分清各零件之间的遮挡关系，剪掉被遮挡的图线。

（6）检查错误、修改图形。

在插入零件的过程中，随着插入的图形逐渐增多，以前被修改过的零件视图，可能又被新插入的零件视图遮挡，这时就需要重新修剪；有时由于考虑不周或操作失误，也会造成修剪错误。这些都需要仔细检查、周密考虑。

检查错误主要包括以下几点：
- 查看定位是否正确。
- 查看时，逐个局部放大显示零件的各相接部位，查看定位是否正确。
- 查看修剪结果是否正确。

修改插入的零件视图主要包括：
- 调整零件表达方案：由于零件图和装配图表达的侧重面不同，在两种图样中对同一零件的表达方法不可能完全相同，必要时应当调整某些零件的表达方法，以适应装配图的要求。比如，改变视图中的剖切范围、添加或去除重合断面图等。

- 修改剖面线：画零件图时，一般不会考虑零件在装配图中对剖面线的要求。所以，建块时如果关闭了"剖面线"图层，此时只要按照装配图对剖面线的要求重新填充；如果没有关闭图层，将剖面线的填充信息带进来，则要注意修改以下位置的剖面线：螺纹连接处的剖面线要调整填充区域；相邻的两个或多个剖到面的零件，要统筹调整剖面线的间隔或倾斜方向，以适应装配图的要求。
- 修改螺纹连接处的图线：根据内、外螺纹及连接段的画法规定，修改各段图线。
- 调整重叠的图线：插入零件以后，会有许多重叠的图线。例如当中心线重叠时，显示或打印的结果将不是中心线，而是实线，所以调整很必要。装配图中几乎所有的中心线都要做类似调整，调整的办法是可以采用关闭相关图层、删除或使用夹点编辑多余图线。

（7）通盘布局、调整视图位置。

布置视图要通盘考虑，使各个视图既要充分、合理地利用空间，又要在图面上恰当、均匀分布，还要兼顾尺寸、零件编号、填写技术要求、绘制标题栏和明细表的填写空间。此时，就能充分发挥计算机绘图的优越性，随时调用"移动"工具，反复进行调整。

> 提示：
>
> 在布置视图前，要打开所有图层；为保证视图间的对应，移动时打开"正交""对象捕捉""对象追踪"等辅助模式。

（8）标注尺寸和技术要求。

标注尺寸和技术要求的方法与零件图相同，只是内容各有侧重。分别用尺寸标注工具和文字标注（单行或多行）工具来实现。

（9）标注零件序号、填写标题栏和明细表。

标注零件序号有多种形式，用快速引线工具可以很方便地标注零件的序号。为保证序号整齐排列，可以画辅助线，再按照辅助线的位置，通过夹点快速调整序号上方的水平线位置及序号的位置。

18.5 综合案例

18.5.1 案例一：绘制球阀装配图

本例以插入零件图形文件的拼画方法来绘制球阀装配图。在绘制装配图前，还需设置绘图环境。若用户在样板文件中已经设置好图层、文字样式、标注样式及图幅、标题栏等，那么在绘制装配图时，直接打开样板文件即可。装配图的绘制分5个部分来完成：绘制零件图、插入零件图形、修改图形、编写零件序号和标注尺寸，以及填写明细栏、标题栏和技术要求。

本例球阀装配图绘制完成的效果如图18-14所示。

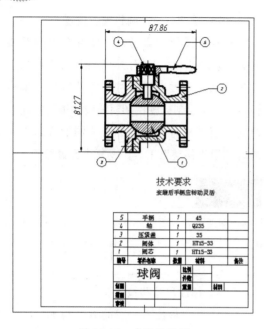

图 18-14 球阀装配图

1．绘制零件图

参照本书前面介绍的零件图绘制方法，绘制出球阀装配体的单个零件图，如阀体零件图、阀芯零件图、压紧盖零件图、手柄零件图和轴零件图。本例装配图的零件图形已全部绘制完成，如图 18-15 所示。

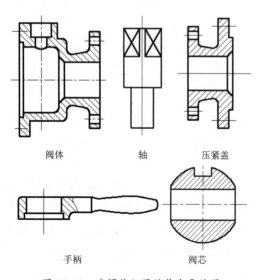

图 18-15 球阀装配图的单个零件图

2．插入图形

使用 INSERT（插入块）命令，可以将球阀的多个零件文件直接插入到样板图形中，插入后的零件图形以块的形式存在于当前图形中。

操作步骤：

step 01 在快速访问工具栏中单击"新建"按钮，然后在打开的"选择文件"对话框中，选择用户自定义的图形样板文件"A4 竖放"并打开。

step 02 执行 INSERT 命令，程序弹出"插入"对话框，如图 18-16 所示。

图 18-16 "插入"对话框

step 03 单击对话框中的"浏览"按钮，通过弹出的"选择图形文件"对话框，在本例的随书光盘中打开"阀体.dwg"文件，如图 18-17 所示。保留"插入"对话框中其余选项的默认设置，再单击"确定"按钮，关闭对话框。

图 18-17 "选择图形文件"对话框

step 04 插入零件图形的结果如图18-18所示。

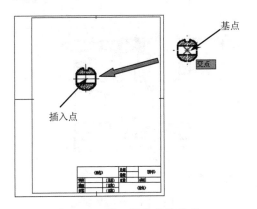

图18-18　插入阀体零件图形

step 05 按照同样的操作方法，依次将球阀装配体的其他零件图形插入到样板中，结果如图18-19所示。

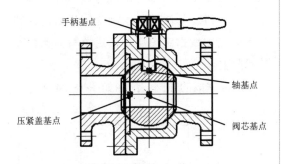

图18-19　插入阀体其余零件图形

> **技巧点拨：**
> 插入零件图形的顺序应该按照实际装配的顺序来进行，例如阀芯→阀体→压紧盖→轴→手柄。

在为其他零件图形指定基点时，最好选择图形中的中心线与中心线的交点或尺寸基准与中心线的交点，以此作为插入基点比较合理，否则还要通过"移动"命令来调整零件图形在整个装配图中的位置。

3. 修改图形和填充图案

在装配图中，按零件由内向外的位置关系来观察图形，将遮挡内部零件图形的外部图形图线删除。例如，阀体的部分图线与阀芯重叠，这需要将阀体的部分图线删除。

操作步骤：

step 01 使用"分解"命令，将装配图中所有的图块分解成单个图形元素。

step 02 使用"修剪"命令，将后面装配图形与前面装配图形的重叠部分图线修剪掉，修剪结果如图18-20所示。

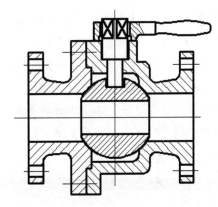

图18-20　修剪后的装配图形

step 03 由于手柄与阀体相连，且填充图案的方向一致，可修改其填充图案的角度。双击手柄的填充图案，然后在弹出的"图案填充编辑"选项卡的"图案填充"面板中，修改填充图案的角度为0°，然后单击"确定"按钮，完成图案的修改，如图18-21所示。

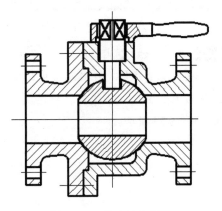

图18-21　修改填充图案

4. 编写零件序号和标注尺寸

球阀的零件图装配完成后，即可编写零件序号并进行尺寸标注了。标注装配图尺寸仅标注整个装配结构的总长、总宽和总高。

操作步骤：

step 01 编写零件序号之前，要修改多重引线样式，以便符合要求。在菜单栏中选择"格式"|"多重引线样式"命令，打开"多重引线样式管理器"对话框。

step 02 单击"多重引线样式管理器"对话框中的"修改"按钮，弹出"修改多重引线样式"对话框。在"内容"选项卡下的"多重引线类型"下拉列表中选择"块"类型，然后在"源块"下拉列表中选择"圆"选项，最后单击对话框中的"确定"按钮，完成多重引线样式的修改，如图 18-22 所示。

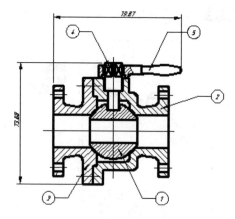

图 18-23　标注装配图

5. 填写明细栏、标题栏和技术要求

按零件序号的多少来创建明细栏表格，然后在表格中填写零件的编号、零件名称、数量、材料及备注等。绘制明细栏后，为装配图中的图线指定图层，最后填写标题栏及技术要求。

最终完成的球阀装配图如图 18-24 所示。

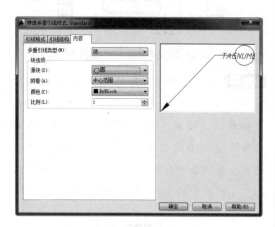

图 18-22　修改多重引线样式

step 03 在菜单栏中选择"标注"|"多重引线"命令，按装配顺序依次在装配图中给零件编号，并为装配图标注总体长度和宽度。完成结果如图 18-23 所示。

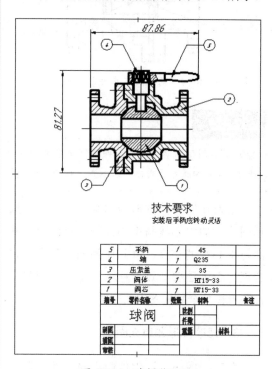

图 18-24　球阀装配图

18.5.2 案例二：绘制固定架装配图

固定架装配体结构比较简单，包括固定座、顶杆、顶杆套和旋转杆4个部件。本例将利用Windows的复制、粘贴功能来绘制固定架的装配图。绘制步骤与前面装配图的绘制步骤相同。

1. 绘制零件图

由于固定架的零件较少，可以绘制在一张图纸中，如图18-25所示。

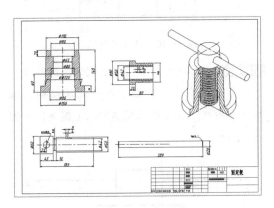

图18-25　固定架零件图

2. 利用Windows剪贴板复制、粘贴对象

利用Windows剪贴板的复制、粘贴功能来绘制装配图的过程：首先将零件图中的主视图复制到剪贴板，然后选择创建好的样板文件并打开，最后将剪贴板上的图形用"粘贴为块"工具，粘贴到装配图中。

step 01　打开本例的光盘初始文件。

step 02　在打开的零件图形中，按住Ctrl+C组合键将固定座视图的图线完全复制（尺寸不复制）。

step 03　在快速访问工具栏中单击"新建"按钮 ，在打开的"选择样板"对话框中选择用户自定义的"A4竖放"文件并打开。

> **提示：**
> 图纸样板文件在本书光盘源文件下。

step 04　在新图形文件的窗口中，选择右键快捷菜单中的"粘贴为块"命令，如图18-26所示。

图18-26　选择"粘贴为块"命令

step 05　然后在图纸中指定一个合适的位置来放置固定座图形，如图18-27所示。

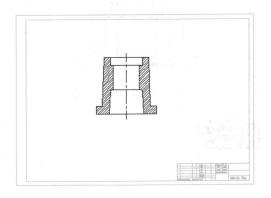

图18-27　将图形插入为块

> **技巧点拨：**
> 在图纸中可任意放置零件图形，然后使用"移动"命令将图形移动至图纸中的合适位置即可。

step 06　同理，通过菜单栏上的"窗口"菜单，将固定架零件图打开，并复制其他的零件图到剪贴板上,粘贴为块时,任意放置在图纸中,如图 18-28 所示。

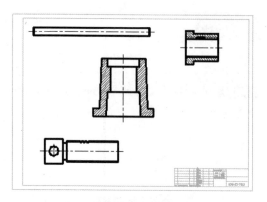

图 18-28 任意放置粘贴的块

step 07 使用"旋转""移动"命令,将其余零件移动到固定座零件上。完成结果如图 18-29 所示。

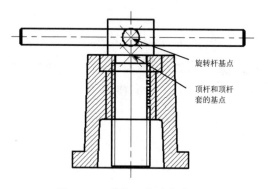

图 18-29 旋转、移动零件图形

> **提示:**
>
> 在移动零件图形时,移动基点与插入块基点是相同的。

3. 修改图形和填充图案

在装配图中,外部零件的图线遮挡了内部零件图形,需要使用"修剪"命令将其修剪。顶杆和顶杆套螺纹配合部分的线型也要进行修改。另外,装配图中剖面符号的填充方向一致,也要进行修改。

step 01 使用"分解"命令,将装配图中所有的图块分解成单个图形元素。

step 02 使用"修剪"命令,将后面装配图形与前面装配图形重叠部分的图线修剪掉,修剪结果如图 18-30 所示。

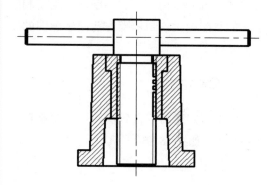

图 18-30 修剪多余图线

step 03 将顶杆套的填充图案删除。然后使用"样条曲线"命令,在顶杆的螺纹结构上绘制样条曲线,并重新填充 ANSI31 图案,如图 18-31 所示。

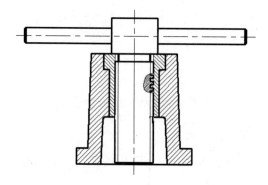

图 18-31 修改图形和填充图案

4. 编写零件序号和标注尺寸

本例固定架装配图的零件序号编写与机座装配图是完全一样的,因此详细过程就不过多介绍了。编写的零件序号和完成标注尺寸的固定架装配图如图 18-32 所示。

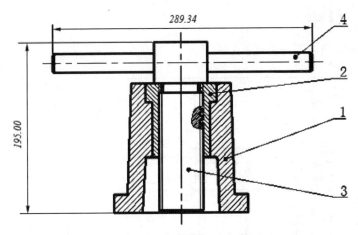

图 18-32 编写零件序号和标注尺寸

5．填写明细栏和标题栏

创建明细栏表格，在表格中填写零件的编号、零件名称、数量、材料及备注等。绘制明细栏后，为装配图中的图线指定图层，最后再填写标题栏及技术要求。完成的结果如图18-33所示。

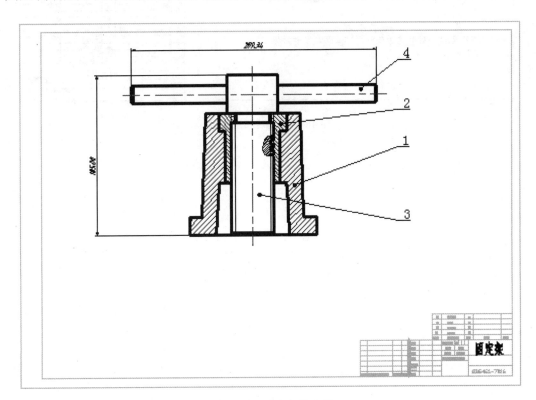

图 18-33 固定架装配图

18.6 课后习题

绘制如图 18-34 所示的变速箱装配图。

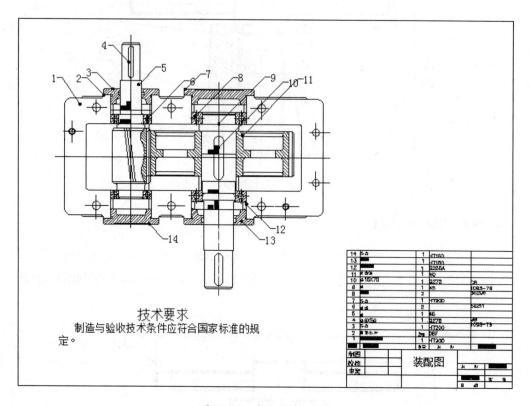

图 18-34 变速箱装配图